Das Bergbau-Handbuch

DAS BERGBAU HANDBUCH

Herausgegeben von der
Wirtschaftsvereinigung Bergbau e.V., Bonn

Verlag Glückauf GmbH · Essen
1976

Die Mitarbeiter des Bergbau-Handbuchs

Elli Adam, Hannover · Assessor d. B. Herbert Aly, Clausthal-Zellerfeld · Dipl.-Chem. Wolfgang Behm, Stade · Assessor d. B. Wolfgang Behrens, Bottrop · Dr.-Ing. Friedrich Benthaus, Essen · Dr. rer. pol. Klaus Bialinski, Bonn · Dr.-Ing. Otto Braun, Hannover · Assessor d. B. Karl-Heinz Brümmer, Dortmund · Dipl.-Ing. Gustav Adolf Burghardt, Kassel · Assessor d. B. Ingo Busch, Bad Grund · Dipl.-Berging. Peter Caspari, Bonn · Assessor d. B. Hans-Günther Conrad, Bochum · Heinz Dahlhoff, Dortmund · Assessor d. B. Will-Hubertus Daniels, Bonn · Assessor d. B. Gerhard Florin, Bonn · Dr. phil. Rosemarie Fritz, Essen · Dipl.-Volkw. Rudolf Gabrisch, Düsseldorf · Dr. rer. oec. Harald Giesel, Essen · Ing. (grad.) Jürgen Günther, Bad Zwischenahn · Dipl.-Ing. Heinrich Wilhelm Hellweg, Essen · Dipl.-Ing. Werner K. Hoffmann, Düsseldorf · Dr.-Ing. Gerhard Horedt, Goslar · Dipl.-Ing. Klaus Janssen, Goslar · Dr.-Ing. Heinrich Johnen, Düsseldorf · Dipl.-Ing. Carl-Heinz Kalthoff, Untereschbach · Dr. rer. nat. Peter Kausch, Köln · Dr. jur. Eberhard Keller, Essen · Dr.-Ing. Harald Kliebhan, Bonn · Dr.-Ing. Eberhard Klössel, Goslar · Professor Dr. rer. nat. Gottfried Kneuper, Saarbrücken · Dr. phil. Max Jürgen Koch, Bonn · Dr. sc. nat. Heinz Kolbe, Salzgitter · Bergassessor a. D. Erich Krippner, Essen · Dr.-Ing. Horst Kunze, Homberg · Bergassessor a. D. Otto Lenz, Hannover · Dipl.-Berging. Frank Leschhorn, Clausthal-Zellerfeld · Assessor d. B. Eike von der Linden, Meggen · Dipl.-Ing. Gerhard Ludwig, Essen · Dr.-Ing. Hermann Meffert, Goslar · Dr. rer. pol. Gerhard Meyer, Essen · Dr. rer. pol. Rudolf Müller, Goslar · Dr. rer. nat. Dieter Nottmeyer, Bonn · Hanns Joachim Paris, Kassel · Professor Dr. rer. nat. Werner Peters, Essen · Dr. jur. Heinrich Pinkerneil, Essen · Dr. rer. pol. Alfred Plitzko, Essen · Dr. jur. Heinz Reintges, Essen · Dr. rer. nat. Harry Roth, Kassel · Günther Rüping, Hannover · Dr. rer. pol. Volker Schäfer, Kassel · Dr. phil. nat. Siegfried Schneider, Hannover · Dr. jur. Rudolf Schönherr, Kassel · Dr.-Ing. Heinz Schräer, Moers · Dipl.-Volksw. Gerhard Semrau, Essen · Rechtsanwalt Heinz Sondermann, Bonn · Dipl.-Berging. Theo Spanke, Salzgitter · Dr.-Ing. Ingo Späing, Dortmund · Dr.-Ing. Wido Tilmann, Köln · Dr.-Ing. Wolfgang Waldner, München · Dr.-Ing. Johannes Dietmar Weisser, Frankfurt · Bergrat a. D. Hans-Gerhard Willing, Köln · Dr. rer. nat. Heinz Ziehr, Bonn

Zentralredaktion: Dipl.-Kfm. Siegfried Naujoks

Dritte, neubearbeitete Auflage des 1964 erschienenen Buches »Bergbau in der Bundesrepublik Deutschland«
 · Printed in Germany: Graphische Betriebe F. W. Rubens KG Unna
ISBN 3-7739-0186-0

Zum Geleit

Das Wachstum unserer Volkswirtschaft und die Erhaltung ihrer Arbeitsplätze ist eng an zuverlässige und ausreichende Lieferungen von mineralischen Rohstoffen gebunden. Der deutsche Bergbau erstrebt daher stets, sein Potential im Inland und im Ausland zu kräftigen und zu mehren; denn die Bundesrepublik Deutschland ist ein großer Rohstoffverbraucher.

Bergingenieure entwickeln Gewinnungsverfahren und Maschinen, die zu größeren und wirtschaftlicheren Leistungen führen. In den Forschungsstätten des Bergbaus wird nach Wegen gesucht, wie die Sicherheit der bergmännischen Arbeit erhöht und die nur begrenzt zur Verfügung stehenden Energierohstoffe sowie die anderen mineralischen Rohstoffe besser und wirkungsvoller genutzt werden können. Um die Abhängigkeit von den Rohstoffmärkten der Welt und deren oft nicht kalkulierbare Risiken zu mindern, müssen die rechtlichen und wirtschaftlichen Belange des Bergbaus vom Staat angemessen berücksichtigt werden.

Die Bemühungen, Erfolge und Rückschläge des deutschen Bergbaus in den letzten Jahren finden ihren Niederschlag in diesem Buch, das in veränderter Form eine Neuauflage des 1970 erschienenen „Handbuch der Bergwirtschaft der Bundesrepublik Deutschland" ist. Es enthält Informationen, die von der Öffentlichkeit zum Verständnis des Bergbaus gebraucht werden.

Die Herausgabe dieses Werkes geschieht aus Anlaß des IX. Weltbergbau-Kongresses, der dem Erfahrungs- und Gedankenaustausch über die Stellung des Bergbaus in den Volkswirtschaften und der Weltwirtschaft dient. Generalthema dieses Kongresses ist: Bergbau und Rohstoffe – Schlüssel zum Fortschritt. Der IX. Weltbergbau-Kongreß findet zum ersten Mal in der Bundesrepublik Deutschland statt und wird vom 24. – 28. Mai 1976 in Düsseldorf von der Wirtschaftsvereinigung Bergbau ausgerichtet.

Auch dieses Buch dient dem Ziel, die Diskussion über den Bergbau und über mineralische Rohstoffe zu fördern. Ich danke deshalb allen, die an der Herausgabe des neuen Bergbau-Handbuchs mitgewirkt haben.

Präsident der
Wirtschaftsvereinigung Bergbau

Bonn, im Mai 1976

Inhaltsverzeichnis

Anhang

Allgemeiner Teil

1

Energiewirtschaftliche Perspektiven des deutschen Bergbaus

von Dr. jur. Heinz Reintges

1.1 Beitrag des Bergbaus zur Energieversorgung

Der heimische Bergbau trägt wesentlich zur Energieversorgung der Bundesrepublik Deutschland bei. Die Kohle deckte 1974 annähernd ein Drittel des Primärenergiebedarfs unseres Landes, und zwar die Steinkohle 22,6 v.H. und die Braunkohle 9,6 v.H. Sie ist damit zur Zeit nach dem Mineralöl der wichtigste Energieträger. Alle übrigen Energieträger haben 1974 zusammen rund 16 v.H. des Energiebedarfs bestritten, also etwa die Hälfte des Versorgungsbeitrags der Kohle *(Bild 1)*.

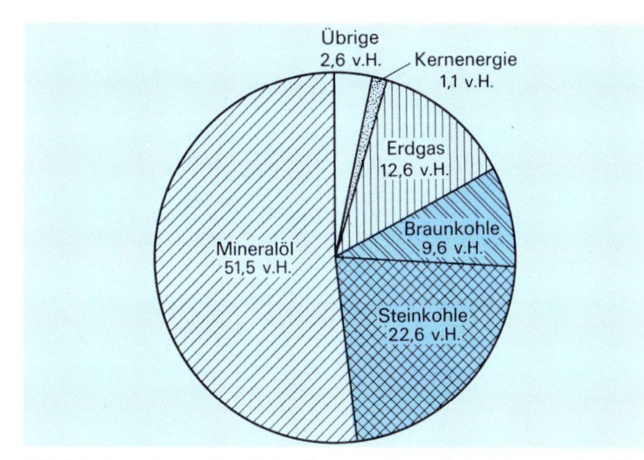

Bild 1: Struktur des Primärenergieverbrauchs in der Bundesrepublik 1974

Welche Bedeutung die Versorgungsbeiträge von Steinkohle und Braunkohle haben, ist während der sogenannten *Energiekrise 1973/74* besonders hervorgetreten. Sie zeigt sich noch deutlicher, wenn die Einsatzbereiche der Kohle näher betrachtet werden *(Bild 2)*.

Zur gesamten Stromerzeugung der Bundesrepublik trug die Steinkohle 1974 rund 31 v.H. bei, die

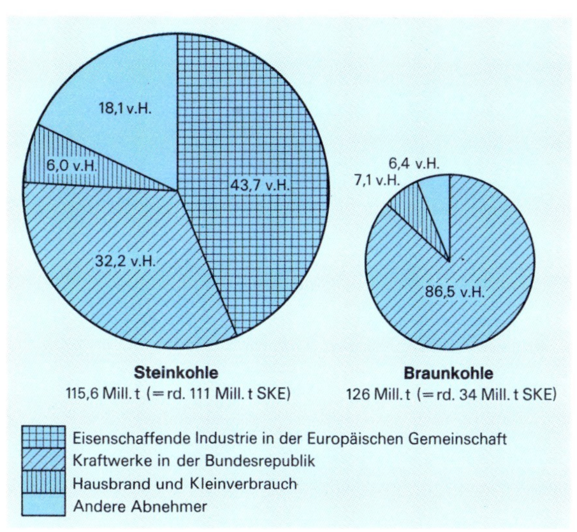

Bild 2: Absatzstruktur des deutschen Steinkohlenbergbaus und des Braunkohlenbergbaus 1974

inländische Steinkohle allein rund 28 v.H. Die deutsche Braunkohle hatte einen Anteil von 26 v.H. Insgesamt basierte unsere Stromversorgung also zu 57 v. H. auf Kohle *(Bild 3)*. Dabei wurde die Braunkohle im wesentlichen im Grundlastbereich eingesetzt, die Steinkohle vorwiegend im Bereich der Mittel- und Spitzenlast. Auf dieser Basis beruht die hohe Sicherheit der Elektrizitätsversorgung der Bundesrepublik, während andere Länder, wie zum Beispiel Italien, im Verlauf der sogenannten Energiekrise die Gefahren einer Stromversorgung mit hohem Ölanteil erfuhren.

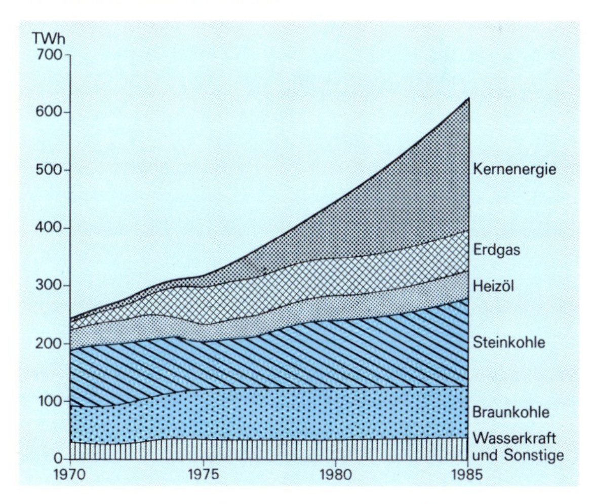

Bild 3: Anteile der Energieträger an der Stromerzeugung in der Bundesrepublik bis 1985 bei energiepolitisch begrenztem Einsatz von Heizöl und Erdgas

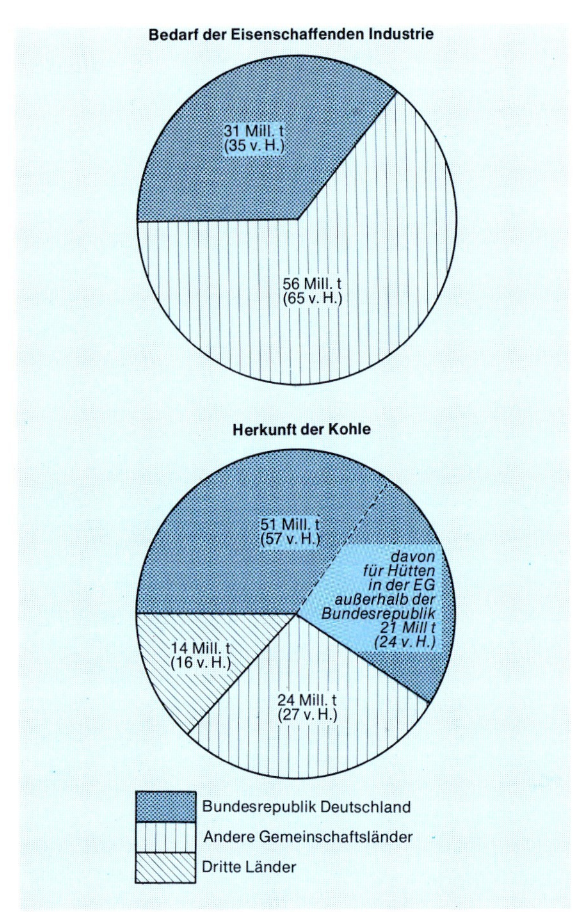

Bild 4: Kokskohlenversorgung der eisenschaffenden Industrie in der Europäischen Gemeinschaft 1974

Ebenso wichtig ist der Beitrag der deutschen Steinkohle zur Versorgung der Stahlindustrie. Im Jahr 1974 wurden rund 30 Mill. t Kokskohle – in Form von Kohle und Koks – an die Stahlindustrie der Bundesrepublik geliefert. Auf Grund ihrer jederzeit ausreichenden und ungestörten Kokskohlenversorgung konnten die deutschen Hütten am Stahlboom dieses Jahres mit einer neuen Rekordproduktion teilnehmen, während die mengenmäßigen und preislichen Anspannungen am Weltkokskohlenmarkt ausländische Hütten teilweise zu Produktionseinschränkungen zwangen. An die Hütten in der übrigen Europäischen Gemeinschaft lieferte der deutsche Bergbau 1974 rund 21 Mill. t Kokskohle. Er ist damit über die Bundesrepublik hinaus die wesentliche Kokskohlenversorgungsbasis der Stahlindustrien der Gemeinschaft *(Bild 4)*. Auch Hütten in dritten Ländern versorgen sich teilweise mit Koks und Kokskohle aus der Bundesrepublik.

In der Elektrizitätswirtschaft und der Stahlindustrie werden insgesamt mehr als drei Viertel der deutschen Steinkohlenproduktion eingesetzt. Die übrige Produktion geht in den Hausbrand und in andere inländische Verbrauchsbereiche oder wird an andere ausländische Abnehmer als Hütten exportiert. Die Braunkohlenproduktion dient zu rund 86 v.H. der Elektrizitätserzeugung, der Rest überwiegend der Hausbrandversorgung.

1.2 Weitere Entwicklung des Kohlenbedarfs

Die mittel- und langfristigen Perspektiven lassen einen beträchtlich wachsenden Kohlenbedarf erwarten. Das zeigt ein Blick auf die wichtigsten Sektoren:

1.2.1 Elektrizitätswirtschaft

Der Bedarf an Steinkohle zur Stromerzeugung wird von rund 32 Mill. t SKE im Jahre 1974 voraussichtlich auf etwa 50 Mill. t SKE bis 1985 ansteigen. Der Einsatz der Braunkohle, der 1974 knapp 29 Mill. t SKE ausmachte, dürfte in den nächsten Jahren noch um etwa 10 v.H. ansteigen. Steinkohle und Braunkohle zusammen könnten dann 1985 annähernd 40 v.H. der Stromerzeugung der Bundesrepublik bestreiten. Die in *Bild 3* wiedergegebene Vorausschätzung beruht auf folgenden Prämissen:

- Nach der erklärten energiepolitischen Zielsetzung der Bundesrepublik soll der Beitrag des schweren Heizöls zur Stromerzeugung nicht mehr wachsen als unbedingt notwendig. Dasselbe gilt grundsätzlich für Erdgas. Diese Zielsetzung ist durch Genehmigungspflichten nach dem Dritten Verstromungsgesetz abgesichert. Bei beiden Energieträgern unterstellt das Bild jedoch noch einen nicht unerheblichen Anstieg bis 1985.
- Kernenergie ist mit dem Anteil eingesetzt, der sich bei einer Kraftwerkskapazität auf Basis Kernenergie von 15000 bis 16000 MW im Jahr 1980 und von 35000 bis 40000 MW im Jahr 1985 ergibt. Höhere Zahlen erscheinen nach heutigem Erkenntnisstand nicht realistisch (s. S. 20).

1.2.2 Stahlindustrie

Der Kokskohlenbedarf der Hütten in der Bundesrepublik und der übrigen Europäischen Gemeinschaft wird bis zur Mitte der achtziger Jahre mindestens in der heutigen Größenordnung liegen, wenn auch nicht gerade mit der konjunkturbedingten Spitze des Jahres 1974. Bis dahin wird nach wohl allgemeiner Meinung der klassische Hochofenprozeß dominieren. Die Entwicklung der Stahl-

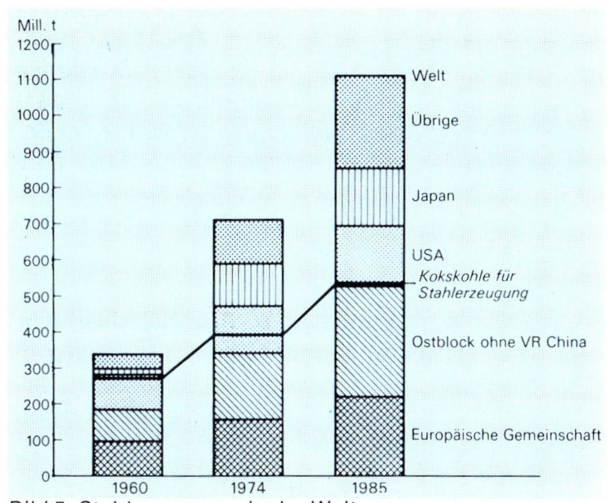

Bild 5: Stahlerzeugung in der Welt

erzeugung und des Kolkskohlenbedarfs dafür zeigt *Bild 5.*

Im Laufe der achtziger Jahre werden wahrscheinlich neue Verhüttungsverfahren mit anderen Energieträgern und Reduktionsmitteln als Koks allmählich vordringen. Möglicherweise wird auch der Einsatz von Eisenerzpellets wachsende Bedeutung gewinnen. Diese Entwicklungen könnten dem Kokskohlenabsatz Grenzen setzen; Kokskohle dürfte dadurch jedoch eher ergänzt als ersetzt werden. Bis dahin kann auch die Kokserzeugung aus bisher nicht verkokbarer Kohle in größerem Umfang zur praktischen Anwendung kommen.

1.2.3 Neue Technologien

Neue, in der Entwicklung befindliche Technologien werden der Kohle neue und wachsende Märkte öffnen:

- Die größte Bedeutung kommt dabei der Gaserzeugung aus Kohle zu. Hier ist vor allem die Vergasung von Braunkohle und Steinkohle mit Wärme aus Hochtemperaturreaktoren wirtschaftlich interessant. Kohlegas könnte etwa ab 1990 im großtechnischen Maßstab erzeugt werden, um das wahrscheinlich gerade dann knapper werdende Erdgas zu ergänzen und zu ersetzen.
- Ebenfalls große Bedeutung können die voraussichtlich um 1985 anwendungsreifen Verfahren zur Erzeugung von Kohleöl gewinnen, und zwar sowohl zur Entlastung der Ölversorgung als auch unter Gesichtspunkten des Umweltschutzes, da dieses Öl aschefrei und schwefelarm ist. Kohleöl könnte in industriellen Feuerungsanlagen zu den gleichen Zwecken wie schweres Heizöl eingesetzt werden.

Beide Entwicklungsbereiche sind sowohl für die Zukunft der Steinkohle als auch der Braunkohle entscheidend wichtig.

Insgesamt ist hiernach bis 1980 mit einem stabilen oder nur leicht ansteigenden Kohlenbedarf zu rechnen – abgesehen natürlich von einer akuten Mangellage. Zwischen 1980 und 1985 ist ein stärkerer Bedarfsanstieg wahrscheinlich, insbesondere für den Stromsektor. Nach 1985 ist ein weiteres, wesentliches Ansteigen des Bedarfs zu erwarten. Dafür ist insbesondere die Entwicklung der neuen Technologien zur Erzeugung von Kohleöl und Kohlegas bedeutsam. Der Zusatzbedarf hierfür ist heute noch nicht annähernd abzuschätzen. Um 10 Mrd. m^3 Kohlegas von Erdgasqualität zu produzieren, wären bei einem Einsatzverhältnis von 1 : 1,1 11 Mill. t SKE Kohle notwendig. Um 10 Mill. t schweres Kohleöl zu erzeugen, würden bei einem Einsatzverhältnis von 1 : 1,8 18 Mill. t SKE Kohle benötigt. Diese Relationen deuten darauf hin, daß es sich um beträchtliche Größenordnungen handelt, wenn es einmal soweit ist.

1.3 Deckung des Kohlenbedarfs

Wie kann der Gesamtbedarf, der sich aus diesen Perspektiven ergibt, gedeckt werden?

Die abbauwürdigen *Steinkohlenvorräte* in der Bundesrepublik betragen nach einer Erhebung der Europäischen Kommission von Anfang 1974 rund 24 Mrd. t. Die Produktionskapazität des deutschen Steinkohlenbergbaus liegt gegenwärtig bei rund 95 Mill. t. Nach dem fortgeschriebenen *Energieprogramm der Bundesregierung* soll sie in dieser Größenordnung bis 1980 stabilisiert werden. Eine Erhöhung der Förderung ist kurzfristig kaum realisierbar. Längerfristig wäre sie möglich durch:

- Ausbau bestehender Anlagen mit relativ mäßigen Investitionsaufwendungen.
- Bau von Anschlußanlagen an vorhandene Bergwerke mit Investitionskosten von etwa 200 DM/t Jahresförderkapazität. Für solche Anlagen bestehen insbesondere am Nordrand des Ruhrreviers noch beträchtliche Möglichkeiten. Diese Möglichkeiten werden bei einer längerfristigen Konzeption jedoch weitgehend genutzt werden müssen, um die wegen Erschöpfung ihrer Vorräte auslaufenden Kapazitäten zu ersetzen.
- Neue Bergwerke auf grüner Wiese, deren Bau bis zur Vollförderung annähernd 10 Jahre erfordert. Der Investitionsaufwand dafür liegt bei 400 DM/t Jahresförderkapazität, also bei 1,2 Mrd. DM für

eine Großschachtanlage mit 3 Mill. t Jahresförderung.

Der gesamte *Investitionsbedarf* des deutschen Steinkohlenbergbaus, um seine derzeitige Förderung langfristig aufrechtzuerhalten und um weiter zu rationalisieren, ist bei heutigem Preisstand auf rund 1,5 Mrd. DM jährlich zu veranschlagen, also bis 1985 auf rund 15 Mrd. DM. Eine Fördersteigerung würde weitere Investitionsaufwendungen erfordern, die sich aus den genannten Zahlen ergeben.

Die wirtschaftlich gewinnbaren Braunkohlenvorräte in der Bundesrepublik werden heute auf rund 35 Mrd. t Braunkohle geschätzt, das entspricht 11 Mrd. t SKE. Die Braunkohlenproduktion beträgt zur Zeit rund 125 Mill. t Braunkohle oder rund 34 Mill. t SKE. Die Planungen sind – einschließlich des beschlossenen Aufschlusses des Tagebaus Hambach – darauf gerichtet, die Produktionskapazität auf einem Niveau zu halten, das bei etwa 130 Mill. t Braunkohle jährlich liegt. Die dazu notwendigen Investitionen erfordern in heutigen Preisen bis 1985 etwa 10 Mrd. DM.

Sowohl im Steinkohlenbergbau als auch im Braunkohlenbergbau sind hiernach zur Aufrechterhaltung und gegebenenfalls zum Ausbau der Produktionskapazitäten hohe Investitionen unerläßlich. Hinzu kommen die beträchtlichen Mittel, die zur weiteren intensiven Kohlenforschung und insbesondere zur Entwicklung der wiedergegebenen neuen Technologien notwendig sind. Die daraus folgenden hohen Summen sind jedoch nur ein relativ kleiner Teil des Investitionsaufwandes, der für die gesamte Energiewirtschaft der Bundesrepublik bis 1985 aufzubringen ist und annähernd 300 Mrd. DM ausmacht.

Auch wenn diese Investitionen rechtzeitig finanziert und durchgeführt werden, wird der langfristige Kohlenbedarf der Bundesrepublik durch die inländische Kohle allein kaum zu bewältigen sein. Es wäre zwar angesichts der wiedergegebenen Bedarfsentwicklung falsch, den inländischen Steinkohlenbergbau in den 70er Jahren durch vorzeitige übermäßige *Kohlenimporte* zu gefährden. Auf lange Sicht werden solche Importe aber wahrscheinlich unentbehrlich sein. Dabei sind allerdings drei wichtige Aspekte zu beachten:

- Die Verfügbarkeit von Importkohle ist sehr begrenzt. Das Gesamtvolumen des *Weltkohlenhandels* – nach Abzug des Binnenhandels innerhalb von EWG und COMECON sowie zwischen USA und Kanada – betrug 1974 nur 143 Mill. t. Das sind rund 6 v. H. der Weltkohlenförderung von 2,4 Mrd. t SKE. Bis 1985 wird nicht mehr als eine Erhöhung auf etwa 250 Mill. t erwartet. Auch wenn mehr verfügbar würde, ist zu bedenken, daß daran zahlreiche Länder, darunter solche mit besonders großem Importbedarf, wie Japan, partizipieren.
- Die Importe müssen langfristig einigermaßen gesichert sein. Teilweise stammen sie aus dem Ostblock (UdSSR, Polen). Auch in anderen Exportländern (USA, Kanada, Südafrika, Australien) kommt es im Ernstfall zunehmend zu Kontrollen, Restriktionen und teilweise sogar Liefersperren.
- Kohlenimporte sollten deshalb nach Mengen und Timing nur so erfolgen, daß sie die Inlandsförderung nicht gefährden, nämlich in Baisse-Situationen mit dauernden Wirkungen verdrängen.

1.4 Rentabilität der Kohlenproduktion

Die entscheidende Voraussetzung dafür, daß der Steinkohlen- und der Braunkohlen-Bergbau ihre Produktionen in der Bundesrepublik langfristig aufrechterhalten und gegebenenfalls ausbauen, ist die Wirtschaftlichkeit dieser Produktionen. Dazu gehört insbesondere, daß die langfristige Rentabilität der notwendigen hohen Investitionen gesichert ist. Zu diesem Zweck müssen die Bergbauunternehmen genügend verläßlich damit rechnen können, daß ihre Einnahmen mindestens die Kosten einschließlich der Amortisation der Investitionen decken.

Bei der Braunkohle ist diese Voraussetzung grundsätzlich gegeben. Sie ist die kostengünstigste Primärenergie unseres Landes. Gegenüber den mit ihr konkurrierenden Energieträgern, insbesondere gegenüber dem Importöl, war sie auch in der Zeit konkurrenzfähig, als diese die Steinkohle verdrängten und in eine tiefe Krise stürzten. Die Investitionen im Braunkohlenbergbau stellen jedoch wegen ihrer besonderen Höhe und Langfristigkeit ungewöhnliche Finanzierungsprobleme. Um sie zu bewältigen, bedarf es geeigneter wirtschaftspolitischer und steuerlicher Regelungen, die die langen Zeiträume überbrücken, bis die eingesetzten Kapitalien eine Rendite erbringen und zurückfließen.

Die inländische Steinkohle ist zur Zeit gegenüber ihren Hauptkonkurrenten, dem Importöl und der Importkohle, in wesentlichen Bereichen ebenfalls konkurrenzfähig. Dies jedoch erst seit dem grundlegenden Umschlag des Weltenergiemarktes, der mit der sogenannten Energiekrise eintrat. Die gegenwärtige Lage schließt jedoch nicht aus, daß insbesondere beim Importöl zeitweise erhebliche mengenmäßige und preisliche Schwankungen eintreten, auch nach unten und auch für beträchtliche Fristen – sei es planmäßig, um die Entwicklung alternativer Energiequellen zum Importöl zu stören, sei es auf Grund anderer Einflüsse. Angesichts der enormen Spanne zwischen den Produktionskosten und den Preisen für Importöl aus OPEC-Ländern besteht hierfür ein großer Spielraum.

Unter diesen Umständen kann die langfristige Rentabilität der Steinkohlenproduktion nicht als gesichert angesehen werden, sondern bedarf besonderer Absicherungen. Solche Absicherungen sollten die Bergbauunternehmen instandsetzen, ihre Kohlenproduktionen und die dazu notwendigen Investitionen nach unternehmerischen Maßstäben zu rechtfertigen. Das bedeutet naturgemäß keine 100-prozentigen Garantien. Schon deshalb müssen die Unternehmen weiterhin durch ständige eigene Anstrengungen das Äußerste zur Verbesserung ihrer Kosten- und Ertragslage und zur Sicherung ihres Absatzes tun.

Dies ist kein besonderes Problem der deutschen Steinkohle, sondern ein allgemeines Problem aller alternativen Energiequellen zum Importöl aus OPEC-Ländern. Es ist um so ausgeprägter, je mehr die Kosten der alternativen Energiequelle die Kosten des OPEC-Öls übersteigen. Das Problem stellt sich weltweit ebenso wie in unserem Land, beispielsweise für alles Öl aus kostenungünstigeren Vorkommen, für Schieferöl, für den Uranbergbau, für die neuen Technologien zur Erzeugung von Kohleöl oder Kohlegas, aber auch für Konvertierungsanlagen bei Mineralöl.

Die Situation wird durch das paradoxe Phänomen verschärft, daß die Rentabilität von Investitionen in alternativen Energiequellen um so stärker gefährdet ist, je mehr diese ihren Zweck erreichen sollten, nämlich die Abhängigkeit vom OPEC-Öl zu verringern und als Folge davon eventuell auch dessen Preis wieder zu drücken. Nach wohl allgemeiner Meinung müssen daher die Investitionen in der Energiewirtschaft vor der „Gefahr" geschützt werden, daß die Ölpreise wieder fallen sollten, „eine Situation, die um so wahrscheinlicher ist, je größer der Erfolg der Reduzierung der Abhängigkeit von Ölimporten ist" (so die OECD-Studie „Energy Prospects to 1985"). Im gleichen Sinn äußerten sich auch der Sachverständigenrat in seinem Jahresgutachten 1974 und der Bundesrat in seiner Stellungnahme zur Energiepolitik der Bundesregierung vom 8. März 1974.

Dieses für die deutsche Steinkohle entscheidende Kernproblem ist daher zu Recht der zentrale Punkt der Energiediskussion auf nationaler und internationaler Ebene. Als Lösungsmöglichkeiten werden erwogen:

- Die langfristige Festlegung eines *„Schwellenpreises"* für Importöl auf dem heutigen Preisniveau.
- Die Festlegung eines *Mindestpreises* als unterer Interventionspunkt.
- *Gezielte Absicherungen,* zum Beispiel langfristige Abnahmegarantien oder Subventionen.

Für einen wichtigen Bereich, nämlich für den Einsatz inländischer Steinkohle in der Elektrizitätswirtschaft, hat das *Dritte Verstromungsgesetz* vom 13. Dezember 1974 eine Teillösung geschaffen. Das Gesetz zielt auf den Einsatz von jährlich 33 Mill. t SKE inländischer Steinkohle im Durchschnitt der Jahre bis 1980 und auf kostengerechte Preise für diese Mengen ab. Die Erfahrungen des Jahres 1975 haben allerdings gezeigt, daß das mengenmäßige Ziel des Gesetzes nicht ausreichend abgesichert ist. In diesem Jahr ist der Einsatz inländischer Steinkohle in der Elektrizitätswirtschaft, der 1974 32 Mill. t SKE ausmachte, auf 22 Mill. t SKE gesunken. Das beruht darauf, daß 1975 im Stromverbrauch infolge der schweren wirtschaftlichen Rezession nicht nur der erwartete Zuwachs ausgeblieben, sondern ein erheblicher Rückgang eingetreten ist und dies im wesentlichen zu Lasten der inländischen Steinkohle ging. Das dadurch stark verringerte Ausgangsniveau des Stromverbrauchs läßt erwarten, daß auch bei einem wieder normalisierten Zuwachs der Steinkohleneinsatz wesentlich hinter dem gesetzlichen Ziel zurückbleibt, wenn dieses Ziel nicht durch zusätzliche energiepolitische Maßnahmen abgesichert wird. Die Novelle zum Dritten Verstromungsgesetzt sieht solche Maßnahmen nur in geringerem Umfang und nur für 1976 und 1977 vor.

Die Unternehmen des Steinkohlenbergbaus brauchen Klarheit darüber, welchen Beitrag zur Stromversorgung sie längerfristig leisten sollen. Nur dann können sie entsprechende Produktionskapazitäten bereithalten und die dazu notwendigen Investitionen durchführen. Die durch die erwähnte Novelle zum Dritten Verstromungsgesetz gewonnene Zeit muß daher genutzt werden, um eine längerfristig tragfähige Regelung zu schaffen.

Während von diesem Instrument etwa ein Drittel der deutschen Steinkohlenförderung abgedeckt werden soll, fehlen entsprechende Absicherungen für die weiteren zwei Drittel der Förderung. Die Bergbauunternehmen müssen aber auch hier mit der langfristigen Rentabilität der Produktion rechnen können, um die dazu notwendigen Investitionen zu finanzieren und durchzuführen. Praktisch kommt es vor allem auf zweierlei an:

- Absicherungen für die Kokskohlenproduktion der Hütten in der Bundesrepublik und in der übrigen Europäischen Gemeinschaft. Solche Absicherungen können durch langfristige vertragliche Regelungen oder durch energiepolitische Maßnahmen erfolgen. Eine Kombination von beiden würde den Bedürfnissen am besten gerecht.
- Einrichtung einer *Kohlenreserve.* Dieses Instrument ist im fortgeschriebenen Energieprogramm der Bundesregierung vorgesehen, um auf „die Auslastung des Steinkohlenbergbaus und die Stabilisierung der Beschäftigung" hinzuwirken und „Risiken der Energieversorgung elastisch zu begegnen". Die Bundesregierung hat beschlossen, eine Kohlenreserve von 10 Mill. t ab Januar 1976 anzulegen.
  Die wichtige Funktion einer solchen Reserve sowohl als Sicherheitsreserve im Notstandsfall als auch als „Puffer" bei besonderen Bedarfsschwankungen wird bisher durch drei Zyklen veranschaulicht. Ein vierter Zyklus zeichnet sich ab *(Bild 6).*

Eine genügend tragfähige Basis für die langfristige Rentabilität der Kohlenproduktion und der ihr dienenden Investitionen ist im Steinkohlenbergbau auch dringend notwendig, um planmäßig für eine ausreichende und leistungsfähige Belegschaft sorgen zu können.

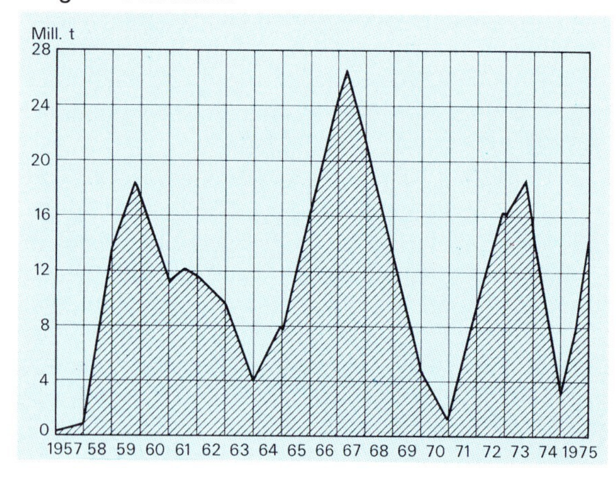

Bild 6: Halden als Energiereserve und Versorgungspuffer

1.5 Energiewirtschaftliche und energiepolitische Gesamtlage

Energiepolitische Absicherungen dieser Art bedeuten auf längere Sicht keine Belastung der Volkswirtschaft. Sie dienen vielmehr dazu, die Volkswirtschaft vor schweren Belastungen zu bewahren, indem sie die Energieversorgung durch die Aufrechterhaltung und Stärkung alternativer Energiequellen zum OPEC-Öl, insbesondere inländischer Energiequellen, sicherer und von Preisdiktaten der OPEC unabhängiger machen. Das hat die sogenannte Energiekrise veranschaulicht. Der dadurch ausgelöste Mehraufwand für die Ölimporte allein des Jahres 1974 gegenüber 1973 übersteigt bei weitem die gesamten fiskalischen Stützungsmaßnahmen zugunsten der deutschen Steinkohle seit Beginn der Kohlenkrise im Jahr 1958.

Eine „möglichst" liberale Energiepolitik, wie die Bundesrepublik sie führt, wird sich aber auch nach den Erfahrungen der Energiekrise fragen, ob es wirklich notwendig ist, die Rentabilität der inländischen Kohlenproduktion und der dazu erforderlichen Investitionen langfristig abzusichern oder ob etwa die Risiken eines weiteren Absinkens der Kohlenproduktion – nicht der Braunkohle, aber der Steinkohle – in Kauf zu nehmen sind. Die hierfür wesentlichen energiewirtschaftlichen Aspekte sind:

1.5.1 Mineralöl langfristig knapp und teuer

Nur etwa 10 v.H. der klassischen Energiereserven der Welt sind Öl und Gas *(Bild 7).* Etwa 68 v.H. des Bedarfs an klassischen Energieträgern wurden jedoch vor der Ölkrise durch Öl und Gas gedeckt, davon etwa 47 v.H. allein durch Öl. Besonders kraß sind die Auswirkungen dieser Situation auf West-

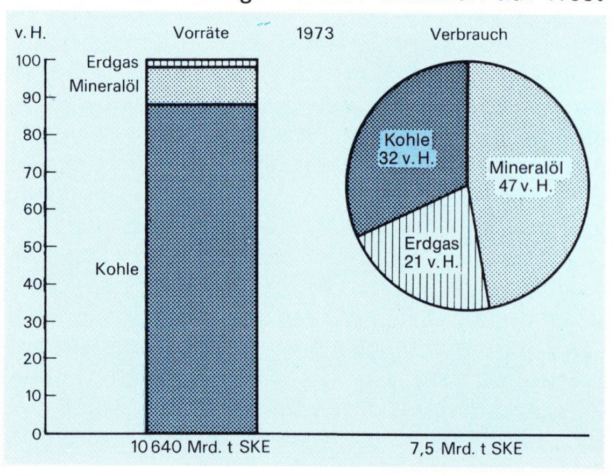

Bild 7: Vorräte und Verbrauch von Kohle, Mineralöl und Erdgas in der Welt

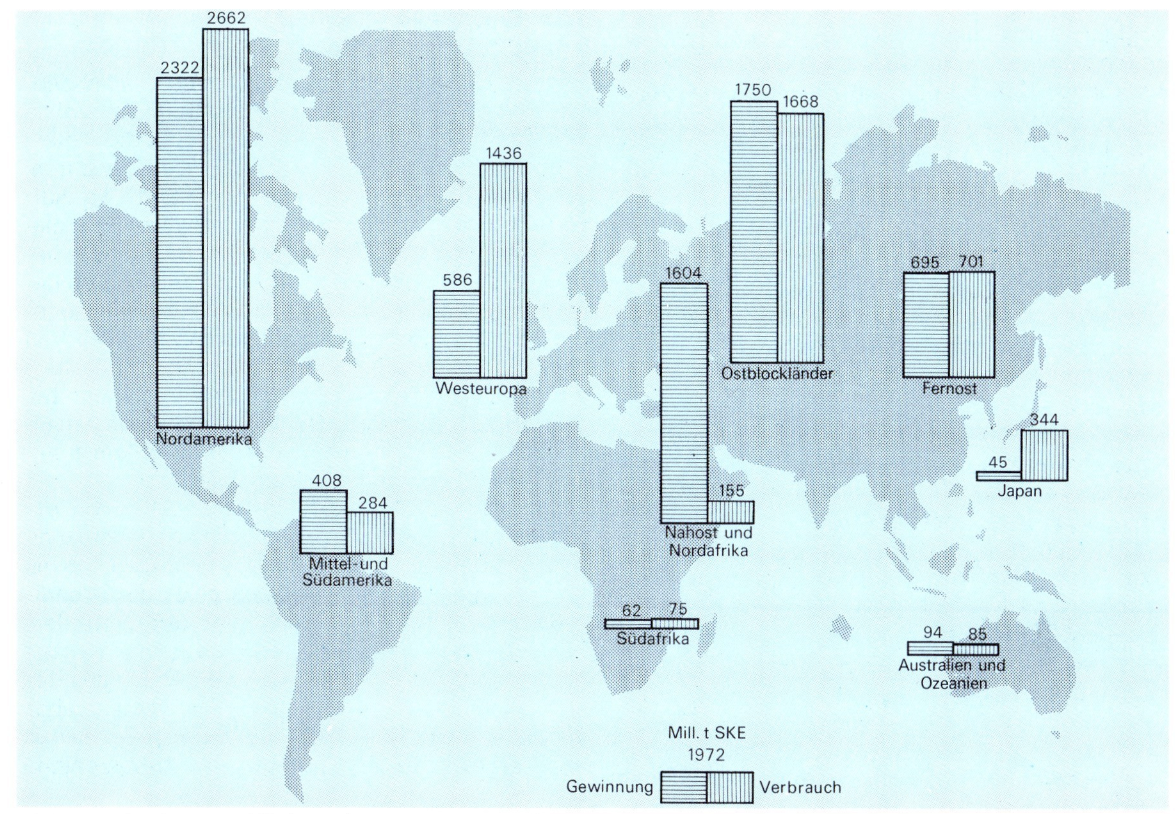

Bild 8: Produktions- und Verbrauchszentren von Primärenergie

europa und Japan. In Westeuropa hat die ungenügende Nutzung der eigenen Vorräte zu einer *Importabhängigkeit* – überwiegend von Öl aus OPEC-Ländern – von etwa 60 v.H. geführt; Japans Abhängigkeit beträgt sogar annähernd 90 v.H. *(Bild 8)*.

Der Weltenergieverbrauch betrug 1973 etwa 8 Mrd. t SKE. Er wird auch bei künftig verlangsamtem Zuwachs bis 1985 wahrscheinlich auf über 14 Mrd. t SKE ansteigen *(Bild 9)*. Das bedeutet selbst bei maximalem Ausbau der Kernenergie und erheblicher Expansion des Erdgases einen wachsenden Bedarf an Öl und Kohle. Das Ausmaß des zusätzlichen Ölbedarfs ist deshalb praktisch nur von der Kohle und ihrer Verfügbarkeit abhängig. Der Ölverbrauch 1973 betrug 3,5 Mrd. t SKE. Nach den vor der Energiekrise erstellten Prognosen sollte er bis 1985 auf über 7 Mrd. t SKE anwachsen. Heute wird für 1985 mit einem Ölverbrauch von 5 Mrd. t SKE, möglicherweise auch mehr, gerechnet.

Daraus ziehen die OPEC-Länder zwei ökonomische Konsequenzen:

- Ausrichtung des Ölpreises nach den großen Konkurrenzenergien, und zwar möglichst nach der teuersten Konkurrenzenergie, die in Westeuropa die Steinkohle ist. Die Kosten der Rohölförderung spielen dabei praktisch überhaupt keine Rolle, weil zwischen Produktionskosten und Preisen ein enormer Spielraum besteht.
- Streckung der Ölförderung, um die Ausbeutung der Vorkommen auf einen längeren Zeitraum zu verteilen und ihre Erschöpfung hinauszuschieben. Dies nicht nur, um grundsätzlich einen Knappheitspreis aufrechtzuerhalten, sondern auch um die Öleinnahmen den Investitionsbedürfnissen anzupassen, die sich in den meisten OPEC-Staaten – außer in Ländern wie Iran und Algerien – erst entwickeln, und um Inflations- und Währungsrisiken zu mindern.

Diesem doppelten Zweck dient das OPEC-Kartell. Für die Hoffnung, daß es in absehbarer Zeit unwirksam würde, gibt es keine rationalen Gründe.

1.5.2 Energieeinsparungen nur begrenzt und auf längere Sicht wirksam. Anstieg des Energiebedarfs daher auch künftig bedeutend.

Die Wahrscheinlichkeit tendenziell teurer und knapper Energiedarbietung erfordert sparsame

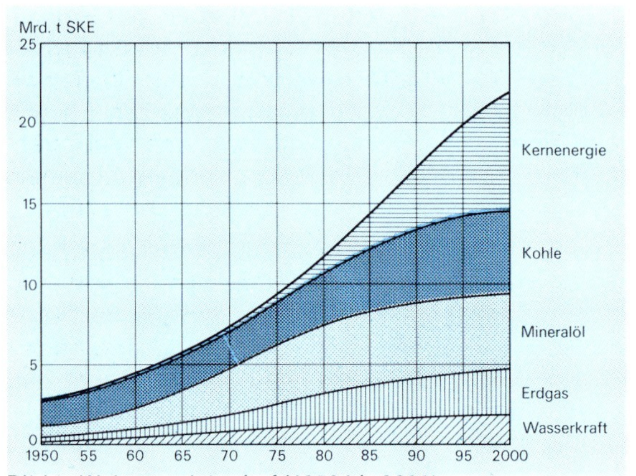

Bild 9: Weltenergiebedarf (1950 bis 2000)

und rationelle Energieverwendung. Über das erreichbare Ausmaß an Energieeinsparung lassen sich bisher keine verläßlichen Angaben machen. An sich müßten erhebliche Möglichkeiten bestehen, wenn die hohen Energieverluste bedacht werden, die bisher auf dem Weg Primärenergieverbrauch – Endenergieverbrauch – Nutzenergieverbrauch eintreten, beispielsweise im industriellen Bereich, im Verkehr, aber auch in den privaten Haushalten. Andererseits müssen zu diesem Zweck teilweise ganz neue Techniken entwickelt und umfangreiche Investitionen durchgeführt werden. Bestimmte Projekte, die besonders hohe Einsparungseffekte erbringen würden, erfordern auch besonders hohe Investitionen, zum Beispiel Fernwärmesysteme, um die Abwärme von Kraftwerken für Raumheizung nutzbar zu machen. Bis zu ihrem Wirksamwerden braucht es also viel Zeit. Die quantitativen Schätzungen sind bisher recht unterschiedlich. Die EG-Kommission und die OECD halten per 1985 Einsparungen von insgesamt 15 v.H. und sogar 20 v.H. für möglich, die Bundesregierung erwartet im fortgeschriebenen Energieprogramm 9 v.H. und neuerdings 13 v.H. Dazu ist dreierlei zu betonen:

- Die Zahlen bedeuten nicht Einsparungen gegenüber dem heutigen Niveau, sondern gegenüber dem Niveau, das vor der Ölkrise bei einem weiteren starken Anstieg bis 1985 erwartet wurde.
- Es handelt sich nicht um fundierte Prognosen, sondern höchstens um Zielprojektionen.
- Es stellt sich dabei immer die Frage, wo die Grenze liegt, bis zu der es um wirkliche Einsparung und Rationalisierung geht oder jenseits derer das Wirtschaftswachstum und der private Lebensstandard fühlbar mit weiteren negativen Folgen beschränkt würden.

1.5.3 Der Versorgungsbeitrag der Kernenergie wird stark expandieren, aber begrenzt bleiben

Ein besonderer Schwerpunkt der Bemühungen, um die Abhängigkeit vom Importöl zu verringern, ist die Expansion der Kernenergie. Das fortgeschriebene Energieprogramm der Bundesregierung strebt für die Kernenergie an:

- 25 v.H. des Strombedarfs und 9 v.H. des Primärenergiebedarfs im Jahr 1980
- 45 v.H. des Strombedarfs und 15 v.H. des Energiebedarfs im Jahr 1985.

Für das Jahr 2000 wurde in bisherigen Prognosen ein Anteil der Kernenergie von zwei Dritteln bis drei Vierteln des Strombedarfs angenommen, was etwa 35 v.H. des Gesamtenergiebedarfs entspräche. Diese Zahlen zeigen die mögliche außerordentliche Expansion der Kernenergie, aber zugleich, daß ihr Versorgungsbeitrag selbst bei einer Betrachtung bis zur Jahrtausendwende auf gut ein Drittel begrenzt bleibt.

Nach heutigem Erkenntnisstand sind allerdings die genannten Zahlen für 1980 und wahrscheinlich auch für 1985 nicht mehr erreichbar. Die Gründe dafür liegen in den besonderen Problemen, die sich sowohl für die Erstellung von Kernkraftwerken als auch in den vor- und nachgeschalteten Bereichen ergeben haben und sich hier nur aufzählen lassen:

Bau von Kernkraftwerken

- Wachsende Probleme der Sicherheit und des Umweltschutzes.
- Immer schwierigere Wahl geeigneter Standorte.
- Infolgedessen lange und ungewisse Genehmigungsverfahren.
- Schließlich auch die Frage, ob die Kapazität der Reaktorbauindustrie für das sich mehr und mehr zusammenballende Programm reicht.

Die Konsequenz sind starke Verzögerungen. Von der gesamten Kernkraftwerksleistung von 20000 MW, die nach dem fortgeschriebenen Energieprogramm 1980 am Netz sein soll, sind nach jetzigem Stand nur noch 15000 bis 16000 MW erreichbar, von den für 1985 vorgesehenen 45000 bis 50000 MW wahrscheinlich nicht mehr als 35000 bis 40000 MW.

Bereitstellung des notwendigen Uranerzes

Nach neueren Untersuchungen ist zu befürchten, daß insbesondere in den frühen achtziger Jahren für die vorgesehene außerordentliche Expansion der Kernenergie nicht genügend Uranerz zur Verfügung steht.

Urananreicherung
Kapazitäten, die der mengenmäßigen und zeitlichen Bedarfsentwicklung entsprechen, sind bisher nicht vorhanden oder gesichert.

Wiederaufarbeitung
Auch hier fehlen bisher ausreichende Kapazitäten. Wesentliche technische Fragen einschließlich des Transports sind teilweise noch offen. Dazu gehört das besondere Problem der Beseitigung radioaktiver Abfälle, das mit dem Volumen der Kernenergieerzeugung wächst. In finanzieller Hinsicht ist umstritten, wer die Kosten dafür trägt. Die Elektrizitätswirtschaft möchte sie dem Staat zuordnen, der sie jedoch als Kosten der Stromerzeugung und damit der Elektrizitätswirtschaft betrachtet.

Fast alle diese Probleme haben auch Auswirkungen auf die Kosten. Daraus ergeben sich Konsequenzen für den Kostenvergleich zwischen Kernenergiestrom und Strom aus konventionellen Wärmekraftwerken. Wenn man

- die dargelegten neueren Kostenentwicklungen berücksichtigt,
- Kosten, die bisher auf die öffentliche Hand verlagert wurden oder verlagert werden sollten und
- sowohl für Kernenergiestrom als auch für Strom aus Steinkohle die Kostenentwicklung bis 1985 fortschreibt,

lassen neuere Rechnungen es mindestens ungewiß erscheinen, ob der Vergleich im Mittellastbereich zugunsten der Kernenergie ausfällt. Dies alles ändert jedoch nichts an der Notwendigkeit, den Beitrag der Kernenergie zur Energieversorgung so stark wie möglich auszuweiten.

1.5.4 Erdgas ist zwar der expansivste, aber auch knappste fossile Energieträger

Auf Erdgas entfallen nur 2 v.H. der fossilen Energiereserven der Welt *(Bild 7)*. Die regionale Verteilung ist allerdings nicht so ungünstig wie beim Öl, da immerhin knapp 10 v.H. der Reserven in Westeuropa liegen. Infolge des außerordentlichen Verbrauchsanstiegs seit Mitte der sechziger Jahre ist jedoch langfristig eher mit Verknappungstendenzen zu rechnen. Erdgas hat zur Zeit einen Anteil von rund 13 v.H. am Primärenergieverbrauch der Bundesrepublik.

Der Erdgasverbrauch ist seit 1970 von 18 Mill. t SKE auf 46 Mill. t SKE im Jahr 1974 angestiegen und soll nach dem fortgeschriebenen Energieprogramm auf 87 Mill. t SKE in 1980 und 101 Mill. t SKE in 1985 ansteigen – nach heutigem Erkenntnisstand sehr optimistische Erwartungen. Diese Gesamtmenge würde sich dann zu etwa drei Vierteln aus Erdgasquellen der Europäischen Gemeinschaft und zu etwa einem Viertel aus Provenienzen der Sowjetunion, Irans und Nordafrikas zusammensetzen. Ein wesentlicher Teil der Mengen müßte hiernach aus Ländern kommen, deren Erdgaslieferungen mit einem ähnlichen Risiko behaftet sind wie das Importöl.

Experten halten es für möglich, daß Mitte bis Ende der achtziger Jahre der Kulminationspunkt des Erdgases erreicht wird *(Bild 10)*. Von diesem Punkt an ist zu erwarten, daß die Inlandsgewinnung wegen geologischer Erschöpfung zurückgeht und in den neunziger Jahren auch die Importmöglichkeiten abnehmen. Der Gasbedarf in der Bundesrepublik wird jedoch weiter steigen, teilweise auch, um Öl durch synthetisches Erdgas zu ersetzen. Daraus wird sich ab Mitte oder Ende der achtziger Jahre voraussichtlich ein wachsender Bedarf an synthetischen Gasen ergeben. Das Kohlegas aus der schon angesprochenen neuen Technologie, bei der Kernenergie und Kohle zusammenwirken, wird diese Bedarfslücke hoffentlich schließen können.

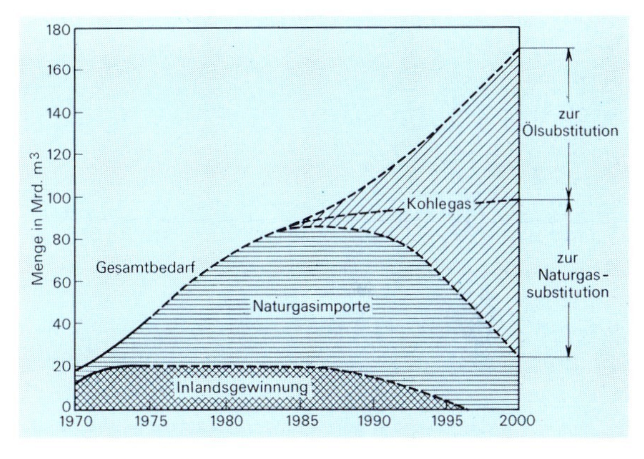

Bild 10: Möglicher Kohlegasbedarf in der Bundesrepublik

1.6 Resümee

Die Gegebenheiten der energiewirtschaftlichen Gesamtlage und der voraussichtlichen Entwicklung stellen an die einzige verbleibende große Energiequelle, nämlich die Kohle, wachsende Anforderungen. Sie sind nur zu erfüllen, wenn die Kohlenproduktion und die dazu notwendigen langfristigen Investitionen nach unternehmerischem Ermessen rentabel sind. Hierfür die Grundlage zu schaffen – soweit dies über die Möglichkeiten der Kohlenproduzenten und der großen Verbraucher hinausgeht – ist eine Hauptaufgabe der Energiepolitik.

2

Chancen und Risiken einer deutschen Rohstoffpolitik

von Dr.-Ing. Harald Kliebhan

2.1 Weltwirtschaftsordnung in der Diskussion

2.1.1 Die Rolle der Rohstoffe

Im Herbst 1973 haben die arabischen Mitglieder der Organisation der Erdöl exportierenden Länder (OPEC) aus politischem Anlaß ein Rohölembargo durchgesetzt. Die hieraus folgende weltweite Rohölversorgungskrise hat die Spaltung der Nationen in rohstoffreiche und rohstoffarme Länder sichtbar werden lassen. Der Besitz von Rohstoffen wird heute von Entwicklungsländern als Berechtigung dafür angesehen, die Entwicklung der Industrienationen und ihres Lebensstandards im Zeitraffertempo nachzuholen. Die Dritte Welt argumentiert in diesem Zusammenhang vor allem auch mit dem Hinweis darauf, die Industrienationen hätten während ihrer eigenen Entwicklungsperiode die reichen Rohstofflagerstätten der unterentwickelten Länder jahrhundertelang ausgebeutet, die Rohstoffe nur im eigenen Land verarbeitet, mit Gewinn verkauft und den Rohstoffländern ihren gerechten Anteil am Ertrag vorenthalten. Aus diesem Grund fordern viele Entwicklungsländer, insbesondere die „Gruppe der 77", die inzwischen auf 108 Nationen angewachsen ist, in den Vereinten Nationen und ebenso in ihren Unterorganisationen, der Welthandels- und Entwicklungskonferenz (UNCTAD) sowie der Organisation für industrielle Entwicklung (UNIDO), programmatisch eine *neue Weltwirtschaftsordnung,* die vor allem auf mineralische Rohstoffe bezogen ist. Beispiele solcher Forderungen, die sich weitgehend mit denjenigen des „Integrierten Rohstoffprogramms" der UNCTAD decken, sind:

- ○ Nationalisierung von Rohstofflagerstätten, die in ausländischem Besitz sind, bis hin zur entschädigungslosen Enteignung;
- ○ Koppelung der Rohstoffpreise an die Preise der Erzeugnisse aus Industrieländern (Indexierung);
- ○ Einflußnahme auf den internationalen Rohstoffhandel;
- ○ Bildung international finanzierter Vorratslager;
- ○ Garantie für die Marktanteile der Rohstoff-Exportländer durch die Importländer.

Ein besonders schwieriges Problem ist die Erschließung des Meeresbodens, der gewaltige Mengen an mineralischen Rohstoffen birgt *(Tafel 1).* Hier sind die Interessen der Rohstoffländer ausgesprochen vielschichtig und komplizieren dadurch die internationale Verständigung erheblich. Einmal wollen sich die Rohstoffe besitzenden Entwicklungsländer den Zugriff auf die weit vor ihren Küsten liegenden Bodenschätze, aber auch auf diejenigen der tiefen See sichern, zum anderen sind sie bestrebt, durch hinhaltendes Taktieren die wirtschaftlichen Nutzungsmöglichkeiten ihrer eigenen terrestrischen Lagerstätten vor der Konkurrenz des Meeresbergbaus zu schützen. Die Politik der Entwicklungsländer auf den *Seerechtskonferenzen der Vereinten Nationen* tendiert dahin, die „Freiheit der Meere" in bezug auf die Rohstoffgewinnung einzuschränken und durch eine Meeresbodenbehörde der UNO, in der Entwicklungsländer die Majorität besitzen würden, alle Fragen – von der Aufsuchung bis hin zur Verwertung der Rohstoffe – zu regeln (Enterprise-System). Demgegenüber neigen die Industrieländer einem System zu, in dem die UNO-Behörde nur Konzessionen für die Gewinnung zu vergeben hätte (Lizenzsystem). Wegen der Schwierigkeiten, in absehbarer Zeit eine Lösung zu finden, sind nationale Interimslösungen anstelle eines neuen Seerechts – basierend auf der Macht der Industrienationen – nicht ganz auszuschließen. Hierbei wird es jedoch sehr auf die Haltung des Ostblocks ankommen.

Tafel 1: Mengen und Reichweiten der in den Manganknollen des Pazifischen Ozeans enthaltenen Mineralrohstoffe

	Mengen	Reichweiten
Mangan	360 Mrd. t	400 000 Jahre
Eisen	200 Mrd. t	2 000 Jahre
Kobalt	5 Mrd. t	200 000 Jahre
Nickel	15 Mrd. t	150 000 Jahre
Kupfer	8 Mrd. t	6 000 Jahre

Um ihren Forderungen Nachdruck zu verleihen, setzen neben den Erdölländern auch die anderen Rohstoffländer *Erzeugerkartelle* bei ausgewählten und besonders sensiblen Rohstoffen ein. Diese Kartelle sind mehr oder weniger wirksam.

Neben der OPEC bestehen folgende Kartelle:

CIPEC (Zusammenschluß der Kupfer exportierenden Länder)

AIEC (Vereinigung der Eisenerz exportierenden Länder)

IBA (Internationale Bauxit-Vereinigung).

Ein Kartell für Wolfram und Antimon wird derzeit offenbar durch Bolivien und China vorbereitet. Das internationale Zinnabkommen hingegen stellt einen Zusammenschluß von Produzenten und Verbrauchern auf Regierungsebene dar und kann daher nicht mit den vorgenannten kartellähnlichen Zusammenschlüssen verglichen werden, weil Kartelle das Ziel verfolgen, durch künstliche Verknappung die Produkt-Preise hochzuhalten. Die Importländer müssen deshalb sowohl mit Preis- als auch mit Mengenproblemen rechnen. Sie haben hierauf noch nicht mit gleichwertigen Maßnahmen reagiert, weil sich auch auf seiten der Industrienationen unterschiedliche Interessen abzeichnen.

Hier gibt es folgende Gruppierungen:

- Rohstoffreiche und verbrauchsarme exportierende Länder, wie zum Beispiel Australien und Kanada, die in ihrer Rohstoffpolitik zum Teil ähnliche Ziele verfolgen wie die Entwicklungsländer;
- Länder, die sowohl Rohstoffe besitzen als auch in großem Umfang verbrauchen, allen voran die USA, deren Rohstoffpolitik immer auch vom Autarkiegedanken geleitet wird;
- Länder, die wegen ihrer Rohstoffarmut auf der einen Seite und ihres hohen Industrialisierungsgrades andererseits weitgehend von Importen abhängig sind, wie beispielsweise Japan und die Bundesrepublik Deutschland.

Die Ostblockstaaten nehmen hier eine Sonderstellung ein. In grober Annäherung dürften die Rohstoffpolitiken dieser Länder in etwa ausgeglichen sein. Dies schließt jedoch nicht aus, daß der Ostblock im Konzert der Weltrohstoffpolitik mit wechselnden Präferenzen mitspielt. Zur Zeit ist auf diesem Gebiet jedoch Zurückhaltung zu beobachten.

Tafel 2: Anteile der Ländergruppen an den Weltvorräten mineralischer Rohstoffe im Jahre 1974

Rohstoff	Weltvorräte (Mill. t)	Vorräte westliche Industrieländer (v.H.)	Vorräte Entwicklungsländer (v.H.)	Vorräte Ostblockländer (v.H.)
Kupfer	375,5	41,0	44,9	14,1
Blei	130,6	69,8	12,8	17,4
Zink	185,3	69,3	14,5	16,2
Zinn	4,25	3,7	79,1	17,2
Eisen	87700,0	35,1	29,2	35,7
Nickel	68,0	44,0	41,3	14,7
Mangan	1920,0	52,3	18,5	29,2
Chromit	1689,6	96,2	2,5	1,3
Wolfram	1,247	10,7	11,7	77,6
Molybdän	5,625	59,0	16,8	24,2
Kobalt	2,477	36,1	55,6	8,3
Vanadium	9,200	36,4	4,5	59,1
Antimon	4,120	16,3	22,0	61,7
Bauxit	11871,9	38,0	56,0	6,0
Flußspat	135,3	52,3	38,8	8,9
Phosphat	4649,3	39,3	42,4	18,3
Baryt	196,6	63,7	18,3	18,0
Asbest	301,2	63,4	5,8	30,8

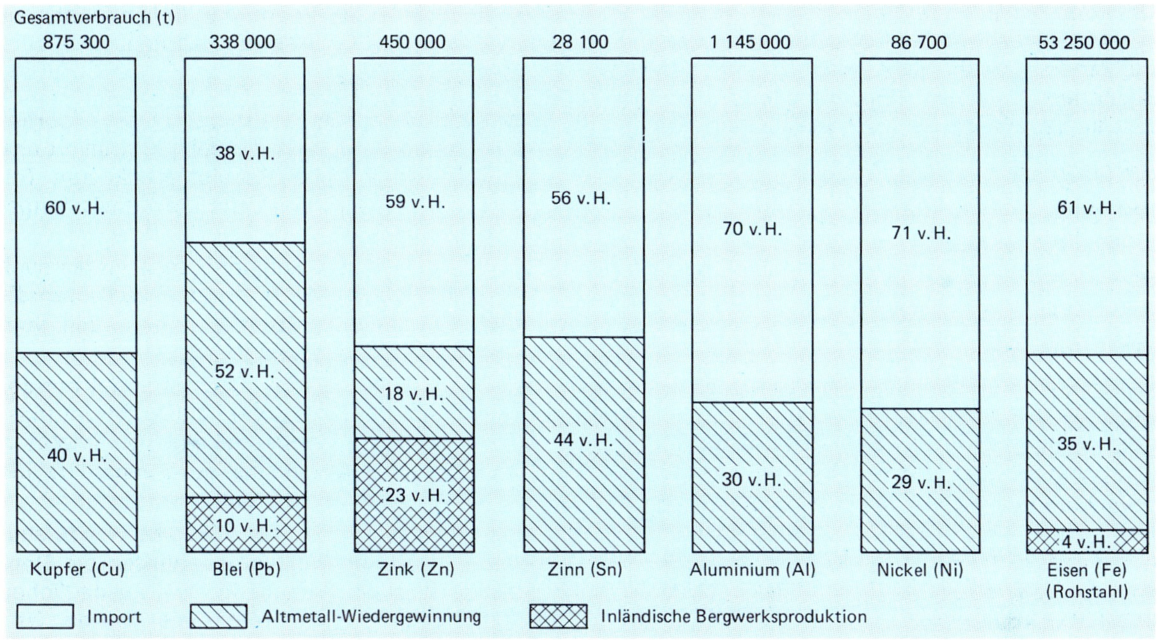

Bild 1: Versorgungsstruktur der Bundesrepublik Deutschland 1974 bei ausgewählten Mineralrohstoffen

2.1.2 Verteilung der Rohstoffvorräte

Von den etwa 45 mineralischen Rohstoffen, die heute für die Weltindustrie relevant sind, machen 15 fast 100 Prozent der Weltproduktion aus. Mehr als ein Drittel der Gesamtvorräte liegt innerhalb der westlichen Industrieländer. Eine Ausnahme hiervon bilden lediglich Zinn, Antimon und Wolfram. Die beiden letztgenannten Mineralien kommen im wesentlichen in Ländern des Ostblocks vor, während die wichtigsten Zinnreserven in Entwicklungsländern Südostasiens und Südamerikas liegen *(Tafel 2).*

2.2 Deutsche Rohstoffversorgung

Die Bundesrepublik Deutschland weist auf dem Gebiet der mineralischen Rohstoffe, die nach der hier gewählten Terminologie Energierohstoffe nicht einschließen, zur Zeit noch eine ausreichende Eigenversorgung bei Kali- und Steinsalzen, Steine- und Erdenprodukten sowie bei Schwerspat auf. Eine partielle Eigenversorgung aus deutscher Bergbauproduktion besteht bei Blei (10 v.H.), Zink (23 v.H.), Flußspat (25 v.H.), Graphit (50 v.H.), Silber (10 v.H.) und Eisen (4 v.H.). Unter Berücksichtigung der heutigen Bergbauproduktion und der bekannten Lagerstättenvorräte würde die Förderung von Blei-, Zink- und Silbererzen in 10 bzw. spätestens 25 Jahren zum Erliegen kommen. Bei Flußspat und Graphit dürften die einheimischen Lagerstätten spätestens in 30 Jahren erschöpft sein. Alle anderen mineralischen Rohstoffe müssen als Erze, Konzentrate oder als Halbwaren importiert werden. Der Import notwendiger Mineralrohstoffe erfolgt über

- ○ Kauf am Weltmarkt zu Tagesnotierungen der Metallbörsen;
- ○ lang- und mittelfristige Lieferverträge mit den Rohstoffproduzenten;
- ○ Beteiligungen an Bergbauunternehmen im Ausland (im wesentlichen bisher bei Eisen, in geringem Umfang auch bei Blei/Zink und Aluminium).

Für den Import der Rohstoffe Kupfer, Blei, Zink, Zinn, Aluminium, Chrom, Nickel, Mangan und Eisen wurden beispielsweise durch die verarbeitende Industrie der Bundesrepublik Deutschland in 1974 Devisen im Wert von etwa 4 Mrd. DM benötigt. Zusammen mit Halbwarenimporten auf der Basis vorgenannter Rohstoffe erreichte der Devisenwert fast 10 Mrd. DM. Die Importabhängigkeit wird gemildert durch den hohen Anteil der Rückgewinnung (Recycling) von Altmetallen *(Bild 1).*

Die mit der Abhängigkeit verbundenen *Risiken* sind in regionaler und sektoraler Hinsicht unterschiedlich. Starke Streuung der Bezugsquellen und politische Stabilität der Exportländer sind positive Versorgungsmerkmale, dagegen wirken sich geringe Streuung, politische Instabilität und Mitgliedschaft der Exportländer in Kartellen negativ aus *(Bild 2)*. Im allgemeinen sind die Rohstoffquellen der Bundesrepublik Deutschland ausreichend gestreut. Wegen der ungleichmäßigen Verteilung von Lagerstätten in der Welt bilden sich jedoch Lieferschwerpunkte heraus, so zum Beispiel bei Zink in den westlichen Industrieländern, bei Kupfer und Zinn in den Entwicklungsländern Südamerikas, Afrikas und Südostasiens. Das Risiko aus der Abhängigkeit von politisch instabilen Ländern ist demnach relativ gering, jedoch ist im Krisenfall eine kurzfristige Umstellung auf andere Bezugsquellen vor allem aus Qualitätsgründen nicht immer oder nur mit Verzögerungen möglich.

2.3 Ziele einer nationalen Rohstoffpolitik

2.3.1 Aufgaben der privaten Rohstoffwirtschaft

Die deutsche Bergbauindustrie versteht sich seit jeher als Versorger der heimischen Wirtschaft mit mineralischen Rohstoffen. Diesen Auftrag hat sie lange Zeit überwiegend auf der Basis einheimischer und zum Teil ausländischer Lagerstätten erfüllen können. Nach zwei verlorenen Weltkriegen und den darauf folgenden Enteignungen überseeischen Bergwerkseigentums war Deutschland praktisch vom Aufsuchen, Erwerb und Besitz ausländischer Lagerstätten lange Zeit ausgeschlossen. In der Bundesrepublik selbst kommen aus geologischen Gründen viele Rohstoffe nicht vor. Bekannte Lagerstätten können häufig in Konkurrenz zu Importrohstoffen nicht wirtschaftlich abgebaut werden. Es ist also erforderlich, sich im Ausland allein oder gemeinsam mit Partnern zu betätigen. Hierzu gibt es folgende Möglichkeiten:

- Aufsuchen von Lagerstätten (Prospektion, Exploration);
- Erwerb von bereits explorierten Lagerstätten;
- Beteiligung an ausländischen Bergwerksprojekten.

Grundsätzlich darf bei allen diesen Überlegungen die weitere Erforschung des Gebietes der Bundesrepublik Deutschland nicht vernachlässigt werden, um je nach der internationalen Versorgungslage oder bei sich ändernden Preisen *Wirtschaftlichkeitsvergleiche* mit heimischen Lagerstätten anstellen zu können. Auch könnte bei Verknappungserscheinungen auf dem Weltmarkt oder bei radikalen Preissteigerungen die Gewinnung bereits be-

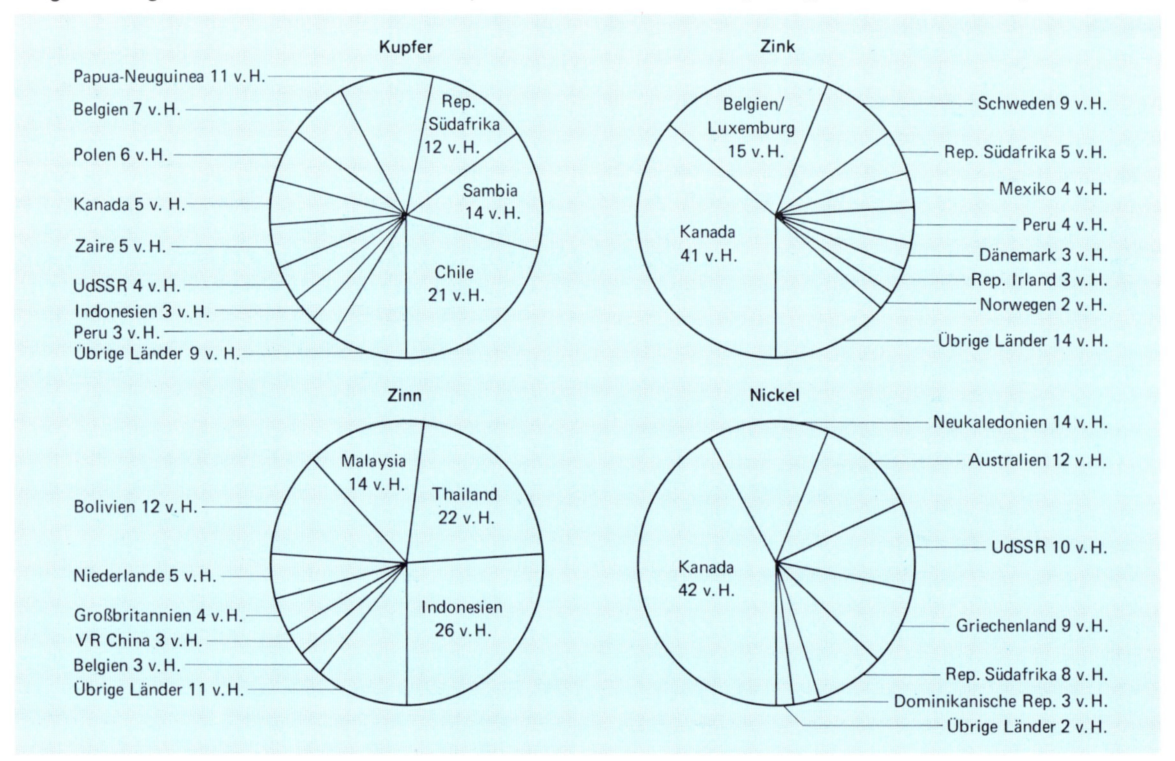

Bild 2: Importstruktur der Bundesrepublik Deutschland 1974 bei wichtigen Metallen

kannter Armerzlagerstätten bzw. die Wiederaufarbeitung von Halden interessant werden.

Angesichts der hohen Investitionen bei neuen Rohstoffprojekten können deutsche Bergbaugesellschaften wegen ihrer geringen Finanzkraft solche Vorhaben heute und in Zukunft kaum allein durchführen. Hier müssen neue Wege der *privatwirtschaftlichen Kooperation* zwischen Bergbau, verarbeitender Industrie, dem interessierten Anlagenbau und den Banken gefunden werden.

Ein weiterer Beitrag zur Sicherung der Rohstoffversorgung der Bundesrepublik Deutschland kann in Zukunft die *Rohstoffgewinnung aus dem Meer* sein. Neben völkerrechtlichen Fragen müssen auf diesem Gebiet jedoch noch schwierige technische Probleme gelöst werden, bevor hier mit einer wirtschaftlichen Gewinnung begonnen werden kann.

2.3.2 Rohstoffpolitik der Bundesregierung

Eine wichtige Rolle fällt der Rohstoffpolitik zu. Angesichts des Risikos, daß viele Rohstoffländer ihre Lagerstätten verstaatlichen, zumindest aber die Produktion und vor allem den Export staatlich dirigieren, sollte eine deutsche Rohstoffpolitik auf bi- oder multilateraler Grundlage deutschen Unternehmen den Weg ins Ausland ebnen. Insbesondere müssen die damit verbundenen politischen Risiken abgesichert werden. Insgesamt stehen folgende *Instrumentarien* zur Verfügung:

- Grundsatzabkommen in der Außen- und Außenwirtschaftpolitik (Zusammenarbeitsverträge und Kapitalschutzabkommen);
- Berücksichtigung von Aspekten der Rohstoffversorgung im Rahmen der Entwicklungshilfepolitik;
- finanzpolitische Hilfen auf dem Finanzierungs- und Steuersektor in Anbetracht der unterschiedlichen Besteuerung in vielen Erzeuger- und Verbraucherländern, um Wettbewerbsverzerrungen und damit verbundene Nachteile für deutsche Firmen auszuschalten;
- Bereitstellung von Forschungsmitteln für die Enwicklung neuer Methoden und Geräte zum Aufsuchen von Lagerstätten;
- Einsatz staatlicher Förderungsmittel für die Lagerstättensuche im In- und Ausland;
- Einschaltung staatlicher Dienste (Auslandsvertretungen, Geologische Dienste) zur Information und zur Unterstützung der deutschen Industrie;
- direkte staatliche Kapitalbeteiligung an Bergbauprojekten;
- Rohstoffbevorratung.

Verschiedene Instrumentarien, wie beispielsweise die Förderung von *Lagerstättenprospektion und Exploration im In- und Ausland,* werden schon mit Erfolg angewandt, andere befinden sich noch im Gespräch. Während zum Beispiel die Bevorratung wegen ungelöster Probleme der Finanzierung und der Verfügungsgewalt noch umstritten ist, wird die finanzielle staatliche Beteiligung an Bergbauprojekten von der Bundesregierung derzeit abgelehnt.

2.3.3 Internationale Kooperation

Die bisherige Entwicklung läßt immer klarer erkennen, daß sich die Ansprüche von Entwicklungs- und Industrieländern an die Weltwirtschaft nur auf dem Wege der Kooperation und nicht der Konfrontation erfüllen lassen. Ein gezieltes Rohstoffembargo könnte auch die importabhängigen Industrieländer nur zeitweilig treffen, da diese auf Grund ihrer fortgeschrittenen technologischen Fähigkeiten in der Lage sind, Substitutionsstoffe zu entwickeln. Auch könnten sich die Verbrauchergewohnheiten ändern. Mit einer solchen Konsequenz wäre jedoch keinem gedient, da die Volkswirtschaften der Industrieländer in einem solchen Fall durch hohe Entwicklungs- und Einführungskosten bzw. durch die Kosten notwendiger Umstrukturierungsmaßnahmen belastet und die das Embargo verhängenden Rohstoffländer ihren Absatz verlieren würden.

Die Notwendigkeit eines weltweiten Wirtschaftswachstums und der Wille zur Kooperation werden es erforderlich machen, in Zukunft bestimmte Verarbeitungsstufen in Entwicklungsländern aufzubauen. Darüber hinaus zwingen Arbeitsmarkt- und Umweltfragen in Verbindung mit den Rohstoffvorkommen zu einem solchen Handeln. Hierin liegt zugleich auch die Chance der rohstoffreichen Entwicklungsländer, entsprechend ihrem industriellen Stand durch Übernahme angepaßter Technologien ihren Lebensstandard zu erhöhen. Neben der Gewinnung und Aufbereitung von Rohstoffen in arbeitsintensiven Prozessen könnten bestimmte Weiterverarbeitungsstufen in Entwicklungsländern aufgebaut werden, ohne bestehende Strukturen in den Industrieländern gewaltsam zu verdrängen. Auch könnte die *Integration der Weltwirtschaft* durch gegenseitige wirtschaftliche Verflechtung vom Rohstoff bis zum Endprodukt (down-stream-system) verstärkt werden.

Nachdem lange Zeit das Ost-West-Problem die weltpolitische Szene beherrscht hat, tritt nunmehr die Nord-Süd-Auseinandersetzung über eine Neuordnung der Weltwirtschaft hinzu.

3 Aufsuchen und Erkunden von Lagerstätten

Unser Rohstoffreservoir ist die *Erdkruste,* die aus verschiedenen Gesteinstypen zusammengesetzt ist. Nur neun von 92 natürlich vorkommenden Elementen bestreiten 99,03 v.H. ihrer Masse:

Sauerstoff	46,60 v.H.
Silizium	27,72 v.H.
Aluminium	8,13 v.H.
Eisen	5,00 v.H.
Calcium	3,63 v.H.
Natrium	2,83 v.H.
Kalium	2,59 v.H.
Magnesium	2,09 v.H.
Titan	0,44 v.H.
	99,03 v.H.

Alle übrigen Elemente besitzen nur einen Anteil von 0,97 v.H. am Aufbau der Erdkruste.

Den mengenmäßig größten Bedarf an mineralischen Rohstoffen – außer Energierohstoffen – dekken 15 Metalle und Nichtmetalle (Eisen, Phosphat, Bauxit, Mangan, Kupfer, Chromit, Flußspat, Baryt, Asbest, Blei, Ilmenit, Nickel, Zinn, Zink und Antimon), auf die 99,75 v.H. der jährlichen Weltproduktion entfallen. Weitere 30 haben nur einen Anteil von 0,25 v.H. des Weltbergbaus.

Ein Kubikkilometer Erdkruste enhält zwar durchschnittlich 760000 t Zink, 190000 t Kupfer, 5250 t Uran und 260 t Silber; aber erst wenn Mineralien in noch stärkerer Konzentration vorkommen, lohnt sich der Abbau. Zink muß zum Beispiel um das 500-fache, Kupfer um das 140fache, Uran um das 1000-fache und Silber um das 5000fache angereichert sein, ehe von einer *abbauwürdigen* Lagerstätte gesprochen werden kann. Lagerstätten sind also in fast allen Fällen außergewöhnliche geologische Erscheinungen.

3.1 Entstehung von Lagerstätten

Solche Anreicherungen zu *Lagerstätten* erfolgen beim Kreislauf der Stoffe in der Erdkruste; sie sind das Produkt langwieriger Vorgänge der Erdgeschichte. Die Erdkruste ist in eine Zahl von *Platten* aufgeteilt, die auf dem heißen, zähflüssigen und schwereren Erdmantel „schwimmen". Die Platten wachsen entlang der erdumspannenden mittelozeanischen Rücken, wo glutflüssiges Gestein aus dem Erdinnern ständig aufquillt, sich an die ozeanische Kruste anlagert und den Meeresboden dabei seitlich wegdrückt. Die Platten schrumpfen dort, wo zwei Schollen aufeinandertreffen. Die schwerere ozeanische Erdkruste wird – entweder von einer kontinentalen Platte oder von einer anderen Meeresbodenplatte – abgebogen und in den Mantel untergepflügt, so daß Krustengestein erneut in den sehr langsamen Kreislauf eintritt. Die leichtere kontinentale Erdkruste dagegen neigt dazu, sich bei solchen globalen Kollisionen aufzufalten, wie zum Beispiel im Himalaja beim Anschweißen der indischen Platte an Asien.

An den Grenzen der Platten ist die Erdkruste am unruhigsten. Dort öffnen sich Tiefseegräben oder wachsen Hochgebirge, dort werden Gesteine gefaltet und andere aufgeschmolzen, dort werden glutflüssige Magmen „destilliert" und beim Erkalten differenziert, dort sind Verwitterung und Abtragung besonders wirksam. Dieser geologische Kreislauf hat sich während der Erdgeschichte mehrfach wiederholt.

Die im Verlaufe dieses Kreislaufs entstandenen *Lagerstätten* der mineralogischen Rohstoffe sind an bestimmte Zeitabschnitte gebunden *(Tafel 1).* Das erklärt zum Beispiel die Verbreitung der Zinnlagerstätten in „Provinzen", deren Beziehung zu einem bestimmten Abschnitt des Kreislaufs offensichtlich ist. In anderen Teilen der Welt, wo ebenfalls dieser Abschnitt des Kreislaufs einmal durchlaufen ist, finden sich dagegen keine Zinnlagerstätten. Deshalb gilt die Einschränkung: Lagerstätten eines Rohstoffs können, müssen aber nicht in einem bestimmten Abschnitt des Kreislaufs entstehen. Die Frage nach dem „Warum" kann heute in vielen Fällen noch nicht beantwortet werden.

Neben dem Kreislauf der anorganischen Materie gibt es einen gesonderten Kreislauf des *Kohlenstoffs.* Das Kohlendioxid der Luft wird von den Pflanzen zum Abbau organischer Verbindungen benutzt. Unter bestimmten Bedingungen entstehen aus Pflanzenresten Torfe, die über Braunkohlen zu Steinkohlen „inkohlen". Wo pflanzliches und tie-

Tafel 1: Erdzeitalter und geologische Formationen

Haupt- zeitalter	Einteilung im ganzen	 im einzelnen
Neuzeit (Käno- zoisches Zeit- alter)	**Quartär**	Alluvium Diluvium
	Tertiär	Pliozän Miozän Oligozän Eozän
Mittel- alter (Meso- zoisches Zeit- alter)	**Kreide**	Senon Emscher Turon Cenoman Gault Neokom Wealden
	Jura	Malm oder weißer Jura Dogger oder brauner Jura Lias oder schwarzer Jura
	Trias	Keuper Muschelkalk Buntsandstein
Alter- tum (Paläo- zoisches Zeit- alter)	**Perm** (Dyas)	Zechstein Rotliegendes
	Karbon	Oberkarbon (produktives Karbon) Unterkarbon (Kulm oder Kohlenkalk)
	Devon	Ober-, Mittel- und Unterdevon
	Silur	Ober- und Untersilur
	Kambrium	Ober-, Mittel- und Unterkambrium
(Protero- zoische Periode)	**Algonkium**	–
Urzeit Archai- sches Zeitalter	**Urschiefer- formation**	Phyllitformation Glimmerschieferformation
	Urgneis- formation	Obere und untere Urgneisformation

risches Plankton in ruhigen, stagnierenden Meeresräumen vom Zutritt sauerstoffreichen Wassers abgeschnitten ist, bildet sich Erdöl.

3.2 Prospektion

Die Kenntnis über den Ablauf der geologischen Geschichte eines Gebietes ist eine wichtige Voraussetzung für das *Aufsuchen* („Prospektion") von Lagerstätten, denn sie vermittelt die Feststellung der „höffigen" Zonen. Die geologische „Reconnaissance" liefert das Konzept für den Beginn der Feldarbeiten in den ausgewählten Prospektionsgebieten.

Die in den letzten Jahren erzielten Fortschritte der Geowissenschaften erlauben in Verbindung mit den ständig verbesserten *Prospektionsmethoden* die Verwirklichung aussichtsreicher Aufsuchungsvorhaben. Der Prospektor als Einzelgänger, der mit einfachem Gerät ausgerüstet auffällige Anzeichen von Böden und Gesteinen als Indikatoren von Lagerstätten sucht, tritt immer mehr in den Hintergrund. Seine Arbeit wird durch hochentwickelte geologische, geochemische und geophysikalische Messungen ersetzt. Damit gelingt es, Lagerstätten aufzufinden, die nicht an der Oberfläche sichtbar sind oder die in Gebieten liegen, die dem Einzelgänger nicht zugänglich sind, wie zum Beispiel Wüsten oder Polargebiete.

Der erste Schritt des Prospektors ist das Studium von geowissenschaftlichen Fachbüchern, Zeitschriften und Karten. Auf der Grundlage dieser Informationen wird das weitere Vorgehen an Ort und Stelle geprüft. Oft müssen mit Hilfe von Luftbildern neue Karten angefertigt werden *(Bilder 1 bis 4)*. Auch der nächste Schritt ist meist mit dem Einsatz von Spezialflugzeugen oder Hubschraubern verbunden. Es werden Maschinen eingesetzt, die mit hochempfindlichen Meßgeräten ausgerüstet sind, um in kurzer Zeit einen Überblick über die geophysikalischen Eigenschaften der Gesteine in dem zunächst meist sehr ausgedehnten Prospektionsgebiet zu erhalten. Geophysikalische *Anomalien* besitzen Ausdehnungen, die mehrere Quadratkilometer umfassen können. Sie müssen anschließend durch geologische Kartierungen sowie geochemische und geophysikalische Detailmessungen untersucht werden. Der Einsatz der vielen, ständig in weiterer Entwicklung begriffenen Verfahren richtet sich nach den in jedem Einzelfall neuen Verhältnissen. Die Kunst des Prospektors besteht in der günstigsten Wahl und Abstimmung der Verfahren, die je nach den geologischen Verhältnissen des Prospektionsgebietes zu bewerten sind.

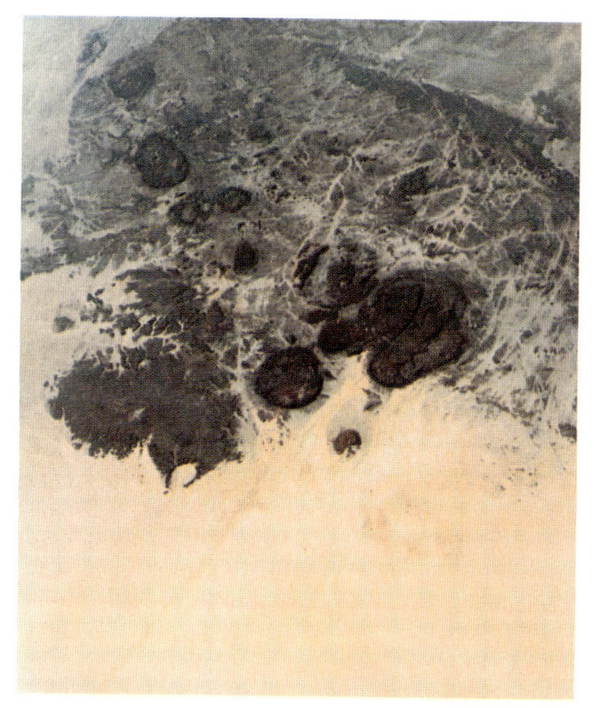

Bild 1: NASA-Satellitenaufnahme des Air-Massivs (Niger) aus etwa 200 km Höhe. Fläche rund 140 000 km²

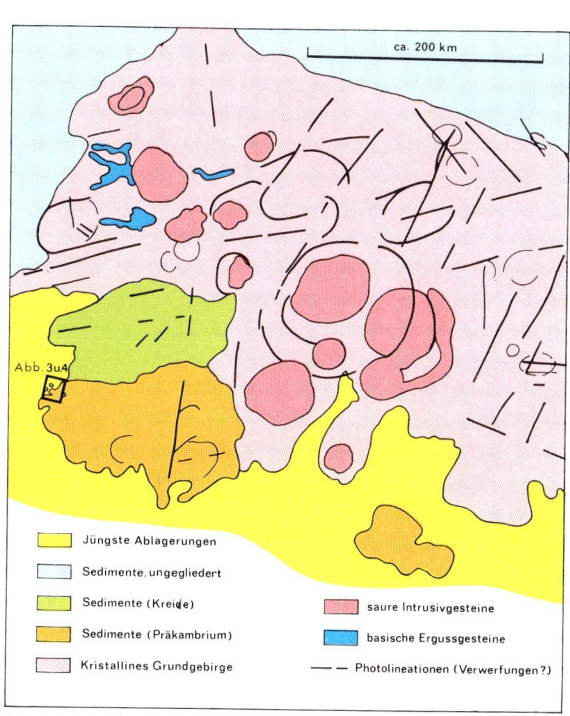

Bild 2: Geologische Interpretation des Bildes 1

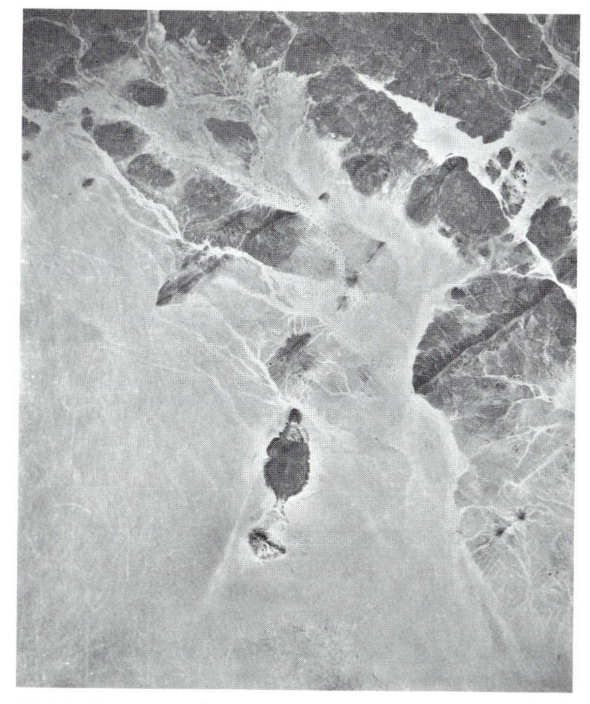

Bild 3: Flugzeugaufnahme des Teilausschnittes von Bild 2 aus etwa 7,5 km Höhe

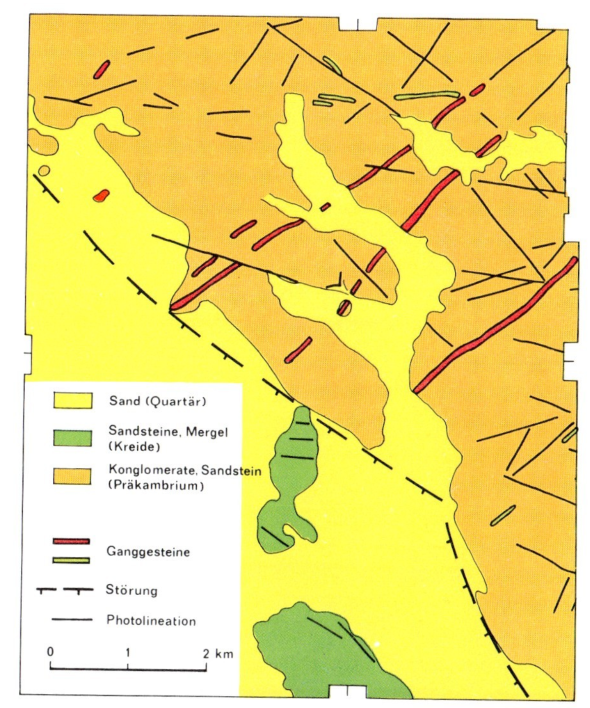

Bild 4: Geologische Interpretation des Bildes 3

Bild 5: Flachbohrgerät für Teufen bis rund 70 m

Die *geochemische Prospektion* geht davon aus, daß über und um eine Lagerstätte erhöhte Metallgehalte auftreten. „Spurenhöfe" einer Lagerstätte reichen oft Hunderte von Metern weit in die begleitenden Nebengesteine. Da es sich dabei meist nur um Bruchteile von Prozenten handelt, müssen sehr fein registrierende Analysengeräte eingesetzt werden.

Die *geophysikalischen Messungen* zielen auf das Auffinden anomaler Gesteinseigenschaften. Mit empfindlichen Geräten werden der Magnetismus, die Schwere, die elektrische Leitfähigkeit, die Radioaktivität und andere Gesteinseigenschaften aufgezeichnet. Viele Meßverfahren werden vom Flugzeug oder auch vom Erdsatelliten aus vorgenommen.

Die Aussage nur einer Untersuchungsmethode genügt nicht, um die hohen Kosten der nun folgenden Schritte beim Aufsuchen einer Lagerstätte zu rechtfertigen. Erst das Mosaik der Aussagen sorgfältig aufeinander abgestimmter Verfahren erlaubt das weitere Vorgehen.

3.3 Exploration

Zu diesem Zeitpunkt setzt das *„Schürfen"* mit Bohrgeräten und manchmal auch bereits das *Auffahren* von Stollen oder Schürfschächten ein. Im allgemeinen wird mit flachen Bohrungen bis zu den Teufen begonnen, in denen die Lagerstätte nach dem bisherigen Bild vermutet wird. Solche Bohrungen werden in Reihen über der Anomalie niedergebracht. Aus der Analyse der gewonnenen Proben erhält der Geologe Aussagen über die Abgrenzung und den Gehalt der Anomalie. Es gibt verschiedene Bohrverfahren und verschiedene Bohrgeräte, die je nach Art der Lagerstättenerkundung angewandt oder eingesetzt werden *(Bilder 5 und 6)*.

Ist durch das Abbohren der Anomalie eine Lagerstätte erkannt, werden in Schürfstollen und Schächten nach festgelegten Regeln größere Proben genommen und *Aufbereitungsversuche* unternommen. Nur in seltenen Fällen kann das Fördergut der Grube ohne Beseitigung der tauben Partien abtransportiert werden. Es muß deshalb ein *Konzentrat* hergestellt werden. Da jede Lagerstätte ihren eigenen Charakter besitzt, gleicht keine Aufbereitung völlig der anderen.

Vor der Planung und dem Bau eines Bergwerks liegt noch ein wichtiger Schritt der Prospektion und Exploration: die Anfertigung einer *„feasibility study"*. Diese Bezeichnung läßt sich nicht einfach mit Wirtschaftlichkeitsstudie übersetzen. Eine „feasibility study" umfaßt alle Faktoren, die auf den Betrieb eines Bergwerkes Einfluß nehmen: Die Lagerstätte, die technische Ausrüstung, die Belegschaft, die Versorgung, die Finanzplanung und der Markt werden bis ins einzelne analysiert, in der Wertigkeit ihrer Einflußgröße definiert und meist mit Hilfe von EDV-Programmen in Modellen dargestellt. Die „feasibility study" bildet den Abschluß der Exploration und die Grundlage für die unternehmerische Entscheidung über den Bau der Bergwerksanlagen mit allen ihren Neben- und Zulieferbetrieben sowie den oft sehr umfangreichen Infrastrukturen.

Bild 6: Schurf in Marokko

4 Grundzüge der Bergtechnik

4.1 Abbau von mineralischen Rohstoffen

Sobald eine Lagerstätte prospektiert und exploriert worden ist sowie ihre Wirtschaftlichkeit festgestellt wurde, kann mit dem bergmännischen *Aufschluß* begonnen werden. Die Wahl des günstigsten *Abbauverfahrens* hängt vor allem von den Lagerungsverhältnissen des Minerals ab.

4.1.1 Formen von Lagerstätten

Der Bergmann unterscheidet zwischen flözartigen, massigen und gangartigen Lagerstätten *(Bild 1)*.

Flözartige Lagerstätten
Flöze bestimmter Mächtigkeit sind durch Sedimentation entstandene Mineralanreicherungen im geschichteten Gebirge, die durch eine klare Begrenzung nach unten *(Liegendes)* und nach oben *(Hangendes)* charakterisiert sind. Diese Flöze können durch gebirgsbildende (tektonische) Vorgänge aus ihrer ursprünglich horizontalen Lage steilgestellt *(Einfallen)* und zerrissen *(Sprünge, Verwerfungen)* werden. Kohle-, Salz- und Erzlagerstätten können in Form von Flözen vorkommen.

Massige Lagerstätten
Lagerstätten mit großer Ausdehnung in horizontaler und vertikaler Ebene werden als *massig* bezeichnet. Sie können durch Sedimentation, magmatische Vorgänge oder Gebirgsmetamorphose (Umwandlung bestehender Sedimente oder magmatischer Gesteine) entstanden sein. Die meisten mineralischen Rohstoffe können in solchen Lagerstätten vorkommen.

Gangartige Lagerstätten
Haben sich Mineralansammlungen in tektonischen Spalten des Gebirges durch Zufluß von Lösungen oder durch magmatische Vorgänge gebildet, werden diese Lagerstätten als *Gänge* bezeichnet. Sie können in ihrer Mächtigkeit (Breite) und in der strei-

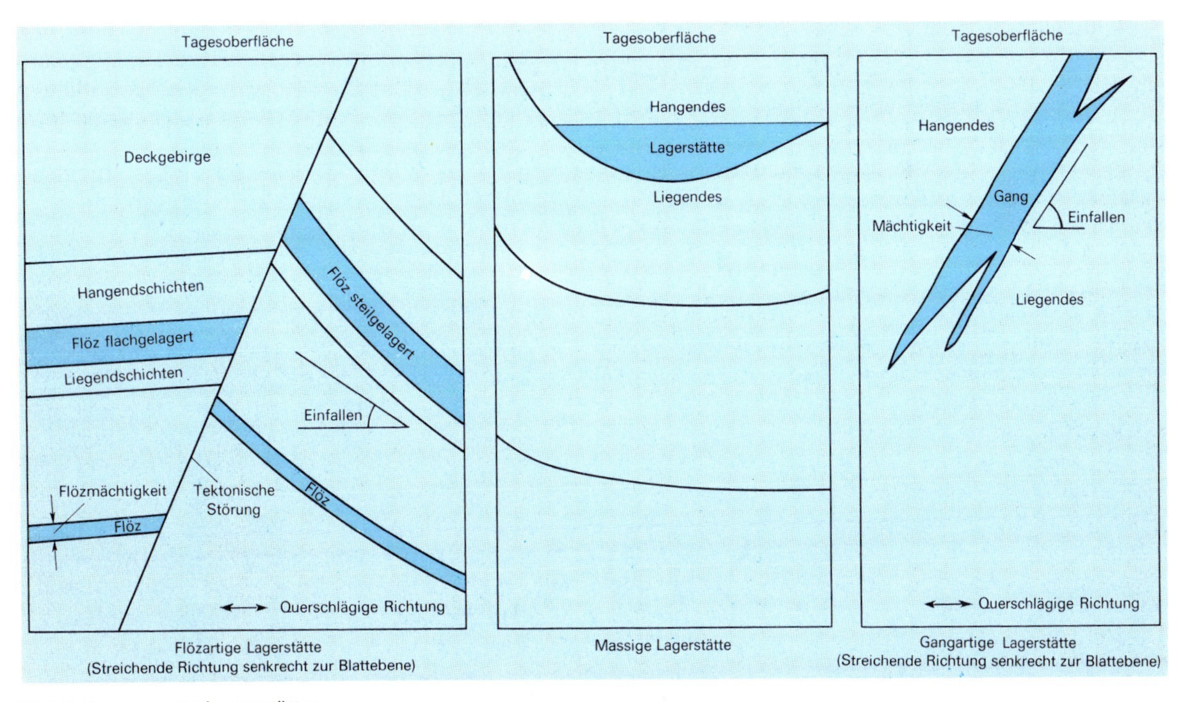

Bild 1: Formen von Lagerstätten

chenden Erstreckung (Längenausdehnung) erheblich variieren. Auch hier wird von einem Einfallen gesprochen, wenn der Neigungswinkel des Ganges zur Horizontalen gemeint ist.

4.1.2 Aufschluß von Lagerstätten

Es gibt eine Reihe von Abbauverfahren, die je nach Art der Lagerstätte entwickelt wurden und die sich bewährt haben. Bei der Entscheidung über den günstigsten Aufschluß einer Lagerstätte stellt sich zunächst die Frage, ob das Mineral im Tage- oder im Tiefbau gewonnen werden soll. Grundsätzlich lassen sich Lagerstätten der drei genannten Formen sowohl im Tief- als auch im Tagebau abbauen.

Für die Gewinnung von Mineralien im *Tagebau* ist entscheidend, wie groß und welcher Art die Deckgebirgsschichten zwischen Erdoberfläche und nutzbarem Mineral sind. Je größer der Lagerstätteninhalt und je wertvoller das Mineral ist, desto größer kann das Verhältnis zwischen Abraummenge und verwertbarer Mineralmenge sein. In Großtagebauen können leistungsstarke Großgeräte eingesetzt werden.

Auch für die Gewinnung von Mineralien im *Tiefbau* sind der Aufbau und die Mächtigkeit des Deckgebirges von großer Bedeutung. Der Aufschluß einer solchen Lagerstätte kann nur über ein System von untertägigen Grubenbauen erreicht werden.

4.2 Bergbautechnik im Tagebau

Tagebaue gibt es sowohl im Lockergebirge (Kiese, Sande, Tone) als auch im festen Gestein (gewachsener Fels). Ihre Verfahrenstechniken unterscheiden sich erheblich. Wenn zur Gewinnung eines Lockergesteins (zum Beispiel ein wenig verfestigtes Kohleflöz) das darüberliegende feste Gebirge weggeräumt werden muß oder umgekehrt, wenn ein zu gewinnendes Hartgestein von Lockerböden überdeckt ist, werden beide Verfahren kombiniert.

4.2.1 Tagebautechnik im Lockergestein

Technologisch besteht zwischen der Gewinnung des verwertbaren Minerals und der Abtragung des Deckgebirges *(Abraum)* kein Unterschied. Häufig ist das Mineral durch gestörte Lagerungsverhältnisse von Abraumschichten so durchsetzt, daß das Gewinnungsgerät selektiv arbeiten muß. Die Trennung zwischen Mineral und Abraum erfolgt sofort am Gewinnungsgerät bei der Übergabe auf das *Fördermittel,* so daß zwei getrennte Fördersysteme notwendig sind *(Bild 2).*

Kontinuierliche Gewinnung und Förderung

Zu den kontinuierlich arbeitenden Gewinnungsgeräten zählen die *Schaufelrad-* und *Eimerkettenbagger.* Besonders in den Tieftagebauen des Lockergesteins, wo wegen der Teufe ein Abbau auf mehreren Sohlen (Etagen) notwendig ist, werden die stetig arbeitenden Schaufelradbagger eingesetzt. Sie ermöglichen ein gleichmäßiges Abtragen der *Strossen* (Böschungen und Bermen). Diese Bagger besitzen einen heb-, senk- und drehbaren Ausleger, an dessen Kopfende sich ein Schaufelrad befindet. Mit Hilfe der rotierenden Schaufeln wird im Schwenkbetrieb eine Böschung schichtweise abgetragen und seitlich vom Schaufelrad auf ein Gummiband ausgetragen. Schaufelradbagger vermögen eine Strosse sowohl im *Hoch-*

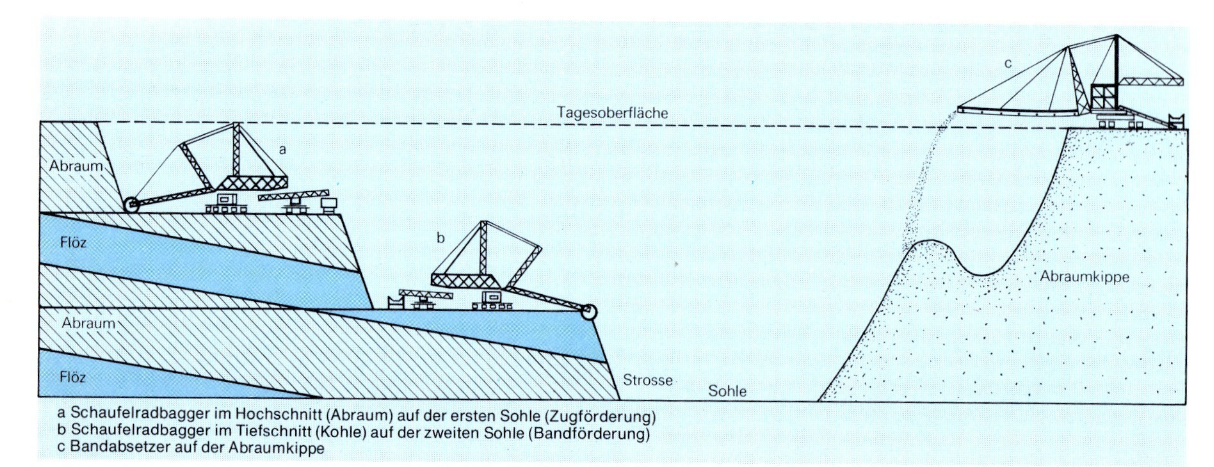

Bild 2: Tagebau im Lockergebirge

schnitt als auch im *Tiefschnitt* abzubauen. Schwere, lenkbare Raupenfahrwerke ermöglichen dem Bagger, jeden beliebigen Arbeitsstandort auf der Sohle einzunehmen.

Die Schaufelradbagger sind meist mit einem System von *Gurtbandförderern* verbunden, die wahlweise nach Art des Fördergutes (Mineral oder Abraum) zur weiteren Verwertung oder zur Abraumkippe führen. Zu jedem Schaufelradbagger, der im Abraum arbeitet, gehört auch ein *Absetzer* entsprechender Leistung, der mit Hilfe eines Bandauslegers die Abraummassen weiträumig verteilen kann.

Zur Abförderung von verwertbarer Förderung und von Abraum wird vielfach auch noch der Zugbetrieb in Verbindung mit Schaufelradbaggern angewandt.

Sofern eine gleichmäßig geschichtete und großflächige Lagerstätte vorhanden ist, können auch *Abraumförderbrücken* eingesetzt werden. Diese baggern an einer Seite den Abraum weg, transportieren ihn auf Bändern über die Brücke und werfen ihn an der ausgekohlten Seite ab.

Diskontinuierliche Gewinnung und Förderung
Zur Gewinnung von Lockergesteinen stehen *Löffelbagger* verschiedener Bauart und Größe zur Verfügung. Daneben sind zur Bewegung großer Erdmassen auch *Schürfkübelbagger* (dragline) im Einsatz. Die vom Straßenbau her bekannten *Radlader* sind als Gewinnungsgerät und als Hilfsgerät für Großbagger (zum Beispiel Schaufelradbagger) weit verbreitet. Die Abförderung der Lockergesteinsmassen wird meist von Schwerlastkraftwagen (SKW) übernommen. Zum Abtragen und auch Anfüllen (Halde anlegen) dünner Schichten an Lockerböden eignen sich *Flachbaggergeräte* (Scraper).

Gewinnung mit Schwimmbaggern
Der Einsatz der bisher beschriebenen Gewinnungsgeräte ist ausschließlich oberhalb des Grundwasserspiegels möglich. Ist ein Abbau mit solchen Geräten unterhalb des natürlichen Grundwasserspiegels geplant, muß dieser mit Hilfe von Brunnengalerien, die rund um den Tagebau angelegt werden, künstlich unter das Niveau der tiefsten Sohle abgesenkt werden, um die Sohlen und Strossen gegen Ausspülungen und damit Erdrutsche zu schützen.

Beim Einsatz von *Schwimmbaggern* (Eimerketten-, Greifer- oder Saugbagger) wird der Grundwasserspiegel bewußt zur Gewinnung genutzt. Die Abförderung geschieht in diesem Falle in offenen Rinnen, Rohren oder Schläuchen.

4.2.2 Tagebautechnik im festen Gebirge

Die Tagebautechnik im festen Gebirge unterscheidet sich grundsätzlich von der im Lockergestein, weil zur Hereingewinnung des Minerals oder Abraums Bohr- und Sprengarbeit notwendig ist. Auch im Hartgestein werden die Tagebaue vorwiegend in der Strossenbauweise geführt. Die Böschungen werden auf die jeweils tiefer liegende Sohle gesprengt *(Bild 3)*.

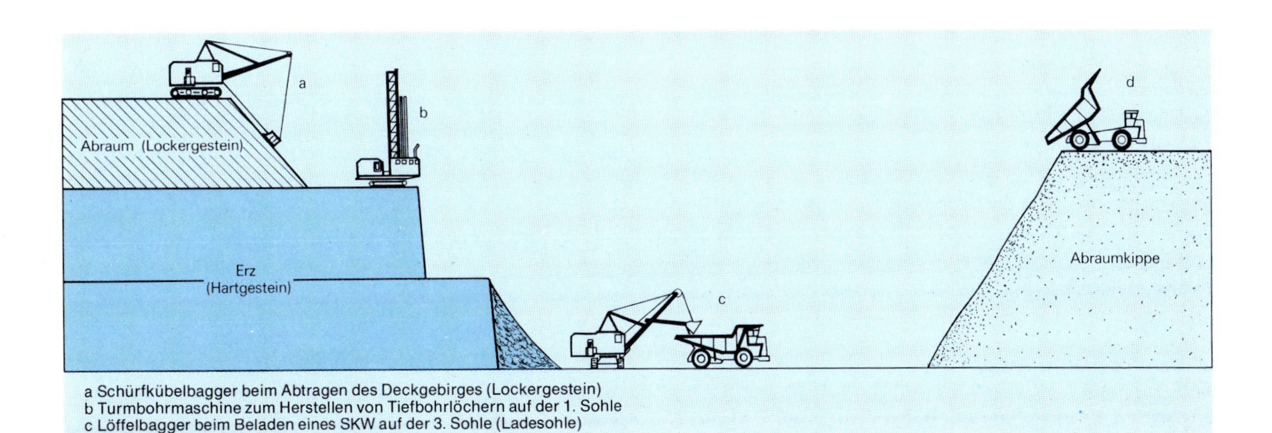

Bild 3: Tagebau im festen Gebirge

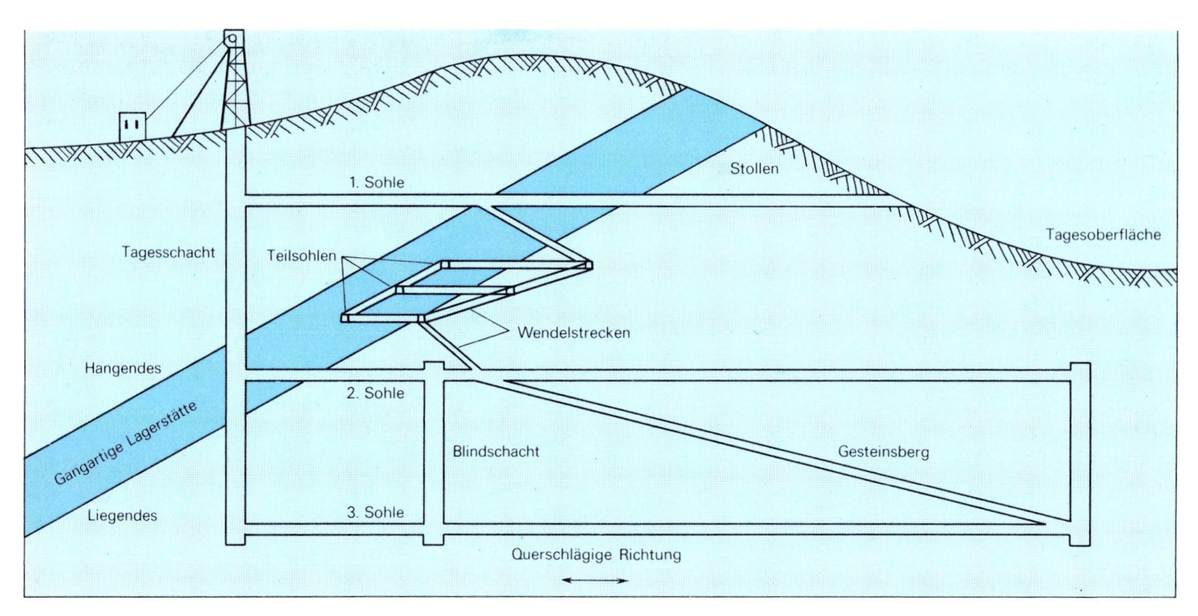

Bild 4: Aus- und Vorrichtungsbaue

Gewinnung durch Bohr- und Sprengarbeit
Die Gewinnung im Hartgestein geschieht heute fast ausschließlich mit Hilfe von *Tiefbohrlochsprengungen*. Die Bohrarbeit in größeren Tagebauen wird von Bohrgeräten mit Bohrtürmen verrichtet. Diese Maschinen arbeiten nach dem von der Tiefbohrtechnik her bekannten Drehbohrverfahren (Rotary-Bohren). Die Länge der Bohrstange über dem Rollenmeißel entspricht dabei der Strossenhöhe (10 bis 15 m), so daß ein aufwendiges Verlängern des Bohrgestänges nicht notwendig ist. In kleineren Tagebauen wird noch vielfach das schlagende Bohren angewandt.

Die Sprengarbeit dient der Gesteinszertrümmerung. In den Tagebauen werden heute fast ausschließlich Ammoniumnitrat- (ANC) Sprengstoffe benutzt. Da sie träge (handhabungssicher) sind, können sie nur durch Initialzündung mit einer Schlagkapsel oder Sprengschnur zur Detonation gebracht werden. Durch die große Sprengwirkung der auch in flüssiger Form (Slurries) eingesetzten ANC-Sprengstoffe wird ein für die Ladearbeit günstiges, feinstückiges Haufwerk gewonnen.

Lade- und Förderarbeit
Während die Löffelbagger im Lockergebirge der unmittelbaren Gewinnung des Minerals oder Abraums dienen, ist ihre Aufgabe in den Tagebauen des Hartgesteins auf die Ladearbeit beschränkt. Die Bagger stehen auf der Ladesohle, wo sie den *Abschlag* aufnehmen und in SKW, teilweise auch in Züge verladen, die das Fördergut zur zentralen *Brechanlage* befördern. Auch die Gurtbandförderung wird in Tagebauen des Festgesteins eingesetzt. Dabei darf eine bestimmte Höchststückigkeit nicht überschritten werden. Deshalb lädt in solchen Betrieben der Bagger direkt in einen mobilen „Vorort-Brecher", dem dann die *Bandförderung* nachgeschaltet ist. Neben den Baggern dienen der Ladearbeit häufig auch große *Radlader*.

4.3 Bergbautechnik im Tiefbau

Liegen abbauwürdige Minerale in einer sehr großen Teufe, so daß ein Abtragen des Deckgebirges wirtschaftlich nicht vertretbar ist, oder zwingen andere Gründe (zum Beispiel Bebauung der Tagesoberfläche) zum Verzicht auf einen Tagebaubetrieb, dann können sie in einer Tiefbaugrube gewonnen werden. Die Form der Lagerstätte (flözartig, massig, gangartig) sowie die Standfestigkeit von Nebengestein und Mineral sind für die Wahl des Abbauverfahrens von entscheidender Bedeutung.

4.3.1 Ausrichtung und Vorrichtung

Unter *Ausrichtung* ist die Herstellung aller Grubenbaue zu verstehen, die das Anfahren einer Lagerstätte von der Erdoberfläche aus bezwecken *(Bild 4)*. Daneben sollen die Ausrichtungsbaue den Gesteinskörper für einen planmäßigen Abbau in möglichst zweckmäßiger Weise unterteilen (zuschneiden).

Die Ausrichtung im Tiefbau beginnt mit dem Abteufen von *Tagesschächten* (senkrecht oder schräg) oder mit dem Vortrieb von *Stollen* (horizontal von einem Hang in den Berg). Vielfach bilden in neuerer Zeit *Wendel-* und *Rampenstrecken* Verbindungen zwischen der Erdoberfläche und den mineralführenden Gesteinen, um den Materialtransport rationeller zu gestalten.

Zur weiteren Ausrichtung wird untertägig ein Netz von horizontalen und geneigten *Strecken* sowie von weiteren Schächten *(Blindschächte)* oder *Wendelstrecken* hergestellt, um das Mineral später von mehreren Stellen aus gewinnen und transportieren zu können. Bei den horizontalen Strecken unterscheidet man *Richtstrecken* (in streichender Richtung) und *Querschläge* (die Schichtenfolge schneidend).

Vorrichtungsbaue sind Grubenbaue, die für die Einleitung des Abbaus erforderlich sind. Sie verlaufen innerhalb der Lagerstätte (Flözstrecke) und bereiten sie für den Abbau vor *(Aufhauen und Abhauen).*

Die untertägigen Grubenbaue dienen der Wetterführung (Belüftung der Grube), der Abförderung von Mineral und Gestein, der Fahrung (Personentransport) und der Versorgung mit Material.

Die Grubenbaue der Aus- und Vorrichtung werden konventionell mit Hilfe der Bohr- und Sprengarbeit aufgefahren (Schachtabteufen, Sprengvortriebe), oder es werden *Vortriebsmaschinen* (Schachtbohren, Voll- und Teilschnittmaschinen) eingesetzt.

4.3.2 Gewinnung

Die untertägige Gewinnung von Mineralien kann rein von Hand, durch Bohr- und Sprengarbeit, mit Hilfe von Gewinnungsmaschinen oder durch Lösung mit Hilfe von Flüssigkeiten erfolgen.

Die direkte Gewinnung mit dem *Abbauhammer* (Preßlufthammer) ist nur noch in sehr begrenztem Umfang üblich. Auch bei der Bohr- und Sprengarbeit wird die schwere Arbeit mit Schlagbohrhämmern und Bohrstütze immer mehr durch den Einsatz von *Lafettenbohrgeräten* auf Fahrwerken abgelöst.

Für den maschinellen Abbau von Kohleflözen stehen Geräte zur *schälenden* und *schneidenden* Gewinnung zur Verfügung. Letztere werden auch zum Abbau von Salz- und Eisenerzflözen verwandt.

Besonders Kohlenflöze lassen sich auch mit Hilfe von gebündelten Wasserstrahlen (Wasserkanone) aus dem Gebirgsverband lösen. Im Steinsalzbergbau ist die Auslaugung von Lagerstätten eine traditionelle Gewinnungsmethode.

Strebbau in flözartigen Lagerstätten

Unter einem Streb ist ein langgestreckter (langfrontartiger), etwa 100 bis 300 m langer und etwa bis 5 m breiter Abbauraum zu verstehen, der auf der einen Längsseite vom anstehenden Mineral und auf der anderen Seite vom *„Alten Mann"* (abgeworfener Strebraum) begrenzt wird. Sofern das Mineral im Streb vollständig gewonnen wird, bilden das Liegende und das Hangende die untere und obere Begrenzung des Strebs. Die beiden Strebausgänge führen in die Abbaustrecken, die parallel zur Abbaurichtung (meist streichende Richtung) geführt werden. Sie sind entweder vor Beginn des Abbaus vorhanden *(Rückbau)* oder werden mit dem Abbau vorgetrieben *(Vorbau).* Dem Abbaufortschritt entsprechend wandert der Streb durch die Lagerstätte und läßt den Alten Mann hinter sich, welcher entweder mit Berge (taubes Gestein) verfüllt wird *(Versatzbau)* oder aber zu Bruch geht *(Bruchbau) (Bild 5).*

Im modernen Strebbau bilden Gewinnungsgerät, Fördermittel und Ausbau eine organische Einheit.

Der *Kohlenhobel* ist typisch für die schälende Gewinnung *(Bild 6).* Er besteht aus einem mit Meißeln bestückten Hobelkörper, der an einer umlaufenden Kette befestigt ist und zwischen Kohlenstoß und Förderer bewegt werden kann. Mit Hilfe von Rückzylindern wird der Förderer und damit der Hobel gegen den Kohlenstoß gedrückt, so daß die Meißel des Hobels in das Kohlenflöz eindringen und es

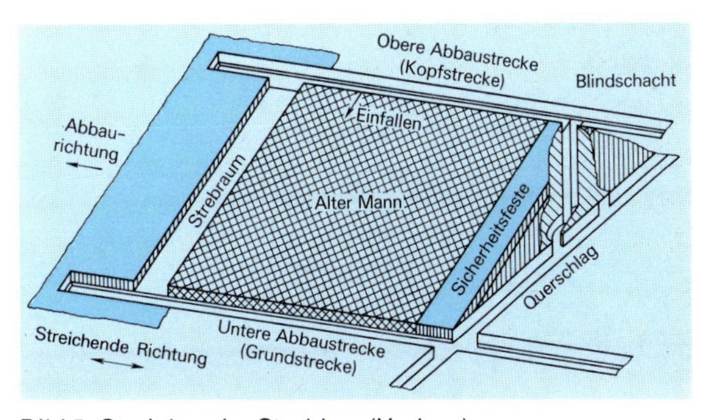

Bild 5: Streichender Strebbau (Vorbau)

Bild 6: Streb mit Hobelanlage

Bild 7: Walzenschrämlader und Schildausbau

aufreißen können. Gleichzeitig wird die gelöste Kohle vom Hobelkörper seitlich auf den Strebförderer geladen.

Bei der schneidenden Kohlegewinnung werden *Walzenschrämmaschinen* eingesetzt *(Bild 7).* Der Maschinenkörper bildet einen Schlitten, der auf dem Strebförderer an einer feststehenden Kette vorwärts bewegt werden kann. An einem oder an beiden Enden (Doppelwalzenschrämmaschine) befindet sich ein heb- und senkbarer Ausleger mit einer rotierenden Walze. Bei der Gewinnung bewegt sich die Maschine entlang des Kohlenstoßes, wobei die mit Meißeln bestückte Walze einen gleichmäßigen Schram (Schnitt) aus der Kohle herausschneidet. Zum Laden der Kohle dient bei einigen Maschinen ein Räumschild (Walzenschrämlader), während häufig, auch zur zusätzlichen Gewinnung von Restkohle auf dem Liegenden, ein Ladehobel eingesetzt wird.

Als *Strebförderer* werden wegen der notwendigen Robustheit schwere Kettenkratzerförderer eingesetzt, bei denen umlaufende Ketten mit Mitnehmern das Fördergut über Förderrinnen zum Strebausgang transportieren. Die Antriebe befinden sich jeweils an den Enden des Förderers, wobei der Hauptantrieb an der Abwurfstelle *(Bandstrecke)* und der Hilfsantrieb an der Umkehre *(Kopfstrecke)* installiert ist. Es sind Förderer mit verschiedenen Kettenanordnungen im Einsatz (Ein-, Zwei-, Dreikettenförderer).

Der *Strebausbau* hat die Aufgabe, den Strebraum für die Sicherheit der Arbeitenden und des Betriebsablaufes offen zu halten. Unmittelbar nach der Freilegung des Hangenden durch das Herauslösen des Minerals muß der Strebraum nach oben hin gesichert werden. Der Strebausbau besteht grundsätzlich aus Stempeln und Kappen. Bei der heutigen vollmechanischen Gewinnung werden selbstschreitende hydraulische Ausbaueinheiten, bei denen Stempel und Kappen eine Einheit bilden, eingesetzt.

Kammerbau
in flözartigen und massigen Lagerstätten

Der *Kammerbau* stellt ein Abbauverfahren dar, bei dem die Gewinnung des Minerals in der Herstellung von Kammern innerhalb der Lagerstätte beruht *(Bild 8).* Diese Kammern werden gleichmäßig über das Baufeld verteilt. Zur Unterstützung des Hangenden müssen zwischen den Kammern Lagerstättenteile von bestimmter Stärke *(Festen)* stehen-

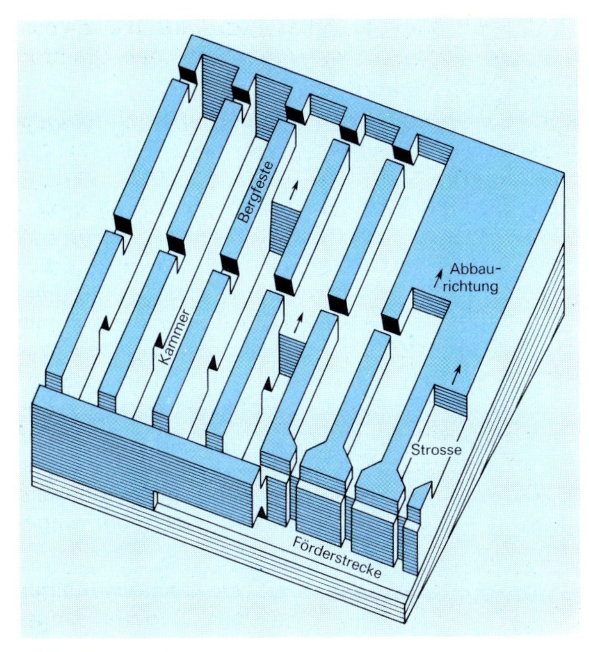

Bild 8: Kammerbau

bleiben. Zusätzlich können zur Sicherung der Firste *Anker* in das Hangende gesetzt werden. Ist die Mächtigkeit des Flözes sehr groß oder handelt es sich um eine massige Lagerstätte, müssen die Kammern in mehreren *Scheiben* abgebaut werden (nach unten in Strossen- und nach oben in Firstenbauweise).

Die Gewinnung geschieht mit Hilfe der Bohr- und Sprengarbeit, wobei fahrbare Bohr- und Sprengstoffwagen eingesetzt werden. Der Abförderung des Haufwerks dienen in besonderem Maße die *LHD-Geräte* (von: Load, Haul, Dump – Laden, Befördern, Entladen). Schwere dieselbetriebene Radlader, die in ihrer Bauweise den Gegebenheiten des Bergbaus angepaßt sind, nehmen das Haufwerk auf und transportieren es zu zentralen Brecheranlagen bzw. Ladestellen.

Teilweise wird beim Kammerbau auch die schneidende Gewinnung mit *Teilschnittmaschinen* oder *Continuous-Miner* durchgeführt, wobei das Fördergut direkt auf Kettenkratzer- oder Gurtbandförderer aufgegeben wird.

Teilsohlenbruchbau

Der *Teilsohlenbruchbau (Bild 9)* kann wohl als universelles Abbauverfahren bezeichnet werden. Er stellt keine Anforderungen an Mineral und Nebengestein und ist vom Einfallen der Lagerstätte relativ unabhängig. Durch die Möglichkeit des Einsatzes von leistungsfähigen LHD-Geräten bietet er auch die notwendige Betriebskonzentration. Beim Teilsohlenbruchbau wird die Lagerstätte (steilstehendes Flöz, massige Lagerstätte, Gang) durch die Strecken der übereinanderliegenden Teilsohlen in über- und nebeneinanderliegende *Pfeiler* eingeteilt, die anschließend im Rückbau hereingewonnen werden. Dabei wird mit der Hereingewinnung des Pfeilers auf der (oder bei großen Ausdehnungen den nebeneinanderliegenden) obersten Teilsohle(n) zuerst begonnen. Der Abbau staffelt sich somit nach unten, so daß die unterste Teilsohle den gesamten Alten Mann über sich hält. Die Gewinnung der Pfeiler geschieht mit Hilfe der Bohr- und Sprengarbeit. Das Haufwerk wird von LHD-Geräten

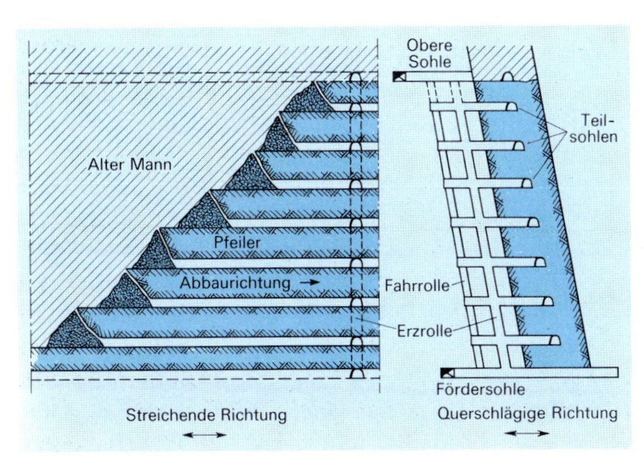

Bild 9: Teilsohlenbruchbau

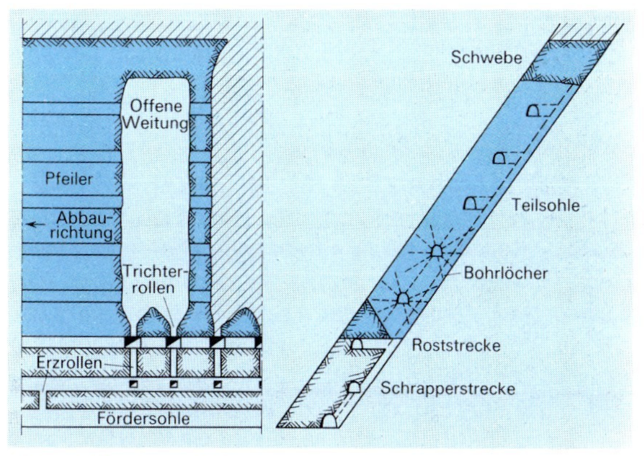

Bild 10: Weitungsbau

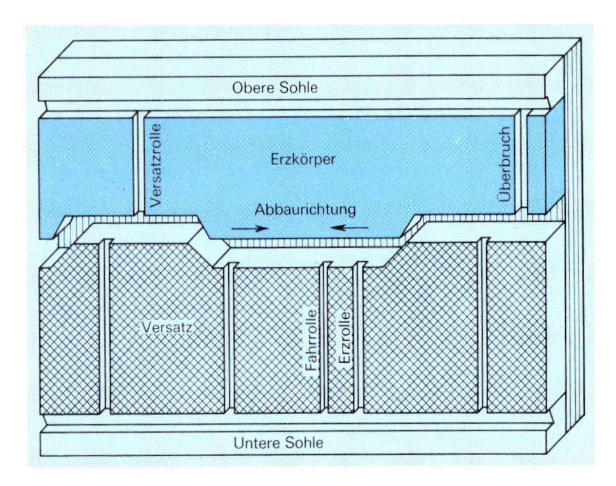

Bild 11: Firstenstoßbau

aufgenommen und zur *Erzrolle* (Fallrohr zur Fördersohle im Liegenden) transportiert.

Auch die hydromechanische Gewinnung steilgelagerter Kohlenflöze wird im Teilsohlenbruchbau geführt. Dabei werden die Kohlepfeiler mit Hilfe einer Wasserkanone herausgespült. In den Teilsohlen befinden sich Rinnen, die das Abfließen des Kohle-Wasser-Gemisches gestatten.

Weitungsbau in massigen Lagerstätten
Auch bei Anwendung des *Weitungsbaus (Bild 10)* in massigen oder mächtigen steilstehenden Lagerstätten wird ein System von übereinanderliegenden Teilsohlen aufgefahren. Die dazwischen befindlichen Pfeiler werden im Rückbau in die offene Weitung hineingesprengt (Bohr- und Sprengarbeit). Das Haufwerk kann über *Trichterrollen* in der Schrapperstrecke abgezogen werden und mittels *Schrapper* oder Radlader in die Rollen zur Hauptfördersohle übergeben werden. Voraussetzung für den Weitungsbau ist die Standfestigkeit von Lagerstätte und Nebengestein.

Firstenstoßbau in gangartigen Lagerstätten
Der *Firstenstoßbau (Bild 11),* der auf steilstehenden, standfesten Lagerstätten mit standfestem Nebengestein anwendbar ist, kann nur als Versatzbau geführt werden. Die Sohle des Abbaus wird entweder vom Versatz oder vom noch nicht abgeförderten Haufwerk gebildet. Durch den Einsatz von Bohrwagen (gebohrt wird nach oben in die Firste) und LHD-Geräten kann dieses aufwendige Abbauverfahren hohe Betriebspunktförderungen erreichen. Die obere Sohle des Abbaus dient der Heranförderung des Versatzes, der durch Überbrüche *(Versatzrolle)* in den Abbauraum gekippt wird. Das gewonnene Mineral wird durch Erzrollen im Versatz an die untere Sohle (Hauptfördersohle) übergeben.

4.3.3 Förderung
An die Förderung in den Abbauen schließt sich die untertägige Hauptförderung an. Meist gelangt das Fördergut mehrerer Betriebspunkte zu zentralen Ladestellen, wo es der söhligen oder aber direkt der seigeren (senkrechten) Hauptförderung übergeben wird.

Der söhlige Transport kann in der schienengebundenen Pendelförderung mit Wagen bestehen. Zur *Zugförderung* stehen Diesel-, Elektro- (Fahrdraht- oder Akku-) oder Druckluftlokomotiven zur Verfügung.

Bandanlagen hingegen erlauben neben der söhligen auch die Förderung in geneigten Strecken, welche in manchen Fällen direkt bis zur Tagesoberfläche geführt werden.

Die seigere Förderung (Schachtförderung) kann als
- Gestellförderung (Förderwagen werden in Förkörben nach übertage gehoben)
- Skipförderung (Fördergefäße werden untertage gefüllt und übertage geleert)
- Fließförderung (hydraulische Förderung von Feststoff-Wasser-Gemischen)

angelegt sein.

4.3.4 Wettertechnik und Wasserhaltung
Die *Grubenbewetterung* dient der planmäßigen Versorgung aller Grubenbaue mit frischer Luft. Sie hat die Aufgabe, ausreichend für Atemluft zu sorgen, die in der Grube auftretenden schädlichen Gase zu verdünnen und fortzuspülen sowie die Temperatur und die Luftfeuchtigkeit erträglich zu halten. Jede Grube muß zur Erzeugung eines ununterbrochen fließenden Wetterstromes mindestens eine einziehende und eine ausziehende Tagesöffnung besitzen. Der notwendige Unterdruck (saugende Bewetterung) oder Überdruck (blasende Bewetterung) wird von *Grubenlüftern* (Schachtlüftern) erzeugt. *Wetterschleusen* und *Wettertüren* leiten die Wetterströme durch das untertägige Grubengebäude.

Die *Wasserhaltung* eines Bergwerkes dient der Abführung von Grubenwässern. Vom tiefsten Punkt einer Grube wird das Wasser durch Rohrleitungen an die Erdoberfläche gepumpt.

5 Bergbauliche Berufsbildung

Seit Anfang des 19. Jahrhunderts besitzt der Bergbau eigene, von ihm getragene Bildungseinrichtungen. Am Beginn stand die Notwendigkeit, die Beschäftigten mit den besonderen Arbeitsbedingungen unter Tage vertraut zu machen. Im Laufe der Zeit wurde das Bildungswesen ständig erweitert und zeitgemäß ausgebaut. Heute wird vom Bergbau eine Reihe von Bildungsmöglichkeiten und Ausbildungsgängen angeboten, die zum angelernten Arbeiter, Facharbeiter, Techniker oder Ingenieur (grad.) führen. Weitere Kurse und Seminare dienen der Fort- und Weiterbildung (zum Beispiel Betriebsführerlehrgänge).

Den praktischen Teil der Ausbildung führen die Bergwerksgesellschaften direkt in ihren betrieblichen oder überbetrieblichen Ausbildungsstätten, Lehrbetrieben bzw. Betriebsabteilungen durch. Zur Bewältigung dieser Aufgabe stehen allen Betrieben qualifizierte Ausbildungsfachleute, an ihrer Spitze ein Ausbildungsleiter, zur Verfügung *(Bild 1)*.

Die theoretische Ausbildung findet in Schulen statt, die entweder von den Bergwerksgesellschaften oder indirekt über Trägervereine mehrerer Gesellschaften in Selbstverwaltung eingerichtet, betreut und getragen werden. Die Schulen sind weitgehend als private Ersatzschulen anerkannt.

Die Ausbildung im Bergbau ist in allen Stufen durchlässig.

5.1 Anlernberufe

Für den Anlernberuf *Bergjungarbeiter* bestehen Unterweisungspläne, die den manuellen Fähigkeiten lernschwacher Jugendlicher entsprechen und die verstärkt auf das Erlernen praktischer Tätigkeiten ausgerichtet sind. Diese Unterweisungen sollen sie befähigen, bergmännische Arbeiten zu verrichten. In weiten Bereichen sind diese Unterweisungen der Ausbildung von Auszubildenden angeglichen, und sie werden teilweise in denselben Ausbildungsstätten durchgeführt. Für diesen Kreis findet in den bergbaulichen Berufsschulen ein Unterricht nach Lehrplänen statt, die mit den Betrieben abgestimmt sind.

Bild 1: Ausbildungsstätte eines Bergbauunternehmens

Arbeitskräfte, die das 18. Lebensjahr vollendet haben und die noch nicht im Bergbau unter Tage beschäftigt waren, werden als *Neubergleute* eingestellt und nach einem besonderen Plan für die Untertagetätigkeit vorbereitet. Insbesondere *aus-*

Bild 2: Unterweisung in der Bedienung des Hummerscherenladers

ländische Arbeitskräfte werden als Neubergleute ausgebildet *(Bild 2).* Sie müssen, den bergbehördlichen Bestimmungen entsprechend, für die Tätigkeit unter Tage ausreichende Kenntnisse der deutschen Sprache nachweisen. Die Ausbildungsabteilungen sorgen für den dazu erforderlichen Sprachunterricht.

5.2 Facharbeiterberufe

Der Bergbau bildet in einer Reihe anerkannter Ausbildungsberufe Jugendliche zu *Facharbeitern* aus *(Tafel 1).* Der Schwerpunkt der *dualen* Ausbildung liegt bei den Betrieben. Das Verzeichnis der Berufsausbildungsverhältnisse wird bei den Industrie- und Handelskammern geführt.

Tafel 1: Ausbildungsstarke Facharbeiterberufe

Ausbildungsberufe:	Ausbildungszeit in Jahren
Knappe für den Steinkohlen- bzw. Erzbergbau	3
Bergvermessungstechniker	3
Aufbereiter im Bergbau	3
Betriebsschlosser	3
Elektroanlageninstallateur	2
Energieanlagenelektroniker auf Elektroanlageninstallateur aufbauend zusätzlich	$1^1/_2$
Meß- und Regelmechaniker	$2^1/_2$
Dreher	3
Chemiefacharbeiter	3
Chemielaborant	$3^1/_2$
Industriekaufmann	3
Bürokaufmann	3
Bürogehilfin	2

Die Voraussetzung zur Übernahme in ein Berufsausbildungsverhältnis ist normalerweise der Abschluß der Haupt- bzw. Volksschule. Von den Arbeitsämtern werden in zunehmendem Maße in Zusammenarbeit mit der Industrie Lehrgänge angeboten, die Jugendliche ohne Haupt- bzw. Volksschulabschluß ebenfalls zur Aufnahme einer Facharbeiterausbildung befähigen sollen.

Berufsbilder, Ausbildungsrahmenpläne und Prüfungsanforderungen, die in den jeweiligen Ausbildungsordnungen niedergelegt sind, bestimmen die Ausbildung in diesen Lehrberufen. Diese *Ausbildungsordnungsmittel,* die nach dem Berufsbildungsgesetz vom 14. August 1969 der Anerkennung durch den Bundesminister für Wirtschaft im Einvernehmen mit dem Bundesminister für Bildung und Wissenschaft bedürfen, sind die Grundlage für eine einheitliche betriebliche Ausbildung. Mit der Neufassung und Überarbeitung von Ausbildungsordnungsmitteln, die für den Bergbau von Bedeutung sind, befassen sich die bergbaulichen Verbände, die Industriegewerkschaft Bergbau und Energie, die Bergbehörden und die Betriebe.

Die *Ausbildungsordnungen* regeln den praxisorientierten und den dazugehörigen theoretischen Teil der Ausbildung in den Betrieben. Die begleitende theoretische Ausbildung wird für die meisten Auszubildenden in bergbaueigenen Berufsschulen durchgeführt *(Tafel 2).*

Für einzelne Ausbildungsberufe werden staatliche Berufsschulen in Anspruch genommen.

5.2.1 Bergmännischer Facharbeiter

Während der dreijährigen Ausbildungszeit zum bergmännischen Facharbeiter „Knappe“ lernt der Auszubildende, alle bergmännischen Arbeiten des Untertagebetriebes auszuführen *(Bild 3).* Grundlagen hierfür sind u. a. Kenntnisse und Fertigkeiten aus dem metallverarbeitenden Bereich sowie der Maschinenkunde. Der Jugendliche wird mit den Besonderheiten des jeweiligen Bergbauzweiges vertraut gemacht, und darüber hinaus lernt er die Grundlagen der Geologie und der Lagerstättenkunde kennen. Er befaßt sich mit allen Arbeiten der Aus- und Vorrichtung sowie den verschiedenen Abbaumöglichkeiten und -methoden. Hierzu gehören Einsatzmöglichkeiten, Bedienung und Pflege bergbaulicher Maschinen sowie die Beurteilung und in leichteren Fällen evtl. Behebung von maschinellen Störungen. Ein wichtiges Ausbildungsziel ist es, die Auszubildenden mit den besonderen Gegebenheiten unter Tage vertraut zu machen. Sie müssen lernen, Gefahren zu erkennen und zu beurteilen, um die betriebliche Arbeitssicherheit und den Unfallschutz in ihrem späteren Berufsleben zu gewährleisten *(Bild 4).*

Am Ende der Ausbildungszeit legt der Auszubildende vor einem Prüfungsausschuß der Industrie- und Handelskammer die Facharbeiterprüfung (Knappenprüfung) ab. Diese Prüfung berechtigt nach einer mindestens zweijährigen Tätigkeit in einem entsprechenden Fachgebiet zum Besuch einer weiterführenden Schule, zum Beispiel einer Bergfachschule mit Ausbildung zum staatlich geprüften Techniker (Steiger).

Eine neue Ausbildungsordnung für den bergmännischen Facharbeiter *„Bergmechaniker“* wird

Bild 3: Ausbildung am Kohlenhobel

vorbereitet. Sie berücksichtigt die moderne technische Entwicklung des untertägigen Bergbaus und wird nach ihrer Verabschiedung zu einem Beruf führen, der für technisch interessierte Jugendliche vor allem auch im Hinblick auf die Aufstiegsmöglichkeiten noch attraktiver sein wird.

Die Weiterbildung zum Hauer, Schießberechtigten, Wettermann, Staubmesser, Betriebsstudienhauer usw., die im Untertagebetrieb Spezialtätigkeiten ausüben, setzt mehrjährige praktische Tätigkeit und berufliche Bewährung voraus. Sie findet in Sonderlehrgängen statt, für die die Bergbehörde, sofern mit der Berufsausübung erhöhte Verantwortung verbunden ist, besondere Bestimmungen, Richtlinien und Dienstanweisungen erlassen hat.

Bild 4: Brandschutzübung

Bild 5: Am Vermessungsgerät

5.2.2 Bergvermessungstechniker

In einer dreijährigen Ausbildungszeit werden dem Bergvermessungstechniker alle Kenntnisse und Fertigkeiten vermittelt, die ihn in seinem späteren Berufsleben befähigen, seine für den Bergbau wichtige Aufgabe wahrzunehmen *(Bild 5)*. Die Vermessung bestehender und zu erstellender Grubenräume und ihre Übertragung in vorgeschriebene Grubenrisse erfordern ein hohes Maß an Exaktheit, die nur durch verantwortungsbewußte Arbeit, verbunden mit einem hohen Ausbildungsniveau, sichergestellt werden kann.

5.2.3 Aufbereiter im Bergbau

Der Nachwuchs für die Bedienung und Steuerung der Aufbereitungsanlagen wird in drei Jahren zum Aufbereiter im Bergbau ausgebildet. In Lehr- und Betriebswerkstätten lernt der Auszubildende die für den Beruf erforderlichen Grundfertigkeiten der Metallbearbeitung und der Elektrotechnik. Anschließend folgt die aufbereitungstechnische Ausbildung im Aufbereitungsbetrieb und -labor.

5.2.4 Industrielle Ausbildungsberufe

Die Betriebe des Bergbaus bilden auch Jugendliche in einer Reihe industrieller Ausbildungsberufe *(Tafel 1)* aus. Dabei werden die bundeseinheitlichen Ausbildungsordnungsmittel angewandt. Zusätzlich werden die Auszubildenden mit den besonderen Bedingungen und Sicherheitsvorschriften des Bergbaus vertraut gemacht.

Tafel 2: Schuleinrichtungen des Bergbaus

Schulträger	Schulen	Ausbildungsziel	Fachrichtung bzw. Ausbildungsberuf
Westf. Berggewerkschaftskasse, Bochum	Bergberufsschulen (3) mit 24 Schulabteilungen	Pflichtschule, Facharbeiter	Bergjungarbeiter, Knappe (Steink.), Bergvermessungstechniker, Betriebsschlosser, Elektroanlageninstallateur, Energieanlagenelektroniker, Aufbereiter, Chemielaborant
	Fachoberschulen für Technik (3)	Fachhochschulreife	
	Bergfachschule mit 3 Schulstellen	Staatl. gepr. Techniker (Steiger), Fortbildung	*Für den Untertagebereich:* Bergtechnik, Maschinentechnik, Elektrotechnik *Für den Übertagebereich:* Maschinentechnik, Elektrotechnik, Aufbereitungstechnik, Kokereitechnik, Bergvermessungstechnik
	Fachhochschule Bergbau	Ingenieur (grad.), Fortbildung	Bergtechnik, Allg. Vermessung/Berg- und Ing.-Vermessung, Maschinentechnik, Verfahrenstechnik, Elektrotechnik
	Niederrh. Bergschule Moers mit 2 Schulstellen	Fortbildung von Fach- und Führungskräften (Betriebsführerlehrgänge)	Bergtechnik, Maschinentechnik, Elektrotechnik, Aufbereitungstechnik, Kokereitechnik
Saarbergwerke AG, Saarbrücken	Bergm. Berufsschulen (2)	Pflichtschule, Facharbeiter	Bergjungarbeiter, Kraftwerksjungarbeiter, Knappe (Steink.), Bergvermessungstechniker, Betriebsschlosser, Elektroanlageninstallateur, Energieanlagenelektroniker
	Bergvorschule	allgem. Vorbereitung für die Bergingenieurschule (Abschluß: Fachschulreife)	
	Bergingenieurschule	Ingenieur (grad.), Betriebsführerlehrgänge, Betriebswirtschaftl. Lehrgänge, Fortbildungsseminare, Weiterbildungslehrgänge für Führungskräfte	Bergtechnik, Vermessungstechnik, Maschinentechnik, Verfahrenstechnik, Elektrotechnik

Schulträger	Schulen	Ausbildungsziel	Fachrichtung bzw. Ausbildungsberuf
Eschweiler Bergwerks-Verein, Herzogenrath-Kohlscheid	Bergberufsschule	Pflichtschule, Facharbeiter	Bergjungarbeiter, Tagesjungarbeiter, Knappe (Steink.), Aufbereiter, Betriebsschlosser, Elektroanlageninstallateur, Energieanlagenelektroniker
Gewerkschaft Sophia-Jacoba, Hückelhoven	Bergberufsschule	Pflichtschule, Facharbeiter	Bergjungarbeiter, Knappe (Steink.), Betriebsschlosser, Elektroanlageninstallateur, Energieanlagenelektroniker
Verein der Steinkohlenwerke des Aachener Bezirks e. V., Aachen	Bergvorschulen (2)	allgem. Vorbereitung für die Bergschule	
	Bergschule Aachen: Technikerfachschule	Staatl. gepr. Techniker und techn. und geschäftliche Befähigung zum Steiger, Fortbildung von Führungskräften (Betriebsführerlehrgänge)	Bergtechnik, Maschinentechnik, Elektrotechnik, Vermessungstechnik
	Fachoberschule für Technik mit 2 Schulstellen	Fachhochschulreife	Bergtechnik, Bergmaschinentechnik, Bergelektrotechnik, Bergvermessungstechnik
Preussag AG Kohle, Ibbenbüren	Bergberufsschule	Pflichtschule, Facharbeiter	Bergjungarbeiter, Knappe (Steink.), Betriebsschlosser, Bauschlosser, Dreher, Elektroanlageninstallateur, Energieanlagenelektroniker
Verein Rheinischer Braunkohlenbergwerke e. V., Köln	Rhein. Braunkohlenbergschule	Staatl. gepr. Techniker, Fortbildung von Führungskräften	Maschinentechnik, Elektrotechnik, Vermessungstechnik
Braunschweigische Kohlenbergwerke, Helmstedt	Bergberufsschule (mit Lehrwerkstatt)	Pflichtschule, Facharbeiter	Betriebsschlosser, Dreher, Schmelzschweißer, Elektroanlageninstallateur, Energieanlagenelektroniker
Clausthaler Bergschulverein e. V., Clausthal-Zellerfeld	Berg- und Hüttenschule Clausthal	Staatl. gepr. Techniker (Steiger), Fortbildungslehrgänge für Führungskräfte (Betriebsführerlehrgänge), Fortbildungsseminare	Bergtechnik, Hüttentechnik, Verfahrenstechnik, Elektrotechnik, Maschinentechnik
	Bergvorschulen (4)	allgem. Vorbereitung für die Bergschule	

Schulträger	Schulen	Ausbildungsziel	Fachrichtung bzw. Ausbildungsberuf
Bergschulverein „Deutsche Bohrmeister-schule in Celle“ e. V., Celle	Deutsche Bohrmeister-schule in Celle, Bergschule für Bohr-, Förder- und Rohr-leitungstechnik	Schichtaufseher, staatl. gepr. Techniker (Bohr-meister, Fördermeister oder Rohrleitungsmeister), Betriebsführer (Oberbohr-meister, Oberfördermei-ster oder Oberrohrlei-tungsmeister)	Bohrtechnik, Fördertech-nik, Rohrleitungstechnik
Siegerländer Eisen-steinverein e. V., Siegen	Bergberufsschule	Pflichtschule, Facharbeiter	Knappe (Erz), Aufbereiter
Gesamthochschule Siegen	Fachbereich 8	Ingenieur (grad.)	Verfahrenstechnik/ Steine und Erden

Vor allem werden *Betriebsschlosser* und *Elektroanlageninstallateure* ausgebildet und beschäftigt *(Bild 6 und 7)*.

Ihr Aufgabengebiet hat sich im Zeichen der starken Mechanisierung des Bergbaus in den vergangenen Jahren erheblich erweitert. Sie haben eine sachgemäße Installierung, Überwachung und Instandhaltung der eingesetzten Maschinen und Geräte in allen Bereichen des Bergbaus zu gewährleisten.

Bei Eignung und nach ausreichender Berufserfahrung ist eine Weiterbildung zur Aufsichtsperson (Steiger) in dem jeweiligen Fachgebiet möglich.

5.2.5 Kaufmännische Ausbildungsberufe

In den Bereichen Verwaltung und Organisation werden Jugendliche in den in *Tafel 1* genannten Ausbildungsberufen nach bundeseinheitlichen Ausbildungsordnungsmitteln ausgebildet.

5.3 Bergvorschulen und Fachoberschulen

In *Bergvorschulen* können sich Facharbeiter in allgemeinbildenden Fächern auf den Besuch der Bergfachschule vorbereiten. Ihr Besuch ist vor der Fachschulausbildung nicht zwingend vorgeschrieben, aber empfehlenswert, da hier wichtige Grundlagen für eine weitere Ausbildung vermittelt werden.

In den *Fachoberschulen für Technik* kann die Fachhochschulreife erworben werden. In zwei getrennten Eingangsklassen – der Vorklasse 10 für Auszubildende und der Klasse 11 für Abgänger der Realschule bzw. mit mittlerer Reife, die als Praktikanten beginnen – wird auf den Besuch der abschließenden gemeinsamen Klasse 12 vorbereitet. Facharbeiter mit entsprechender Eignung und Praxis sowie staatlich geprüfte Techniker sind direkt zur Klasse 12 zugelassen. Durch den erfolgreichen Abschluß der Klasse 12 wird die Fachhochschulreife erlangt, die Voraussetzung zur weiteren Ausbildung zum Ingenieur (grad.) ist.

5.4 Bergfachschulen

Die Bergfachschule bildet zu *staatlich geprüften Technikern* (Steigern) aus. Zu ihrem Besuch sind Bewerber zugelassen, die Volks- bzw. Hauptschulabschluß besitzen, eine abgeschlossene Facharbeiterausbildung für die gewünschte Studienrichtung sowie eine anschließende mindestens zweijährige entsprechende Praxis nachweisen können. Der Besuch einer Bergvorschule ist zu empfehlen.

Die Ausbildung erfolgt je nach Schule in Vollzeitunterricht (4 Semester = 2 Jahre) bzw. in Teilzeitunterricht (6 Semester = 3 Jahre). Die bergbaueigenen Bergfachschulen bilden in zahlreichen Fachrichtungen aus *(Tafel 2)*. Die Ausbildung an der Bergfachschule befähigt den Absolventen, in Verbindung mit seiner Betriebserfahrung den vielfältigen Aufsichts- und Führungsaufgaben im Bergbau gerecht zu werden.

5.5 Fachhochschulen (Ingenieurschulen)

Die Fachhochschulen (Ingenieurschulen) bilden in einer Reihe von Fachrichtungen in sechs Semestern (drei Jahre) zum *Ingenieur (grad.)* aus. Zugangsvoraussetzungen sind:

an der Fachhochschule Bergbau in Bochum

- das Zeugnis der Fachhochschulreife oder ein als gleichwertig anerkanntes Zeugnis

- ○ eine den Fachbereichen entsprechende fachpraktische Ausbildung (in der Regel ein einjähriges gelenktes Praktikum)

an der Bergingenieurschule Saarbrücken

- ○ die an einer staatlich anerkannten Berufsaufbauschule erworbene Fachschulreife, das Abschlußzeugnis einer Realschule oder das Versetzungszeugnis nach Obersekunda eines Gymnasiums
- ○ eine zweijährige gelenkte Praktikantentätigkeit.

Die Ausbildung zum Ingenieur (grad.) befähigt den Absolventen zu erweiterten Aufsichts- und Führungsaufgaben im Bergbau und gibt ihm die Möglichkeit, Führungspositionen im Bergbau zu erlangen. Im Anschluß an diese Ausbildung kann eine Technische Hochschule bzw. Universität besucht werden. Bei der weiteren Ausbildung zum Diplom-Ingenieur werden Teile des vorausgegangenen Fachhochschulstudiums anerkannt.

5.6 Fortbildung

Die bergbaulichen Schulen bieten für Fach- und Führungskräfte mit mehrjähriger betrieblicher Erfahrung Fort- und Weiterbildungslehrgänge, zum Beispiel Betriebsführerlehrgänge, an. Dabei werden qualifizierte Mitarbeiter für die Lösung spezieller fachlicher Aufgaben trainiert bzw. auf weitergehende Führungsaufgaben vorbereitet.

5.7 Ausbildung von Bergakademikern

Bergakademiker werden in der Bundesrepublik Deutschland an der Technischen Hochschule Aachen, der Technischen Universität Berlin und der Technischen Universität Clausthal ausgebildet *(Tafel 3)*.

Zulassungsvoraussetzung für die Aufnahme des Bergbaustudiums ist die Hochschulreife (Abitur oder vergleichbare Bildungsgänge).

Eng gekoppelt mit dem Bergbaustudium ist eine praktische Ausbildung im Bergbau, die *Beflissenenausbildung.* Deutsche Staatsangehörige, die Bergbau studieren wollen, müssen unter Aufsicht der Bergbehörde eine in mehrere Abschnitte unterteilte Beflissenenzeit von insgesamt 200 Schichten nachweisen. Mindestens 110 Schichten müssen vor Aufnahme des Studiums verfahren sein. Die restliche Zeit kann studienbegleitend während der Semesterferien abgeleistet werden.

Das Bergbaustudium gliedert sich in das Grund- und das Hauptstudium von je mindestens vier Semestern. Während des Grundstudiums sind vorwiegend technisch-wissenschaftliche Grundlagenfächer zu belegen, in denen dem späteren Diplom-Ingenieur ein breites Grundwissen vermittelt wird. Diese Grundlagenausbildung befähigt ihn, im späteren Berufsleben sich auch in bis dahin unbekannte Problemkreise einzuarbeiten. Das Grundstudium schließt mit dem Diplom-Vorexamen ab.

Bild 6: An der Fräsmaschine

Während des Hauptstudiums wird auf das Grundwissen aufbauend Fachwissen vermittelt. Hierbei finden neben den bergbaulichen Fächern ebenfalls

Bild 7: In der Elektrowerkstatt

maschinentechnische, wirtschafts- und rechtswissenschaftliche Fächer Berücksichtigung. Seminare, praktische Übungen und Exkursionen vervollständigen die breite Ausbildung, die alle Bergbauzweige einschließt.

Alle Hochschulen bieten in der Fachrichtung Bergbau Ausbildung in unterschiedlichen Studien- bzw. Vertiefungsrichtungen an. Eine Entscheidung hierüber wird in den meisten Fällen erst zu Beginn des Hauptstudiums notwendig.

Das Hauptstudium endet mit der *Diplom-Hauptprüfung*. Sie besteht aus zwei Abschnitten, dem Prüfungs- und dem Diplomarbeitsteil. Nach Bestehen des Examens wird der akademische Grad *„Diplom-Ingenieur der Fachrichtung Bergbau"* verliehen.

Aufbauend auf den Grad des Diplom-Ingenieurs kann an den drei deutschen Hochschulen in einer Promotion der Grad des *Dr.-Ing.* erworben werden. Dieser Bildungsgang verlangt selbständige wissenschaftliche Arbeit, die entweder im Hochschulbereich selbst oder unter Aufsicht und Betreuung der Hochschule in der Industrie geleistet werden kann.

Die Diplom-Hauptprüfung wird bei Eintritt in den Staatsdienst als 1. Staatsprüfung anerkannt. Ihr folgt eine zweijährige Ausbildungszeit als *Bergreferendar* unter Aufsicht der Bergbehörde. Die Ausbildung selbst findet in den Betrieben, bei den Bergämtern und bei den Oberbergämtern statt. Danach wird die 2. Staatsprüfung abgelegt. Sie berechtigt zum Führen des Titels *„Assessor des Bergfachs"* bzw. für bayerische Bergreferendare *„Bergassessor"*. Nach Abschluß dieser Ausbildung kann der Absolvent eine Stellung im höheren Staatsdienst annehmen oder die Bergbehörde verlassen und Aufgaben in der Industrie, in Schulen oder in der öffentlichen Verwaltung übernehmen.

Die Ausbildung für den *Markscheider* ist in allen Stufen ähnlich. Sie schließt mit dem akademischen Grad *„Diplom-Ingenieur der Fachrichtung Markscheidewesen"* ab und kann über den Bergvermessungsreferendar zum *„Assessor des Markscheidefachs"* führen.

Im Rahmen der Ausbildung von Bergreferendaren sowie zur Weiterbildung von Bergakademikern, die bereits betriebliche Stellungen innehaben, führt die Wirtschaftsvereinigung Bergbau Wochenseminare durch. Hierbei werden die Teilnehmer vor allem über kaufmännisch-betriebswirtschaftliche, organisatorische und arbeitsrechtliche Probleme informiert sowie auf Führungsaufgaben vorbereitet.

Tafel 3: Hochschulen

Universität-Hochschule	Fachrichtung	Studien- bzw. Vertiefungsrichtung
Rheinisch-Westfälische Technische Hochschule Aachen Fachabteilung für Bergbau	Bergbau	Bergbau Aufbereitung und Veredlung
	Markscheidewesen Brennstoffingenieurwesen	
Technische Universität Berlin Fachbereich 16	Bergbau	Bergbau Lagerstättenkunde Meerestechnik
	Markscheidewesen Geologie Mineralogie Geophysik Geographie	
Technische Universität Clausthal Abteilung Bergbau	Bergbau	Bergbau Aufbereitung Tiefbohrtechnik, Erdöl- und Erdgasgewinnung
	Markscheidewesen	

6 Forschung und Entwicklung

Forschung und Entwicklung im deutschen Bergbau zielen darauf, die *Produktivität* der Grubenbetriebe und der weiterverarbeitenden Betriebe zu steigern, die *Qualität* der Produkte zu verbessern und *neue Verwendungsmöglichkeiten* für mineralische Rohstoffe – insbesondere auch für Kohle – zu finden. Im Eisenerz- und Metallerzbergbau stellt sich dabei die besondere Aufgabe, schwierig abzubauende Lagerstätten und auch arme Mineralvorkommen wirtschaftlich zu gewinnen. Darüber hinaus wird geforscht, um die *Grubensicherheit* und den *Gesundheitsschutz weiter zu verbessern.*

Die im Bergbau entwickelten *Techniken* und das daraus resultierende Know-how sollen auch in anderen Industriezweigen und im Ausland eingesetzt und genutzt werden.

Die Aufwendungen des Bergbaus für Forschung und Entwicklung sind in den letzten Jahren ständig gestiegen. Sie betragen zur Zeit rund 300 Mill. DM im Jahr; hierin sind die Aufwendungen für Prospektion und Exploration von Lagerstätten eingeschlossen. In zunehmendem Maße findet die Forschung und Entwicklung des Bergbaus auch die finanzielle Unterstützung der Bundesregierung und verschiedener Länderregierungen. Ein weiterer wichtiger Zuschußgeber ist die Kommission der Europäischen Gemeinschaften.

Neben der Forschungs- und Entwicklungstätigkeit der Bergwerksgesellschaften, der Fachinstitute der Hochschulen und Universitäten und der Bergbau-Zulieferindustrie spielt die *bergbauliche Gemeinschaftsforschung* eine bedeutende Rolle.

Folgende Gemeinschaftsorganisationen des Bergbaus betreiben Forschung und Entwicklung:

Steinkohlenbergbau
- Steinkohlenbergbauverein, Essen, mit Bergbau-Forschung GmbH und Bergwerksverband GmbH
- Westfälische Berggewerkschaftskasse, Bochum
- Versuchsgrubengesellschaft mbH, Dortmund

Braunkohlenbergbau
- Deutscher Braunkohlen-Industrie-Verein e. V., Köln

Kalibergbau
- Bergtechnische Ausschüsse des Kalivereins e. V., Hannover
- Fachausschüsse der Kaliforschungs-Gemeinschaft e. V., Hannover

Eisenerzbergbau
- Studiengesellschaft für Eisenerzaufbereitung, Liebenburg-Othfresen

Torfindustrie
- Torfforschung GmbH, Bad Zwischenahn.

Darüber hinaus sind verschiedene Bergbauzweige über ihre Gemeinschaftsorganisationen der *Arbeitsgemeinschaft Industrieller Forschungsvereinigungen* angeschlossen und betreiben auch auf dieser Ebene Gemeinschaftsforschung.

6.1 Schwerpunkttätigkeiten

Drei Schwerpunkte kennzeichnen die Forschungs- und Entwicklungsarbeiten:

- Kohleforschung (Kohlenveredlung und Kohlenverwendung)
- Rohstoffgewinnung und -versorgung
- Grubensicherheit und Arbeitsschutz.

Im Bereich der *Kohleforschung* sind folgende Hauptgebiete *(Bilder 1 bis 3)* zu nennen:

Aufbereitung. Neben der Verbesserung der Aufbereitungsverfahren und der Aufbereitungsmaschinen wird im Steinkohlenbergbau daran gearbeitet, die technisch-organisatorischen Voraussetzungen für den Bau zentraler Aufbereitungsanlagen für mehrere Zechen zu schaffen. Das Ziel ist die Umstellung der gesamten Steinkohlenaufbereitung auf wenige große, im Verbundbetrieb arbeitende Anlagen, die vollautomatisch gesteuert werden.

Verkokungstechnik. Die Weiterentwicklung der weltweit angewandten Steinkohlenverkokung im Horizontalkammerofen umfaßt die Mechanisierung und Automatisierung des Koksofenbetriebes und zielt auf die Erhöhung des Koksofendurchsatzes. Ein neues Konzept zukünftiger Kokserzeugung

Bild 1: Drücken eines Versuchskoksofens im Kokerei-Technikum

Bild 2: Versuchsanlage für die Herstellung von Formkoks

verfolgt die Entwicklung kontinuierlicher Verkokungsverfahren zur Herstellung von Formkoks aus Stein- und aus Braunkohlen. Die Vorteile dieses Verfahrens bestehen in der Umweltfreundlichkeit und der hohen Flexibilität. Solche Anlagen lassen sich kurzzeitig abstellen und wieder anfahren, sie können damit dem schwankenden Bedarf der Stahlindustrie besser angepaßt werden. Außerdem können weit mehr Kohlearten als bisher zur Verkokung herangezogen werden, was eine erhebliche Verbreiterung der Kohlenbasis bedeutet.

Bild 3: Prototypanlage zur Rauchgasentschwefelung

Im Bereich der Verkokung besteht für den Braunkohlenbergbau eine Entwicklungsaufgabe darin, über die bekannten Schwelverfahren hinaus Technologien zu entwickeln, um aus Rohbraunkohle mit einem Heizwert von ca. 2000 kcal/kg ein hochwertiges Kohlenstoffkonzentrat als Fein- oder Formkoks mit ca. 7000 kcal/kg und niedrigem Flüchtigen-Gehalt zu erzeugen.

Diese Arbeiten werden durch Forschungsarbeiten zur Erschließung geeigneter Verwendungsmöglichkeiten von Kondensationsprodukten der Braunkohlenverkokung ergänzt.

Stromerzeugung. Da das konventionelle Kohlenkraftwerk mit Staubfeuerung praktisch ausgereift ist, sind entscheidende Verbesserungen im Bereich der Stromerzeugung aus Kohle nur von Neuentwicklungen zu erwarten. Besondere Bedeutung haben Technologien, die dem Kohlenkraftwerk den kombinierten Gas/Dampfturbinenprozeß erschließen und durch Senkung der Schwefeldioxid-Emissionen dem Umweltschutz gerecht werden.

Kohlevergasung. Zur künftigen Erzeugung von Heizgas als Erdgasersatz sowie von Synthese- und Reduktionsgas aus Steinkohle und Braunkohle ist die Weiterentwicklung konventioneller Vergasungsverfahren im Gange. Außerdem ist die Verwirklichung eines neuen Verfahrensprinzipes begonnen worden, das die Vergasung von Kohle mit Wärme aus Hochtemperatur-Kernreaktoren vorsieht.

Bild 4: Erprobung eines Kohlenhobels im Versuchsfeld über Tage

Bild 5: Prüfstand für Strebausbau

Kohleverflüssigung. Auf dem Gebiet der Kohleverflüssigung ist an die Herstellung eines asche- und schwefelfreien Kohleöls durch Extraktion, Hydrierung oder auch Schwelung mit anschließender Hydrierung gedacht. Das Kohleöl ist als Brennstoff zur Substitution von Erdöl für Kraftwerke, Hochöfen und Industriefeuerungen sowie als Rohstoff im Bereich der Chemie interessant.

Aktivkokse für den Umweltschutz. Auf der Entwicklung von Aktivkoksen aus Kohle, die in der Lage sind, Verunreinigungen aus Gasen und Flüssigkeiten zu entfernen, bauen Verfahren zur Entschwefelung von Feuerungsabgasen aus Kraftwerken, zur Reinigung von Industrieabwässern und zur Abscheidung von radioaktiven Gasen aus Kernkraftwerken auf. Ein weiterer Schwerpunkt ist die Entwicklung von Gastrennverfahren mit Molekularsiebkoksen. Diese Verfahren finden ihre Nutzanwendung zur Erzeugung von Sauerstoffreichgas und Inertgas.

Im Bereich der *Rohstoffgewinnung* und *-versorgung* ist eine Reihe von Vorhaben im Bereich der Bergtechnik *(Bilder 4 bis 6)* herauszustellen.

Einen großen Umfang nehmen Arbeiten zur Verbesserung der Verfahren und Einrichtungen zum Bau von Strecken und Schächten ein. Neben der Weiterentwicklung der bisher üblichen Auffahrtechnik mit Bohr- und Sprengarbeit wird die Vollmechanisierung der Streckenauffahrung mit Vortriebsmaschinen erprobt. Die Entwicklungsarbeiten zur Verbesserung der Teufverfahren konzentrieren sich auf den Einsatz von Bohreinrichtungen, die Blindschächte mit Durchmessern von 5 m und mehr vollmechanisch herstellen können. Eine Sonderaufgabe betrifft die Entwicklung von Technologien zur Herstellung von Hohlräumen, die der Speicherung besonderer Stoffe dienen (Kavernentechnik). Zu großen Produktivitätsfortschritten führte die LHD-Technik im Salz- und Erzbergbau.

Bild 6: Gebirgsmechanische Versuche am Strebmodell

Nachdem in allen Bergbauzweigen die Mechanisierung der Gewinnung und Förderung große Fortschritte gemacht hat, zielen die Bemühungen zur weiteren Leistungssteigerung auf die weitgehende Automatisierung der Abbaubetriebe und Fördersysteme. Im Steinkohlenbergbau ist geplant, die tägliche Kohlenproduktion in den Abbaubetrieben der Zechen, den sogenannten Streben, auf durchschnittlich 3000 t je Streb anzuheben. Hierzu sollen die Gewinnungsmaschine (Kohlenhobel bzw. Walzenschrämlader), der Strebförderer und der vollmechanische Strebausbau zu einer Verbundausrüstung entwickelt werden, die mit wechselnden Anforderungen durch unterschiedliche Flözlagerung und schwierige Gebirgsverhältnisse fertig werden kann. Im Braunkohlenbergbau wird die integrierte Großtagebautechnik weiterentwickelt. Dabei werden Bagger mit einer Leistung von 240000 m^3/d und zugeordneten 3-Meter-Bandstrassen mit einer Leistung von rund 39000 m^3/h eingesetzt.

Besondere Aufmerksamkeit wird der Entwicklung der hydromechanischen Gewinnung und der hydraulischen Horizontal- und Vertikalförderung gewidmet. Versuche zur Anwendung dieser Verfahrenstechniken sind im Steinkohlenbergbau bereits weit gediehen. In einem Großvorhaben ist vorgesehen, eine ganze Schachtanlage auf Hydrobergbau umzustellen. Bei der hydromechanischen Gewinnung wird die Kohle durch die Kraft hochgespannten Wassers, das ein Wasserwerfer gegen das Flöz spritzt, gelöst und zugleich abgefördert.

Weiter in die Zukunft weist die Entwicklung von Verfahren zur Gewinnung, Förderung und zum Transport mineralischer Rohstoffe durch Anwendung neuartiger Techniken, wie zum Beispiel Bohrfördertechnik, Laugung und bacterial leaching.

Sehr wichtig für die Sicherung der Rohstoffversorgung ist die Entwicklung geowissenschaftlicher Verfahren und deren Anwendung zur Aufsuchung neuer in- und ausländischer Lagerstätten im Bereich aller Bergbauzweige. Eine große Zukunftsaufgabe stellt sich in der Gewinnung von Rohstoffen aus dem Meer.

Bei den Forschungs- und Entwicklungsvorhaben auf den Gebieten der *Grubensicherheit* und des *Arbeitsschutzes (Bilder 7 und 8)* sind als wichtigste Arbeiten zu nennen:

- Staub- und Silikosebekämpfung
- Bekämpfung des Grubengases
- Bewetterung und Klimatisierung der Grubenbetriebe
- Gebirgsschlagverhütung
- Brand- und Explosionsschutz
- allgemeiner Arbeitsschutz
- Grubenrettungswesen.

Mit dem Übergang des Steinkohlenabbaus auf immer größere Teufen und der Zunahme der Fördermenge in den Gewinnungsbetrieben und dem Einsatz immer leistungsfähigerer Maschinen gewinnen die ersten drei genannten Arbeitsgebiete mehr und mehr an Bedeutung.

Bild 7: Silikoseforschung: Messen der Elektronen-Struktur von Stäuben

Bild 8: Einstellen des Arbeitspunktes eines Unors. Das in der Bergbau-Forschung entwickelte Gerät mißt Kohlenmonoxid und Methan in der Luft. Der Unor wird zur Überwachung der Grubenwetter eingesetzt.

6.2 Programme zur Energiesicherung

Forschung und Entwicklung im Bergbau sind durch das *Rahmenprogramm Energieforschung* der Bundesregierung und das *Technologie-Programm-Energie* des Landes Nordrhein-Westfalen verstärkt worden. Beide Programme, die nach der im Herbst 1973 eingetretenen Verknappung und Verteuerung des Mineralöls in Gang gesetzt wurden, stellen die beschleunigte Verwirklichung verbesserter und neuer Verfahren zur Gewinnung und Veredlung von Kohle in den Mittelpunkt. Die Hauptziele sind die Verminderung der Importabhängigkeit vom Mineralöl und die langfristige Sicherung der Energieversorgung.

Entwicklungsschwerpunkte im Bereich der Kohlenveredlung liegen auf den Gebieten Vergasung, Verflüssigung und Verbrennung. Dabei geht es hauptsächlich um die Entwicklung und Erprobung verschiedener Verfahren zur Erzeugung von Austauschgasen, zum Beispiel Erdgasersatz (SNG), Synthesegas, Reduktionsgas, um die gezielte Weiterentwicklung des Fischer-Tropsch-Verfahrens zur Erzeugung von Rohstoffen für die chemische Industrie, die Verfahrensentwicklung auf dem Gebiet der Kohlehydrierung und um die Entwicklung und Erprobung umweltfreundlicher Kohleverbrennungsverfahren mit hoher Energieausbeute.

Die Wirtschaftlichkeit der Veredlungsverfahren hängt wesentlich davon ab, daß es gelingt, die erforderlichen Kohlenmengen so kostengünstig wie möglich zu fördern. Deshalb ist im bergtechnischen Teil der Programme eine Reihe von Projekten in den Bereichen Vortrieb, Abbau, Logistik und Aufbereitung der Steigerung der Produktivität des Steinkohlenbergbaus gewidmet. Sehr wichtig, insbesondere auch im Hinblick auf die rationelle Kohlengewinnung, sind Vorhaben zur Verbesserung der Erkundung von Kohlenlagerstätten.

Neben den Forschungsvorhaben, die sich mit der Weiterentwicklung der Bergtechnik in den nächsten fünf Jahren befassen, enthält das Rahmenprogramm Energieforschung der Bundesregierung das Vorhaben „Steinkohlenbergwerk der Zukunft". Ziel dieses Vorhabens ist es, in Form einer Studie die Grundlagen zu erarbeiten, die bei der Planung und Betriebsführung der zukünftigen Schachtanlage zu berücksichtigen sind. Das Arbeitsprogramm gliedert sich in einen progressiven und einen futurologischen Teil. Der progressive Teil soll, ausgehend vom Stand der Technik, wie er sich nach erfolgreichem Abschluß der laufenden Forschungs- und Entwicklungsarbeiten ergibt, neue Gedanken zur Weiterentwicklung der Bergtechnik in den 80er Jahren behandeln. Der futurologische Teil soll sich mit heute noch nicht realisierbaren Techniken und Ideen befassen, wie zum Beispiel der unmittelbaren untertägigen Umwandlung der Kohle mit Hilfe chemischer, biologischer oder physikalischer Verfahren.

Zur Verbesserung der Arbeitsplatzbedingungen im Bergbau hat die Bundesregierung zusätzlich ein Aktionsprogramm *„Forschung zur Humanisierung des Arbeitslebens"* aufgestellt. Hauptziele dieses Programms sind die Entwicklung menschengerechter Arbeitstechnologien sowie die Erarbeitung von Schutzdaten, Richtwerten, Mindestanforderungen, von Vorschlägen für die Arbeitsorganisation und die Durchführung von Modellversuchen.

6.3 Auswirkungen auf die übrige Industrie

Die Arbeiten des Bergbaus auf dem Gebiet von Forschung und Entwicklung üben eine unmittelbare Ausstrahlung auf die gesamte Industrie des montanbezogenen Investitionsgüterbereichs aus, wie zum Beispiel auf den Kraftwerksbau, den Großmaschinenbau, die Meß- und Regeltechnik, die Verfahrenstechnik sowie auf den Bau von Förder- und Transportmitteln.

Insbesondere hat die Forschung und Entwicklung im Bergbau die Arbeiten in folgenden Bereichen und Branchen befruchtet:

Streckenvortriebsmaschinen werden im Tunnelbau für Trinkwasserversorgung, Abwasserbeseitigung und Wasserkraftwerksbau sowie zur Herstellung von Verkehrswegen eingesetzt *(Bild 9).*

Die *Schachtabteufverfahren* finden bei der Herstellung von Lüftungsschächten für Verkehrstunnelbau Anwendung; die Gefrierschachttechnik spielt bei der Bodenvereisung im Tiefbau eine Rolle.

Die integrierte *Tagebautechnik* liefert Anregungen für den Maschinenbau, das Verkehrswesen sowie den Wasser- und Erdbau.

Die *Bohr- und Sprengtechnik* hat Einfluß auf den allgemeinen Erdbau (Pfahlgründung) und die Herstellung unterirdischer Räume.

Die *Unterwasserpumpentechnik* bildet die Grundlage für die hydraulische Förderung von Feststoffen.

Die Erfahrungen mit der *Deckgebirgsentwässerung* im Braunkohlenbergbau kommen dem gesamten Bereich der Wasserwirtschaft (Trinkwasserversorgung) zugute.

Die *Luftbildvermessung* von Tagebauen gibt Impulse der Luftbildvermessung von Landverkehrswegen, Wasserwegen und Wasserkraftwerksbau sowie der Fotogeologie.

Die *Rekultivierungsmaßnahmen* des Bergbaus sind Vorbild für die Landschaftsgestaltung und Schaffung von Erholungsgebieten.

Die Forschungs- und Entwicklungsarbeiten für die *Grubensicherheit* haben Auswirkungen auf die Arbeits- und Sozialmedizin, die Arbeitshygiene und die Arbeitssicherheit.

In zunehmendem Maße wirken sich die Forschungs- und Entwicklungsarbeiten auch befruchtend auf Bereiche des *Umweltschutzes* aus – zum Beispiel Rauchgasentschwefelung; raucharme Brennstoffe; Trinkwasseraufbereitung und -versorgung (Schaffung von Trinkwasserreservoiren); Abwasserreinigung; Rekultivierung.

Durch die Vielfalt der Forschungs- und Entwicklungstätigkeiten ergibt sich eine enge Zusammenarbeit des Bergbaus mit Hochschulen, Fachbehörden und wissenschaftlichen Instituten. Hervorzuheben ist die Kooperation mit der Fachabteilung für Bergbau an der TH Aachen, dem zuständigen Fachbereich an der TU Berlin, der Abteilung Bergbau an der TU Clausthal, der Bundesanstalt für Geowissenschaften und Rohstoffe und den geologischen Landesämtern, den wissenschaftlich-technischen Gesellschaften, dem Battelle-Institut und anderen Instituten.

Bild 9: Streckenvortriebsmaschine – startbereit in der Montagekammer unter Tage. Maschinen dieses Typs finden auch im Stollen- und Tunnelbau Verwendung.

7

Bergrecht

7.1 Bergrecht als Landesrecht

In der Bundesrepublik Deutschland ist das Bergrecht in Landesberggesetzen kodifiziert, abgesehen von wenigen als Bundesrecht weitergeltenden Gesetzen des Deutschen Reiches aus der Zeit von 1933 bis 1945. Das Recht des Bergbaus gehört aber zur konkurrierenden Gesetzgebung des Bundes, der beabsichtigt, die Reform des Bergrechts auf Bundesebene durchzuführen.

Soweit die deutschen Bundesländer Nachfolgestaaten des ehemaligen Landes Preußen sind, beruhen die Berggesetze auf dem Allgemeinen Berggesetz für die Preußischen Staaten vom 24. Juni 1865 *(Bild 1)*. Sie sind im übrigen in Anlehnung an dieses Gesetz erlassen worden. In der Zeit nach 1945 haben die Bundesländer die in ihrem Bereich geltenden Berggesetze novelliert. Deshalb kann festgestellt werden, daß die deutschen Landesberggesetze in ihren wesentlichen Grundzügen übereinstimmen.

Da das Bergrecht in besonderen Gesetzen niedergelegt ist, die nur für diesen Wirtschaftszweig gelten, geht es als Sonderrecht des Bergbaus den Vorschriften des allgemeinen Rechts vor.

Das Bergrecht enthält Normen des Privatrechts, zum Beispiel das Bergschadensrecht als Teil der Regelung der Beziehungen zwischen den Bergbautreibenden und den Grundeigentümern, sowie des öffentlichen Rechts, wie Regelungen über die Bergaufsicht und die Verleihung des Bergwerkseigentums.

7.2 Der materielle Inhalt des Bergrechts

7.2.1 Grundsätze des Bergrechts

Das deutsche Bergrecht wird bis auf Ausnahmen von dem Grundsatz der *Bergbaufreiheit* für bestimmte Mineralien beherrscht. Das bedeutet, daß jedermann an diesen Bodenschätzen durch Schürfen und Muten Bergwerkseigentum erlangen kann. Der Grundeigentümer hat über die in dem Katalog der bergbaufreien Mineralien aufgeführten Bodenschätze (Enumerationsprinzip) kein Verfügungsrecht. Die nicht in dem Katalog enthaltenen Mineralien sind *Grundeigentümermineralien.* Zu den bergbaufreien Mineralien gehören die Schwer- und Edelmetalle wie Gold, Silber, Quecksilber, Eisen, Blei, Kupfer, Zinn, Zink usw., ferner die radioaktiven Erze, weiter die Stein- und die Braunkohle sowie Graphit, schließlich die Stein- und Kalisalze.

Der Staat verleiht aufgrund seiner *Berghoheit* das Recht zur Aufsuchung und Gewinnung der Mineralien und übt die *Bergaufsicht* über alle Bergbaubetriebe aus. Die Deklaration der Bergbaufreiheit, die in der Rechtsentwicklung an die Stelle des Bergregals des Landesherrn trat *(Bild 2),* ist die Voraussetzung dieses Rechts des Staates. Die Bergbaufreiheit, die zur Verleihung von Bergwerkseigentum

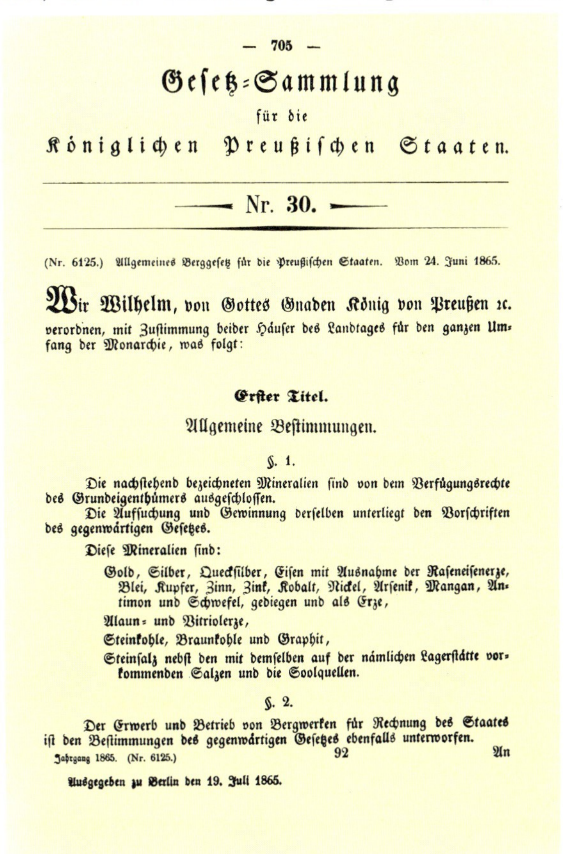

— 705 —

Gesetz-Sammlung
für die
Königlichen Preußischen Staaten.

Nr. 30.

(Nr. 6125.) Allgemeines Berggesetz für die Preußischen Staaten. Vom 24. Juni 1865.

Wir Wilhelm, von Gottes Gnaden König von Preußen ꝛc.
verordnen, mit Zustimmung beider Häuser des Landtages für den ganzen Umfang der Monarchie, was folgt:

Erster Titel.

Allgemeine Bestimmungen.

§. 1.

Die nachstehend bezeichneten Mineralien sind von dem Verfügungsrechte des Grundeigenthümers ausgeschlossen.

Die Aufsuchung und Gewinnung derselben unterliegt den Vorschriften des gegenwärtigen Gesetzes.

Diese Mineralien sind:

Gold, Silber, Quecksilber, Eisen mit Ausnahme der Raseneisenerze, Blei, Kupfer, Zinn, Zink, Kobalt, Nickel, Arsenik, Mangan, Antimon und Schwefel, gediegen und als Erze,

Alaun- und Vitriolerze,

Steinkohle, Braunkohle und Graphit,

Steinsalz nebst den mit demselben auf der nämlichen Lagerstätte vorkommenden Salzen und die Soolquellen.

§. 2.

Der Erwerb und Betrieb von Bergwerken für Rechnung des Staates ist den Bestimmungen des gegenwärtigen Gesetzes ebenfalls unterworfen.

Jahrgang 1865. (Nr. 6125.) 92 An

Ausgegeben zu Berlin den 19. Juli 1865.

Bild 1: Paragraph 1 des Allgemeinen Berggesetzes (ABG)

Berg-Ordnung
Sampt einer newer Berg-Freyheit
deß Hochwürdigsten Durchleüchtigsten Fürsten und Herrn / H. Maximilian Henrichen Ertz-Bischoffen zu Cölln / deß Heiligen Römischen Reichs durch Italien Ertz-Cantzlern und Churfürsten / Bischoffen zu Hildeßheim und Lüttig / Administratoren zu Bergtesgaden und Stablo / in Ob- und Nider-Bäyeren auch der Oberen Pfaltz / in Westphalen / zu Engern und Boullon Hertzogen / Pfaltzgraffen bey Rhein / Landgraffen zu Leuchtenberg / Marggraffen zu Franchimont / etc.

Auß seiner Churf. Durchl. Vorfahren seeliger und Hochlöblicher Gedächtnuß alten Bergordnungen gezogen / auch sonsten nothdürfftig corrigirt / vermehrt und verbessert.

Bonn / im Jahr Christi unsers lieben Herrn / 1669.

Bild 2: Bergordnung aus dem Jahr 1669 (Titelblatt)

führt, ist allerdings dadurch eingeschränkt, daß einige Bodenschätze dem Staatsvorbehalt unterliegen (u. a. Erdöl, Erdgas, Phosphate). Die Bergaufsicht findet ihren Niederschlag im Betriebsplanverfahren sowie im Erlaß von Bergverordnungen.

7.2.2 Berechtsamswesen

Unter Berechtsamswesen ist die Zusammenfassung der Vorschriften über die Bergbauberechtigung für das einzelne Mineral zu verstehen. Das Berechtsamswesen ist in den deutschen Landesberggesetzen unterschiedlich geregelt. Die *Bergbauberechtigung* kann ihre rechtliche Grundlage im

- Bergwerkseigentum
- Staatsvorbehalt
- Grundeigentum

haben.

Bergwerkseigentum
Das Bergwerkseigentum umfaßt die ausschließliche Befugnis des Bergwerkseigentümers, in seinem Feld das in der Verleihungsurkunde genannte Mineral aufzusuchen, zu gewinnen und sich anzueignen. Es wird im allgemeinen ohne zeitliche Begrenzung verliehen und schließt das Recht zur Errichtung aller zur Aufsuchung und Gewinnung erforderlichen Vorrichtungen unter und über Tage und auch die Berechtigung ein, die zur Aufbereitung der Bergwerkserzeugnisse erforderlichen Anlagen zu erstellen und zu betreiben. Das Bergwerkseigentum gibt ferner das Recht, zugunsten des Betriebes (zum Beispiel beim Abteufen von Schächten und zur Errichtung von Tagesanlagen) die entgeltliche Abtretung von Grundstücken zur Nutzung zu verlangen (Grundabtretung). Schließlich darf der Bergwerkseigentümer ohne Erlaubnis des Grundeigentümers unter der Erdoberfläche die erforderlichen Baue anlegen und den betriebsplanmäßigen Abbau selbst dann in Angriff nehmen, wenn schädliche Auswirkungen auf die Oberflächengrundstücke unvermeidbar sind. Wird durch seine Tätigkeit ein Grundstück beschädigt, ist er zur Entschädigung verpflichtet. Das Bergwerkseigentum ist rechtlich weitgehend dem Grundeigentum gleichgestellt. Es wird im Rechtsverkehr als Grundstück behandelt (grundstücksgleiches Recht) und im Berggrundbuch eingetragen.

Schürfen ist das Aufsuchen der bergbaufreien Mineralien auf der Lagerstätte mit dem Ziel, fündig zu werden. Der Fund und einige tatsächliche und rechtliche Voraussetzungen sind erforderlich, um den Antrag auf Verleihung des Bergwerkseigentums stellen zu können. Es besteht Schürffreiheit, soweit nicht ein Staatsvorbehalt angeordnet ist. Der Grundeigentümer kann nur in bestimmten Ausnahmefällen die Erlaubnis zum Schürfen auf seinem Grundstück verweigern. Die Schürfarbeiten unterliegen der Aufsicht der Bergbehörde. Sie müssen angezeigt und betriebsplanmäßig zugelassen werden. Geophysikalische Arbeiten zur Untersuchung des Untergrundes sind den Schürfarbeiten im allgemeinen gleichgestellt.

Wer beim Schürfen fündig wird, kann die Verleihung des Bergwerkseigentums auf das gefundene Mineral beantragen (Mutung). Die *Mutung* ist das dem Oberbergamt eingereichte Gesuch um *Verleihung des Bergwerkseigentums* in einem bestimmten Feld. Die ordnungsmäßige Mutung gibt einen öffentlich-rechtlichen Anspruch gegen den Staat auf Verleihung des Bergwerkseigentums, die durch das Oberbergamt erfolgt. Ordnungsmäßig ist eine Mutung dann, wenn der Fund, die Bauwürdigkeit des Minerals und die Feldesfreiheit (Nichtvorliegen besserer Rechte auf den Fund) nachgewiesen werden. Binnen sechs Monaten muß der Muter Lage und Größe des von ihm begehrten Feldes angeben („das Feld strecken").

Verliehen werden *Geviertfelder,* deren Begrenzung durch senkrechte Ebenen bis zur ewigen Teufe erfolgt. Die Verleihung von Längenfeldern, d. h. Feldern, die im Streichen und im Fallen dem Verlauf der Lagerstätte folgen, ist heute unzulässig.

Durch die Verleihung wird kraft staatlichen Hoheitsaktes das privatrechtliche Bergwerkseigentum geschaffen *(Bilder 3 und 4).*

Der Bergwerkseigentümer kann sein Recht nur durch Verzicht oder durch Entziehung durch das Oberbergamt verlieren. Die Entziehung ist möglich, wenn der Bergwerkseigentümer seiner Verpflichtung zum Betrieb des Bergwerks (*Betriebszwang)* nicht nachkommt und der Unterlassung oder Einstellung des Bergwerksbetriebs Gründe des öffentlichen Interesses entgegenstehen.

Bergwerkseigentum kann außer durch Übereignung auch durch *Konsolidation* (Vereinigung mehrerer Bergwerke), durch Teilung von Grubenfeldern oder durch Austausch von Feldesteilen erworben werden. Zwangsweise vereinigt werden können Bergwerksfelder oder Feldesteile durch die Zulegung, wenn allgemeinwirtschaftliche Gründe es erfordern, daß ein bergmännisch richtig geführter Abbau aus dem Felde einer Bergbauberechtigung in das Feld einer angrenzenden fremden Bergbauberechtigung gleicher oder anderer Art fortschreitet.

Staatsvorbehalt

Der Staatsvorbehalt, der dem Zweck dient, die Verfügungsbefugnis des Staates über volkswirtschaftlich wichtige Bodenschätze sicherzustellen, hat in den Landesberggesetzen eine unterschiedliche Regelung erfahren, je nachdem, in welcher Weise der Staat Inhaber der Bergbauberechtigung werden soll. Es haben sich zwei Formen des Staatsvorbehalts entwickelt:

- echter Staatsvorbehalt
- unechter Staatsvorbehalt.

Beim echten Staatsvorbehalt erwirbt der Staat die Bergbauberechtigung unmittelbar durch das Gesetz. Er bedarf nicht der Verleihung des Bergwerkseigentums. Der Staat darf jedoch die Ausübung seiner Rechte anderen Personen überlassen. Die hierdurch eingeräumte uneingeschränkte Ermessensfreiheit führte zu einer unterschiedlichen Verwaltungspraxis in den Ländern. Teils wird das Aufsuchungs- und Gewinnungsrecht aus dem echten Staatsvorbehalt durch Privatvertrag, teils durch öffentlich-rechtliche Konzession (also durch Verwaltungsakt) erteilt. Als Gegenleistung für die Erteilung des Rechts verpflichtet sich der Unternehmer zur Zahlung eines Förderzinses (Konzessionsabgabe).

Beim unechten Staatsvorbehalt, der im Grunde genommen ein ausschließlich dem Staate zustehendes Schürfrecht ist, bedarf auch der Staat der Verleihung des Bergwerkseigentums. Die Ausübung seiner Rechte kann er Dritten überlassen.

Grundeigentümerbergbau

Die Bergbauberechtigung für nicht bergfreie oder dem Staatsvorbehalt unterliegende Mineralien ist das Grundeigentum. Durch die Verordnung über die Aufsuchung und Gewinnung mineralischer Bodenschätze vom 31. Dezember 1942 (*Silvesterverordnung*) wurden Betriebsanlagen und Aufbereitungsanstalten für wichtige Grundeigentümermineralien den Bergwerksbetrieben im Sinne berggesetzlicher Vorschriften gleichgestellt.

Für den auf dem Grundeigentümerbergbau beruhenden Bergbau auf Kali- und Steinsalze wurde im Bereich der früheren Provinz Hannover das Sonderinstitut der *Salzabbaugerechtigkeit* eingeführt, das ein vom Grundeigentum abgetrenntes selbständiges Recht zur Gewinnung dieser Mineralien ist.

7.2.3 Das Verhältnis Bergbau – Grundeigentum

Das Recht des Bergwerkseigentümers, die Abtretung von Grundstücken zur Nutzung zu verlangen, und die Befugnis, durch den Bergwerksbetrieb auf die Grundstücksoberfläche einzuwirken, sind Ausflüsse des Bergwerkseigentums und bestimmen insoweit gleichzeitig auch den Inhalt des Grundeigentums. Die zwischen dem Bergwerkseigentümer und dem Grundeigentümer entstehenden Rechtsbeziehungen sind in den Vorschriften über die Grundabtretung und den Bergschaden geregelt.

Grundabtretung

Die Grundabtretung beschränkt sich grundsätzlich darauf, die *Abtretung von Grundeigentum* zur Nutzung zu beanspruchen. Nur in bestimmten Fällen kann der Grundeigentümer die Übernahme des Grundstücks in das Eigentum des Bergwerksei-

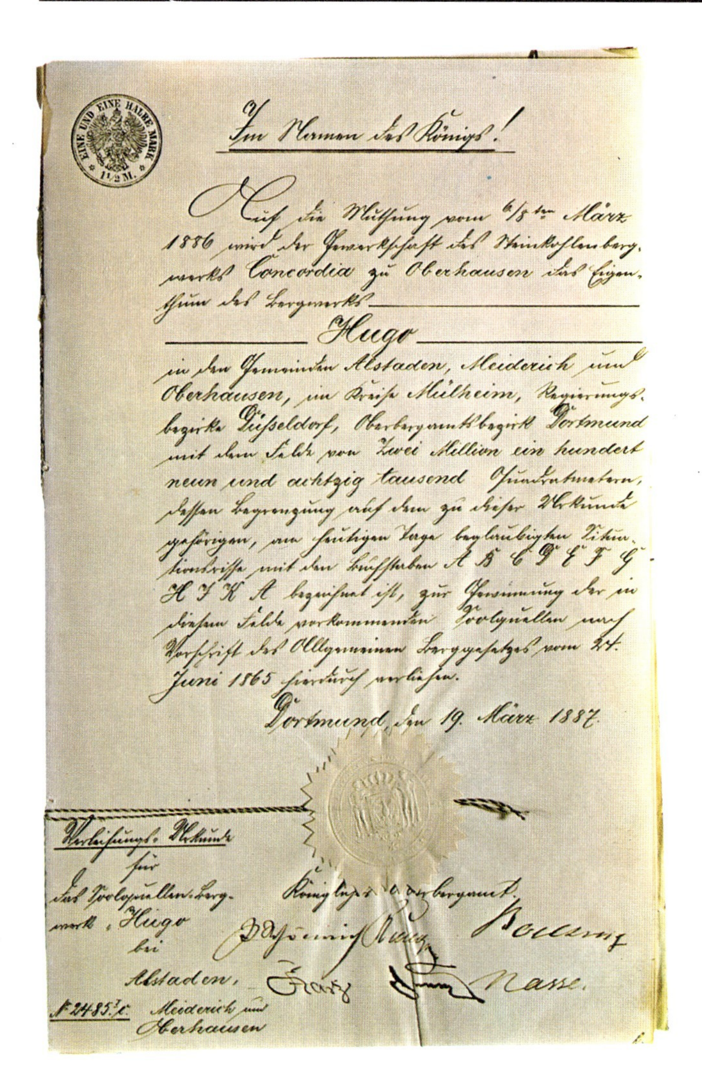

EINE UND EINE HALBE MARK 1 1/2 M.

Im Namen des Königs!

Auf die Muthung vom 6/8ten März 1886 wird der Gewerkschaft des Steinkohlenbergwerks Concordia zu Oberhausen das Eigenthum des Bergwerks

Hugo

in den Gemeinden Alstaden, Meiderich und Oberhausen, im Kreise Mülheim, Regierungsbezirks Düsseldorf, Oberbergamtsbezirk Dortmund mit dem Felde von Zwei Million ein hundert neun und achtzig tausend Quadratmetern, dessen Begrenzung auf dem zu dieser Urkunde gehörigen, am heutigen Tage beglaubigten Situationsrisse mit den Buchstaben A B C D E F G H I K A bezeichnet ist, zur Gewinnung der in diesem Felde vorkommenden Soolquellen nach Vorschrift des Allgemeinen Berggesetzes vom 24. Juni 1865 hierdurch verliehen.

Dortmund, den 19. März 1887.

Königliches Oberbergamt.

Verleihungs-Urkunde für das Soolquellenbergwerk „Hugo" bei Alstaden, Meiderich und Oberhausen

№ 2485

Bild 3 (links): Verleihungsurkunde für das Solquellen-Bergwerk „Hugo" nach Vorschrift des Allgemeinen Berggesetzes

Bild 4 (rechts): Verleihungsriß zur Solquellenmutung „Hugo" (Ausschnitt)

gentümers verlangen. Das Grundabtretungsrecht wird auf gütlichem Wege durch Abschluß eines zivilrechtlichen Vertrages (Pacht-, Kaufvertrag) verwirklicht. Ein Zwangsgrundabtretungsverfahren ist möglich; es wird vom Oberbergamt unter Mitwirkung des Regierungspräsidenten durchgeführt. Bei der Grundabtretung wird unterstellt, daß die Grundstücke vom Bergbau aus Gründen des öffentlichen Interesses in Anspruch genommen werden. Die Grundabtretung darf daher nur versagt werden, wenn überwiegende Gründe des öffentlichen Interesses gegen sie sprechen. Der Bergwerksbesitzer ist verpflichtet, dem Grundeigentümer für die entzogene Nutzung seines Grundstücks vollständige *Entschädigung* zu leisten (Nutzungsentschädigung) und gegebenenfalls für eine durch die Benutzung eingetretene Wertminderung des Grundstücks Ersatz zu leisten. Nach beendeter Benutzung ist das Grundstück zurückzugeben.

Das Recht des Grundeigentümers, die Übernahme zu Eigentum zu verlangen, ist u. a. dann gegeben, wenn die Benutzung länger als drei Jahre dauert oder durch die Benutzung des Grundstücks eine Wertminderung eintritt.

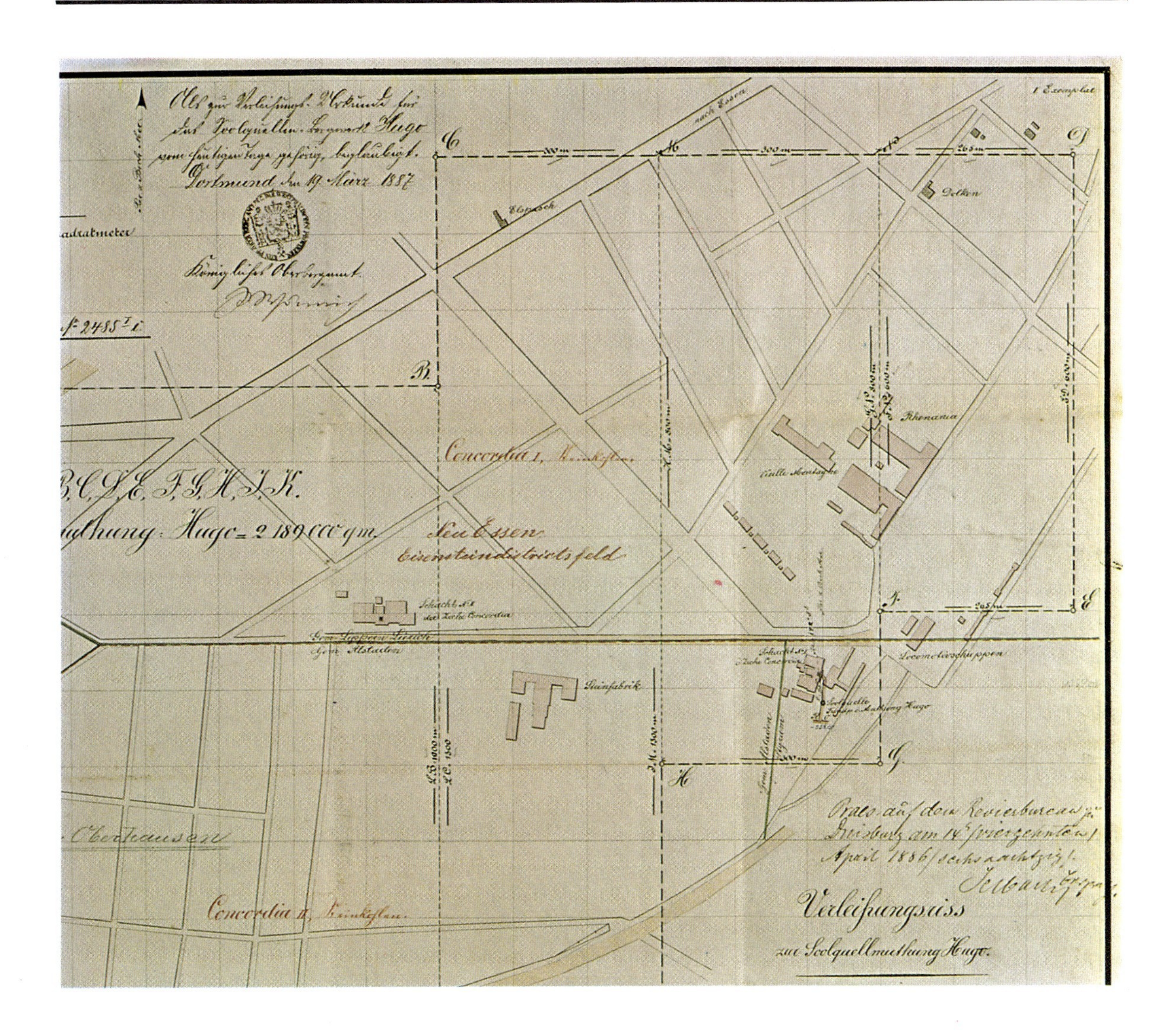

Bergschaden
Bergschaden ist der durch den Betrieb des Bergwerks verursachte, am Grundstück und seinem Zubehör entstandene Vermögensschaden. Der Vermögensschaden muß durch das Grundstück vermittelt sein. Personenschäden und Schäden an sonstigen beweglichen Sachen, die sich auf dem beschädigten Grundstück befinden, fallen nicht unter den Bergschadensbegriff.
Der Bergwerkseigentümer ist verpflichtet, für den Bergschaden Entschädigung zu leisten. Seine Haftung ist gegeben ohne Rücksicht darauf, ob ein Verschulden vorliegt. Die gesetzliche Anordnung der Entschädigung ist der Ausgleich dafür, daß es dem Grundeigentümer verwehrt ist, gegen den die Nutzung seines Grundstücks beeinträchtigenden Bergbau Abwehrrechte aus seinem Eigentum geltend zu machen (*Ausgleichshaftung*). Die Entschädigung besteht in der Regel in der Zahlung einer Kapitalsumme. Bergwerkseigentümer und Dritte, die das Bergwerk betreiben, ohne Bergwerkseigentümer zu sein, haften auch für Bergschäden, die nach der Aufhebung des Bergwerkseigentums entstanden sind. Die Entschädigungspflicht des Bergwerksei-

gentümers entfällt, wenn die durch den Bergbau drohende Gefahr dem Grundeigentümer bekannt geworden ist oder bekannt sein mußte. Der Bergwerkseigentümer kann dem Grundeigentümer die Kenntnis der bei Bebauung drohenden Berggefahr vermitteln (*Bauwarnung*). Er wird ihn hierbei auffordern, den Bau ganz zu unterlassen oder ihn nur unter Beobachtung ausreichender Maßnahmen zur Sicherung des Baugrundes auszuführen. Der Bergwerkseigentümer kann aber die Bebauung nicht verbieten. Er muß auf jeden Fall den Schaden ersetzen, den der Grundeigentümer durch den Verlust oder die Beeinträchtigung der Baulandeigenschaft des Grundstücks erleidet (*Minderwert*). Der Minderwert wird in der Regel nach der Höhe der zur Abwehr der drohenden Bergschäden erforderlichen Sicherungskosten berechnet.

Bergschadensansprüche als Folge von Immissionen, wie Luft- und Wasserverunreinigung, sind nur dann begründet, wenn sie den Rahmen des Ortsüblichen im Sinne der zivilrechtlichen Vorschriften übersteigen.

Die Ersatzpflicht für Bergschäden kann vertraglich ausgeschlossen werden (*Bergschadensverzicht*). Der Verzicht kann durch Eintragung im Grundbuch dinglich gesichert werden.

Das *Verhältnis* des Bergwerkseigentümers *zu* den *öffentlichen Verkehrsanstalten* ist in einer vom allgemeinen Bergschadensrecht abweichenden Weise geregelt. Die Rechtsbeziehungen der beiden Partner sind dem Grundsatz der gegenseitigen Rücksichtnahme unterworfen. Der Verpflichtung des Bergwerkseigentümers, die Errichtung der Verkehrsanlage widerspruchslos zu dulden, steht die Pflicht der öffentlichen Verkehrsanstalt gegenüber, bei der Linienführung ihrer Anlage auf die Interessen des Bergwerkseigentümers und sein Bergwerkseigentum weitgehend Rücksicht zu nehmen.

7.2.4 Bergaufsicht und Bergbehörden

Der Bergbau steht unter der Aufsicht der Landesbergbehörden. Sie gliedern sich in *Bergämter* (untere Bergbehörde), *Oberbergämter* (mittlere oder höhere Bergbehörde) und *Wirtschaftsminister* (oberste Bergbehörde).

Die *Bergaufsicht* umfaßt im Sinne des allgemeinen Ordnungsrechts die Abwehr aller aus dem Bergbau kommenden und mit dem Bergbau in Zusammenhang stehenden Gefahren. Eine besonders wichtige Aufgabe ist neben der Grubensicherheit die Überwachung des Arbeitsschutzes. Von der Bergaufsicht umfaßt werden daher Bereiche wie Sicherung der Grubenbaue, Sicherheit und Gesundheit der Bergarbeiter, Schutz der Lagerstätte, Schutz der Oberfläche, Sicherung und Ordnung der Oberflächennutzung, Gestaltung der Landschaft während des Bergwerksbetriebs und nach dem Abbau sowie Schutz gegen gemeinschädliche Einwirkungen des Bergbaus. Daneben nimmt die Bergbehörde auch Aufgaben wahr, die außerhalb des Bergrechts, zum Beispiel in Umweltschutzgesetzen, geregelt sind. Der örtliche Umfang der Bergaufsicht erstreckt sich sowohl auf den auf Bergwerkseigentum und Staatsvorbehalt beruhenden Bergbau als auch auf den Grundeigentümerbergbau, soweit er gesetzlich der Aufsicht der Bergbehörde unterworfen ist. In zahlreichen Fällen ist außer der Aufsicht der Bergbehörde die Mitwirkung

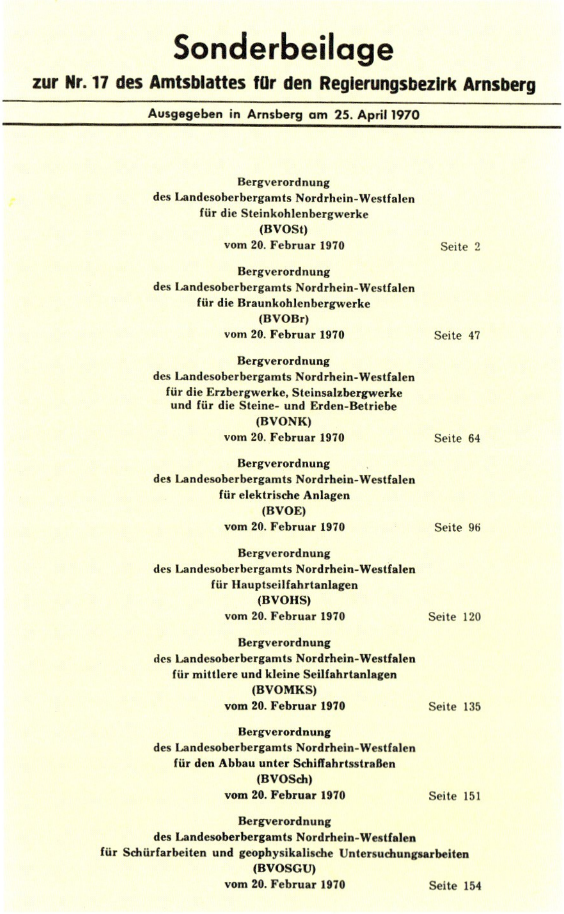

Sonderbeilage

zur Nr. 17 des Amtsblattes für den Regierungsbezirk Arnsberg

Ausgegeben in Arnsberg am 25. April 1970

Bergverordnung
des Landesoberbergamts Nordrhein-Westfalen
für die Steinkohlenbergwerke
(BVOSt)
vom 20. Februar 1970 — Seite 2

Bergverordnung
des Landesoberbergamts Nordrhein-Westfalen
für die Braunkohlenbergwerke
(BVOBr)
vom 20. Februar 1970 — Seite 47

Bergverordnung
des Landesoberbergamts Nordrhein-Westfalen
für die Erzbergwerke, Steinsalzbergwerke
und für die Steine- und Erden-Betriebe
(BVONK)
vom 20. Februar 1970 — Seite 64

Bergverordnung
des Landesoberbergamts Nordrhein-Westfalen
für elektrische Anlagen
(BVOE)
vom 20. Februar 1970 — Seite 96

Bergverordnung
des Landesoberbergamts Nordrhein-Westfalen
für Hauptseilfahrtanlagen
(BVOHS)
vom 20. Februar 1970 — Seite 120

Bergverordnung
des Landesoberbergamts Nordrhein-Westfalen
für mittlere und kleine Seilfahrtanlagen
(BVOMKS)
vom 20. Februar 1970 — Seite 135

Bergverordnung
des Landesoberbergamts Nordrhein-Westfalen
für den Abbau unter Schiffahrtsstraßen
(BVOSch)
vom 20. Februar 1970 — Seite 151

Bergverordnung
des Landesoberbergamts Nordrhein-Westfalen
für Schürfarbeiten und geophysikalische Untersuchungsarbeiten
(BVOSGU)
vom 20. Februar 1970 — Seite 154

Bild 5: Bergverordnungen des Landesoberbergamtes NRW aus dem Jahr 1970

anderer Aufsichtsbehörden (zum Beispiel der Bau-, Wege-, Wasseraufsicht) erforderlich.

Mittel der Bergbehörden zur Durchführung ihrer Aufsichtsfunktion sind vor allem

- das Betriebsplanverfahren
- die Bergverordnungen und die bergbehördlichen Anordnungen.

Das *Betriebsplanverfahren* ist ein auf die besonderen Verhältnisse im Bergbau abgestelltes Verfahren zur Überprüfung des vom Bergwerkseigentümer aufgestellten Betriebsplanes. Die Verpflichtung der Unternehmer, Betriebspläne vorzulegen, die durch die Bergbehörde vor Beginn der Arbeit zu prüfen und zuzulassen sind (präventive Prüfung), dient der Sicherheit des Bergwerksbetriebes und der Beschäftigten.

Bei der Erfüllung der Pflicht, für Sicherheit und Ordnung im Betrieb zu sorgen, bedient sich der Unternehmer (Bergwerksbesitzer) der *Aufsichtspersonen.* Im Rahmen der ihnen übertragenen Aufgaben und Befugnisse sind die Aufsichtspersonen dann für die Sicherheit und Ordnung im Betrieb verantwortlich.

Abgesehen von der Zulassung des allen gesetzlichen Erfordernissen einschließlich des Umweltschutzes entsprechenden Betriebsplanes regelt die Bergbehörde den gefahrlosen Ablauf des Bergwerksbetriebes durch *Bergverordnungen* und bergbehördliche *Anordnungen* (Ordnungsverfügungen). Bergverordnungen sind Verordnungen der Oberbergämter, die für den ganzen Oberbergamtsbezirk oder einzelne Teile gelten und deren Inhalt sich insbesondere auf die Abwehr von Gefahren und die Vermeidung von Unfällen im Bergwerksbetrieb erstreckt. Ordnungsverfügungen sind für den einzelnen Gefahrenfall an den Bergwerksbesitzer gerichtete Anordnungen der Bergbehörde. Hat sich in einem der Bergaufsicht unterliegenden Betrieb ein Unglücksfall ereignet, so ist er vom Betriebsführer der Bergbehörde sofort anzuzeigen *(Bild 5).*

Da die Bergbehörden nach Maßgabe bergrechtlicher Vorschriften die Verwirklichung umweltpolitischer Ziele durchsetzen, entfallen Genehmigungspflichten des Bundesimmissionsschutz- und des Abfallbeseitigungsgesetzes im Bereich der bergbaulichen Aufsuchung und Gewinnung von Mineralien. Soweit spezielle Umweltschutzbestimmungen, zum Beispiel für Übertageanlagen des Bergbaus, gelten, sind die Bergbehörden für deren Durchführung sachlich zuständig. Zu denken ist hierbei auch an die Erteilung wasserrechtlicher Erlaubnisse durch die Bergbehörden anstelle der allgemeinen Wasserbehörden in den Fällen, in denen es sich um Nutzungsbefugnisse des Bergbaus an Gewässern handelt, die in einem zugelassenen bergrechtlichen Betriebsplan beschrieben sind.

7.2.5 Bergrechtliche Gewerkschaft

Die Bergwerksgesellschaften haben sich in den allgemein üblichen Unternehmensformen (AG, GmbH, OHG usw.) organisiert. Viele Gesellschaften bedienen sich aber noch der für den Bergbau charakteristischen Gesellschaftsform: der bergrechtlichen Gewerkschaft. Sie ist eine juristische Person und zeichnet sich gegenüber den anderen Kapitalgesellschaften dadurch aus, daß es zu ihrer Gründung keines festen Gründungskapitals bedarf. Die Voraussetzungen für die Entstehung sind in den einzelnen Berggesetzen unterschiedlich geregelt. Die bergrechtliche Gewerkschaft entsteht kraft Gesetzes, wenn mehrere Personen das Bergwerk er-

Gewerkschaft
Neue Hoffnung-Landeskrone.

Kux-Schein

Nr. 8

über einen Kux der in tausend Kuxe eingeteilten Gewerkschaft

Neue Hoffnung-Landeskrone

belegen in den Gemeinden Wilgersdorf, Wilnsdorf und Wilden, im Kreise Siegen, Regierungsbezirk Arnsberg, Oberbergamtsbezirk Bonn.

* * *

Im Gewerkenbuche der Gewerkschaft Neue Hoffnung-Landeskrone ist auf Seite 65 als Eigentümer von einem Kux eingetragen:

Gewerke Fritz Küper in Cöln

Grube Neue Hoffnung-Landeskrone, den 24. Febr. 1903.

Der Gruben-Vorstand.
Karl Bender

Bild 6: Kux-Schein aus dem Jahr 1903

werben (Entstehung ex lege), oder durch Abschluß eines gerichtlichen oder notariellen Gründungsvertrages. Die Rechte der Gesellschafter *(Gewerken)* werden im *Kux* repräsentiert. Der Kux ist der Inbegriff der Rechte und Pflichten des Gewerken in der Gewerkschaft *(Bild 6).*

Die Gewerkschaft gibt sich eine Satzung. Ihre Organe sind die *Gewerkenversammlung* und der *Grubenvorstand.* Ein Aufsichtsrat muß bei Vorliegen bestimmter Voraussetzungen gebildet werden. Die Gewerkenversammlung faßt Beschlüsse über die *Ausbeute* (Ausschüttungen aus dem Gewinn und dem nicht mehr benötigten Kapital) und über die *Zubuße* (Beiträge der Gewerken zur Regelung der Verbindlichkeiten der Gewerkschaft). Sie beruft und entläßt den Grubenvorstand. Der Gewerke kann sich seiner Zubußepflicht dadurch entziehen, daß er sein Anteilsrecht zur Verfügung stellt (Anheimstellen des Kuxes, Abandonnierungsrecht).

Der Gewerkschaft gegenüber gilt als Gewerke nur derjenige, der im Gewerkenbuch eingetragen ist. Der Kux gehört zum beweglichen Vermögen und ist veräußerbar. Auf Verlangen stellt die Gewerkschaft über jeden Kux einen Kuxschein aus, der als Wertpapier behandelt wird. Als Übergangsform bestehen vielfach noch Gewerkschaften alten Rechts, d. h. Gewerkschaften, die vor Erlaß des Allgemeinen Berggesetzes entstanden sind. Sie sind keine juristischen Personen; die Anteile der Gewerken werden als unbewegliches Vermögen behandelt.

7.3 Reform des Bergrechts

Schon Hermann Brassert, der Schöpfer des ABG, hat auf dem Deutschen Bergmannstag in Kassel im Jahre 1880 die Vereinheitlichung des deutschen Bergrechts gefordert. Dem vierten Deutschen Bergmannstag im Jahre 1889 legte Adolf Arndt den „Entwurf eines Deutschen Berggesetzes nebst Begründung“ vor. In der Zeit zwischen 1933 und 1945 zeigten sich Ansätze, durch reichsrechtliche Vorschriften das Bergrecht zu vereinheitlichen.

Das Bergwesen (Berghoheit und Bergwirtschaft) wurde zur Reichsangelegenheit (Gesetz zur Überleitung des Bergwesens auf das Reich vom 28. Februar 1935), die Bergbehörden wurden zu Reichsbehörden erklärt (Gesetz über den Aufbau der Reichsbergbehörden vom 30. September 1942).

Der Zusammenbruch 1945 setzte den Bestrebungen, das Bergrecht zu vereinheitlichen, ein vorläufiges Ende.

Der Plan, eine Verordnung des Reichswirtschaftsministers über den Betrieb und die Beaufsichtigung von Bergwerken und Tiefbohrungen zu erlassen, konnte nicht mehr durchgeführt werden.

Im Bundesministerium für Wirtschaft wurde in der Folgezeit an der Reform des Bergrechts gearbeitet. Im September 1975 beschloß die Bundesregierung den *Entwurf eines Bundesberggesetzes,* der eine Neuordnung des gesamten Bergrechts in der Bundesrepublik Deutschland und eine gleichartige Regelung der Aufsuchung und Gewinnung aller Bodenschätze bezweckt. Der Reformvorschlag geht von der politischen Erklärung aus, daß einheimische Bodenschätze zu den lebenswichtigen Grundlagen der deutschen Volkswirtschaft gehören. Das für bergbauliche Mineralien bisher verliehene privatrechtliche Bergwerkseigentum soll von einem öffentlich-rechtlichen Konzessionssystem abgelöst werden. Die Anpassungspflicht zwischen Nutzung der Erdoberfläche und Bergbau wird in dem Entwurf eingehend beschrieben. Umgestaltet werden sollen auch das Recht der Grundabtretung und die Regelung über die Zulassung von Betriebsplänen. Bergbau soll künftig nicht mehr in der Unternehmensform der bergrechtlichen Gewerkschaft betrieben werden können. Schließlich strebt die Bundesregierung die Neugestaltung des Verhältnisses zwischen Bergbehörde und Berufsgenossenschaft im Bereich der Unfallverhütung an.

Der Bundesrat, der sich im Oktober 1975 mit dem Regierungsentwurf eines Bundesberggesetzes befaßte, bezweifelte die Notwendigkeit einer Reform, weil sie davon absieht, bewährte Institutionen des geltenden Rechts in ein Gesetzgebungsvorhaben für das Bundesgebiet zu übernehmen. Kritisiert wurden von den Ländern insbesondere die Ausweitung des Anwendungsbereichs des Bergrechts, die Reformvorschläge zur Neuordnung des Berechtsamswesens sowie zum Betriebsplanverfahren und zum Bergschadensrecht und schließlich die Verlagerung von Zuständigkeiten beim Erlaß von Bergverordnungen auf Ministerien des Bundes.

Die Unternehmen des Bergbaus haben die Notwendigkeit einer durchgreifenden Reform des Bergrechts auf Bundesebene verneint. Sie sprachen sich im Prinzip für eine Vereinheitlichung des geltenden Landesbergrechts aus und wiesen darauf hin, daß rohstoffpolitische Überlegungen dazu zwingen, dem Bergbau eine stabilere Grundlage für seine Tätigkeit zur Verfügung zu stellen als sie der Vorschlag der Bundesregierung bietet.

8 Besteuerung des Bergbaus

Während die Eigengesetzlichkeit der bergbaulichen Tätigkeit angesichts der Bedeutung des Bergbaus für die gesamte Volkswirtschaft zur Entwicklung eines eigenständigen Bergrechts geführt hat, richtet sich die Besteuerung des Bergbaus grundsätzlich nach den allgemeinen Vorschriften des formellen und materiellen Steuerrechts. Aus den wirtschaftlichen und technischen Gegebenheiten des Bergbaus, die ihn von der übrigen Wirtschaft unterscheiden, ergeben sich für seine Besteuerung spezielle Probleme, die im Rahmen des geltenden Rechts zum Teil nur sehr schwierig zu lösen sind.

8.1 Besteuerung des Einkommens

Bergwerksunternehmen werden fast ausschließlich in der Form von Kapitalgesellschaften (AG, GmbH, bergrechtliche Gewerkschaft) betrieben. Sie sind unbeschränkt körperschaftsteuerpflichtig. Die Ermittlung des steuerpflichtigen Einkommens der Bergbaugesellschaften erfolgt nach den allgemeinen Vorschriften des *Körperschaftsteuergesetzes*, die ihrerseits auf die einkommensteuerrechtlichen Vorschriften, insbesondere hinsichtlich der Gewinnermittlung, Bezug nehmen.

Eine Sonderregelung gilt für die Ruhrkohle AG. Nach dem Steueränderungsgesetz von 1969 kann sie für den Zeitraum von längstens 20 Jahren nach ihrer Eintragung in das Handelsregister eine steuerliche Verlustausgleichsrücklage bilden. Diese ist im Begünstigungszeitraum gewinnerhöhend aufzulösen, soweit sich ohne diese Auflösung bei der steuerlichen Gewinnermittlung ein Verlust ergeben würde. Nach Ablauf des Begünstigungszeitraums ist die Rücklage, soweit noch vorhanden, im Verlauf von acht Jahren gewinnerhöhend aufzulösen.

8.2 Besonderheiten der steuerlichen Gewinnermittlung

Wirtschaftsgüter des Anlagevermögens sind grundsätzlich mit den Anschaffungs- oder Herstellungskosten, vermindert um die Absetzungen für Abnutzung (AfA), zu bewerten. Ist der Teilwert niedriger, so kann dieser angesetzt werden. Unter Teilwert wird der Wert verstanden, den ein Erwerber des ganzen Betriebs im Rahmen des Gesamtkaufpreises für das einzelne Wirtschaftsgut ansetzen würde; dabei ist davon auszugehen, daß der Erwerber den Betrieb fortführt. Nach den Grundsätzen der Rechtsprechung und der Praxis der Finanzverwaltung gilt die Vermutung, daß der Teilwert in der Regel den Anschaffungs- oder Herstellungskosten, vermindert um die AfA, entspricht. Er kann jedoch niedriger sein, wenn besondere Umstände vorliegen, zum Beispiel bei bergbautypischen Wirtschaftsgütern des Betriebsvermögens unter Tage.

Der Bergbau muß zur Erhaltung seiner Kapazität ständig in größere Teufen vordringen und sein Grubengebäude erweitern. Mit diesem zusätzlichen *Investitionsaufwand unter Tage* ist häufig keine Fördersteigerung verbunden. Die geltenden steuerrechtlichen Grundsätze tragen diesen Besonderheiten der bergbaulichen Situation noch nicht hinreichend Rechnung. Auch die Behandlung des Vorabraums bei Tagebaubetrieben wirft Probleme auf.

8.2.1 Bewertung der Mineralgewinnungsrechte

Das Mineralgewinnungsrecht (auch als Bergwerkseigentum, Gerechtsame oder Berechtsame bezeichnet) gewährt dem Bergwerkseigentümer die ausschließliche Befugnis, das Mineral aufzusuchen und zu gewinnen. Als dingliches Aneignungsrecht im Sinne des § 958 BGB wird das Mineralgewinnungsrecht als grundstücksgleiches Recht charakterisiert. Es wird als immaterielles Wirtschaftsgut im Anlagevermögen der Gesellschaften ausgewiesen. Bei der Bewertung der Mineralgewinnungsrechte ist zwischen derivativem oder originärem Erwerb zu unterscheiden.

Die Feststellung der Anschaffungskosten bei derivativem Erwerb bereitet keine Schwierigkeiten. Sie ergeben sich aus dem für den Erwerb des Rechts von einem Dritten an diesen gezahlten Betrag. Dagegen ist oft nur schwer zu ermitteln, was bei originärem Erwerb – also im Fall der Verleihung des Rechts – für die Bewertung des Mineralgewinnungsrechts anzusetzen ist. Nach Auffassung der

Finanzverwaltung, wie sie in der Stellungnahme vom 15. Januar 1959 zu einer Entschließung des Bundestages vom 26. Juni 1957 zum Ausdruck kommt, gehören alle Aufwendungen, die bis zur Verleihung im Rahmen der notwendigen Arbeiten zur Feststellung und Untersuchung des Vorkommens gemacht werden, zu den aktivierungspflichtigen Anschaffungs- oder Herstellungskosten der Gerechtsame.

Diese Auffassung wird vom Bergbau deswegen nicht geteilt, weil die oft sehr umfangreichen *Aufschluß- und Untersuchungsarbeiten* bei der Aufsuchung neuer Vorkommen dazu dienen, neue Erkenntnisse zu gewinnen, deren späterer Nutzen sehr ungewiß ist. Darum liefern diese Aufwendungen keinen Maßstab für den Wert des Mineralgewinnungsrechts. Als Anschaffungskosten der Gerechtsame können allein die bei der Verleihung zu entrichtenden Verwaltungsgebühren angesehen werden. Nach Auffassung der Finanzverwaltung ist lediglich dann eine Teilwertabschreibung zulässig, wenn der Abbau des Vorkommens in absehbarer Zeit nicht möglich erscheint. Damit soll den besonderen Verhältnissen des Bergbaus Rechnung getragen werden. Diese Grundsätze gelten formell für Kohle- und Erzvorkommen. Tatsächlich dürften sie auch für andere Bergbauzweige zur Anwendung kommen, sofern ähnliche Verhältnisse gegeben sind.

Eine Abschreibung aufgrund der betriebsgewöhnlichen Nutzungsdauer gem. § 7 Abs. 1 EStG trägt den tatsächlichen Verhältnissen im Falle des Verbrauchs der Mineralsubstanz nicht Rechnung. Vielmehr hängt die Substanzverringerung von den jeweiligen Fördermengen ab, die in den einzelnen Jahren unterschiedlich sein können. Die Abschreibung des Mineralgewinnungsrechts erfolgt daher nach Maßgabe des Substanzabbaus, indem man von den Anschaffungskosten (oder von den Werten der D-Mark-Eröffnungsbilanz) ausgeht, den Abschreibungsbetrag je Tonne ermittelt und mit der jährlichen Förderung multipliziert.

Beispiel:
Ausgangswert 5000000 DM
ursprüngliche Gesamtmenge 250000000 t

Abschreibungsbetrag je Tonne 0,02 DM

Jahresförderung 2500000 t
Absetzung für Substanzverringerung 50000 DM.

8.2.2 Festwerte

Im Bergbau kommt der Bildung von Festwerten für bestimmte Gruppen von Wirtschaftsgütern des Anlagevermögens erhebliche Bedeutung zu. Das Wesen des Festwerts besteht darin, daß für einen dauernd etwa in gleicher Höhe benötigten Bestand an Wirtschaftsgütern bestimmter Art in mehreren aufeinanderfolgenden Jahren ein gleichbleibender Betrag angesetzt wird.

Bei der erstmaligen Bildung des Festwerts sind die Anschaffungs- oder Herstellungskosten der im Festwert zu erfassenden Wirtschaftsgüter zunächst in voller Höhe zu aktivieren und den gesetzlichen Bestimmungen entsprechend abzuschreiben (Normal- und Sonderabschreibung), bis der *Normalbestand* erreicht ist.

Von dem so aktivierten Festwert unterbleiben Abschreibungen; dafür werden die Anschaffungskosten für Ersatzbeschaffungen sofort als Betriebsausgaben behandelt.

In der Regel soll alle drei Jahre durch eine körperliche Bestandsaufnahme der Festwert periodisch überprüft werden. Übersteigt der bei der Bestandsaufnahme ermittelte Wert den bisherigen Festwert um mehr als 10 v. H., so ist der ermittelte Wert als neuer Festwert maßgebend. Ist der ermittelte Wert niedriger als der bisherige Festwert, so kann der Steuerpflichtige den ermittelten Wert als neuen Festwert ansetzen. Übersteigt der ermittelte Wert den bisherigen Festwert um nicht mehr als 10 v. H., so kann der bisherige Festwert beibehalten werden.

Im Bergbau können Festwerte für *Inventar unter Tage,* für *Inventar über Tage,* für das *Streckennetz* und *sonstige Grubenbaue,* für *Gleisanlagen* und *Hafenanlagen* gebildet werden.

Seit dem Jahre 1954 hat die Finanzverwaltung erkannt, daß eine volle Aktivierung der Herstellungskosten des Streckennetzes den besonderen Bedingungen des Bergbaus nicht Rechnung trägt. Der Finanzminister des Landes Nordrhein-Westfalen hat sich daher entschlossen, durch Erlaß vom 20. Januar 1956 einer Regelung zuzustimmen, wonach im Steinkohlenbergbau Streckennetze und sonstige Grubenbaue nicht mit den vollen Herstellungskosten aktiviert werden müssen. Vielmehr werden nur die Länge und der Querschnitt erfaßt, die dem Ruhrdurchschnitt je Tonne Tagesförderung entsprechen. Als durchschnittlicher Ausbau des Streckennetzes ist eine Länge von 7 m je Tonne verwertbarer Tagesförderung und 12 m^2 Querschnitt festgestellt worden. Auf dieser Grundlage wird für die Streckennetze eine Durchschnittsbewertung vorgenommen. Das bedeutet, daß die Herstellungskosten nur insoweit zu aktivieren sind, als sie auf den revierdurchschnittlichen (normalen) Ausbau entfallen. Darüber hinausgehende Aufwendungen werden als Betriebsausgaben behandelt. Eine Korrektur des Durchschnittswertes hat zu erfolgen, wenn sich die durchschnittliche Tagesförderung um mehr als 10 v. H. des Ausgangswerts ändert.

Diese *Durchschnittsbewertung* auf einem Teilgebiet trägt erstmalig der Überlegung Rechnung, daß höhere Aufwendungen eines Bergwerksunternehmens für seine Streckennetze wegen besonders ungünstiger geologischer Verhältnisse nicht zu einer entsprechenden Erhöhung des Teilwerts führen.

8.2.3 Bewertung der Schächte

Die Schächte gehören steuerrechtlich zu den Betriebsvorrichtungen. Sie sind daher als bewegliches Anlagevermögen auszuweisen. Nach den allgemeinen Bewertungsvorschriften des Einkommensteuerrechts sind die Schächte mit den Herstellungskosten, vermindert um die Abschreibungen, oder mit dem niedrigeren Teilwert zu bewerten. Als Herstellungskosten werden bei den Schächten alle Aufwendungen angesehen, die für die Planung, Vorbereitung, das Abteufen sowie für den Ausbau und die Einbauten des Schachtes bis zur Schachtsohle entstehen.

Die AfA der Schächte bemessen sich grundsätzlich nach ihrer Nutzungsdauer. Führt die Abschreibung nach Maßgabe des Substanzabbaus zu einem niedrigeren Wertansatz, so kann diese Abschreibungsmethode gewählt werden. Schächte, die nach dem 31. Dezember 1957 abgeteuft worden sind, können degressiv abgeschrieben werden. Die degressive Abschreibungsmethode ist ausgeschlossen, wenn von der Bewertungsfreiheit gemäß § 81 Einkommensteuer-Durchführungsverordnung oder der nachstehend dargestellten sohlenabschnittsweisen Abschreibung Gebrauch gemacht wird.

Nach dem Erlaß des Finanzministers NRW vom 12. April 1955 können im Steinkohlenbergbau bei schon bestehenden Tagesschächten, die nach dem 21. Juni 1948 weiter abgeteuft wurden, die Abschreibungen für die Kosten der Weiterabteufung jeweils auf die Zeit des Abbaus einer Sohle verteilt werden. Das sind im allgemeinen 20 bis 25 Jahre.

8.2.4 Bewertungsfreiheit gemäß § 51 Einkommensteuergesetz

Nach § 51 Einkommensteuergesetz in Verbindung mit § 81 Einkommensteuer-Durchführungsverordnung werden *Sonderabschreibungen* für bestimmte abnutzbare Wirtschaftsgüter zugelassen, die im Tiefbaubetrieb des Steinkohlen-, Braunkohlen- und Erzbergbaus sowie im Tagebaubetrieb des Braunkohlen- und Erzbergbaus im unmittelbaren Zusammenhang mit im Gesetz näher bezeichneten Investitionsvorhaben angeschafft oder hergestellt werden. Die Abschreibungssätze betragen 50 v. H. der Anschaffungs- oder Herstellungskosten bei beweglichen Wirtschaftsgütern und 30 v. H. bei unbeweglichen Wirtschaftsgütern. Die Sonderabschreibungen können im Wirtschaftsjahr der Anschaffung oder Herstellung und in den vier folgenden Wirtschaftsjahren neben den Normalabschreibungen vorgenommen werden.

Voraussetzung für die Inanspruchnahme der Sonderabschreibungen ist, daß die Wirtschaftsgüter im Zusammenhang mit bestimmten Investitionsvorhaben angeschafft oder hergestellt werden.

Die Förderungswürdigkeit dieser Investitionsvorhaben muß von der zuständigen obersten Landesbehörde im Einvernehmen mit dem Bundeswirtschaftsminister bescheinigt werden.

Diese Bewertungsfreiheit für bestimmte Wirtschaftsgüter des Anlagevermögens im Kohlen- und Erzbergbau gilt seit dem Zweiten Steueränderungsgesetz 1973 unbefristet.

8.2.5 Rückstellungen für Bergschäden

Nach den Vorschriften des Allgemeinen Berggesetzes unterliegt der Bergbautreibende einer weitreichenden Haftung für die von ihm verursachten Schäden. Er hat gemäß § 148 des Allgemeinen Berggesetzes jeden Schaden, der durch den Betrieb seines Bergwerkes an fremdem Grundeigentum und dessen Zubehör verursacht ist, zu ersetzen. Die Tatsache allein, daß durch den Abbau ein Schaden verursacht wird, genügt. Widerrechtliches Handeln oder Verschulden sind nicht erforderlich.

Da zwischen dem Verursachen, Entstehen, Erkennen und dem Geltendmachen von Bergschäden meist längere Zeiträume vergehen, sind folgende Rückstellungen zu unterscheiden:

- verursachte, aber noch nicht entstandene Bergschäden;
- entstandene Bergschäden;
- Dauerschäden.

Verursachte, aber noch nicht entstandene Bergschäden
Hierunter fallen alle Schäden, die noch keinen Schaden im Rechtssinne darstellen. Die Bilanzierung dieser Schäden erfolgt entweder als Pauschalrückstellung oder Rückstellung für Einzelschäden.

Bei der Bemessung der *Pauschalrückstellungen* wird auf die Erfahrung der Vergangenheit zurückgegriffen. Der Steinkohlenbergbau hat im Einvernehmen mit der Finanzverwaltung ein Verfahren entwickelt, aufgrund dessen jedes Jahr die gesamte Rückstellung neu errechnet wird. Man geht davon aus, daß etwa das Fünf- bis Siebenfache des Jahresbetrages der Durchschnittsaufwendungen in den letzten zehn Jahren zur Deckung der Verpflichtungen erforderlich ist. Dabei wird laufend eine Angleichung entsprechend der Preisentwicklung vorgenommen.

Einzelrückstellungen werden für umfangreiche Schäden, wie zum Beispiel an Bahnanlagen, Autobahnen, Schleusen usw., gebildet. Der zu erwartende Aufwand für die Beseitigung dieser Schäden wird geschätzt und neben der Pauschalrückstellung in die Bilanz eingestellt.

Entstandene Bergschäden
Entstandene Bergschäden sind bereits an der Erdoberfläche wirksam geworden. Sie werden in der Weise bilanziert, daß die Markscheider Zusammenstellungen dieser Schäden anfertigen. Die Rückstellung wird dann in Höhe der für die Beseitigung voraussichtlich erforderlichen Aufwendungen vorgenommen.

Dauerschäden
Die Rückstellung für Dauerschäden umfaßt alle Aufwendungen, die aus einzelnen Schäden für längere Zeiträume entstehen und unabhängig von der Aufrechterhaltung der Förderung wiederkehren. Hierzu gehören zum Beispiel Polderkosten zur Wiederherstellung der Vorflut und zur Trockenhaltung gesunkener Gebiete sowie Aufwendungen für Wasserlieferungen, die infolge Absinkens des Grundwasserspiegels und der daraus resultierenden Trockenlegung von Brunnen notwendig werden. Die Rückstellungen für Dauerschäden werden in der Weise gebildet, daß der hierfür geleistete Aufwand eines Jahres mit dem Zwanzigfachen multipliziert wird.

8.3 Einheitsbewertung

Die Einheitswerte der gewerblichen Betriebe dienen als Bemessungsgrundlage für die Erhebung der Grundsteuer, Vermögensteuer, Gewerbekapitalsteuer und Erbschaftsteuer. Nach geltendem Recht unterliegt das Vermögen eines Bergwerksbetriebes den allgemeinen Vorschriften über die Einheitsbewertung des Betriebsvermögens. Danach sind die Wirtschaftsgüter, mit Ausnahme der Betriebsgrundstücke und Gewerbeberechtigungen, mit dem Teilwert anzusetzen. Zur Ermittlung der Teilwerte für das Anlagevermögen wird von den Anschaffungs- oder Herstellungskosten, abzüglich der Absetzungen für Abnutzung, ausgegangen. Zur Anpassung an die Preisverhältnisse des Bewertungsstichtages werden unter gewissen Voraussetzungen Zuschläge erhoben. Bei bereits abgeschriebenen, aber noch genutzten Wirtschaftsgütern verlangt die Finanzverwaltung die Anhaltung eines Restwerts, der nach den Vermögensteuerrichtlinien bis zu 30 v. H. der Anschaffungs- oder Herstellungskosten betragen kann.

Die Anhaltung der Restwerte für die Vermögensteuer in dieser Höhe ist ungerechtfertigt.

Mineralgewinnungsrechte sind mit dem gemeinen Wert anzusetzen. Zur Feststellung der Werte der Mineralgewinnungsrechte sind die Mengenformel und die Förderformel entwickelt worden.

Die *Mengenformel* dient im Steinkohlenbergbau, im Eisen- und Metallerzbergbau sowie im Braunkohlenbergbau der Bewertung von aufgeschlossenen Feldern. Dabei wird zur Ermittlung des Substanzwertes die festgestellte, abbaufähige Mineralmenge mit einem von der Finanzverwaltung festgelegten Betrag je Tonne bzw. Kubikmeter multipliziert. Die Höhe dieses Betrages hängt in der Regel von den geologischen Gegebenheiten, der Qualität des Minerals und den Abbauverhältnissen ab.

Unverritzte Felder werden nach besonderen Grundsätzen bewertet.

Im Kali- und Steinsalzbergbau werden die Mineralgewinnungsrechte nach der *Förderformel* bewertet. Wegen der Unsicherheiten bei der Erfassung der Vorkommen geht man hier grundsätzlich nicht von den markscheiderischen Feststellungen, sondern von der durchschnittlichen Jahresförderung der letzten dem Feststellungszeitpunkt vorausgehenden sechs Jahre aus. Diese Jahresförderung wird mit einer angenommenen Lebensdauer des Vorkommens von 50 Jahren multipliziert. Wird ein geringerer Vorrat nachgewiesen, so bildet dieser die rechnerische Grundlage für die Bewertung. Die so errechnete Substanzmenge wird mit Tonnensätzen nach geologischen und qualitativen Unterschieden bewertet. Die Sätze sind darüber hinaus in der zeitlichen Reihenfolge des Abbaus abgestuft. Seit dem 1. Januar 1963 werden im Kali- und Steinsalzbergbau neben der Förderformel im Bereich des Grundeigentümerbergbaus auch *Förderzinsen* und *Wartegelder* für die Bewertung der Mineralgewinnungsrechte herangezogen.

8.4 Gewerbesteuer

8.4.1 Gewerbesteuer vom Ertrag und Kapital

Bei der Gewerbesteuer bestehen keine grundsätzlichen Besonderheiten für den Bergbau. Allerdings ist festzustellen, daß die Hinzurechnungsvorschriften für Dauerschulden sich im Bergbau wegen seiner Kapitalintensität und der Langfristigkeit seiner Finanzierung besonders stark auswirken.

Die bislang von der Finanzverwaltung geforderte Hinzurechnung der Rückstellungen für entstandene Bergschäden als Dauerschulden wurde im Jahre 1968 durch eine Entscheidung des Bundesfinanzhofs für unzulässig erklärt. Das Gericht teilt die Auffassung des Bergbaus, daß es sich bei diesen Rückstellungen um Verbindlichkeiten aus laufendem Geschäftsbetrieb handelt. Von den Hinzurechnungsvorschriften ausgenommen ist die Kaufpreisschuld der Ruhrkohle AG gemäß Steueränderungsgesetz 1969.

Der Bundesfinanzhof hat durch Urteil vom 20. Dezember 1972 entschieden, daß Kali-Förderzinsen und Wartegelder dem Gewinn zur Ermittlung des Gewerbeertrages nicht hinzuzurechnen sind.

8.4.2 Gewerbelohnsummensteuer

Die Lohnsummensteuer als dritte Form der Gewerbesteuer wird auf der Grundlage der Bruttolöhne und -gehälter vor allem in den Industriegemeinden des Landes Nordrhein-Westfalen erhoben. Der Steinkohlenbergbau mit seinen großen Belegschaften und entsprechend hohen Arbeitskosten wird durch die Lohnsummensteuer in weit höherem Maße belastet, als es seiner Stellung im Rahmen der gesamten Wirtschaft entspricht. Seiner Lohnquote von rund 65 v. H. steht eine durchschnittliche Lohnquote der gesamten Industrie von rund 30 v. H. gegenüber. Da der Bergbau sowohl kapitalintensiv als auch lohnintensiv ist, trifft ihn die Erhebung von Gewerbekapital- und Lohnsummensteuer nebeneinander besonders schwer.

Am Beispiel des Steinkohlenbergbaus zeigt sich, daß die Lohnsummensteuer dem Grundsatz der Bemessung der Steuern nach der wirtschaftlichen Leistungsfähigkeit widerspricht und damit zu einer ungerechten Besteuerung führt. Die Lohnsumme kann daher nicht mehr als zeitgemäße Steuerbemessungsgrundlage angesehen werden.

8.5 Umsatzsteuer

Die Lieferungen von Bergwerksunternehmen unterliegen grundsätzlich dem allgemeinen Mehrwertsteuersatz von 11. v. H. Eine Ausnahme gilt lediglich für Speisesalz, das mit dem ermäßigten Steuersatz von 5,5 v. H. besteuert wird.

8.6 Steuerliche Erleichterungen bei Stillegungen von Steinkohlenbergwerken

Der Strukturwandel auf dem Energiemarkt der Bundesrepublik und die damit verbundenen Absatzverluste der Steinkohle haben zu Stillegungen von Schachtanlagen geführt. Da eine geordnete Stillegung und die Verbesserung der Wirtschaftsstruktur in den Steinkohlenbergbaugebieten im allgemeinen öffentlichen Interesse liegen, werden die Stillegungen durch steuerliche Maßnahmen gefördert. Das „Gesetz über steuerliche Maßnahmen bei der Stillegung von Steinkohlenbergwerken" vom 11. April 1967 sieht u. a. vor:

- Stillegende Unternehmen können stille Reserven, die sich bei der Veräußerung von Wirtschaftsgütern des Anlagevermögens in unmittelbarem wirtschaftlichen Zusammenhang mit der Stillegung eines Steinkohlenbergwerks ergeben, auf neu angeschaffte Wirtschaftsgüter übertragen oder insoweit eine steuerfreie Rücklage bilden. Die in der Rücklage ausgewiesenen stillen Reserven können dann in den folgenden vier Wirtschaftsjahren auf Neuinvestitionen übertragen werden. Eine nach Ablauf der vier Wirtschaftsjahre noch vorhandene Rücklage ist in den folgenden Jahren mit mindestens 12,5 v. H. jährlich gewinnerhöhend aufzulösen.
- Die auf das stillgelegte Steinkohlenbergwerk entfallende Vermögensabgabe wird in Höhe von zwei Dritteln der nach dem Beginn der Stillegung fällig werdenden Vierteljahresbeträge von der Bundesrepublik übernommen.

9 Sozialwesen im Bergbau

9.1 Tarifverträge

Im Gegensatz zum *Einzelarbeitsvertrag*, der zwischen dem Arbeitgeber und einzelnen Arbeitnehmern geschlossen wird, regelt der *Tarifvertrag* kollektiv für einen bestimmten Kreis von Arbeitnehmern gleiche Arbeitsbedingungen als Mindestansprüche. *Betriebsvereinbarungen* beschränken sich auf den einzelnen Betrieb. Soweit Arbeitsentgelte und sonstige Arbeitsbedingungen durch Tarifvertrag geregelt sind oder üblicherweise geregelt werden, sind Betriebsvereinbarungen nicht zulässig, es sei denn, daß ein Tarifvertrag den Abschluß ergänzender Betriebsvereinbarungen ausdrücklich zuläßt.

Rechtsgrundlage für den Abschluß von Tarifverträgen bildet das *Tarifvertragsgesetz* vom 9. April 1949. Danach regelt der Tarifvertrag die Rechte und Pflichten der Tarifvertragsparteien und enthält Rechtsnormen, die den Inhalt, den Abschluß und die Beendigung von Arbeitsverhältnissen sowie betriebliche und betriebsverfassungsrechtliche Fragen ordnen können. Der Tarifvertrag bedarf der Schriftform. Tarifvertragsparteien sind einerseits einzelne Arbeitgeber oder Vereinigungen von Arbeitgebern, andererseits die Gewerkschaften.

Die Manteltarifverträge enthalten Bestimmungen über allgemeine Arbeitsbedingungen, zum Beispiel Einstellung und Kündigung, Arbeitszeit, Entlohnungsgrundsätze, Urlaub. Sie bleiben meistens über mehrere Jahre unverändert.

Die Eingruppierung der Arbeitnehmer in Lohn- und Gehaltsgruppen erfolgt in *Lohnordnungen* und in *Gehaltsgruppenverzeichnissen.* Die Höhe der Löhne und Gehälter für die einzelnen Lohn- und Gehaltsgruppen ist in *Lohn- und Gehaltstafeln* festgelegt. In den *Lohn- und Gehaltstarifverträgen* werden die Lohn- und Gehaltserhöhungen vereinbart. In weiteren besonderen Tarifverträgen sind zum Beispiel Vereinbarungen über die Gewährung vermögenswirksamer Leistungen, Urlaubsgeld oder Jahresleistung getroffen.

9.2 Lohnfindung und Entlohnungsgrundsätze

Der Lohn soll anforderungs- und sachleistungsgerecht sein. Die Lohnhöhe ist somit einerseits abhängig von den Anforderungen, die ein Arbeitssystem an den Menschen stellt, und andererseits von dem erzielten Arbeitsergebnis. Deshalb wird auch von einer anforderungsabhängigen und einer leistungsabhängigen Lohndifferenzierung gesprochen.

9.2.1 Anforderungsabhängige Lohndifferenzierung

Die anforderungsabhängige Lohndifferenzierung kann durch eine summarische oder durch eine analytische Arbeitsbewertung erfolgen. Bei der summarischen Arbeitsbewertung werden die Anforderungen, die das Arbeitssystem an den Menschen stellt, als Ganzes gesehen und gewertet, während bei der analytischen Arbeitsbewertung zwischen einzelnen Anforderungsarten (zum Beispiel Fachkenntnisse, körperliche und geistige Anforderungen, Umwelteinflüsse, Verantwortung) unterschieden wird.

Im Steinkohlen- und Kalibergbau sind im Jahre 1971 auf der Grundlage von Untersuchungen mit Hilfe der analytischen Arbeitsbewertung, letztlich jedoch summarisch, neue Lohnordnungen geschaffen worden. Die Lohnordnungen umfassen mehrere *Lohngruppen,* in die die einzelnen Tätigkeiten eingestuft sind. Die zugehörigen *Lohntafeln* enthalten die jeweiligen tariflichen Schichtlohnsätze für die Lohngruppen.

Im rheinischen Braunkohlenbergbau werden Arbeiter und Angestellte nach einer gemeinsamen Gehaltstafel entlohnt, die aus 26 Tarifgruppen besteht. Bei den Arbeitern sind alle Arbeitsplätze analytisch bewertet. Die Ergebnisse der Arbeitsbewertung sind den einzelnen Tarifgruppen zugeordnet. Die Einstufung der verschiedenen Angestelltentätigkeiten erfolgte zwar auf der Grundlage der analytischen Arbeitsbewertung, jedoch summarisch. Eine einheitliche analytische Bewertung aller Arbeiter- und Angestelltentätigkeiten wird vorbereitet.

9.2.2 Leistungsabhängige Lohndifferenzierung

Bei der leistungsabhängigen Lohndifferenzierung wird im Bergbau zwischen den Entlohnungsgrundsätzen Akkord, Gedinge (Grundlohngedinge), Prämienleistungslohn und Zeitlohn unterschieden *(Tafel 1)*.

Der *Akkord* ist der bekannteste herkömmliche Leistungslohngrundsatz in der Industrie. Er wird in allen Bergbauzweigen, insbesondere in Werkstätten angewendet. Voraussetzung für seine Anwendung ist, daß der Arbeiter das Arbeitsergebnis aufgrund der Schnelligkeit und Geschicklichkeit seiner Arbeitsweise voll oder zumindest weitgehend beeinflussen kann. Ferner muß der Betriebsablauf zeitlich vorausbestimmbar (kalkulierbar) und das Arbeitsergebnis sicher erfaßbar und meßbar sein. In den Tarifverträgen des Bergbaus ist der Zeitakkord vorgeschrieben. Dabei wird nach der REFA-Methodenlehre unter Berücksichtigung der Normalleistung des Menschen für jede Arbeit eine Sollzeit vorgegeben. Aus dem Verhältnis der tatsächlichen Istzeiten und der Sollzeiten ergibt sich die Lohnhöhe. Zwischen der menschlichen Leistung, dem Arbeitsergebnis und dem Lohn besteht eine Abhängigkeit von 1 : 1 : 1.

Der typische herkömmliche Leistungslohngrundsatz im Bergbau unter Tage ist das *Gedinge,* das nachweisbar schon im Mittelalter angewandt wurde. Die für den Akkord genannten Voraussetzungen müssen auch zur Anwendung des Gedinges vorliegen; auch hier besteht die gleiche Abhängigkeit zwischen Leistung, Lohn und Arbeitsergebnis. Der wesentliche Unterschied gegenüber dem Akkord besteht jedoch darin, daß das Gedinge zwischen den Gedingevertragsparteien unter Berücksichtigung der geologischen und technischen Verhältnisse ausgehandelt wird; es kommt ein Gedingevertrag zustande. Über die Grundsätze des Gedinges, die bei seinem Abschluß zu beachtenden Regeln, die Kündigung, die Gedingeabnahme, das Verfahren bei Gedingestreitigkeiten u. a., enthalten die Tarifverträge eingehende Bestimmungen. Die geldliche Grundlage des Gedingevertrages ist der tarifliche Gedingerichtlohn (= Tarifschichtlohn). Das Gedinge wird so vereinbart, daß der Bergmann bei normaler Arbeitsleistung den Gedingerichtlohn verdienen kann. Je nach der Größe der Mannschaft, die einem Gedinge angehört, wird zwischen drei *Gedingeformen*

- Kameradschaftsgedinge
- Gruppengedinge
- Einmanngedinge

unterschieden. Für die Wahl der Gedingevertragseinheiten sind mehrere *Gedingearten* tarifvertraglich vorgegeben (zum Beispiel Meter-Gedinge, Zeitgedinge). Das Gedinge wird nur noch im Steinkohlen- und Erzbergbau angewandt.

Neben dem herkömmlichen Gedinge besteht im Steinkohlenbergbau das sogenannte *Grundlohngedinge.* Es setzt sich aus einem festen Grundlohnanteil (60 – 80 v. H. des Gedingerichtlohnes) und einem beweglichen, vom Arbeitsergebnis abhängigen Leistungslohnanteil zusammen. Der Anstieg der Leistungslohnlinie ist wesentlich geringer als beim herkömmlichen Gedinge. Grundlohngedinge werden insbesondere in stärker mechanisierten Betrieben vereinbart. Sie tragen dem Gesichtspunkt Rechnung, daß hier der Einfluß des Menschen auf das Arbeitsergebnis nicht mehr allein ausschlaggebend ist, sondern die Maschinen und die Betriebsorganisation das Ergebnis wesentlich mitbestimmen.

Die *Prämienleistungsentlohnung* hat in letzter Zeit, wie in der ganzen Industrie, so auch im Bergbau, stark zugenommen. Sie besteht ebenfalls aus einem festen Grundlohnanteil (meistens in Höhe des Tarifschichtlohnes) und einem darauf aufgestockten Leistungslohnanteil. Ähnlich wie das Grundlohngedinge wird auch dieser Entlohnungsgrundsatz vorwiegend in stärker mechanisierten Betrieben angewendet. Im Bergbau wird zwischen der Prämienleistungsentlohnung mit meßbaren Bezugsgrößen und mit personenbezogenen Beurteilungsmerkmalen unterschieden.

Bei der personenbezogenen Form – auch *Leistungsbeurteilung* genannt – wird das Arbeits- und

Tafel 1: Beispiel über den Umfang der im Steinkohlenbergbau (Ruhrbergbau) angewendeten Entlohnungsgrundsätze

Entlohnungsgrundsatz	in v. H. der verfahrenen Schichten (Januar 1975) unter Tage	über Tage
Zeitlohn	36,0	50,7
Gedinge[1])	55,4	—
Akkord	—	8,7
Prämienleistungslohn[2])	8,6	40,6
	100,0	100,0

[1]) darunter etwa 5 v. H. Grundlohngedinge

[2]) überwiegend mit personenbezogenen Beurteilungsmerkmalen

Bergleute vor der Seilfahrt

Leistungsverhalten des Arbeiters von Vorgesetzten auf der Grundlage vorgegebener Merkmale, zum Beispiel Arbeitsverhalten, Betriebsverhalten, Einsatzmöglichkeiten, beurteilt. Das in Punkten ausgedrückte Beurteilungsergebnis wird dabei in Prämien umgesetzt. Diese Art der Leistungsentlohnung bietet sich insbesondere für handwerkliche Tätigkeiten an. Zwischen beiden Formen der Prämienleistungsentlohnung besteht auch die Möglichkeit der Kombination.

Ist das Arbeitsergebnis gar nicht mehr vom Menschen beeinflußbar, kann nur noch der *Zeitlohn* angewendet werden. Hierbei hängt die Lohnhöhe nicht mehr vom Arbeitsergebnis ab. Trotzdem wird natürlich auch von einem Zeitlöhner erwartet, daß er eine dem Zeitlohn adäquate Leistung erbringt.

Im rheinischen Braunkohlenbergbau werden etwa 10 v. H. der Arbeiter im Akkord entlohnt, alle übrigen Arbeiter im Zeitlohn. Die *Angestelltentätigkeiten* sind im Bergbau durchweg summarisch bewertet und in verschiedenen Gehaltsgruppenverzeichnissen für technische Angestellte unter und über Tage sowie für kaufmännische und Sozialangestellte zusammengefaßt. Die Gehaltsgruppenverzeichnisse enthalten 4 bis 6 Gehaltsgruppen mit jeweils 4 bis 6, zumeist jährlichen Steigerungsstufen.

9.2.3 Bergmannsprämie

Seit 1956 wird die Bergmannsprämie Arbeitern und Angestellten für jede in einem Bergbaubetrieb unter Tage verfahrene volle Schicht gewährt. Während der Bergmannsprämienbetrag bis 1967 für Arbeiter im Zeitlohn einerseits und für Arbeiter im Leistungslohn und Angestellte andererseits unterschiedlich hoch war, beträgt er seit 1968 einheitlich 2,50 DM. Durch die Verdoppelung auf 5 DM ab 1. April 1973 wurde die ursprüngliche Relation zwischen dem Durchschnittseinkommen eines Arbeiters unter Tage und der Bergmannsprämie in etwa wiederhergestellt. Die Bergmannsprämie ist lohnsteuer- und sozialversicherungsfrei, wird jedoch bei der Rentenberechnung als Einkommen berücksichtigt.

Die Finanzierung der Bergmannsprämie aus dem Lohnsteueraufkommen des Bergbaus mußte aufgrund eines Urteils des Europäischen Gerichtshofs für den dem Montanunionsvertrag unterliegenden Steinkohlen- und Eisenerzbergbau von 1963 bis 1969 ausgesetzt werden. Seither ist die einheitliche Finanzierung für den gesamten Bergbau wiederhergestellt.

9.3 Bergbauliche Sozialversicherung

9.3.1 Versicherungsträger Bundesknappschaft

Die Knappschaft ist die älteste Sozialversicherung in Deutschland. Seit dem Mittelalter bestanden die von Bergleuten als solidarische Hilfseinrichtungen ins Leben gerufenen Knappschaftskassen. Aus ihnen entstanden die Knappschaftsvereine, die nach Leistungen und Beiträgen sowie nach der Versichertenzahl stark voneinander abwichen. Die Notwendigkeit gleicher Leistungen für alle im Bergbau Beschäftigten in Anlehnung an die staatliche Sozialgesetzgebung führte 1923/26 zur rechtlichen Vereinheitlichung und Schaffung der Reichsknappschaft. Nach 1945 entstanden im Bundesgebiet acht selbständige Knappschaften, die 1969 in die Bundesknappschaft überführt wurden.

Die Bundesknappschaft ist Versicherungsträger für alle Beschäftigten in knappschaftlichen Betrieben (d. s. alle Betriebe, die Mineralien oder ähnliche Stoffe bergmännisch fördern). Sie ist der einzige Versicherungsträger, der die *Kranken- und Rentenversicherung* umfaßt.

Die Leitung der Bundesknappschaft obliegt den Selbstverwaltungsorganen und der Geschäftsführung. Organe der Selbstverwaltung sind die Vertreterversammlung und der Vorstand, die – im Gegensatz zu den übrigen, paritätisch besetzten Trägern der Kranken- und Rentenversicherung – jeweils zu zwei Dritteln mit Vertretern der Versicherten und zu einem Drittel mit Vertretern der Arbeitgeber besetzt sind.

Knappschaftliche Krankenversicherung

In der knappschaftlichen Krankenversicherung sind alle im Bergbau Beschäftigten unter Einschluß ihrer Familienangehörigen versichert. Die Leistungen – von Maßnahmen zur Früherkennung von Krankheiten, ärztlicher Behandlung, Krankenhauspflege bis zum Sterbegeld – richten sich im wesentlichen nach den für alle Versicherungsträger gleichen Vorschriften der Reichsversicherungsordnung (RVO) sowie der Satzung der Bundesknappschaft.

Als Besonderheit der knappschaftlichen Krankenversicherung ist das sogenannte *Sprengelarztsystem* anzusehen, das in den großen geschlossenen Bergbaurevieren nach Anpassung an die Grundsätze einer freien Arztwahl fortbesteht. Danach lassen sich die Knappschaftsversicherten nach freier Wahl für einen bestimmten Zeitraum bei einem Knappschaftsarzt einschreiben, der dann allein für die ärztliche Behandlung des Versicherten und seiner Familienangehörigen verantwortlich ist. Der Arzt erhält ein Pauschalhonorar, das vom Umfang seiner Inanspruchnahme im Einzelfall weitaus unabhängiger ist als in den übrigen Bereichen der gesetzlichen Krankenversicherung. Zugrunde liegt das Hausarztprinzip: die ärztliche Vorsorge für den Versicherten und seine Angehörigen wird durch die Art der Honorierung angeregt. Im übrigen wird auch in der Knappschaftsversicherung die ärztliche Versorgung durch die nach der Reichsversicherungsordnung zugelassenen Ärzte durchgeführt.

Für die stationäre Behandlung der Knappschaftsversicherten stehen 14 knappschaftseigene Krankenhäuser mit insgesamt rund 5200 Betten zur Verfügung. Sie liegen in den Schwerpunkten des Bergbaus, d. h. vor allem im Ruhrgebiet (7), an der Saar (4), im Aachener Revier (1) und in Oberbayern (2). Eine zunehmende Rolle spielen die Maßnahmen zur Erhaltung, Besserung oder Wiederherstellung der Erwerbsfähigkeit („Rehabilitationsmaßnahmen"), die auch in die knappschaftliche Krankenversicherung Eingang gefunden haben.

Knappschaftliche Rentenversicherung

Den besonderen Anforderungen der Bergarbeit unter Tage und den daraus folgenden sozialversicherungsrechtlichen Tatbeständen trägt die knappschaftliche Rentenversicherung durch besondere –

d. h. auf diese Tatbestände ausgerichtete – Leistungen und durch jährliche Rentensteigerungssätze Rechnung, die höher liegen als in der Rentenversicherung der Arbeiter und Angestellten. Alle knappschaftlichen Sonderleistungen haben zur Voraussetzung, daß eine bestimmte Versicherungszeit mit ständigen Arbeiten unter Tage (früher Hauerarbeiten unter Tage) und ihnen gleichgestellten Arbeiten zurückgelegt sein muß.

Vor allem seit der Rentenreform im Jahre 1957 und dem Rehabilitationsangleichungsgesetz vom 7. August 1974 nehmen die *Maßnahmen zur Erhaltung, Besserung oder Wiederherstellung der Erwerbsfähigkeit* sowie gesundheitliche Vorsorgemaßnahmen in der gesetzlichen Rentenversicherung einen breiten Raum ein. Die gesundheitliche Vorsorge und die medizinische Rehabilitation dienen vornehmlich dazu, die Erwerbsfähigkeit des Versicherten zu erhalten oder wiederherzustellen. Zur Durchführung dieser Maßnahmen stehen der knappschaftlichen Rentenversicherung neun Kliniken, Sanatorien bzw. Kurheime und drei Vorsorgeheime zur Verfügung.

Tafel 2: Durchschnittliche Höhe der laufenden Renten im Vergleich der knappschaftlichen Rentenversicherung (Stand Dezember 1973) und der Rentenversicherung der Arbeiter und Angestellten (Stand Juli 1974)[1]

Rentenart	knappschaftl. Rentenversicherung	Rentenversicherung der Arbeiter	Rentenversicherung der Angestellten
Bergmannsrente wegen verminderter Berufsfähigkeit	332,–		
beim 50. Lebensjahr	516,–	–	–
Rente wegen Berufsunfähigkeit	830,–	239,–	291,–
Rente wegen Erwerbsunfähigkeit	809,–	349,–	491,–
Altersruhegelder 65 Jahre	1021,–	541,–	884,–
60 Jahre an Frauen	565,–	399,–	663,–
an Arbeitslose	1091,–	780,–	1044,–
vorgezogenes Altersruhegeld	1256,–	–	–
62 Jahre	1037,–	825,–	1068,–
63 Jahre	1128,–	909,–	1170,–

Rentenanpassungsbericht 1975

[1] Bei den monatlichen Leistungen der Rentenversicherung der Arbeiter und Angestellten ist also die Rentenanpassung zum 1. Juli 1974 um 11,2 v. H. bereits berücksichtigt.

Bergmannsrente erhält ein Versicherter, der entweder „vermindert bergmännisch berufsfähig“ ist, d. h. nach ärztlichem Zeugnis aus gesundheitlichen Gründen seine bisherige Tätigkeit nicht mehr ausüben kann, oder der nach Vollendung des 50. Lebensjahres und einer Versicherungszeit von 300 Kalendermonaten mit ständigen Arbeiten unter Tage keine im Vergleich zu seiner bisherigen Tätigkeit wirtschaftlich gleichwertige Arbeit mehr ausübt.

Wie die Bezeichnung besagt, handelt es sich um eine knappschaftliche Sonderleistung, die eine bei Aufgabe der bisherigen Tätigkeit entstehende Lohnminderung ausgleichen soll. Der Jahresbetrag (Rentensteigerungssatz) beträgt 0,8 v. H. (Tafel 2).

Knappschaftsrente wegen Berufs- oder Erwerbsunfähigkeit wird unter den gleichen Voraussetzungen wie in der Rentenversicherung der Arbeiter und Angestellten gewährt. Berufsunfähig ist ein Versicherter, dessen Erwerbsfähigkeit infolge Krankheit oder anderer Gebrechen auf weniger als die Hälfte eines gesunden Arbeitnehmers herabgesunken ist; erwerbsunfähig ist, wer aus gleichen Gründen auf absehbare Zeit eine Erwerbstätigkeit in gewisser Regelmäßigkeit nicht mehr ausüben kann.

Bei der Knappschaftsrente wegen Berufsunfähigkeit beträgt der Jahresbetrag 1,2 v. H., solange eine knappschaftliche Beschäftigung verrichtet wird, und 1,8 v. H., wenn der Versicherte den Bergbau verläßt (gegenüber generell 1,0 v. H. in der Rentenversicherung der Arbeiter und Angestellten). Der Jahresbetrag der Knappschaftsrente wegen Erwerbsunfähigkeit entspricht dem des Knappschaftsruhegeldes mit 2,0 v. H. (gegenüber 1,5 v. H. in der allgemeinen Rentenversicherung). Die höheren Jahresbeträge der Knappschaftsversicherung bewirken naturgemäß durchschnittlich höhere Renten.

Knappschaftsruhegeld wird grundsätzlich nach einer Versicherungszeit von 180 Kalendermonaten mit Vollendung des 65. Lebensjahres gewährt. Es kann auf Antrag bereits mit dem 63. Lebensjahr (für Schwerbehinderte 62. Lebensjahr) nach einer besonderen Wartezeit gewährt werden. Diese Bestimmungen sind ebenso wie die des Knappschaftsruhegeldes mit Vollendung des 60. Lebensjahres und nach einjähriger Arbeitslosigkeit sowie an weibliche Versicherte mit vollendetem 60. Lebensjahr gleichlautend mit denen der Rentenversicherung der Arbeiter und Angestellten.

Allein für Bergleute ist das *vorgezogene Knappschaftsruhegeld* mit Vollendung des 60. Lebensjahres vorgesehen, wenn eine Versicherungszeit von 300 Kalendermonaten mit ständigen Arbeiten unter Tage zurückgelegt ist und die Beschäftigung in einem knappschaftlichen Betrieb nicht mehr ausgeübt wird. Versicherten mit langjähriger Untertagetätigkeit und den damit verbundenen Gesundheitsanforderungen soll auf diese Weise die Möglichkeit eines vorzeitigen Ruhestandes eröffnet werden.

Die Bergmannsrente, Knappschaftsrente wegen Berufs- oder Erwerbsunfähigkeit und das Knappschaftsruhegeld erhöhen sich um den *Leistungszuschlag,* der für langjährige Berufstätigkeit unter Tage gewährt wird. Der Zuschlag wird nach dem fünften Versicherungsjahr mit ständigen Arbeiten unter Tage für jedes weitere Jahr einer solchen Tätigkeit gezahlt. Seine Höhe ist nach Dauer der Untertagetätigkeit gestaffelt.

Knappschaftsausgleichsleistung erhält der Versicherte, der seine bisherige Arbeit unter Tage infolge verminderter bergmännischer Berufsfähigkeit wechseln mußte und 300 Kalendermonate ständige Arbeiten unter Tage verrichtet oder gleichwertige Voraussetzungen erfüllt hat und dessen bisherige Beschäftigung in dem knappschaftlichen Betrieb nach Vollendung des 55. Lebensjahres endet. Die Knappschaftsausgleichsleistung wurde zum 1. Juni 1963 eingeführt, um bei älteren Arbeitnehmern nach ihrer Entlassung den Übergang bis zum Knappschaftsruhegeld zu sichern. Diese zusätzliche Leistung der knappschaftlichen Rentenversicherung mit einem Jahresbetrag von 2,0 v. H. (wie Knappschaftsruhegeld) hatte im Jahrzehnt 1963 bis 1972 vor allem im Steinkohlenbergbau besonderes Gewicht.

Witwen- und Waisenrenten werden nach gleichen Rechtsvorschriften wie im allgemeinen Rentenversicherungssystem gewährt. Da sie in ihrer Höhe von der „Mannesrente" abhängig sind, liegen die Durchschnittsrenten aufgrund der höheren knappschaftlichen Jahresbeträge über denen der Rentenversicherung der Arbeiter und Angestellten.

Mittelaufbringung
In der knappschaftlichen Krankenversicherung, die ihre Ausgaben in voller Höhe aus Beiträgen deckt, liegt der Beitragssatz gegenwärtig bei 12,6 v. H. für Arbeiter und bei 13,48 v. H. für Angestellte, die je zur Hälfte vom Versicherten und Arbeitgeber aufgebracht werden. Wie bei anderen Krankenversicherungsträgern ist in den vergangenen Jahren eine fortlaufende Steigerung des Beitrags eingetreten, die sich – falls der Gesetzgeber keine Abhilfe schafft – auch künftig fortsetzen wird. Die Ursachen liegen neben der Entwicklung des Krankenstandes insbesondere in der überproportionalen Steigerung aller medizinischen Kosten.

Die Ausgaben der knappschaftlichen Rentenversicherung von insgesamt rund 8 Mrd. DM (1973) beruhen überwiegend auf Renten (6,7 Mrd. DM). Sie werden im wesentlichen aufgebracht durch Beiträge von 1,4 Mrd. DM, einen Zuschuß des Bundes von 4,4 Mrd. DM und Erstattungen anderer Versicherungsträger (2,1 Mrd. DM). Das Ungleichgewicht zwischen Bundeszuschuß und Beitragsaufkommen ergibt sich daraus, daß die Zahl der Versicherten von 1957 bis 1973 von rund 700000 auf 300000 zurückgegangen ist, während die Zahl der Rentenempfänger im gleichen Zeitraum von 662000 auf 735000 anstieg. 1973 entfielen auf 100 Versicherte rund 250 Rentner, 1956 waren es noch 94. Der Beitragssatz beträgt 8,5 v. H. für den Versicherten und 15 v. H. für den Arbeitgeber; er liegt damit erheblich über dem in der Rentenversicherung der Arbeiter und Angestellten mit je 9 v. H. für Versicherte und Arbeitgeber.

9.3.2 Bergbau-Berufsgenossenschaft

Die gesetzliche Unfallversicherung für die im Bergbau (in knappschaftlichen Betrieben) Beschäftigten wird durch die Bergbau-Berufsgenossenschaft (BBG) durchgeführt. Die BBG ist regional in fünf Bezirke (Bonn, Bochum, Clausthal-Zellerfeld, München und Saarbrücken) gegliedert. Vertreterversammlung und Vorstand bestehen als Selbstverwaltungsorgane sowohl auf Genossenschafts- als auch auf Bezirksebene. Sie sind je zur Hälfte mit Vertretern der Versicherten und Arbeitgeber besetzt. Die Entscheidungskompetenz liegt bei den Genossenschaftsorganen.

Die Aufgaben der BBG unterteilen sich in vier große Bereiche: Unfallverhütung, Heilverfahren, Berufshilfe und Geldleistungen (vor allem Renten). Maßgebende Rechtsgrundlage sind – für alle Berufsgenossenschaften – die Reichsversicherungsordnung

(RVO) sowie die Berufskrankheiten-Verordnungen und die Satzung der BBG.

Unfallverhütung, erste Hilfe und Berufskrankheitenverhütung sind vorbeugende Maßnahmen. Die BBG erläßt Unfallverhütungsvorschriften (abgesehen von den einschlägigen Vorschriften der Bergbehörden) und überwacht die Durchführung der Unfallverhütung. Bei Arbeitsunfällen einschließlich der Wegeunfälle und bei Berufskrankheiten gewährt die BBG Versicherungsschutz, der u. a. in Heilbehandlung, Verletztengeld, Berufshilfe und Verletztenrente besteht *(Bilder 1 und 2)*.

Die Unfallgefährdung und das Berufskrankheitenrisiko sind im Bergbau unter Tage, insbesondere im Steinkohlenbergbau, aufgrund der natürlichen Bedingungen immer noch relativ hoch. Sie nehmen jedoch langsam ab; insbesondere gehen die wichtigsten Berufskrankheiten wie die Silikose zurück (die Zahl der erstmals entschädigten Fälle).

Der Umfang der *Entschädigungsleistungen* für Unfälle und Berufskrankheiten führt im Vergleich zu anderen Berufsgenossenschaften zu höheren Gesamtaufwendungen. Sie betrugen 1975 rund 1,2 Mrd. DM, von denen etwa 90 v. H. auf laufende Geldleistungen (Renten, Abfindungen u. a. m.) entfielen. Die erforderlichen Mittel werden im Umlageverfahren durch die Mitglieder (Unternehmen) jeder Berufsgenossenschaft aufgebracht. Die BBG veranlagt die Unternehmen zu den Gefahrklassen ihres Gefahrtarifs. Darin kommt die unterschiedliche Gefährdung der einzelnen Bergbauzweige zum Ausdruck.

Die nach 1958 aufgrund des Rückgangs der Beschäftigten im Steinkohlenbergbau gestiegene Beitragsbelastung der BBG führte 1963 zur sogenannten Altlastregelung. Dieses erste *Gemeinlastverfahren* unter den gewerblichen Berufsgenossenschaften erwies sich später als unzureichend, so daß vom 1. Januar 1968 an eine für alle gewerblichen Berufsgenossenschaften anwendbare Ausgleichsregelung geschaffen wurde. Seither gleichen die Berufsgenossenschaften, soweit der Rentenlast- (bzw. Entschädigungslast-) Satz einer Berufsgenossenschaft das Viereinhalbfache (bzw. Fünffache) des durchschnittlichen Satzes aller Berufsgenossenschaften übersteigt, den entsprechenden Lastenanteil untereinander aus. Da diese Vorschrift zugunsten jeder überproportional belasteten Berufsgenossenschaft wirksam wird, kann sie als eine wesentliche Fortentwicklung gegenüber der allein auf die Bergbau-Berufsgenossenschaft abgestellten Altlastregelung angesehen werden.

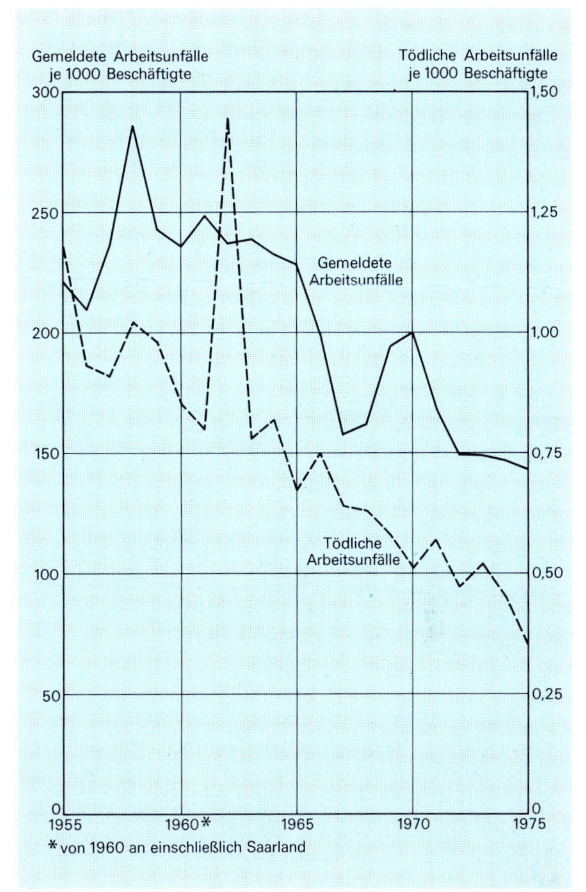

Bild 1: Abnehmender Unfalltrend mit Unterbrechung (Grubenunglück Luisenthal/Saar 1962)

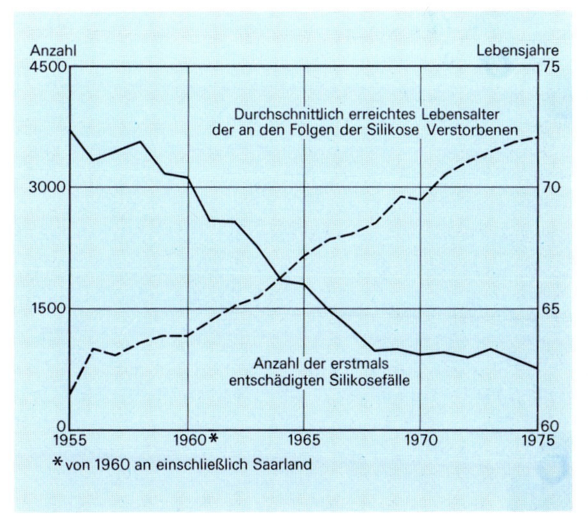

Bild 2: Abnehmende Silikosegefahr

10

Bergbau und Verkehr

10.1 Bedeutung der Infrastruktur

Der Bergbau ist wegen seines gebundenen Standortes in hohem Maße von der verkehrstechnischen Erschließung sowohl seiner *Produktions-* als auch seiner *Absatzräume* wirtschaftlich abhängig. Die von ihm erzeugten Güter, die als *Massengüter* im Wert relativ niedriger als andere Industrieerzeugnisse liegen und deshalb besonders frachtempfindlich sind, gestatten einen Transport über weitere Entfernungen nur unter günstigen frachtlichen Voraussetzungen. Aus diesen Gründen hat sich der Bergbau nicht mit den Verkehrsverhältnissen der industriellen Anfangsepoche abgefunden. Auf seine Anregung sind öffentliche Eisenbahnen gebaut worden. Die regionale und lokale Ausgestaltung des Eisenbahnnetzes war auch nach der Verstaatlichung der Eisenbahnen (ab 1880) insbesondere von den bergbaulichen Verhältnissen abhängig.

Auch heute noch ist es eine der vorrangigen Aufgaben des Bergbaus, auf die Schaffung günstiger verkehrlicher Voraussetzungen und damit auf die Festsetzung günstiger *Frachten* hinzuwirken, da die Einstandspreise und damit die Wettbewerbsfähigkeit seiner Produkte am Verbrauchsort nach wie vor weitgehend durch die Höhe der Transportkosten mitbestimmt werden.

Welche besondere Bedeutung der Transportkostenbelastung zukommt, wird daran deutlich, daß wesentliche Abnehmer von Bergbauprodukten ihren Standort am Aufkommen dieser Produkte ausgerichtet haben. Hierzu zählt zum Beispiel die deutsche Stahlindustrie, die sich im Ruhrgebiet und im Saarland am Aufkommen der Kohle, im Raume Salzgitter am Aufkommen des Eisenerzes orientiert hat.

Die Transportstruktur eines Bergbaureviers wird auch von den Wünschen der Bezieher bestimmt. Die Abnehmer bestimmen nämlich die Wahl des jeweiligen Verkehrsmittels. Dafür sind in erster Linie die betrieblichen Verhältnisse ausschlaggebend.

Bahn- und Wasserweganschlüsse sowie entsprechende Umschlags- und Bunkereinrichtungen schaffen erst die Voraussetzung für die Wahl des einen oder anderen Transportweges. Sofern der Standort und die betrieblichen Gegebenheiten des Empfängers den Einsatz mehrerer Transportmittel zulassen, wird die Auswahl von der Höhe der jeweiligen Frachtkosten (einschließlich der betriebsinternen Manipulationskosten) abhängen.

10.2 Arbeitsteilung der Verkehrsträger

Bergbaugüter als *typische Massenprodukte* sind aus Gründen der wirtschaftlichen Verwendung auf leistungsfähige Verkehrsträger angewiesen. Hierzu zählen in erster Linie die Eisenbahn und die Binnenschiffahrt, die auf den Transport großer Mengen auch über weite Entfernungen eingerichtet sind, während der Lastkraftwagen-Verkehr seine Hauptaufgabe im Kurzstrecken- und Verteilerverkehr findet. Für die Binnenschiffahrt wirkt sich nachteilig aus, daß sie an den grobmaschigen Lauf der Flüsse und Kanäle gebunden ist. Sie kann daher nur die Bezieher bedienen, deren Standort – vielfach aus Frachtkostenüberlegungen heraus – am Wasserstraßennetz liegt. Die Eisenbahn stellt daher wegen des engmaschigen Netzes das universelle Transportmittel für die Bergbaugüter dar.

In dem Bestreben, einen möglichst großen Anteil am Transportvolumen auf sich zu ziehen, haben alle Verkehrsträger gewisse Voraussetzungen geschaffen, um den Transport der Bergbauprodukte möglichst rationell durchzuführen.

Die *Binnenschiffahrt* hat in den letzten beiden Jahrzehnten durch weitgehende Umstellung ihrer Fahrzeuge auf Selbstfahrer und in den letzten Jahren durch Einführung der Schubschiffahrt einen wesentlichen Beitrag zur Beschleunigung der Transporte geleistet. Gleichzeitig wurde im Zuge einer umfassenden Abwrackaktion überalterter und unwirtschaftlicher Laderaum aus dem Verkehr gezogen. Die modernen Schiffseinheiten mit ihren großen Laderäumen kommen den Wünschen gerade der Massengutverlader sehr entgegen, da der Lade- und Löschvorgang hierdurch merklich beschleunigt wird *(Bild 1 und 2)*.

Auch der *Lastkraftwagen* bietet mit seiner Möglichkeit, unmittelbar an fast jeden Betriebspunkt mit seiner Ladung heranfahren zu können, Spezialleistungen an *(Bild 3)*.

Insbesondere bei der Versorgung privater Haushalte oder kleinerer Betriebe mit festen Brennstoffen hat er sich bewährt.

Das umfangreichste Angebot an Spezialfahrzeugen für den Transport von Bergbauprodukten findet sich zweifellos bei der *Deutschen Bundesbahn.* Hier gibt es eine Vielzahl offener und gedeckter Selbstentladewagen und Behälterwagen, die den unterschiedlichen Anforderungen der Verlader hinsichtlich Transport, Be- und Entladung sehr entgegenkommen. Die gebräuchlichsten Spezialwagen sind die für den Transport von Erz, Kohle und Koks geeigneten Fad-Wagen (Selbstentladewagen mit einem Fassungsvermögen von rd. 75 m^3), die vor allem für Großverbraucher im Hütten- und Kraftwerksbereich eingesetzt werden, und der für die Entladung mittels Förderband geeignete Ed-Wagen (Selbstentladewagen mit einem Fassungsvermögen von rd. 35 m^3), der insbesondere auf dem Hausbrandmarkt Verwendung findet.

10.3 Transporte und Tarife

Entsprechend ihrer unterschiedlichen Leistungsfähigkeit und ihres differenzierten Leistungsangebotes ist die Bedeutung der einzelnen Verkehrsträger für den Transport von Bergbauprodukten sehr verschieden.

10.3.1 Werkverkehr

Die *nichtöffentlichen* Werktransportmittel der Bergbaureviere – Werkeisenbahn und Bandtransport – spielen in den Fällen eine herausragende Rolle, in denen die Verarbeitung bzw. der Verbrauch der gewonnenen Mineralien in der Nähe der Gewinnungsstätte erfolgt. Dies ist in hohem Umfang bei den Braunkohlenrevieren der Fall, wo ein Großteil der geförderten Mengen direkt zu den Wärmekraftwerken geleitet wird. Aber auch in den Steinkohlenrevieren hat der Werkverkehr eine große Bedeutung, da Kraftwerke auf Steinkohlenbasis sowie die Hochöfen der eisenschaffenden Industrie vielfach in unmittelbarer Nachbarschaft der Zechen errichtet worden sind.

10.3.2 Öffentliche Verkehrsträger

Bei den *öffentlichen* Verkehrsträgern hat die Deutsche Bundesbahn den größten Anteil am *Verkehrsaufkommen des Bergbaus*, da sie als ein auf den Massentransport eingerichtetes Verkehrsmittel gegenüber der Binnenschiffahrt über das entscheidend dichtere Verkehrswegenetz verfügt. Ihre Transporte an Erz beliefen sich im Jahre 1973 auf 32,2 Mill. t, die Transporte an festen Brennstoffen auf 85,5 Mill. t (einschließlich Importe).

Die zweite Stelle nimmt das andere große Massenguttransportmittel, die Binnenschiffahrt, ein. Ihre Bedeutung ist – geographisch gesehen – auf bestimmte, durch das vorhandene Fluß- und Kanalnetz vorgegebene Relationen beschränkt, hat andererseits in diesen Relationen jedoch bestimmte Kostenvorteile zu bieten. Trotz der geographischen Beschränkung hat die Binnenschiffahrt im Jahre 1973 31,3 Mill. t Erz und 21,1 Mill. t feste Brennstoffe befördert (einschließlich Importe). Der Lastkraftwagen fällt in seiner Bedeutung gegenüber den beiden erstgenannten Verkehrsträgern weitgehend ab, da er in erster Linie im Kurzstreckenverkehr wirtschaftlich eingesetzt werden kann. Sein Beförderungsvolumen an festen Brennstoffen belief sich 1973 im Nahbereich auf rund 8,8 Mill. t und im Fernverkehr auf rund 0,7 Mill. t.

Angesichts dieser Tatbestände kann es nicht verwundern, daß eine recht eindeutige Beziehung zwischen den einzelnen Verbrauchergruppen einerseits und den Verkehrsträgern andererseits besteht. Die Großverbraucher des Bergbaus, die eisenschaffende Industrie und die Elektrizitätswirtschaft, tendieren eindeutig zu den beiden Massentransportmitteln Eisenbahn und Binnenschiffahrt, wobei die Entscheidung für den einen oder anderen nach den bereits genannten Kriterien fällt. Für die Kleinverbraucher einschließlich der privaten Haushalte als Bezieher von festen Brennstoffen hingegen besteht in der Regel nur eine Wahlmöglichkeit zwischen dem Eisenbahn- und dem Lkw-Transport.

10.3.3 Tarife

Eisenbahn

Die bergbaulichen Erzeugnisse spielen als Beförderungsgut des Schienenverkehrs im Rahmen des gesamten Transportaufkommens auch heute noch eine bedeutende Rolle. Kohle und Erz machten im Jahre 1973 allein 32,1 v. H. des Verkehrsaufkommens der Deutschen Bundesbahn aus (einschließlich Importmengen). Obwohl nicht zu verkennen ist, daß infolge der Strukturveränderungen auf den Energiemärkten während der letzten 15 Jahre der Kohletransport seine dominierende Stellung verloren hat, bleibt die Kohle dennoch eine der wesentlichen Stützen dieses Verkehrsträgers.

Bild 1 (oben): Schubschiff auf dem Rhein
Bild 2 (Mitte rechts): Verladung im Rheinhafen
Bild 3 (unten rechts): Landabsatz
Bild 4 (unten links): Geschlossener Zug verläßt Zechenbahnhof

Die Bewältigung des großströmigen Kohle- und Erzverkehrs stellt sowohl an die beteiligten Eisenbahnen als auch an die verladenden Grubenbetriebe hohe Anforderungen. Die Betriebe sind in der Regel über sog. *Privatgleisanschlüsse* mit dem Schienennetz der Deutschen Bundesbahn verbunden. Die Zusammenstellung der beladenen Waggons zu sog. *geschlossenen Zügen* erfolgt in diesen Fällen bereits im Zechenbahnhof *(Bild 4)*. Da innerhalb der Privatgleisanschlüsse grubeneigenes Personal die mit der Zugbildung zusammenhängenden Arbeiten übernimmt, wird die Deutsche Bundesbahn personal- und kostenmäßig stark entlastet.

Der Bergbau unterstützt somit die vielfältigen Bemühungen der Bahn, zu einem kostensparenden und rationellen Transportablauf zu gelangen.

Auf der anderen Seite honoriert die Deutsche Bundesbahn die Bemühungen der Verlader um eine rationelle Transportabwicklung durch entsprechende Tarife. So gewährt die Bahn zum Beispiel im Kohleverkehr gemäß Ausnahmetarif 206 eine Frachtrückvergütung, wenn geschlossene Züge von wenigstens 900 t netto vom Absender zum Empfänger transportiert werden. Die Höhe der Rückvergütung ist nach der Nettoauslastung der Züge sowie nach der Regelmäßigkeit, mit der diese Züge verkehren, gestaffelt. Sie beträgt zwischen 9 v. H. bei Zügen mit einer Nettolast von 900 t im unregelmäßigen Verkehr und 28 v. H. bei Zügen mit einer Nettolast von 1500 t im werktäglichen Verkehr. Die Bahn gibt auf diese Weise den Rationalisierungs- und Kostensenkungseffekt, der mit einer großströmigen und regelmäßigen Verkehrsabwicklung verbunden ist, unmittelbar an ihre Kunden weiter. Dabei erbringt der Bergbau, der die Bildung der geschlossenen Züge auf seinen Gleisen vornimmt, im Interesse seiner frachtzahlenden Kunden erhebliche Vorleistungen.

Die Transportkostenhöhe ist für die Wettbewerbsfähigkeit des Bergbaus von wesentlicher Bedeutung. Damit rückt die *Tarifpolitik* der Verkehrsträger in den Mittelpunkt des Interesses. Die Deutsche Bundesbahn ist in ihrer Tarifgestaltung verhältnismäßig flexibel. So hat die Bahn für alle wichtigen Transporte *Ausnahmetarife* geschaffen, die sich in ihrer Tarifhöhe an der wirtschaftlichen Belastbarkeit der zu transportierenden Güter orientieren und auch die Wettbewerbssituation der Deutschen Bundesbahn gegenüber konkurrierenden Verkehrsträgern – insbesondere der Binnenschiffahrt – berücksichtigen. Im letztgenannten Fall, in dem die DB sich an die Transportkosten anderer Verkehrsmittel anpaßt, spricht man von sog. *Wettbewerbstarifen.*

Die Entwicklung der Tarifentgelte der DB ist in den letzten 15 Jahren unterschiedlich verlaufen. Während die Bundesbahn Anfang der 60er Jahre aus Gründen der Verkehrserhaltung und Verkehrsge-

Tafel 1: Entwicklung der Bahnfrachten seit 1960

Relation	Entfernung km	Stand (jeweils 1. Januar) 1960 DM/t	1965 DM/t	1970 DM/t	1971 DM/t	1972 DM/t	1973 DM/t	1974 DM/t	1975 DM/t
1. *Kohle*									
Ruhr-Düsseldorf (AT 180)	50	6,70	5,80	5,70	6,08	7,20	7,50	7,90	8,90
-München (AT 180)	653	31,00	25,65	25,46	26,98	32,20	33,40	35,10	39,80
-Düsseldorf (AT 206)	50	—	4,65	4,55	4,83	5,70	5,90	6,20	7,00
-München (AT 206)	653	—	19,50	19,31	20,43	24,20	25,10	26,30	29,90
-Emden (Einzelwagen)	247	6,50	6,30	6,60	6,60	7,40	8,30	9,60	10,90
-Emden (Züge)		6,50	6,30	6,60	6,60	7,40	7,50	7,90	8,90
-Mannheim	332	—	10,40	10,00	11,60	12,80	13,70	14,30	17,50
2. *Erz*									
Albshausen-Hüttental-G	67	4,30	4,30	4,40	4,70	5,30	5,50	5,80	6,80
Emden – Salzgitter	314	6,20	6,10	6,10	6,50	7,30	7,70	8,50	9,50
3. *Kali*									
Mesmerrode – Köln	279	—	—	—	—	14,90	15,50	15,50	18,30

Tafel 2: Entwicklung der Binnenschiffsfrachten seit 1960

Relation	Stand (jeweils 1. Januar)							
	1960 DM/t	1965 DM/t	1970 DM/t	1971 DM/t	1972 DM/t	1973 DM/t	1974 DM/t	1975 DM/t
1. *Kohle*								
Ruhr-Hannover	8,83	8,32	8,28	9,12	10,25	10,84	12,07	14,32
-Bremen	10,02	9,02	9,09	9,87	10,12	10,72	11,99	14,42
-Hamburg	15,70	14,70	15,16	15,76	17,20	18,22	20,37	24,45
-Mannheim	8,50	7,70	7,66	8,66	9,96	10,61	12,36	15,01
-Frankfurt	8,43	7,63	7,59	8,58	9,87	10,51	12,24	14,86
-Stuttgart	13,30	11,90	11,85	13,39	15,40	16,40	19,12	22,74
2. *Erz*								
Emden-Dortmund	4,52	4,52	4,54	4,77	5,36	5,71	6,51	7,86
Salzgitter-Dortmund	3,67	3,67	3,65	3,68	3,92	4,17	4,82	5,87

winnung eine Reihe von Frachtsenkungsmaßnahmen für Bergbauprodukte durchführte – u. a. auch durch Einführung des bereits erwähnten AT 206 im Steinkohlenverkehr ab deutschen Gruben –, mußte sie unter dem seit 1970 stetig steigenden Kostendruck eine Reihe von Tarifanhebungen vornehmen.

So stiegen die DB-Frachten gemäß dem Allgemeinen Kohlenausnahmetarif 180 im Zeitraum 1970 bis Mitte 1975 um nicht weniger als rund 70 v. H. *(Tafel 1).*

Binnenschiffahrt

Der Versand bergbaulicher Erzeugnisse auf den natürlichen und künstlichen Wasserstraßen hat von jeher eine große Rolle gespielt. Aus diesem Grunde hatten sich in der Vergangenheit zahlreiche Bergbauunternehmen Schiffahrtsgesellschaften angegliedert, eine Verbindung, die bis in die jüngste Vergangenheit zu beobachten war. Der besonderen Bedeutung der Binnenschiffahrt als Frachtregulativ für die Tarifgestaltung der Eisenbahn wegen richtete der Bergbau sein Augenmerk auch auf den Bau künstlicher Wasserstraßen. Seit der Jahrhundertwende haben Kanäle eine Verbindung des Ruhrreviers mit dem Rhein sowie dem nordwest- und mitteldeutschen Wirtschaftsraum hergestellt. Die in der Nähe dieser Wasserstraßen ansässigen Bergbauunternehmen nutzten die sich bietenden Möglichkeiten, indem sie für den Wasserwegversand ihrer Produkte vielfach eigene *Werkshäfen* errichteten und diese mittels Werkseisenbahnen mit der eigentlichen Produktionsstätte verbanden.

Die besondere Bedeutung der Binnenschiffahrt liegt darin, ein frachtkostengünstiges Transportmittel zu sein. Hierbei ist insbesondere der relativ geringe Verbrauch an Antriebsenergie hervorzuheben. Dieser Tatbestand ist um so bedeutungsvoller, als mit der im Herbst 1973 eingetretenen starken Verteuerung aller Mineralölprodukte die Treibstoffkosten der Verkehrsträger stark gestiegen sind. Die Binnenschiffsfrachten sind aber nicht nur für die Wasserwegtransporte von Bedeutung; sie wirken sich auch in Gestalt von Wettbewerbstarifen auf das Tarifniveau der Deutschen Bundesbahn günstig für den Bergbau aus.

Durch die verschiedenen Frachtsenkungsmaßnahmen der Deutschen Bundesbahn Anfang der 60er Jahre wurde die Binnenschiffahrt einem verstärkten Konkurrenzdruck ausgesetzt. Für Frachterhöhungen blieb daher wenig Raum. Statt dessen suchten Schiffahrttreibende und Verlader gemeinsam nach Möglichkeiten, um die Rationalisierungsbemühungen der Schiffahrt auch von der tariflichen Seite her abzusichern. Dies geschah, indem man bei den meisten Frachtrelationen die gesetzlich vorgeschriebenen Lade- und Löschzeiten den geänderten Verhältnissen anpaßte. Viele Frachten basieren daher heute auf der halben oder sogar auf einem Viertel der gesetzlichen deutschen Lade- bzw. Löschzeit. Die hieraus für die Schiffahrt sich ergebenden Kostenvorteile – kürzere Umlaufzeiten und damit bessere Nutzung der Transportgefäße – kommen den Verladern dadurch zugute, daß das Frachtniveau durch diese Maßnahme über längere Zeit gehalten werden konnte.

Wie bei der Deutschen Bundesbahn konnten auch bei der Schiffahrt seit etwa 1970 die steigenden Kosten nicht länger durch Rationalisierungsmaßnahmen vollständig aufgefangen werden. Die Binnenschiffsfrachten stiegen im Zeitraum 1970 bis Mitte 1975 teilweise recht beträchtlich *(Tafel 2)*.

Straßenverkehr
Der Lastkraftwagen ist für den Transport von Bergbauprodukten nur teilweise von Bedeutung. In besonderen Bereichen, nämlich bei fehlendem Bahn- und Wasserweganschluß, im Haus-Haus-Verkehr (Versorgung privater Haushalte mit festen Brennstoffen) und im ausgesprochenen Kurzstrekkenverkehr, wo er transportkostenmäßig noch konkurrenzfähig ist, kommt er zum Zuge. Des weiteren wirkt sich für den Transport über die Straße nachteilig aus, daß die Beladung von Lastkraftwagen bei vielen Bergbaubetrieben, die naturgemäß weitgehend auf die Abfuhr mittels Eisenbahn und/oder Binnenschiff eingerichtet sind, zusätzliche Kosten verursacht. Im Kohlenbergbau werden diese Zusatzkosten den Beziehern in Form einer sogenannten *Landabsatzgebühr* in Rechnung gestellt, die den Straßentransport weiter verteuert. Die nachstehende Tafel zeigt einen Transportkostenvergleich zwischen Eisenbahn und Lastkraftwagen in Abhängigkeit von der Transportentfernung:

Frachtvergleich DB-GN-Tarife/Stand 1. 7. 1975

	Kohlen			*Koks*		
	DB	*GNT./.30v.H.*)*		*DB*	*GNT./.30v.H.*)*	
	AT 180	Zug-sätze 23t-Lad.	Solo-sätze 8t-Lad.	AT 180	Zug-sätze 23t-Lad.	Solo-sätze 8t-Lad.
km	DM/t	DM/t	DM/t	DM/t	DM/t	DM/t
2	6,00	6,04	7,28	9,00	6,04	7,28
5	6,00	6,71	8,10	9,00	6,71	8,10
10	6,00	7,60	9,10	9,00	7,60	9,10
20	6,10	9,16	11,13	9,00	9,16	11,13
30	7,20	10,74	14,33	9,00	10,74	14,33
40	8,30	11,91	16,11	9,00	11,91	16,11
50	9,80	12,87	17,85	10,20	12,87	17,85

*) einschließlich Landweggebühr

10.4 Verkehrsträger Pipeline

Das Interesse des Bergbaus an einer kostengünstigen Beförderung seiner Produkte zwingt angesichts der bei den traditionellen Verkehrsträgern in den letzten Jahren eingetretenen Kosten- und Preissteigerungen dazu, nach neuen Transportmitteln zu suchen. Hierzu bietet sich – zumindest für den Kohlentransport – die Pipeline an, die bei der Konkurrenzenergie Öl das eigentliche Rückgrat des Transportes bildet. Die mit einer Kohlen-Pipeline verbundenen technischen Probleme dürfen nach amerikanischen Erfahrungen (hier war für mehrere Jahre eine Kohlen-Pipeline von Georgetown [Ohio] zu einem Kraftwerk in Cleveland in Betrieb) als gelöst bzw. als lösbar angesehen werden. Es bleibt jedoch noch die Frage der Wirtschaftlichkeit dieses Transportmittels zu beantworten. Die Voraussetzungen hierfür – großströmige Transporte über weite Entfernungen – konnten wegen des weitgefächerten Abnehmerkreises für deutsche Steinkohle bisher nicht als langfristig gesichert angesehen werden. Je nach Entwicklung der Verbraucherstandorte sowie der Kostenentwicklung traditioneller Verkehrsmittel kann jedoch der Bau von Kohlen-Pipelines auch für deutsche Verhältnisse eines Tages rentabel werden.

10.5 Seeschiffahrt

Der deutsche Bergbau exportiert nach Übersee hauptsächlich Steinkohle und Kali *(Bild 5)*. Er hat die stürmische Entwicklung der Seeschiffsgrößen in den letzten 15 Jahren begrüßt, weil eine Rationalisierung der See-Transportkosten damit verbunden war. Diese Entwicklung hat die exportierenden Firmen aber auch vor die Aufgabe gestellt, die kurzfristige Beladung immer größerer Seeschiffseinheiten sicherzustellen. Die Einschaltung bzw. der Bau neuer Umschlagsbetriebe mit entsprechenden Voraussetzungen hinsichtlich Wassertiefe und Umschlagskapazität war in vielen Fällen unvermeidlich. Angesichts der weiteren Entwicklung der Welt-Schiffahrtsflotte wird sich dieses Problem auch in Zukunft stellen.

Bild 5: Kaliverladung im Seehafen

11 Aktivitäten des deutschen Bergbaus im Ausland

Seit dem Mittelalter steht der deutsche Bergbau in enger Beziehung zum Auslandsbergbau. Deutsche Bergleute haben aufgrund ihres Fachwissens Ansehen und Anerkennung in allen Erdteilen gefunden. Im 12. Jahrhundert zum Beispiel zogen viele aus dem Erzgebirge nach Böhmen, Ungarn und Siebenbürgen. Mancher Oberharzer Bergmann ging nach Tirol und nach Italien. Im Jahre 1452 wurden Bergleute aus Sachsen, Böhmen und Österreich nach England gerufen. Die Tätigkeit deutscher Bergleute in dem schwedischen Kupferbergwerk Falun wird erstmals im Jahre 1288 erwähnt. Später wurde Schwedens Bergbau durch deutsche „Kunstknechte“ unter Gustav Wasa (1523-1560), besonders aber unter Karl XII. (1604-1611) neu belebt.

Die zweite, nach Übersee orientierte Wanderperiode deutscher Bergleute setzte im Zeitalter der Entdeckungen und Gründungen der spanischen, portugiesischen und holländischen Kolonialreiche ein, die ihnen ein neues weites Arbeitsfeld boten. Namen wie *Alexander von Humboldt,* der sein Bergbaustudium in Freiberg absolvierte, oder *Wilhelm Freiherr von Eschwege,* der seine Ausbildung an der Bergakademie Clausthal erhielt, und viele andere sind bis heute auf dem südamerikanischen Kontinent unvergessen.

Basis für eine erfolgreiche Tätigkeit im Ausland war stets ein leistungsstarker Bergbau im eigenen Lande, der zum Teil seit dem Altertum auf den verschiedensten Mineralrohstoffen in den bekannten Bergbaurevieren des Harzes, des Mansfelder Raums, Sachsens und des rheinisch-westfälischen Raumes sowie des Saarlandes umging.

Seit Beginn dieses Jahrhunderts haben sich neben Bergleuten auch rohstoffverarbeitende Unternehmer im Auslandsbergbau engagiert und nach erfolgreicher Prospektions- und Explorationstätigkeit eigene Bergbaugesellschaften gegründet. Motivation hierfür war die Sicherung der eigenen Rohstoffversorgung. Um die Jahrhundertwende erwarben deutsche Unternehmen Bergwerkseigentum oder Bergbaugesellschaften in Mexiko, Brasilien, in Afrika sowie im fernöstlichen Raum. Vielfach handelt es sich hierbei um Überseegebiete, in denen deutsche Bergleute früher gewirkt und bleibende Anerkennung gefunden haben.

Die deutschen Bergbaubesitzungen gingen nach dem ersten Weltkrieg ausnahmslos verloren. Eine Wiederaufnahme bergbaulicher Aktivitäten im Ausland nach 1918 wurde durch die spürbare Verengung des Devisenmarktes und die zunehmende weltpolitische Isolierung Deutschlands erschwert und bald unmöglich. Zunehmende Importabhängigkeit bei Industrierohstoffen war schließlich auch eine der Ursachen für eine Reihe militärisch strategischer Operationen während des zweiten Weltkrieges.

11.1 Schwierige Startbedingungen

Die ersten Nachkriegsjahre galten dem Wiederaufbau der Wirtschaft in der Bundesrepublik, der die Kräfte von Wirtschaft und Staat voll beanspruchte. Im Laufe der 60er Jahre faßten deutsche Unternehmen wieder im Ausland Fuß. Der Wiedereintritt in den Auslandsbergbau erwies sich als besonders schwierig. Gründe dafür sind die unvergleichliche Finanzstärke der großen Minenhäuser im angelsächsischen und anglo-amerikanischen Raum, der Erfahrungsvorsprung von rund 50 Jahren im internationalen Rohstoffgeschäft – einschließlich Prospektion/Exploration, technisches Know-how und Handelsbeziehungen. Hinzu kommen die engen kulturellen und wirtschaftlichen Beziehungen der westeuropäischen Industriestaaten aus der erst in jüngster Vergangenheit beendeten Kolonialepoche.

Die Finanzüberlegenheit internationaler Montanunternehmen macht auch die höhere Risikobereitschaft verständlich, die im Bereich von Prospektion und Exploration notwendig ist und die letztlich Voraussetzung für eine erfolgreiche Rohstoffsicherung ist. Diese Risikofreudigkeit im „mining business“ ist entscheidendes Merkmal der multinational arbeitenden Bergbaugesellschaften. Der Vorsprung der großen Montanhäuser gegenüber den Unternehmen in der Bundesrepublik Deutschland kann nicht hoch genug veranschlagt werden.

Ein Wettbewerb unter gleichen Startbedingungen im internationalen Rohstoffgeschäft ist auf absehbare Zeit kaum zu erreichen. Das heißt, die Abhängigkeit unserer gesamten Volkswirtschaft – selbst bei noch quantitativ ausreichender Versorgung mit Mineralrohstoffen – dürfte in preislicher Hinsicht auf lange Sicht bestehenbleiben. Hohe Weltrohstoffpreise stärken die Position der großen Rohstoffproduzenten, die vielfach über eine vertikale Unternehmens- bzw. Produktionsstruktur verfügen und die damit auch in Baissezeiten in einer weit günstigeren Wettbewerbssituation sind als die „Nur-Rohstoffverarbeiter".

11.2 Neue unternehmerische Formen

Trotz der nachteiligen Wettbewerbsposition haben deutsche Bergbauunternehmen den Einstieg in die überseeische Rohstoffgewinnung zum Teil geschafft und während der letzten Jahre beachtliche Erfolge erzielen können. Zwei Formen des Engagements auf deutscher Seite haben diesen Einstieg ermöglicht: In den Bereichen Eisenerz und Stahlveredler wurden Beteiligungen an ausländischen Bergbauprojekten vornehmlich über ein deutsches *Konsortium* eingeleitet und abgewickelt. Im Buntmetallbereich wurden in der Regel *Minderheitsbeteiligungen* erworben; die Federführung blieb in Händen erfahrener ausländischer Bergbaugesellschaften. Bei Energierohstoffprojekten wurden sowohl Konsortien gebildet als auch Minderheitsbeteiligungen erworben.

Die *Exploration und Bergbau GmbH/Düsseldorf,* eine Gründung der Hütten- und Stahlindustrie, hält Besitz an Bergwerkseigentum auf Eisenerz in Brasilien, Liberia und Gabun. Auf der Grundlage deutschen Konzessionsbesitzes in Brasilien aus der Zeit vor dem ersten Weltkrieg besteht eine fast hundertprozentige deutsche Beteiligung an der Ferteco-Mineração S.A. mit ihren beiden Gruben im „Eisernen Viereck" des Staates Minas Gerais (ATH-Gruppe $57^{2}/_{3}$ v. H., Hoesch $37^{1}/_{3}$ v. H., Krupp 5 v.H.). Als Geschäftsführungsgesellschaft des Konsortiums tritt die Exploration und Bergbau GmbH auf. Die Eisenerzförderung auf den Gruben Fábrica und Feijão erreichte 1974 rund 4 Mill. t. Die derzeit bekannten Vorräte der Ferteco werden mit rund 1,5 Mrd. t angegeben. Davon sind etwa 350 Mill. t Reicherze, während der „Rest" Aufbereitungserze sind. Der Abtransport der geförderten Erze erfolgt über die Bahn der staatlichen Bergbaugesellschaft „Companhia Vale do Rio Doce (CVRD)" zum Hafen von Tubarão und von dort über eine moderne Umschlaganlage auf dem Seeweg in die Bundesrepublik Deutschland.

Die *Mannesmann AG/Düsseldorf* hat nach 1945 im Zusammenwirken mit brasilianischen Gruppen im Staat Minas Gerais ein Bergbau- und Hüttenprojekt begonnen. Die Erzversorgung der Hütte von Belo Horizonte mit einer Kapazität von rund 300000 jato wird über die 1955 gegründete „Mannesmann Mineração S.A., Nova Lima" auf der Basis der reichen Hämatitlagerstätten von Minas Gerais sichergestellt. Die Förderkapazität der Mannesmann-Gruben in Brasilien beträgt z. Z. rund 0,5 Mill. t. Nur ein geringer Teil der Eisenerze wird exportiert.

Die wohl bedeutendste Beteiligung an einer überseeischen itabiritischen Eisenerzlagerstätte durch deutsche Unternehmen ist in Liberia geschaffen worden. Es handelt sich hierbei um die Eisenerzvorkommen im Gebiet der Bong Range – etwa 80 km nordöstlich von Monrovia – mit derzeit 400 Mill. t Erzvorräten bei rund 38 v. H. Fe-Inhalt. Auf der Grundlage des 1958 mit der liberianischen Regierung geschlossenen Konzessionsvertrages wurde die DELIMCO (Deutsch-Liberianische Mining Co.) gegründet. 1974 wurde DELIMCO mit der *Bong Mining Company (BMC)* fusioniert, so daß nunmehr die liberianische Regierung mit 50 v. H. direkt an der Bergbaugesellschaft beteiligt ist. Die übrigen Teile halten die ATH-Gruppe (18,7 v.H.), Hoesch (8,0 v.H.), Rheinstahl (2,7 v.H.) und Krupp (4,3 v.H.) sowie der italienische Hüttenkonzern Finsider (16,3 v.H.). Die Leitung der nach Abschluß der Prospektions- und Planungsarbeiten gegründeten Betriebsgesellschaft Bong Mining Company (BMC) liegt bei der Exploration und Bergbau GmbH/Düsseldorf. Die Jahresproduktion der BMC beläuft sich auf rund 4,5 Mill. t Eisenerzkonzentrat und etwa 2,4 Mill. t Eisenerzpellets. Die Grube deckt etwa 12 v. H. des Jahresbedarfs der westdeutschen Stahlhütten *(Bilder 1 bis 4).*

Die von der Exploration und Bergbau GmbH gehaltene Minderheitsbeteiligung der Ruhrhütten an Eisenerzlagerstätten in Mauretanien ging im Wege staatlicher Enteignung im Herbst 1974 verloren.

Weitere Beteiligungen deutscher Stahlunternehmen bestehen u. a. an folgenden Bergbauprojekten, die sich noch im Planungsstadium befinden:

- Eisenerzprojekt Mekambo/Gabun (10 v. H.)
- Eisenerzprojekt Putu Range/Liberia (17 v. H.)
- Manganerzprojekt Tambao/Obervolta (9 v. H.)
- Nickel-Projekt Barro Alto/Brasilien (25 v. H.)
- Kokskohle-Projekt Elk River/Kanada (50 v. H.).

Bild 1: Tagebau der BMC. Wohnsiedlung im Hintergrund

Bild 2: Eisenerzgewinnung im Strossenbau

Bild 3: Löffelbagger im Einsatz – Löffelinhalt 10 m³

Bild 4: Innerbetrieblicher Transport von Eisenerzkonzentrat

Schwerpunkte des deutschen Engagements in der ausländischen Metallerzsuche und -gewinnung liegen in Österreich (Wolfram-Projekt Mittersill); Irland (Blei/Zink-Projekte Nenagh und Projekt Tynagh); Kanada (Blei/Zink-Projekt Strathcona Sound/Baffin Island); Botswana (Kupfer/Nickel-Projekte Pikwe und Selebi); Guinea (Aluminium-Projekte Boke und Kimbo); Südafrika (Kupfer/Chrom-Projekte Palabora und Rietfontein); Australien (Aluminium-Projekt Queensland). In zunehmendem Umfang werden Rohstoffprojekte im südamerikanischen Raum und auf Grönland begonnen *(Bilder 6 und 7)*.

Charakteristisch für das deutsche Engagement in diesen Sektoren ist, daß hier in erster Linie *langfristige Rohstofflieferverträge* abgesichert werden und das Management nicht in deutscher Hand liegt. Die Bemühungen deutscher Gesellschaften um die Sicherung der Rohstoffversorgung werden u. a. mit Hilfe von Darlehen unterstützt, die von der *Kreditanstalt für Wiederaufbau* (KfW) zur Errichtung ausländischer Bergbauunternehmen zumeist über deutsche Gesellschaften gewährt werden. Auf der Grundlage von KfW-Darlehen bestanden bis Mitte 1974 u. a. langfristige Rohstofflieferverträge bei

- Nickel (rund 17000 t/a) u. a. aus Botswana
- Kupfer (knapp 70000 t/a) u. a. aus Botswana, Südafrika, Indonesien
- Bauxit (rund 900000 t/a).

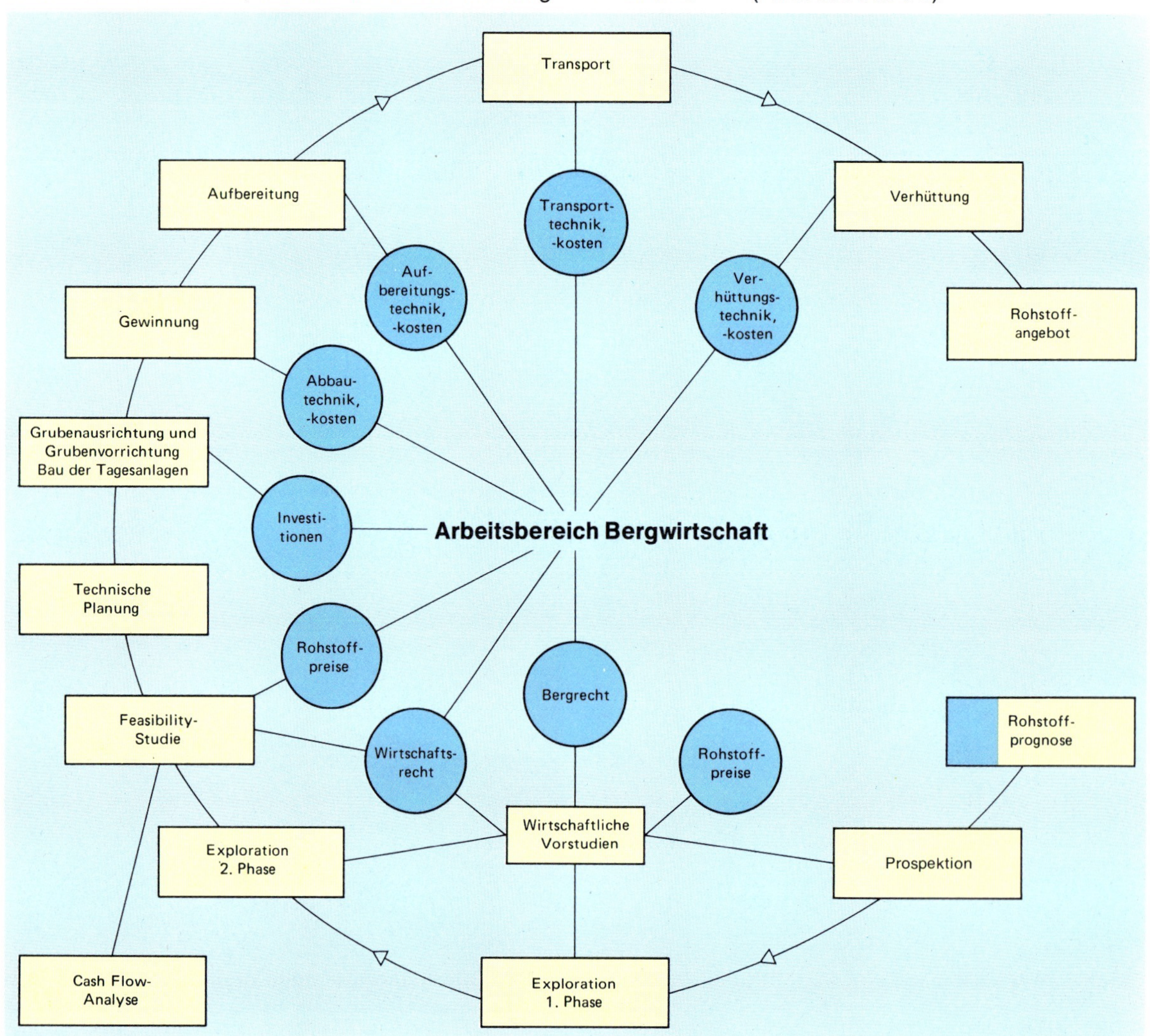

Bild 5: Verknüpfungen zwischen Bergwirtschafts- und Consulting-Bereichen

Bild 6: Wohnhaus für die Grubenbelegschaft von Strathcona Sound

Ebenso bestehen auf dieser Grundlage langfristige Lieferverträge für Eisenerze in einer Größenordnung von 10 bis 15 Mill t/a. In ähnlicher Weise sind auch entsprechende Lieferverträge für Blei/Zink-Konzentrate aus ausländischen Vorkommen abgesichert.

Zunehmende Aktualität gewinnt die Beteiligung deutscher Unternehmen an Steinkohlengruben im Ausland. Die *Ruhrkohle AG/Essen* erwarb in 1974 zusammen mit der Stinnes AG Steinkohlenanlagen in Westvirginia und Kentucky, die in der Ruhr-American Coal Corp. zusammengefaßt wurden. Andere deutsche Unternehmensgruppen sind gleichfalls am Erwerb bzw. am Ausbau überseeischer Steinkohlenbergwerke interessiert. Das erscheint notwendig, um die erforderlichen Vorbereitungen dafür zu treffen, dem für die kommenden Jahre erwarteten Energiezuwachs der heimischen Industrie mit Hilfe von Steinkohlenimporten begegnen zu können. Die deutschen Interessen konzentrieren sich auf die Vereinigten Staaten, Kanada, Australien und den südamerikanischen Raum.

Der Kalibergbau in der Bundesrepublik Deutschland hat zu Beginn der 60er Jahre zusammen mit einer französischen Gruppe ein reiches Kalilager in Saskatchewan/Kanada erschlossen. Die in der *Alwinsal* zusammengefaßten Kaliförderkapazitäten erbringen z. Z. rund 350000 t/a K_2O.

Ebenso bemühen sich zwei Unternehmensgruppen in der Bundesrepublik Deutschland um den Aufbau von Uranerzbergwerken im Ausland, wobei stets eine Kooperation mit Partnern anderer Industriestaaten und Gruppen in den jeweiligen Gastländern angestrebt wird. Es handelt sich hierbei um die *Uranerzbergbau-GmbH & Co KG/Bonn* und die *Urangesellschaft mbH & Co KG/Frankfurt.* Schwerpunkte der westdeutschen Uranerzinteressen liegen in Kanada, USA, Südamerika – insbesondere in Brasilien –, Nord-, West- und Zentralafrika sowie in Australien.

Die Suche nach Rohstoffvorkommen und der Aufbau von Bergwerksanlagen im Ausland als wichtige Voraussetzung der künftigen Rohstoffversorgungssicherung der eigenen Industrie erfordern die

Bild 7: Blick vom Stollenmundloch der Metallerzgrube Black Angel/Grönland

Mitwirkung von *Bergbau-Consulting-Firmen* von der Planung bis zur Aufnahme der Förderung. Hieraus resultiert eine in vielen Fällen enge Verknüpfung zwischen Bergbauunternehmen und Bergbau-Consulting-Gesellschaften, die letztlich auf der jahrhundertealten Erfahrung beruht, daß bergbauliches Know-how nur auf der Basis von täglicher Praxis Wert besitzt *(Bild 5).*

11.3 Mitwirken des Staates

Im Rahmen der Entwicklungspolitik der Bundesregierung erwartet die Bergbauberatungsfirmen ein weitgefächertes und vielseitiges Aufgabengebiet. Den staatlichen geologischen Diensten der Bundesrepublik Deutschland kommt im Hinblick auf die umfangreichen Prospektionsarbeiten in Drittländern gleichfalls große Bedeutung zu. Die Bundesregierung verfügt mit der *Bundesanstalt für Geowissenschaften und Rohstoffe/Hannover* über einen hervorragenden Stab von Geowissenschaftlern mit langjährigen Erfahrungen auf dem Gebiet von Prospektion und Exploration.

Im Rahmen des Rohstoffsicherungsprogramms der Bundesregierung vom Sommer 1970 führt die Bundesanstalt neben ihrer wissenschaftlichen Forschungstätigkeit und den gutachtlichen Aufgaben für die Bundesregierung im Auftrag des Bundesministers für Wirtschaft und des Bundesministers für wirtschaftliche Zusammenarbeit auch praxisorientierte Prospektions- und Explorationsarbeiten in enger Zusammenarbeit mit den deutschen Bergbauunternehmen im In- und Ausland durch.

Ferner fördert die Bundesregierung die in der Regel mit hohem Risiko behafteten *Prospektions- und Explorationsvorhaben* deutscher Unternehmen im In- und Ausland mit Hilfe von Zuschüssen aus Haushaltsmitteln bis zur Höhe von 50 v. H. der gesamten Kosten – bei der Uransuche bis zu 75 v. H. –. Die staatlichen Mittel sind im Fall einer wirtschaftlichen Ausbeutung der entdeckten Vorkommen entsprechend vorgegebenen Richtlinien zu erstatten. Die Bundesanstalt für Geowissenschaften und Rohstoffe überwacht die Durchführung der staatlich geförderten Aufsuchungsarbeiten. Das *Rohstoffsicherungsprogramm der Bundesregierung* sieht im Wege der mittelfristigen Finanzplanung 1974 – 1978 für die Prospektions- und Explorationsbeihilfe öffentliche Mittel in Höhe von rund 150 Mill. DM vor.

Darüber hinaus gewährt die Bundesregierung zur Absicherung privater bergbaulicher Auslandsinvestitionen sogenannte *Bundesgarantien.* Das gilt gleichfalls für Kredite, die von deutscher Seite zur Finanzierung von Rohstoffprojekten im Ausland zur Verfügung gestellt werden. Bundesgarantien für Kapitalanlagen im Ausland decken nach den hierfür einschlägigen Bestimmungen Verluste ab, die durch politische Ereignisse ausgelöst sind, wie zum Beispiel

- Verstaatlichung, Enteignung, enteignungsgleiche Eingriffe oder rechtswidrige Unterlassung von hoher Hand, die in ihren Auswirkungen einer Enteignung gleichgesetzt sind;
- Krieg oder sonstige bewaffnete Auseinandersetzungen, Revolution oder Aufruhr;
- Zahlungsverbote oder Moratorien;
- Unmöglichkeit der Konvertierung oder des Transfers von Beträgen, die zum Zwecke des Transfers in die Bundesrepublik bei einer zahlungsfähigen Bank eingezahlt worden sind.

Enteignungsähnliche Eingriffe durch die betreffende Regierung des Gastlandes, wie zum Beispiel „Nationalisierung des Managements", alleinige Verwendung von Ersatzteilen oder Energie und Brennstoffen aus inländischer Produktion und ähnliches mehr werden durch das garantiepolitische Instrumentarium der Bundesregierung nicht abgedeckt. Die breite Zone zwischen politischem und wirtschaftlichem Risiko (graue Zone) ist bisher zuungunsten des privaten Investors offen geblieben, was sich gerade im Hinblick auf bergbauliche Investitionsvorhaben im Ausland wegen des außergewöhnlich hohen Kapitaleinsatzes und der überdurchschnittlich langen Amortisationszeit vielfach nachteilig auswirkt und die Verwirklichung notwendiger Rohstoffprojekte verhindert, zumindest jedoch verlangsamt hat.

Neben den Bundesgarantien für Kapitalanlagen im Ausland bietet der Bund eine kostenpflichtige Absicherung gebundener und ungebundener *Finanzierungskredite* unter Selbstbeteiligung des Garantienehmers, wobei hier die politischen wie auch die wirtschaftlichen Risiken eingeschlossen sind.

Es wird notwendig sein, zur Sicherung der heimischen Arbeitsplätze die Vorhaben zur Verbesserung der heimischen Versorgung mit mineralischen Rohstoffen durch die öffentliche Hand auch weiterhin intensiv zu fördern. Auch wegen der weltweit zunehmenden Politisierung der Mineralrohstoffe, insbesondere durch die Länder der „Dritten Welt", wird die staatliche Mitwirkung bei der künftigen Rohstoffsicherung immer wichtiger.

12 Bergbau in Kultur und Kunst

Die Kulturgeschichte des Bergbaus spiegelt sich in der gesamtgeschichtlichen Entwicklung. Sie ist das Ergebnis eines Wechselspiels verschiedener Kräfte und Faktoren, wie politischer und wirtschaftlicher Zielvorstellungen, gesellschaftlicher Normierungen, sozialer Komponenten und geistiger Gegebenheiten.

12.1 Der frühe Bergbau

Wenn auch der Bergbau im Gebiet der Bundesrepublik Deutschland weitaus jüngeren Datums ist, so zeigen sich bei dem von späteren Einwirkungen unberührt gebliebenen Kupferbergbau der Römer im saarländischen Wallerfangen (um 200 n. Chr.) vergleichbare Beziehungen zwischen dem Bergbau und allgemeinen kulturhistorischen Erscheinungen. Es stellt sich die Frage, ob die großen bronzezeitlichen Depots in den Bereichen von Saar und Nahe auf diese Kupferlagerstätte zurückzuführen sind; Metallanalysen deuten darauf hin.

Der bergbau- und damit wirtschaftsgeschichtliche Aspekt ist zur grundlegenden Erklärung auch der Hunsrück-Eifel-Kultur der La-Tène-Zeit heranzuziehen, und diese Epoche führt zu den Eisenerzlagerstätten des Siegerlandes, die von keltischer Zeit bis in die 60er Jahre unseres Jahrhunderts abgebaut wurden. Ausgrabungen belegen die Verhüttung in Rennfeuern in vorgeschichtlicher Zeit. Für die Einführung des „Hohen Ofens“ erbrachte das Siegerland mit dem Jahr 1445 den wohl frühesten urkundlichen Nachweis. Grabungen auf dem Altenberg bei Müsen legten Überbleibsel von Gruben, Siedlungs- und Aufbereitungsanlagen frei, die eine Rekonstruktion der bergmännischen Lebens- und Arbeitsverhältnisse im 13. Jahrhundert ermöglichen und damit von besonderer Signifikanz für den Bergbau im gesamten mitteleuropäischen Raum sind.

12.2 Das historische Bergrecht

Zu den bemerkenswertesten Denkmälern des Bergbaus zählen die frühen *Kodifizierungen des Bergrechts,* die für die Entwicklung der allgemeinen Rechtsgeschichte von wesentlicher Bedeutung waren. Die römische Stein-Inschrift am Aemilianus-Stollen in Wallerfangen läßt frühe bergrechtliche Normen im deutschsprachigen Recht mit dem Hinweis auf Bergwerkseigentum erkennen; der älteste bisher gefundene Nachweis dieser Art. Frühe schriftlich fixierte Formen gehen bis auf Richtlinien zurück, die den Goslarer Bergbau im 12. Jahrhundert betrafen.

Bergrechtsbräuche waren sinnfällige Zeichen zur Unterstützung der Rechtsaussage. Die Caller Weistümer von 1494 und 1587 enthalten Bestimmungen über das Abgrenzen eines Grubenfeldes durch Reifen als Beweis für die Inbesitznahme einer Lagerstätte. Das „Beschreien“ des Grubennachbarn bei einem Durchschlag zur Ankündigung des Rechtsanspruchs wird durch die Sponheimer Bergordnung von 1576 legitim. Der in vielen Bergordnungen geforderte Eid auf den Rundbaum bedeutete den zumindest symbolischen Zusammenhalt der oft in vielfältiger Weise zusammengewürfelten Teilnehmer am Bergbaugeschehen zum Wohle des Betriebes.

Der Verbreitung des hergebrachten bergmännischen *Rechtsgutes* – des „gemeinen Bergrechts“ – durch wandernde Bergleute kommt ebenso Bedeutung zu wie der Kommunikation und dem Erfahrungsaustausch von Revier zu Revier durch gutachtlich tätige Bergsachverständige.

Aufschlußreich, selbst die heutige juristische Situation prägend, sind die in den historischen Bergrechtsbestimmungen enthaltenen Kriterien: das *Bergregal* zum Beispiel mit seinen Auseinandersetzungen und Auswirkungen bis zur Konsequenz des totalen Direktionsprinzips; die *Bergbaufreiheit,* das jedem zustehende Recht, die dem Verfügungsrecht des Grundeigentümers entzogenen Bodenschätze zu nutzen; die Institution der *Gewerkschaft* als frühe Unternehmensform.

Bild 1: Schauinsland-Fenster (Ausschnitt)

12.3 Dieselmuter Weistum

Ein interessantes Dokument, das sich mit den Zuständigkeiten der Freiburger Regalherren befaßt, liegt mit dem Dieselmuter Bergweistum des Jahres 1372 als Verbriefung einer durch Schöffenspruch erfolgten *Rechtsweisung* vor. Dieses erste Berggesetz des Landes bezog sich auf eines der wichtigsten Gebiete im Südschwarzwald, die im 13. und 14. Jahrhundert ihre Hochblüte hatten: die Silbergruben am Dieselmuter Berg, im Münstertal und um Todtnau. Die „ältesten und obersten Bergleute" wirkten – ein Zeichen für ihr Ansehen – an der schriftlichen Niederlegung des Breisgauer Gewohnheitsrechtes mit. Das Weistum erhellt, daß hier ein Bergbau betrieben wurde, der bei aller Bedeutung der repräsentativen Gewerken auch dem bescheideneren Eigenlöhner- und Gesellenbau die Möglichkeit zur Entfaltung beließ.

Bestätigung der „Landeswohlfahrt" ist das um 1350 in Freiburg errichtete Münster. Von der Wohlhabenheit der Gewerken zeugt die Stiftung der bergmännischen *Bildfenster (Bild 1)* für das Münster, die in einer Inschrift die Namen Dieselmut und Schauinsland festhalten.

12.4 Salzbergbau und frühe Besiedlung

Hallstatt mit seinem alten Steinsalzabbau hat einer Epoche, die einen ganzen Kulturkreis von etwa 800 bis 500 v. Chr. umschließt, ihren Namen gegeben. Für das bayerische Salzwesen wirkte sich die wirtschaftspolitische Umsicht des Salzburger Bischofs Rupertus (um 800) fruchtbar aus. Die jetzige Salinenkapelle in Reichenhall – mit Glasmalereien von Moritz von Schwind – ist mit einem kunstvollen *Rupertus-Relief* ausgestattet. Im Berchtesgadener Land wurde 1507 der erste überhaupt nachweisbare Sinkwerkbetrieb eingerichtet. Schon 1528 wird die Bergwerks- und Maschinenweihe in den Stollen erwähnt, die heute mit einer Lichterprozession der Bergleute in ihrer historischen Tracht verbunden ist.

Zum Aufsuchen von Salzquellen wurde im badisch-württembergischen Salinenwesen um 1750 das Tiefbohren eingeführt; 1816 erfolgte bei Jagstfeld das erste Anbohren eines Steinsalzlagers in Mitteleuropa.

12.5 Die Oberharzer Bergstädte

Ein oft beachtlicher Zustrom von Bergleuten setzte bei anhebendem „Berggeschrei" in neuerstehenden Bergrevieren ein. Die im allgemeinen außerhalb bestehender Wohngebiete gelegenen Bergwerke entwickelten sich, häufig in raschem Wachstum, zu regionalen Zentren. Die Oberharzer Bergstädte sind ein Beispiel dafür. Sie waren um 1520 das Ziel erzgebirgischer Knappen und bieten eine fast lückenlose Darstellung der Wechselwirkungen zwischen politischer Geschichte, Technik-, Wirtschafts- und Sozialgeschichte.

Bergfreiheiten brachten Privilegien für Gewerken, Bergleute und Ansiedlungen. Sie betrafen das *Stadt- und Marktrecht* und – regional unterschiedlich – die Befreiung von Steuern sowie den befristeten Nachlaß des Zehnten, das Schlacht-, Back- und Braurecht.

St. Andreasberg geht in seiner Entstehung auf Mansfelder Bergleute zurück. Die älteste Urkunde von 1487 betrifft Gewerkschaften aus Mansfeld. Von dort aus wurde der Siedlung vermutlich auch der Name des Mansfelder Bergbauheiligen Andreas übertragen, der als Schatzfinder galt. Die Stadt erhielt 1537 ihre erste Kirche, Zellerfeld 1538. Zu der 1610/11 neu errichteten Clausthaler Holzkirche auf dem Marktplatz steuerte die Bergknappschaft 100 Gulden bei, für die spätere Ausmalung noch einmal 36 Gulden. 1636 wurde die Kirche wiederum auf Kosten der Knappschaft „bestens ausgezieret und mit schönen Gemählden versehen", die der Goslarer Kunstmaler Daniel Lindemeyer ausführte.

In der Zeit des Merkantilismus richteten die Landesherren ihr besonderes Augenmerk auf die *Münzprägung*. Münzstätten entstanden in St. Andreasberg und Altenau (1621). Zu größerer Bedeu-

Bild 2: Goslarer Bergkanne von 1477

Bild 3: Clausthaler Kanne von 1652

Bild 4: Waldglas von 1696

tung gelangten die Münzen in Zellerfeld (1601 bis 1789) und Clausthal (1617 bis 1849). Silberhütten befanden sich in Frankenscharrn, Wildemann, Lautenthal und St. Andreasberg.

Das dringende Problem der Wasserwirtschaft wurde mit großen Teichanlagen und Wasserleitungen sowie mit Wasserrädern und Heinzenkünsten gelöst. Es waren Techniken, für die sich auch Goethe mehrfach an Ort und Stelle interessierte. Ein Meisterwerk der *Ingenieurkunst* ist die Auffahrung des 26 km langen Ernst-August-Stollens, dessen Vollendung 1864 mit einer Parade der Berg- und Hüttenleute gefeiert wurde. Schon 1568 wurde der knapp 2,6 km lange Tiefe-Julius-Fortunatus-Stollen am Rammelsberg fertiggestellt. Er erbrachte einen wesentlichen Aufschwung für diesen ältesten Bergbaubetrieb der Bundesrepublik.

12.6 Die Harzer Bergkannen

Außergewöhnliche Bergpokale und Bergkannen – in Zeiten reichen Bergsegens von Künstlerhand geschaffen – waren der Stolz der Bergknappschaft oder dienten der *Repräsentation* der Bergstädte. Aus dem Harz sind mehrere solcher Prachtgefäße überliefert *(Bild 2 bis 4)*.

Die künstlerisch vollendete silberne Goslarer Bergkanne aus dem Jahre 1477, die das Adler-Wappen der Stadt trägt, soll ein Geschenk des einflußreichen Bergbauunternehmers und Handelsherrn Johann Thurzo an den Rat der Stadt gewesen sein.

Die Oberharzer Bergkanne von 1652 aus Clausthaler Silber mit ihrem beträchtlichen Fassungsvermögen eignete sich vortrefflich zum Gebrauch beim zeremoniellen Umtrunk der dortigen Knappschaft. Die in der Kanne befindliche kleine Leiter zeigte die Tiefe des jeweils getanen Schluckes an. In hellgrünem Waldglas stellt sich die Oberharzer Bergkanne aus dem Jahre 1696 vor.

12.7 Die oberpfälzischen Bergstädte

Durch ihren Zusammenschluß in der „Hammereinigung" 1341 hoben sich die Bergstädte Amberg und Sulzbach aus einer Vielzahl über das Land verstreuter Gruben und Hammerwerke von geringerer Bedeutung ab. Sie sicherten sich dadurch eine Art Monopolstellung für den (1034 zuerst belegten) Eisenerzbergbau und Eisenhandel. Die Vereinigung wurde 1387 erweitert und führte zu einer Normung der Eisenerzeugnisse. Hervorzuheben sind die arbeitsrechtlichen Bestimmungen für die Berg- und Hüttenleute in bezug auf Löhne, Urlaub und Urlaubsgeld. Die 1464 eingesetzten *Hammergerichte* lassen sich durchaus schon als Arbeitsgerichte im heutigen Sinne bezeichnen.

In einer Sphäre gesicherten Wohlstandes konnte sich eine gediegene Kultur entfalten. Generationen seßhafter Patriziergeschlechter trugen zur Ausgestaltung des sie umgebenden Lebensraums bei. Schon im frühen 14. Jahrhundert setzen die Stiftungen von Kirchen, Kapellen, Skulpturen ein. Eine der größten Gemeinschaftsstiftungen ist die Kirche St. Martin zu Amberg. Wappen und Grabmale bezeichnen die Ruhestätten der beteiligten Berg- und Hammerherren. Von der Wohnkultur im Stil der Zeit zeugen die aufwendigen „Hammerschlößchen" mit ihren Türmchen, Erkern und Treppengiebeln.

Die mit Montanerzeugnissen handelnde Stadt Nürnberg wurde zu einem Mittelpunkt der Kunstausübung. Der Nürnberger Jost Amman schuf 1568 das Bild des selbstbewußten Bergknappen zu Versen auf den Bergmannsberuf von Hans Sachs.

12.8 Der Bergbau im Wappen der Städte

Siegel und Wappen mit bergmännischen Symbolen oder den Wahrzeichen des Bergmannsstandes bezeugen von alters her die Bedeutung des Erzbergbaus und der Salzgewinnung für das Leben eines Reviers. Sie überstanden die Jahrhunderte oder erlitten mit dem Erlöschen des Bergbaus dessen Schicksal. Der jüngere Kohlenbergbau schließt sich mit charakteristischen Sinnbildern an; oft vertreten sind *Schlägel und Eisen*.

Alte Tradition bewahren namentlich die Stadtwappen von Sulzburg und Todtnau im Badischen. In der Reihe der Harzer Bergstädte erscheinen im 16. und 17. Jahrhundert die bergmännisch beeinflußten Wappenbilder von Wildemann, Clausthal, Andreasberg, Altenau, Grund, Lautenthal, Zellerfeld. Die Oberpfalz und Franken können auf Freihung, Schwarzenbach, Arzberg, Kupferberg verweisen. Für den rheinisch-westfälischen Steinkohlenbergbau sind Gelsenkirchen, Oberhausen, Herne, Osterfeld, Gladbeck, Bottrop zu nennen; für das Saar-Gebiet St. Ingbert, Saarbrücken, Neunkirchen; für Bayern Penzberg und Peißenberg *(Bild 5)*.

12.9 Dynastische Verflechtungen

Ein Stück Kulturgeschichte verbindet sich mit dem Rappoltsteiner Pokal, der um 1540 von dem Würzburger Meister Georg Kobenhaupt aus einer dem

Todtnau, Baden

St. Andreasberg, Harz

Kupferberg, Oberfranken

Gelsenkirchen, Westfalen

St. Ingbert, Saarland

Penzberg, Oberbayern

Sulzburg, Baden

Wasseralfingen, Württbg.

Bad Soden, Hessen

Bild 5: Der Bergbau in den Stadtwappen

Bild 6: Rappoltsteiner Pokal

Bergbau im elsässischen Lebertal entstammenden reichen Silberstufe gestaltet wurde *(Bild 6)*. Der silbervergoldete Renaissancepokal mit bergbaulichen und mythologischen Szenen trägt unter anderem die Wappen von Rappoltstein, Pfalzbayern, Kurbayern, Veldenz, Sponheim, Württemberg und deutet damit auf dynastische Verflechtungen hin.

Auch das in der Stuttgarter Staatsgalerie befindliche „Erzbergwerk" läßt solche Verbindungen erkennen, wenn auch mehr regionaler Art *(Bild 7)*. Das Bild zeigt Bergleute bei der Arbeit vor Ort. Ihre Sitzleder sind mit verschiedenen Wappen versehen, bei denen es sich um herzoglich-württembergische Wappen handelt. Herzog Friedrich hat 1598 den gesamten Eisenerzbergbau im Raum des Klosters Königsbronn aufgekauft, um ihn allein zu betreiben. Da auch Einzelheiten des Bildes auf einen Erzabbau der Alb hindeuten, liegt hier womöglich eine historische Darstellung von der Übernahme des Gesamtbergbaus vor.

12.10 „Bergbau ist nicht eines Mannes Sache"

Aus der Schicksalsgemeinschaft der Berufsarbeit entstand – wahrscheinlich im 12. Jahrhundert – die Einrichtung der *Bruderlade*. Mit dieser Organisation wurde eine soziale Aufgabe erkannt, lange bevor sich eine gesetzliche Regelung ihrer annahm. Durch die Beisteuerung des Büchsenpfennigs trat der einzelne für die in der Arbeit verbrauchten und verunglückten Knappen wie auch für die Witwen und Waisen ein. Die ersten *Knappschaftsordnungen* erschienen im ausgehenden 15. Jahrhundert.

Private Wohltätigkeitsmaßnahmen ergänzten das System. Sie sind eine beachtliche Leistung des Bergbaus in früheren Jahrhunderten. Das „Reiche Almosen" mit wöchentlichen Zuwendungen an arme Bürger wurde 1433 in der Oberpfalz begründet. Der Zinnbergbau und der Handel mit Zinnblech verschafften dem Bergwerksinhaber Sigmund Wann die finanzielle Grundlage zu einer Stiftung, die 1451 „zwölf armen, in Ehren ergrauten Männern" in Wunsiedel Wohnung und den Lebensunterhalt sicherte.

Bild 7: Erzbergwerk (2. Hälfte 16. Jahrhundert)

12.11 Bergbauprägungen

Eine Sonderform der Münzprägung stellen die *Ausbeutemünzen* und *-medaillen* dar *(Bild 8 und 9)*. Ihren Namen verdanken sie der Ertrag abwerfenden Zeche. Doch gab es vielerlei Anlässe zu ihrer Herausgabe. Das Münzgepräge vermittelt eine Fülle kulturhistorischer Nachrichten. In der Umschrift wurde die Mitteilung von Fundglück und Gelingen der Arbeit, über die Tragödie von Krieg und Niedergang geschrieben. Oft waren Ereignisse aus dem Leben des Herrscherhauses der Anlaß zu ihrem Erscheinen. Der technische Fortschritt im Berg- und Hüttenwesen läßt sich anhand der vorzüglichen Darstellungen verfolgen.

Ausbeutemünzen und -medaillen wurden in vielen deutschen Bergbaurevieren geprägt; seinen Höhepunkt fand dieser Brauch im 18. Jahrhundert. Sie dokumentieren den eigentlichen Sinn allen Geschehens im Silberbergbau: Münzmetall zu gewinnen, auf dessen Grundlage sich der Wohlstand des Landes heben ließ. Daran erinnern besonders die Geldstücke, die Herzog Julius von Braunschweig-Lüneburg (1568-1589) im Werte mehrerer Taler herausgab. Diese Stücke werden *Löser* genannt, weil sie an wohlhabende Bürger ausgegeben wurden und von diesen aufbewahrt werden mußten, damit sie in Kriegsnöten jederzeit vom Landesherrn wieder eingelöst werden konnten.

Der Goldbergbau war im Bereich der Bundesrepublik nur von geringer Bedeutung. Jahrhundertelang wurde aus dem Sand und dem Talschotter beispielsweise der Eder und des Rheins Gold her-

Bild 8: Ausbeutetaler des Oberharzes

ausgewaschen, aus dem gleichfalls Münzen geprägt wurden.

Bild 9: Saturnmedaille des Herzogs Ernst August von Braunschweig-Lüneburg

Bild 10: Figuren der „Großen Bergbande"

12.12 Impulse für das Kunstgewerbe

Schon bald nach der europäischen Nacherfindung des *Porzellans* zu Beginn des 18. Jahrhunderts hat sich die Kunstgattung der bergmännischen Kleinplastik dieses Produkt als Werkstoff für ihre Modellierung zunutze gemacht. Den Meißener Miniaturen aus der Meisterhand Kaendlers sind bis in die Gegenwart hinein viele bergmännische Einzel- und Gruppendarstellungen anderer Künstler und anderer Manufakturen gefolgt.

Die Fürstenberger Porzellanmanufaktur – die älteste der Bundesrepublik – nahm schon in ihren Anfängen bergmännische Motive zum Vorwurf ihrer Arbeiten. Modellmeister Simon Feilner schuf die charakteristischen Figuren der „Großen Bergbande" *(Bild 10)*.

Auch die Ludwigsburger Manufaktur nahm sich um die Mitte des 18. Jahrhunderts der Bergmannsdarstellung an. Die Plastiken eines preußischen und eines hannoverschen Bergmanns gingen 1786 aus der Staatlichen Porzellanmanufaktur Berlin hervor. Darstellungen der Bergleute aus dem bayerischen Salz- und Kohlenbergbau läßt die Nymphenburger Manufaktur in der Gegenwart die Figur des Salzsäumers aus der großen Zeit des alpinen Salzhandels folgen.

Die oberpfälzische Eisengießerei als Ausgangspunkt künstlerischer Produktionen fand in Kurfürst Max Emanuel einen Förderer. Die Möglichkeiten des *Eisenkunstgusses* kommen in der Bildplatte aus dem 18. Jahrhundert der Buderus'schen Kunstwerkstätten Hirzenhain zu voller Geltung, die Szenen aus der Eisengewinnung und -verarbeitung aneinanderreiht.

Zu diesem Bereich sind auch die *Schaustufen* zu zählen, die in der künstlerischen Komposition von Solitärerzen und -kristallen mit figuralem Beiwerk im zeremoniellen Brauch des Bergbaulandes Sachsen eine große Bedeutung hatten, sonst aber weniger hervorgetreten sind. Das Germanische Nationalmuseum Nürnberg bewahrt eine solche Schaustufe aus dem Jahre 1563, die dem Besitz der dortigen Patrizierfamilie Scheurl entstammt, deren Verbundenheit mit dem Bergbau bekannt ist.

12.13 Schöpferische Volkskunst

Künstlerische Begabung, intuitives Erfassen der zu gestaltenden Motive und eine geschickte Hand sind die Voraussetzungen dafür, daß viele Bergleute als Laien beachtenswerte Zeugnisse der Volkskunst schufen, deren Themenbereiche zumeist eng mit dem alltäglichen Wirkungskreis zusammenhängen.

Unverwechselbar in seinem Ursprung ist ein *Schaubergwerk,* das sich die 1833 von Bergmeister Dörell eingeführte Harzer Fahrkunst zum Vorbild nahm und sie im Modell wiedergab. Nachbildungen von Bergwerken gibt es auch in manchen anderen Revieren. Sie stellen auf verschiedenen Schauplätzen bergmännische Arbeitsszenen dar; eine Handkurbel setzt die Mechanismen in Bewegung.

Schwarzwälder Volkskunst schuf um 1830 das geschnitzte Untermünstertaler Schlittenmännchen in der Paradetracht eines Berghauers; am Schachthut die Kokarde mit dem badischen Wappen; eine Keilhaue über der Schulter. Die Berchtesgadener Knappen führen in ihren Umzügen das Salzmandl mit. Privilegien von 1617 und 1737 bestätigten den Salzbergleuten in diesem Bezirk das Recht, ein Holzhandwerk auszuüben, sofern sie es erlernt hatten.

12.14 Uniformen und Bergparaden

Das ursprüngliche *Berghabit* war schlicht und berufsbedingt. An den späteren markanten Entwicklungseinschnitten aber, an denen sich die Ausstaffierung zur aufwendigen Uniform vollzog, wuchert ein Gewirr von Vorschriften und Unterscheidungsmerkmalen nach Rang und Revier.

Im Ruhrgebiet wird der Gegensatz deutlich, der zwischen dem gewachsenen Brauchtum alter Erzbergbaugebiete und dem in neuerer Zeit aufgekommenen Kohlenbergbau besteht. Die Anordnung der Revidierten Bergordnung von 1766 für Kleve, Moers und Mark, daß die Bergleute „in Bergmännischen Habit gehen" sollen, mußte 1778 eingeschärft werden. Allmählich bürgerte sich die schwarze Puffjacke der Heinitzschen Trachtenreform ein.

Das *Bergleder*, zunächst Arbeitsschutz bei der im Sitzen ausgeführten Schlägel-und-Eisen-Arbeit, wurde zum Paradestück. Der Sprung über das Leder des jungen Bergmanns war wie ein Sprung über den eigenen Schatten. Er brachte die Entschlossenheit zum Ausdruck, sich in die Unwägbarkeiten des Berufslebens zu begeben.

In den *Bergparaden* und *Bergfesten* kommt das Repräsentationsverlangen absolutistischer Landesherren zum Ausdruck, und dieser Brauch diente zur Steigerung der korporativen Einmütigkeit. Wesentlicher Bestandteil der Paradeuniform waren die Barten und Häckel, die sich aus Arbeitsgeräten zu oft prunkvollen Schmuckgegenständen entwickelten und als Standeszeichen das Wehrrecht früherer Bergfreiheiten repräsentierten *(Bild 11)*.

Zu einem Markscheideinstrument gestaltete ein unbekannter Meister 1585 eine Prunkbarte für Herzog Julius von Braunschweig-Lüneburg, indem er in das Bartenblatt eine Vermessungsskala einätzte.

Bergfeste und -paraden sind ohne musizierende Bergleute nicht denkbar gewesen; sie wurden auch

Bild 11: Berghäuerzug

gern zu anderen repräsentativen Gelegenheiten von ihrem Landesherrn hinzugezogen. So wirkten schon 1569 Bergsänger vom Harz bei einem fürstlichen Bankett mit.

Im saarländischen Dudweiler waren nach einer Urkunde von 1766 bei einem Empfang des Erbprinzen fünfzig Bergleute „mit vortrefflicher Bergmusik" in neue „Berg-Habits" gekleidet. Der *Bergkapelle* des Berchtesgadener Salzbergwerks fällt bei den bergmännischen Pfingstfestfeiern eine Hauptrolle zu. Groß ist die Zahl der auch heute noch erfolgreich tätigen Bergkapellen und Knappenchöre.

Das bergmännische Lied ist in allen Bergbaugebieten vertreten und in seinen Aussagen und Melodien oft verwandt. Es besingt das Bergwerk, den Bergmannsberuf und die Geselligkeit; ist Begleiter in vielen Lebenslagen.

Bild 12: St. Barbara. Holzschnitt von Hans Baldung Grien (1485 – 1545) mit fingiertem Dürer-Monogramm

12.15 Bergmännische Religiosität

Eine festgefügte Welt- und Lebensordnung bestimmte das *Berufsethos* des Bergmanns seit je und formte sein Dasein im Alltag und im Feiertag. Zechen- und Stollennamen bekunden Gottvertrauen, Münzprägungen Dankbarkeit für den Bergsegen. Das Gedankengut in Predigten, geistlichen Liedern und Gebeten enthält Züge von stark berufsbedingter Eigenart.

Das Schichtgebet vor der Anfahrt war in verschiedenen Landstrichen verbreitet. Es ist für die traditionsreichen Erzreviere im Harz, in Itter, im Siegerland und in der Pfalz ebenso belegt wie für den jüngeren Steinkohlenbergbau an Ruhr und Saar.

Die Verehrung besonderer Schutzheiliger war stark ausgeprägt. St. Andreasberg im Oberharz hat seinen Namen vom Patron der mansfeldischen Bergleute erhalten. St. Christophsthal im Schwarzwald unterstand dem Patronat des Namensheiligen, der ein Helfer der Schatzsucher ist.

Weit verbreitet war die Verehrung von St. Barbara, der Bewahrerin vor jähem Tod *(Bild 12)*. Das 1925 stillgelegte Eisenerzbergwerk am Kressenberg bei Traunstein hinterließ ein Ölbild der Heiligen inmitten einer Gruppe werkender Bergleute, für das ein Stich aus dem beginnenden 18. Jahrhundert des Nürnberger Kupferstechers Christoph Weigel als Vorbild gedient hatte, auf den in manchen Kunstgattungen Adaptionen zurückgehen. Das Altarbild der Pfarrkirche in Dudweiler (Saar) von A. von Heyden stellt die Heilige dar, wie sie einem verunglückten Bergmann das Sakrament reicht. Volkstümliche Hinterglasbilder waren namentlich im süddeutschen Raum zu finden.

12.16 Bergmannssprache und Sagengut

Präzision des Ausdrucks und Bildhaftigkeit zeichnen auch in technischer Hinsicht die Bergmannssprache aus. Bergmannsweisheit äußert sich im Spruchgut. Historische Realitäten gingen oft im Sinnbild der Sage in das Bewußtsein ein.

Mit Vorliebe wurde das Aufkommen eines Bergbaus, dessen Anfänge sich im Dunkel der Zeit verlieren, in der Sage geschildert. Am Rammelsberg machte das Scharren eines Rappen auf die Bodenschätze aufmerksam. Im alten Ruhrbergbau war es ein Hirt, der durch „brennende Erde" mit Fundglück bedacht wurde.

Die variantenreiche Venedigersage von jenen Fremden, die jenseits der Alpen zu Hause waren und sich im deutschsprachigen Raum auf Schatzsuche begaben, hat in den verschiedensten Landstrichen Fuß gefaßt – in der Oberpfalz, im Fichtelgebirge, im Frankenwald, im Harz und in Westfalen.
In den Oberharz, in das Jahr 1684, führt eine der ältesten feststellbaren Spuren des Bergmannsgrußes *„Glückauf!"*. Diese das Glück der Bergleute beschwörende Formel, daß sich ihnen die Klüfte und Gänge auftun und sie selbst wieder heil an das Tageslicht zurückgelangen möchten, lebt in allen deutschsprachigen Revieren als Gruß fort.

12.17 Bergbauliteratur

Schon bald nach Gutenbergs Erfindung erschienen auch gedruckte Bücher mit bergbaulichem Inhalt. *Georg Agricola,* der sächsische Humanist, hat 1556 mit seinen „Zwölf Büchern vom Berg- und Hüttenwesen" das erste technische Lehrbuch überhaupt geschaffen. Ein halbes Jahrhundert vor ihm hatte *Ulrich Rülein von Calw* das „Nützliche Bergbüchlein" verfaßt, das mit Holzschnitten illustriert ist. Bemerkenswert ist sein Verhältnis zur „Kunst", wenn er schreibt: „Würdest du den Gewinn höher achten als die Kunst, so müßtest du die Kunst samt dem Gewinn entbehren."

Sebastian Münster, 1489 im kurpfälzischen Ingelheim geboren, bezieht den Bergbau in seine Weltbeschreibung ein. Die 1544 erschienene „Kosmographie" enthält ein authentisches Bild beispielsweise der technischen Einrichtungen des Salzbrunnens in Lüneburg. Ausführlich setzen sich besonders seit dem 18. Jahrhundert die Berichte und Lehrbücher des Harzes mit dem Berg-, Hütten- und Maschinenwesen auseinander, worin ein deutliches Zeichen für die sich verwissenschaftlichende Bergbaukunde zu erblicken ist.

12.18 Der bergmännische Unterricht

Nach manchen Vorformen einer erweiterten Elementarausbildung erfolgten – im Anschluß an Freiberg/Sachsen (1765) – auch im Gebiet der jetzigen Bundesrepublik die ersten Gründungen von *Bergschulen* bzw. *-akademien:* Steben (1793) auf Betreiben Alexander von Humboldts mit den Bergschulgründungen Wunsiedel, Arzberg und Goldkronach im folgenden Jahr, Clausthal in seinen Anfängen 1775, Essen (1814), Bochum und Saarbrücken (1816), Siegen (1818). An der (bis 1794 bestehenden) Hohen Karlsschule in Stuttgart war Bergbaukunde Lehrfach.

Bild 13: Grubenriß Zellerfelder Hauptgang (Daniel Flach, 1661)

Die „Schule für Bergmannskinder" in Ibbenbüren entstand 1790. Um die Mitte des 18. Jahrhunderts errichtete Obersalzgraf Waitz von Eschen in dem unter seinen Händen aufblühenden Mehlbacher Silberrevier bei Weilmünster auf eigene Kosten eine Schule für die Kinder seiner zahlreichen Belegschaft. Christian Zacharias Koch war um dieselbe Zeit im Straßberger Revier um das Zustandekommen einer Bergschule bemüht.

12.19 Grubenbilder und -risse

Das bergmännische Kartenwesen kann in vielfacher Hinsicht als historisches Quellenmaterial ausgewertet werden. Die Darstellungen vermitteln Erkenntnisse über die Entwicklung des *Markscheidewesens* selbst und ebenso über die verschiedenen technischen und wirtschaftlichen Stadien. Vignetten und Kartuschen überliefern kulturhistorisch wertvolle Sachverhalte *(Bild 13).*

Eine Darstellung der Gangführung des oberen Naheraums von 1574 ist als die älteste geologische Karte anzusehen. Der erste bekannte Seigerriß, 1608 von dem Markscheider Koch angefertigt, ist ein Abbild der Oberharzer Bergwerke. Ein Riß aus dem alpinen Salzbergbau von 1683 bringt die erste Messung nach Polarkoordinaten.

Das als Grund- und Flachriß angelegte Grubenbild der „Alten Gold- und Fürsten-Zeche" aus 1614 ist nicht nur eines der wertvollsten Dokumente aus dem Markscheidewesen, sondern vermittelt darüber hinaus beachtliche Erkenntnisse in bergtechnischer Hinsicht. Mit dem Grubenriß vom Eschweiler Kohlberg aus der Zeit um 1600 liegt eine der ältesten Darstellungen des deutschen Steinkohlenbergbaus vor.

12.20 Das Kunstwerk im Wandel der Technik

In rationaler Manier setzte sich die Grafik der beginnenden Neuzeit mit den Regeln der technischen Kunstausübung in Bergwerk und Hütte auseinander.

Naturnahe Geborgenheit erfüllte die frühesten bergbaulichen Darstellungen. Soziale Probleme deuteten sich in der lastenden Atmosphäre der aus der Industrialisierung hervorgegangenen Zechenlandschaften an. Entmaterialisierte Energie beherrscht die künstlerischen Abstraktionen hochentwickelter Abbaumaschinen von heute. Eine technikgeschichtliche Vermittlerrolle kommt der Industriearchitektur zu. Die Stilwandlung dokumentierte sich in einigen Ausstellungen: 'Das Bild in der deutschen Industrie 1800 bis 1850' (Dortmund 1958), 'Forschung und Technik in der Kunst' (Ludwigshafen 1965), 'Industrie und Technik in der deutschen Malerei' (Duisburg 1969).

Das Arbeitsbild, die industrielle Großarchitektur, der Mensch im Spannungsfeld von Technik und Maschine sind in unterschiedlicher Auffassung des Inhaltlichen und Formalen Gegenstand der Wiedergabe durch eine Künstlergeneration, in der – herausgegriffen – Namen wie Lehmbruck, Geßner, Deppe, Berke, Zolnhofer, Winter, Picco-Rückert, Kätelhön, Felixmüller, Fräger vertreten sind *(Bild 14)*.

Bild 14: Motiv eines Kohlenstrebs von Fräger

13 Bergbauliche Verbandstätigkeit

Das Grundgesetz gewährt allen Deutschen das Recht der *Koalitionsfreiheit.* Dieses Grundrecht findet in zahlreichen Vereinigungen, Verbänden und Organisationen mit unterschiedlichen Zielsetzungen und mit unterschiedlicher Bedeutung für unser öffentliches Leben seine ständig neue Verwirklichung.

Im Bereich der Wirtschafts- und Sozialpolitik sind neben den Berufsvertretungen, denen die Gewerkschaften zuzuordnen sind, vor allem die Arbeitgeber- und die Unternehmensverbände über ihre privatrechtlichen Zusammenschlüsse hinaus zu wesentlichen Elementen unserer pluralistischen Gesellschaftsordnung geworden.

13.1 Historische Entwicklung

Die Verbandsbildung heutiger Prägung hat Mitte des vergangenen Jahrhunderts begonnen und nach Beseitigung des Zunftwesens durch die preußische Gewerbeordnung im Jahre 1869 einen schnellen Aufschwung genommen.

Bergbauliche Verbände standen an der Spitze dieser Entwicklung. Gemeinsame Interessen, die zu Beginn vielfach auf bessere Verkehrsanbindungen ausgerichtet waren, führten in den einzelnen *Bergbaurevieren* frühzeitig zu bezirklichen Unternehmenszusammenschlüssen. In den 80er Jahren des vorigen Jahrhunderts traten Fragen in den Vordergrund, die weitere Verbandsgründungen mit nunmehr vorwiegend technisch-wissenschaftlicher und sozialpolitischer Aufgabenstellung zur Folge hatten.

Die Vorbereitungen der preußischen Berggesetzgebung (1865), die Auseinandersetzungen um die Bergwerkssteuer (1877) und um das Prinzip der Bergbaufreiheit (1905) führten die einzelnen *bezirklichen* und *fachlichen Verbände* schon zu dieser Zeit zu *gemeinsamen Aktionen* des gesamten Bergbaus zusammen. Zur Bildung eines bergbaulichen Spitzenverbandes als *Fachgruppe Bergbau* im Rahmen des Reichsverbandes der Deutschen Industrie kam es jedoch erst im Jahre 1919.

Dieser aus den jeweiligen regionalen und fachlichen Bedürfnissen gewachsene Organisationsstand, der in den 20er Jahren im wesentlichen unverändert blieb, wurde 1934 durch die Auflösung der sozialpolitischen Arbeitgeberverbände und im gleichen Jahr durch die zwangsweise Erfassung sämtlicher Wirtschaftsunternehmen in der Organisation der gewerblichen Wirtschaft beendet. Die bergbaulichen Unternehmen fanden im Rahmen der Reichsgruppe Industrie als *Wirtschaftsgruppe Bergbau,* die sich nach Bergbauzweigen in neun Fachgruppen aufgliederte, eine neue Organisation. Das System freiwilliger Wirtschaftsverbände wurde damit durch eine Ordnung staatlicher Lenkungsinstrumente abgelöst. Nur im Stein- und Braunkohlenbergbau sowie im Kalibergbau blieben einige der bisherigen Verbände im Interesse der Fortführung technisch-wissenschaftlicher Arbeiten bestehen.

Nach 1945 trennten sich vorübergehend die Wege des Kohlenbergbaus und der übrigen Bergbauzweige.

Die Unternehmen des Stein- und Braunkohlenbergbaus, unmittelbar nach Kriegsende einem besatzungsrechtlichen Sonderstatut unterworfen, wurden 1947 in der *Deutschen Kohlenbergbau-Leitung* zusammengefaßt.

In den anderen Bergbauzweigen, die keinen Sonderregelungen unterworfen waren, lebten kurz nach Kriegsende auf freiwilliger Grundlage Revier- und Fachverbände überwiegend in der gleichen Organisationsform und mit der gleichen Aufgabenstellung wieder auf wie vor dem Jahre 1933. Diese Verbände schlossen sich 1947 in der *Vereinigung des Deutschen Nichtkohlenbergbaus* zusammen. Aus der Not der Zeit heraus befaßte sich dieser Verband zunächst vorwiegend mit Beschaffungsfragen.

Ende 1950 wurde in Essen die *Wirtschaftsvereinigung Bergbau* gegründet; die Vereinigung des Deutschen Nichtkohlenbergbaus ging darin auf. 1953 erfolgte die Auflösung der Deutschen Kohlenbergbau-Leitung; die inzwischen neugegründeten Verbände des Stein- und Braunkohlenbergbaus waren der Wirtschaftsvereinigung Bergbau schon im Laufe des Jahres 1952 beigetreten. Die

Wirtschaftsvereinigung Bergbau verlegte 1953 ihren Sitz von Essen zunächst nach Godesberg, im Jahre 1970 nach Bonn.

13.2 Organisation und Tätigkeiten

Die bergbaulichen Verbände auf fachlicher oder regionaler Ebene sind aus den jeweiligen Bedürfnissen ihrer Zeit heraus entstanden. Am Beginn der Verbandsgründungen stand stets die Erkenntnis, daß der Zusammenschluß mehrerer den Einzelnen stärkt.

Drei Verbandstypen haben sich herausgebildet:

○ Verbände mit *wirtschaftspolitischer* Aufgabenstellung (Gesetzgebung, Recht, Verwaltungspraxis, Steuer- und Ausbildungsfragen, statistisches Meldewesen);

○ *technisch-wissenschaftliche* Vereinigungen (Austausch betrieblicher Erfahrungen, gemeinsame Forschungs- und Entwicklungsarbeiten);

○ *sozialpolitische* Verbände (Lohn- und Tariffragen, allgemeine Sozialpolitik);

wobei einzelne Verbände mehrere dieser Aufgaben gleichzeitig wahrnehmen.

Im Rahmen der ihnen statutarisch übertragenen Aufgabe ist es in unterschiedlichen Formulierungen der einzelnen Vereinssatzungen Sache der Verbände geworden, die Mitglieder zu beraten und zu informieren, gemeinsame Interessen zu fördern, gemeinsame Auffassungen zu erarbeiten und diese nach außen zu vertreten.

Die Meinungsbildung zu den jeweils anstehenden Fragen, die den Kern der Verbandsarbeit ausmacht, erfolgt in *Fachausschüssen* und *Arbeitskreisen,* die sich aus Sachverständigen der Mitgliedswerke zusammensetzen. Die Arbeitsergebnisse dieser Ausschüsse und Arbeitskreise erhalten je nach ihrer Bedeutung durch *Vorstandsbeschlüsse* oder durch Beschlüsse der *Mitgliederversammlung* verbandsinterne Verbindlichkeit. Die Geschäftsführung berät und informiert die Mitgliedswerke, bereitet nach den Weisungen des Vorstandes die notwendigen Meinungsbildungen vor, führt gefaßte Beschlüsse aus, pflegt die Kontakte zu Parlamenten, Ministerien, sonstigen Dienststellen und zu anderen Verbänden, vornehmlich zur Wirtschaftsvereinigung Bergbau als zuständigem Dachverband.

Tafel 1: Organisationsplan der Wirtschaftsvereinigung Bergbau

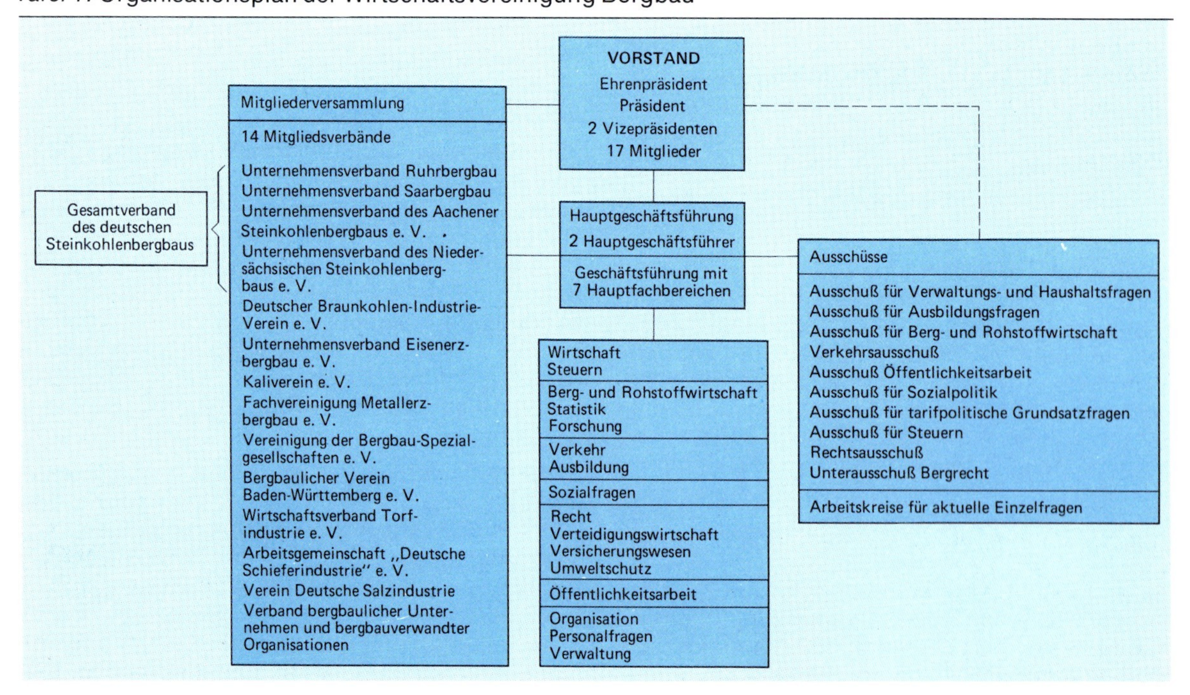

Tafel 2: Organisationsplan des Bundesverbandes der Deutschen Industrie

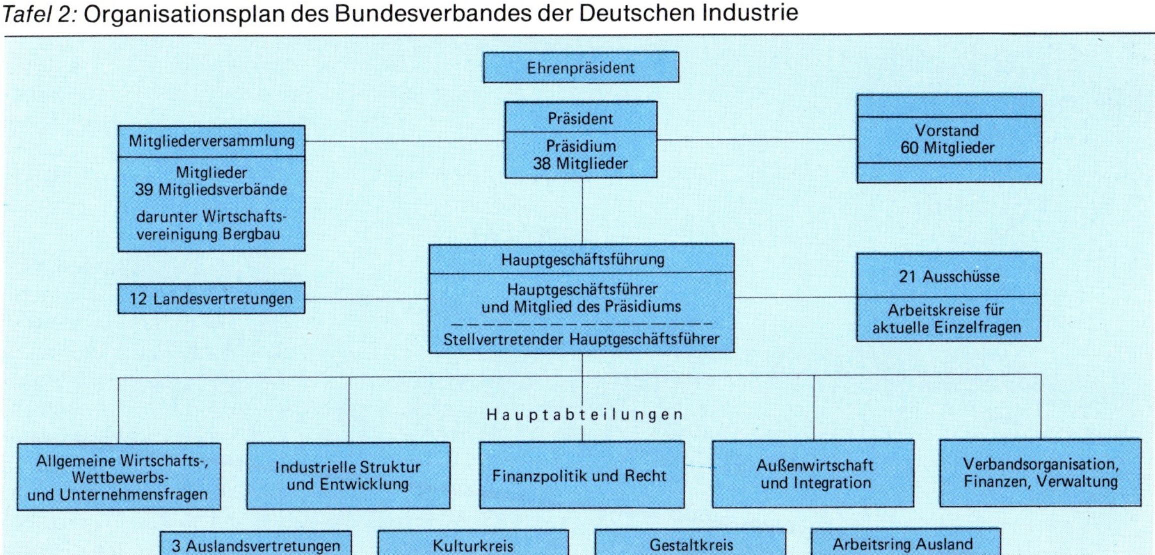

Das Verhältnis der bergbaulichen Fach- und Regionalverbände zur Wirtschaftsvereinigung Bergbau ist unterschiedlich gelagert. Hier spielt die weitgehende Eigenständigkeit der großen Verbände eine gleiche Rolle wie die unterschiedlichen wirtschaftlichen Interessen der einzelnen Bergbauzweige. Der Kohlenbergbau ist auf das engste mit der Energiewirtschaft, der Kalibergbau mit der chemischen Industrie, der Eisen- und Metallerzbergbau mit der Stahl- und Hüttenindustrie verbunden. Auf der anderen Seite gibt es *allgemeine Belange des Bergbaus,* die aus den Gegebenheiten der Mineralgewinnung heraus alle Bergbauzweige betreffen und die eine gemeinsame Lösung erfordern: Fragen der Rohstoffpolitik, der allgemeinen Wirtschaftspolitik, der bergrechtlichen Gesetzgebung; die Notwendigkeit, den Besonderheiten des standortgebundenen Bergbaus in der allgemeinen Gesetzgebung Geltung zu verschaffen; die Forderung nach einer bergbaugerechten Lösung von Steuer- und Sozialfragen.

Diese übergeordnete Aufgabe nimmt nach übereinstimmendem Willen der angeschlossenen Verbände satzungsgemäß die Wirtschaftsvereinigung Bergbau wahr, soweit von diesen Fragen alle oder doch mehrere Bergbauzweige betroffen werden *(Tafel 1).*

Auf sozialpolitischem Gebiet hat sich die Wirtschaftsvereinigung Bergbau allerdings, wie früher bereits die Fachgruppe Bergbau, eine Beschränkung auferlegt; sie ist nicht Tarifpartei. Diese Aufgabe ist den zuständigen Verbänden der einzelnen Bergbauzweige vorbehalten geblieben. Im Rahmen der Wirtschaftsvereinigung Bergbau erfolgt lediglich ein Erfahrungsaustausch der bergbaulichen Tarifträgerverbände. Diese Beschränkung auf dem Gebiet der Lohn- und Tarifpolitik ändert aber nichts daran, daß die allgemeinen Fragen der Sozialpolitik, vor allem des Knappschaftswesens und der bergbaulichen Unfallversicherung, die Mitarbeit in den Organen der Selbstverwaltung der Sozialversicherung sowie alle diejenigen Fragen, die sich aus der sicherheitlichen Unterstellung des gesamten Bergbaus unter die Bergbehörde ergeben, einen besonderen Schwerpunkt der Gemeinschaftsarbeit des Bergbaus bilden.

Die Zusammenarbeit auf dem Gebiete des bergbaulichen Tarifwesens, in den Selbstverwaltungsorganen der Sozialversicherung sowie das Zusammenwirken in zahlreichen Fachorganisationen führen zu vielfältigen Kontakten zwischen den bergbaulichen Verbänden und ihren Sozialpartnern. Die *Industriegewerkschaft Bergbau und Energie* erfaßt die bergbaulichen Schwerpunkte der Bundesrepublik über 12 Bezirksgruppen, während im Rahmen der *Deutschen Angestelltengewerkschaft* eine besondere Bundesberufsgruppe Bergbau in sechs Landesberufsgruppen gegliedert ist. Das aus den gemeinsam übernommenen Aufgaben er-

Tafel 3: Organisationsplan der Bundesvereinigung der Deutschen Arbeitgeberverbände

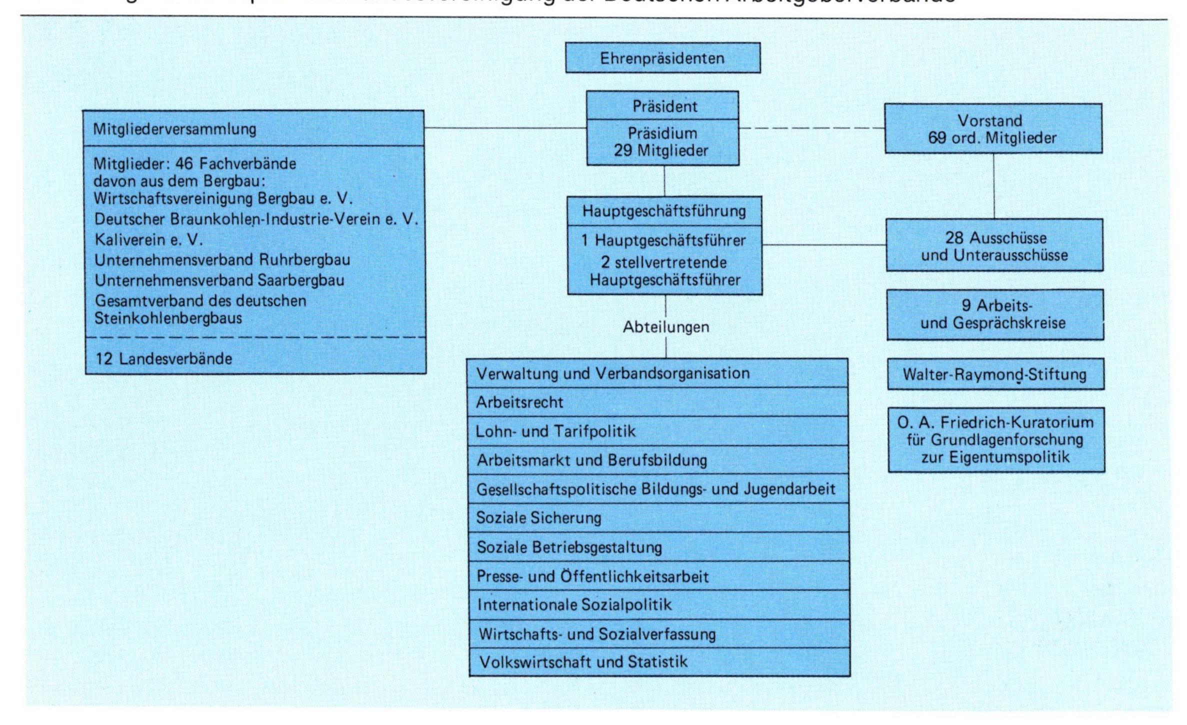

wachsene gegenseitige Verständnis hat es den Sozialpartnern des Bergbaus erleichtert, auch schwierige Maßnahmen, wir vor allem die Zechenstillegungen der zurückliegenden Jahre in grundsätzlicher Übereinstimmung durchzuführen.

Im *Bundesverband der Deutschen Industrie* hat die Wirtschaftsvereinigung Bergbau Sitz und Stimme. Bei der *Bundesvereinigung der Deutschen Arbeitgeberverbände* beschränkt sich die Mitgliedschaft der Wirtschaftsvereinigung ihrer begrenzten Aufgabenstellung in diesem Bereich entsprechend auf die Repräsentanz einiger kleinerer Bergbauzweige und auf die Mitarbeit auf dem Gebiete der allgemeinen Sozialpolitik. Die Tarifträgerverbände der großen Bergbauzweige sind der Bundesvereinigung der Deutschen Arbeitgeberverbände unmittelbar angeschlossen *(Tafel 2 und 3)*.

Die Arbeitsweise der Wirtschaftsvereinigung Bergbau entspricht verfahrensmäßig derjenigen der Fach- und Regionalverbände, ist aber thematisch auf die Behandlung übergreifender Grundsatzfragen abgestellt. Unterschiedliche Interessenlagen der einzelnen Bergbauzweige verlangen eine verstärkte Koordinierung und Angleichung nicht voll übereinstimmender Meinungen von Fall zu Fall. Dieses Verfahren erfordert Sorgfalt und nimmt regelmäßig Zeit in Anspruch. Empfehlungen der Ausschüsse und Arbeitskreise, vor allem aber Beschlüsse des Vorstandes der Wirtschaftsvereinigung Bergbau erhalten dadurch besonderes Gewicht.

Aus ihrer Aufgabenstellung heraus obliegt der Wirtschaftsvereinigung Bergbau neben der Verbindung zu den Spitzenverbänden vor allem die Kontaktpflege zu den Organen des Bundes, der Europäischen Gemeinschaften und zu den ausländischen Schwesterverbänden.

13.3 Wechselbeziehungen zwischen Staat und Bergbau

Die Verbände sind ursprünglich zur Durchsetzung durchaus handfester eigener Interessen angetreten. Auch heute ist die Interessenwahrnehmung stets legitime Hauptaufgabe der Verbände geblieben. Immer stärker ist jedoch ihre Mitarbeit bei der Lösung allgemeiner Probleme in den Vordergrund getreten, und immer mehr hat sich die Erkenntnis durchgesetzt, daß sich spezielle Interessen nur in sachgerechter Einordnung in die allgemeine Politik aussichtsreich vertreten lassen. Schon vor dem Ersten Weltkrieg hat sich der Staat bei der Vorbereitung seiner Entscheidungen den *Sachverstand der Verbände* nutzbar gemacht. In der Weimarer Republik war die Repräsentanz der Wirtschaft im Reichswirtschaftsrat vertreten, also in einem staatlichen Organ, das allerdings neben dem Reichstag nur ein Schattendasein geführt hat. Wie stark in einer modernen Gesellschaft Staats- und Wirtschaftsordnung miteinander verbunden sind, ließ die Zeit nach 1933 erkennen: Eine der ersten Maßnahmen der damaligen Staatsführung war es, die bis dahin freiwillige Organisation der Wirtschaft in ein staatliches Lenkungsinstrument umzuwandeln.

Der Grundgesetzgeber hat nach den Erfahrungen der Weimarer Zeit von der Bildung eines Bundeswirtschaftsrates abgesehen.

Das Zusammenwirken zwischen den Organen der Gesetzgebung und Verwaltung auf der einen Seite und der Repräsentanz der verbandsmäßigen Interessen auf der anderen Seite hat auf der Ebene des Bundes in einer gemeinsamen *Geschäftsordnung* der Bundesministerien, des Bundestages und des Bundesrates sowie durch Beschlüsse des Bundestages vom 21. September 1972 eine formale Regelung gefunden, die vor allem auf eine Transparenz dieses Zusammenwirkens abzielt. Für den Bereich des Bergbaus ist die Wirtschaftsvereinigung Bergbau in dieses Verfahren einbezogen worden.

Wenn die Wirtschaftsinteressen der Verbände und des Staates sich in den letzten Jahrzehnten zunehmend verflochten haben, so gilt das besonders für den Bergbau, der von alters her zum Staat in einem ganz besonders engen Verhältnis gestanden hat. Die Mineralgewinnungsrechte waren ursprünglich landesherrliche Regalien; die Leitung der Bergwerksbetriebe lag bis Mitte des vergangenen Jahrhunderts in staatlicher Hand. Auch heute noch unterliegt der Bergbau einem gesetzlichen Betriebszwang und der Verpflichtung zum pfleglichen Abbau der Lagerstätten. Um die Jahrhundertwende betätigte sich der Staat – nunmehr auf privatrechtlicher Basis – unternehmerisch im Bergbau, um „gegenüber den privaten Bergwerksbesitzern einen bestimmten Einfluß auf die Arbeitsverhältnisse sowie auf die Preisgestaltung der Kohle zu gewinnen und nötigenfalls in der Lage zu sein, die für den Bedarf der Staatseisenbahn, des Heeres und der Marine erforderliche Kohle aus den eigenen Gruben zu entnehmen“. Die Einführung des Staatsvorbehaltes für die Aufsuchung von Steinkohle, Salz und Kali im Jahre 1907, die 1915 geschaffene Möglichkeit zur Bildung von Zwangssyndikaten für Stein- und Braunkohle, die Einsetzung eines Reichskohlenkommissars im Jahre 1917 und die Kohlewirtschaftsgesetzgebung des Jahres 1919 wirkten in der gleichen Richtung. In der Preispolitik mußte der Kohlenbergbau in den Jahren 1917 bis 1957 seine Interessen immer wieder gegenüber tatsächlichen oder auch vermeintlichen Interessen des Staates, später auch der Montan-Union zurückstellen. Mit Abschluß des Vertrages über die Gründung der Europäischen Gemeinschaft für Kohle und Stahl 1952 hatten die Mitglieder der EGKS verschiedene Hoheitsrechte über den Kohle- und Eisenerzbergbau der Hohen Behörde der Montan-Union als supranationaler Organisation übertragen.

Bei der Gestaltung dieser jahrzehntelangen *Wechselbeziehungen zwischen Staat und Bergbau* haben sich die Verbände als Repräsentanz des Bergbaus mit ihren Maßnahmen, Forderungen und Vorschlägen stets von der Erkenntnis leiten lassen, daß mineralische Rohstoffe die unverzichtbare Grundlage unserer industriellen Volkswirtschaft bilden.

Bild 1: Die Wirtschaftsvereinigung Bergbau verleiht die Heinitz-Plakette für hervorragende Verdienste um die Gemeinschaftsarbeit im deutschen Bergbau

Spezieller Teil

1 Steinkohle

1.1 Begriff, Eigenschaften und Verwendung

Steinkohlen sind hauptsächlich aus Land- oder Sumpfpflanzen entstanden, die nach dem Absterben in Überschwemmungsgebieten schnell und vollkommen vom Luftsauerstoff abgeschlossen wurden und auf diese Weise nicht vermoderten.

Der sogenannte *Inkohlungsvorgang* läuft in zwei großen Abschnitten ab. In der ersten Phase, der biochemischen, werden die abgestorbenen Pflanzen in Torf oder Erdbraunkohle umgewandelt. Die Zersetzungs- und Umwandlungsvorgänge werden dabei vorwiegend durch Mikroorganismen, wie Pilze und Bakterien, in Gang gehalten. Die Temperatur- und Druckbedingungen sind durch die Oberflächennähe der Ablagerungszonen vorgegeben. In der zweiten Phase, der geochemischen, geht der Umwandlungsprozeß von der Hartbraunkohle bis zum Anthrazit. Voraussetzungen dafür sind erhöhter Druck und erhöhte Temperatur, die infolge von Absenkungen der Ablagerungsräume in großen Teufen auftreten. Auch der Zeitfaktor ist mit zu berücksichtigen.

Die meisten Steinkohlen bestehen aus einem Gemisch von glänzenden und matten Streifen. Die mikroskopische Untersuchung dieser Kohlestreifen zeigt, daß sie nicht homogen aufgebaut sind, sondern sich aus verschiedenen Gefügebestandteilen, die in der Kohlenpetrographie *Macerale* genannt werden, zusammensetzen. Die Glanzkohlenstreifen (Vitrinitstreifen) besitzen eine Holzzellenstruktur, während die Mattkohlenstreifen (Duritstreifen) nicht verholzte Bestandteile zeigen, zum Beispiel Sporen. Die Macerale können ungefähr mit den Mineralen der Gesteine verglichen werden.

Die Gefügebestandteile kommen in allen Steinkohlen vor, allerdings mit unterschiedlicher Häufigkeit. Ihre Zusammensetzung ändert sich mit dem Inkohlungsgrad in so charakteristischer Weise, daß eine Bestimmung des Inkohlungsgrades mit dem Mikroskop möglich ist *(Bild 1).*

Neben der unterschiedlichen petrographischen Kohlenstruktur, die einen nicht unerheblichen Einfluß auf die technische Kohlenveredlung hat, stellt die Ausbeute an *flüchtigen Bestandteilen,* die bei der Erhitzung von Kohle unter Luftabschluß gas- und dampfförmig ausgetrieben werden, das wichtigste Unterscheidungsmerkmal zwischen den Kohlen dar. Bezogen auf die wasser- und aschefreien Kohlen haben

Flammkohlen	> 40 v. H.	Fettkohlen	28-19 v. H.
Gasflamm-kohlen	40-35 v. H.	Eßkohlen	19-14 v. H.
Gaskohlen	35-28 v. H.	Magerkohlen	14-10 v. H.
		Anthrazit	< 10 v. H.

flüchtige Bestandteile.

Während die flüchtigen Bestandteile mit steigendem Inkohlungsgrad abnehmen, wächst gleichzeitig der untere Heizwert der Kohlen, bezogen auf die wasser- und aschefreie Substanz, von 33 Mega Joule/kg (7800 kcal/kg) für Gasflammkohlen auf 35 Mega Joule/kg (8400 kcal/kg) für Anthrazit.

Zur weiteren Klassifizierung dienen die Merkmale *Backfähigkeit* und *Verkokungsvermögen.* Nicht backende Kohlen hinterlassen bei der Verkokung eine lockere, pulvrige Masse; stark backende Kohlen einen harten und festen Koks. Es existieren zahlreiche Übergangsformen.

Bild 1: Steinkohle unter dem Mikroskop

Der chemische Aufbau der Steinkohle ist wegen der Fülle der auftretenden kohlenstoffhaltigen Verbindungen noch nicht ganz geklärt. Erschwerend wirkt, daß Steinkohlen nur zu einem geringen Teil in Lösungsmitteln gelöst werden können und daß sie beim Erhitzen ihre Struktur verändern. Steinkohlen bestehen vorwiegend aus ringförmigen Kohlenwasserstoffen (Aromaten), zu einem geringeren Teil aus kettenförmigen Kohlenwasserstoffverbindungen (Aliphaten). Hinweise auf die chemische Struktur liefert die Elementaranalyse, bei der Kohlen auf Gehalt an Kohlenstoff, Wasserstoff, Sauerstoff, Stickstoff und Schwefel untersucht werden. Das Verhältnis von Kohlenstoff- zu Wasserstoffatomen ist ein Maß für die Inkohlung.

Bei den meisten chemisch-technischen Prozessen spielt das *Reaktionsverhalten* der Steinkohle eine große Rolle. Es wird nicht nur durch die chemische Zusammensetzung, sondern auch durch die physikalischen Eigenschaften der Kohle beeinflußt. In allen Verfahren, in denen die Kohlen einer thermischen Behandlung unterzogen werden, kommt ihren kalorischen Eigenschaften – spezifische Wärme, d. i. Wärmeinhalt eines Stoffes pro Masseeinheit, Wärmeleitfähigkeit, Heizwert – besondere Bedeutung zu. Im Verlauf eines thermischen Veredlungsprozesses verändern sich die kalorischen Daten in charakteristischer Weise. Für Aufbereitungsprozesse, die den meisten Kohleveredlungsverfahren vorgeschaltet sind, ist die Kenntnis der mechanischen Eigenschaften – Dichte, Strukturfestigkeit – unerläßlich. Die Dichte von Steinkohlen nimmt mit fallendem Inkohlungsgrad (steigender Gehalt an Flüchtigen) ab. Von besonderer Wichtigkeit ist das natürliche Hohlraumsystem der Steinkohle, da es sowohl bei Ad- und Desorptionsvorgängen als auch bei Ver- und Entgasungsprozessen wirksam ist. Zur Hohlraumstruktur gehören: Porosität, Permeabilität (Gesteinsdurchlässigkeit für Gase oder Flüssigkeiten), innere Oberfläche und Porenradien-Verteilung. Infolge der zahlreichen Untersuchungen an Steinkohlen ist es gelungen, die einzelnen physikalischen Eigenschaften sehr genau zu bestimmen und ihre Abhängigkeit vom Inkohlungsgrad formelmäßig zu erfassen.

Die Verfeinerung der Untersuchungs- und Analysenmethoden hat zu einem besseren Verständnis der Struktur und der Eigenschaften der Steinkohle geführt. Auf den gewonnenen Ergebnissen basierend ist es möglich, bestehende Verfahren zur Kohlenveredlung zu verbessern und darüber hinaus gänzlich neue Kohleumwandlungstechnologien zu entwickeln.

1.2 Lagerstätten

In der Bundesrepublik Deutschland wird in vier Revieren *(Bild 2)* Steinkohle gefördert:

- im Ruhrrevier
- im Saarrevier
- im Aachener Revier
- im Ibbenbürener Revier (Niedersachsen).

Nach ihrer Entstehung können zwei typische Vorkommen unterschieden werden: die *paralischen* und die *limnischen.* Der Entstehungsraum der paralischen Kohle lag im Übergangsbereich Festland – Meer am Nordrand des variscischen Gebirges. Diese Saumtiefe, der die Reviere Aachen, Ruhr und Ibbenbüren zugehören, ist einer der bedeutendsten Karbonträge der Erde. Dieser erstreckt sich von Südengland bis nach Oberschlesien. Die limnische Kohle des Saarreviers dagegen entstand in einem begrenzten Binnenbecken innerhalb des Gebirges. Weitere kleinere Vorkommen sind in bergbaulicher Hinsicht ohne Bedeutung.

Bild 2: Steinkohlenreviere in der Bundesrepublik

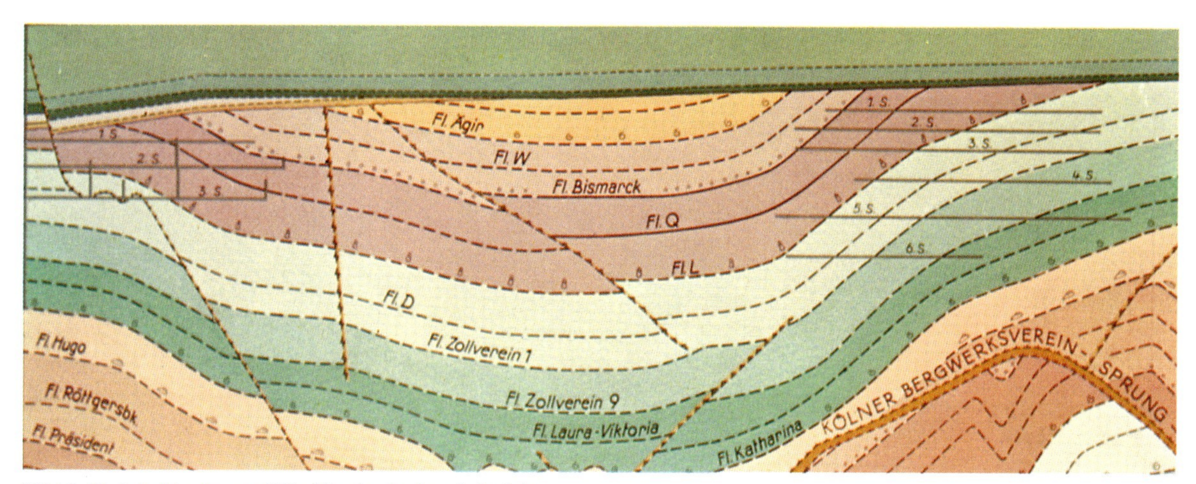

Bild 3: Steinkohlenlagerstätte (Geologischer Schnitt)

Die Steinkohle führenden Ablagerungen erfolgten vor etwa 315 bis 280 Millionen Jahren, und sie sind so typisch für dieses *Erdzeitalter,* daß es den Namen *Karbon* erhielt. In den deutschen Revieren begannen sie während des Oberkarbons (Silesium) im Namur C und reichten, mit unterschiedlicher Dauer und Mächtigkeit, bis ins Stefan C *(Tafel 1).*

1.2.1 Die paralischen Steinkohlenvorkommen

In der variscischen Saumsenke wurden mehr als 6000 m Sedimentgesteine abgelagert, von denen über 3000 m flözführend sind. Der Kohlenanteil ist jedoch gering; er liegt durchschnittlich bei etwa 3 v. H. An dem insgesamt recht einförmigen petrographischen Aufbau sind Konglomerate und Sandsteine mit etwa 33 v. H., Sandschiefertone mit etwa 14 v. H. und Schiefertone mit etwa 47 v. H. beteiligt. Eingeschaltet sind in geringem Umfang Eisensteine, Kaolin-Kohlentonsteine und andere mineralische Einlagerungen.

Die gesamte Schichtenfolge ist aber nicht an einer Stelle übereinander abgelagert worden; vielmehr wanderte die Hauptsenkungszone und damit die Zone der stärksten Ablagerungen von Süden nach Norden. An der Ruhr tritt das älteste Flöz im Namur C auf, während zum Hangenden hin die marinen Ingressionen immer seltener werden. Gegen Ende des Westfals wurden die in der Saumtiefe abgelagerten Sedimente in der asturischen Phase der variscischen Gebirgsbildung aufgefalten und dem Festland angegliedert. Die Intensität der Faltung ist dabei im Süden am stärksten. Das später abgetragene Festland wurde mehrmals vom Meer überflutet, so daß jüngere Sedimente abgelagert wurden, die das heutige Deckgebirge bilden und die – in unterschiedlicher Verbreitung – dem Zechstein, Buntsandstein, Jura, der Kreide und dem Tertiär angehören *(Bild 3).*

Aachener Revier

Im Aachener Revier tritt das Steinkohlengebirge in seinem südlichen Teil zutage; nach Norden zu wird es von tertiärem Deckgebirge wachsender Mächtigkeit überlagert. Die flözführenden Schichten sind etwa 1600 m mächtig und reichen vom Namur C bis ins Westfal B. Die Faltentektonik wird von der südlichen Indemulde, dem Aachener Sattel und der nördlichen Wurmmulde beherrscht. Das Generalstreichen der Schichten verläuft von Südwesten nach Nordosten. Einige große Querstörungen zerlegen das Steinkohlengebirge in fünf große Schollen. Außerdem lassen sich, durch streichende Störungen begrenzt, vier Längsschollen erkennen.

Ruhrrevier

Das Ruhrrevier ist in seinem südlichen Teil deckgebirgsfrei. Nach Norden zu taucht die Karbonoberfläche mit etwa 6^g ab und wird im östlichen und mittleren Bereich von der Oberkreide des Münsterschen Beckens überlagert. Im Westen schieben sich noch ältere Schichten (Zechstein, Buntsandstein, Jura) ein, über die sich, wie über den westlichen Kreiderand, Tertiär legt. Im Bereich der Lippe erreicht das Deckgebirge teilweise eine Mächtigkeit bis zu 1000 m. Die Flözführung beginnt im Namur C und reicht – bei einer Schichtenmächtigkeit von rund 3000 m – bis ins Westfal C. Alle

Tafel 1: Stratigraphische Gliederung der Steinkohlenvorkommen in der Bundesrepublik Deutschland

System	Abteilung	Stufe	Alter Mill. a	Aachener Revier	Ruhrrevier	Ibbenbürener Revier	Saarrevier
Karbon	Oberkarbon (Silesium)	Stefan C	281				Breitenbacher Schichten
		Stefan B					Hessweiler Schichten
		Stefan A					Flöz Schwalbach Dilsburger Schichten Flöz Wahlschied
							Göttelborner Schichten Holzer Konglomerat
		Westfal D	291				Schichtlücke
						Ob. Ibbenbürener Schichten	Heiligenwalder Schichten Tonstein 1
							Luisenthaler Schichten Tonstein 2
						Flöz Dickenberg	Geisheck-Schichten
		Westfal C	296				Flöz 1 (Stolberg) Sulzbacher Schichten Tonstein 5
					Dorstener Schichten	Unt. Ibbenbürener Schichten	Rothell-Schichten Flöz 1 Süd Tonstein 7
					Ägir-Horizont	Ägir-Horizont	St. Ingberter Schichten
		Westfal B		Flöz 41 Merksteiner Schichten Comina-Horizont	Flöz Ägir Horster Schichten Domina-Horizont	Flöz Ägir Alstedder Schichten	Neunkircher Schichten
				Flöz 30 Nebenbank Alsdorfer Schichten Katharina-Horizont	Flöz L Essener Schichten Katharina-Horizont		
		Westfal A		Flöz A (Sandberg) Kohlscheider Schichten Wasserfall-Horizont	Flöz Katharina Bochumer Schichten Plaßhofsbank-Horiz.		
				Flöz Y Ob. Stolberger Schichten Sarnsbank-Horizont	Flöz Plaßhofsbank Wittener Schichten Sarnsbank-Horizont		
		Namur C	313	Flöz Sarnsbank	Flöz Sarnsbank Sprockhöveler Schichten Grenzsandstein		Spieser Schichten

Kohlenarten, vom Anthrazit bis zur Flammkohle, sind vertreten. In der asturischen Phase wurde die Trogfüllung zu einem Westsüdwest-Ostnordost streichenden Gebirge aufgefalten mit Spitzfalten im Süden und flachen, weiträumigen Mulden im Norden. Es gibt vier Hauptsättel und -mulden. Die Sättel werden von Wechseln begleitet, deren Überschiebungsweite örtlich bis zu 2000 m betragen kann. Zahlreiche, quer zum Faltenbau verlaufende Störungen zerlegen das Gebirge in Horste, Staffeln und Gräben. Die Verwurfsbeträge schwanken beträchtlich und können 900 m erreichen.

Ibbenbürener Revier

Bei Ibbenbüren tritt das im Ruhrrevier nach Norden abtauchende Karbon in drei isolierten Vorkommen noch einmal zutage (Hüggel, Piesberg, Schafberg). Die Heraushebung dieser Schollen erfolgte an der Wende Kreide/Tertiär. Der Steinkohlenbergbau beschränkt sich auf den Schafberg. Die bisher bekannten rund 1800 m mächtigen Karbonschichten gehören dem Westfal B bis D an; etwa 900 m sind bergmännisch aufgeschlossen. Die Schichtenfolge besteht zu etwa 70 v. H. aus Sandsteinen mit Konglomeraten und zu etwa 30 v. H. aus Schiefertonen mit Kohleflözen. Die im nördlichen Teil schwach, im Süden bis zu 50^{g} nach Norden einfallenden Schichten werden durch Querstörungen in einzelne Teilschollen zerlegt. Das bedeutendste Querelement ist der Bockradener Graben mit Verwurfsbeträgen bis 500 m. Er teilt die Lagerstätte in ein Ost- und in ein Westfeld. Während der Westteil deckgebirgsfrei ist, liegt im Ostteil Quartär und im Bockradener Graben Zechstein auf dem Karbon.

1.2.2 Das limnische Steinkohlenvorkommen

An der Saar tritt das Oberkarbon im Zentralbereich des Südwest-Nordost verlaufenden Saarbrücker Hauptsattels zutage. Nach Norden wird es vom Unterrotliegenden überlagert. Der Südflügel wird durch den südlichen Randwechsel begrenzt, an den sich Buntsandstein und Rotliegendes anschließen. Die Kohleführung beginnt im Westfal C und reicht bis ins Stefan C. Während im Westfal dunkle, kohlenreiche, faziell schnell wechselnde, von Nordwesten kommende Sedimente zur Ablagerung kamen, überwiegen im Stefan rote und grüne, kohlearme, faziell ruhigere Sedimente, die aus dem Südosten stammen. Die Gesamtmächtigkeit des Oberkarbons beläuft sich auf rund 4500 m. Durch die tektonischen Vorgänge im Verlauf der saalischen Phase an der Grenze Unter-/Oberrotliegendes entstand das Sattelgewölbe mit dem südlichen Randwechsel. Durch zusätzliche streichende und querschlägige Störungen wurde das Gebirge in ein Schollenmosaik zerlegt.

1.2.3 Vorräte und Lebensdauer

Aus den Steinkohlenlagerstätten der Bundesrepublik sind bisher ca. 10 Mrd. t Kohlen abgebaut worden. Die noch vorhandenen bauwürdigen Vorräte in der Schachtzone und in der Reservezone bis zu einer Teufe von 1500 m betragen insgesamt ca. 24 Mrd. t.

Nach Kohlenarten gegliedert gehören davon

- 6,2 Mrd. t = 25 v. H. den Flamm- bis Gaskohlen
- 13,0 Mrd. t = 55 v. H. den Fettkohlen
- 3,8 Mrd. t = 16 v. H. den Eß- und Magerkohlen
- 1,0 Mrd. t = 4 v. H. dem Anthrazit

an.

Von den erfaßten Vorräten haben

- 77 v. H. eine flache
- 19 v. H. eine geneigte
- 4 v. H. eine steile Lagerung.

Wegen des hohen Inkohlungsgrades werden die zum Westfal C und D gehörenden Flöze des Saarreviers den Fettkohlen zugerechnet, die des Ibbenbürener Reviers dem Anthrazit.

Die westdeutschen Steinkohlenlagerstätten gehören hinsichtlich ihrer Vorräte, ihrer Güte und ihrer Verschiedenartigkeit der Kohlenarten zu den bedeutendsten in Westeuropa. Bei dem weitaus überwiegenden Teil der Vorräte handelt es sich um Kohlenarten, die für die Kokserzeugung und die Weiterverarbeitung in der chemischen Industrie besonders geeignet sind.

Auf die Reviere verteilt, ergeben sich folgende Bilder:

	Vorrat nach Kohlenarten in v. H.			
	Flamm- bis Gaskohle	Fettkohle	Eß- und Magerkohle	Anthrazit
Ruhr	25	55	18	2
Saar	40	60	–	–
Aachen	–	30	20	50
Ibbenbüren	–	–	5	95

	nach Einfallgruppen in v. H.		
	0^g bis 20^g (flach)	20^g bis 60^g (geneigt)	60^g bis 100^g (steil)
Ruhr	75	20	5
Saar	85	15	–
Aachen	90	10	–
Ibbenbüren	95	5	–

1.3 Rationalisierung von Gewinnung und Förderung

Ein Ergebnis der Rationalisierungsmaßnahmen im Steinkohlenbergbau während der letzten 15 Jahre ist die Konzentration der Förderung auf ertragsstarke Zechen und deren Ausbau zu Großschachtanlagen:

	1959	1964	1969	1974
Fördernde Schachtanlagen (Jahresende)	141	109	69	47
Verwertbare Förderung je Anlage (in t/d)	3795	4912	6309	7825
Zechen > 10000 t/d	0	5	9	13

1.3.1 Aus- und Vorrichtung

Die Betriebskonzentration unter Tage bewirkte, daß die Gesamtlänge der neu aufgefahrenen Grubenbaue im Gestein von 16634 m im November 1964 über 10683 m im Oktober 1969 auf 8214 m im Oktober 1974 abnahm. Der gesamte Gesteinsausbruch einschließlich der Großräume ging weniger stark, von 305589 m³ über 199570 m³ auf 183317 m³ zurück, weil aus vorwiegend wettertechnischen Gründen die Grubenbaue heute mit größeren Querschnitten als früher aufgefahren werden.

Der *Ausrichtungsaufwand* stieg von 19,9 m³ Gestein je 1000 t verwertbare Förderung im Oktober 1969 auf 20,9 m³/1000 t im Oktober 1974. Der Anstieg ist auf die *Erschließung neuer Kohlenvorräte* zurückzuführen.

Bei den Grubenbauen zur senkrechten Ausrichtung der Lagerstätte zeigt sich, daß Gesteinsberge anstelle von Blindschächten in den letzten Jahren eine zunehmende Verbreitung gefunden haben.

Schächte und Blindschächte	November 1964	Oktober 1969	Oktober 1974
abgeteufte Gesamtlänge (m)	1896	735	258
Gesteinsausbruch (m^3)	47188	16371	7165
Gesteinsberge			
aufgefahrene Gesamtlänge	1447	2387	3581
mittl. Auffahrung (m) je Monat (m)	25	41	41
Gesteinsausbruch(m^3)	21163	38361	73342
mittlerer Ausbruchquerschnitt (m^2)	14,6	16,1	20,5
Richtstrecken und Querschläge			
aufgefahrene Gesamtlänge (m)	13291	7561	4375
mittlere Auffahrung je Monat (m)	34	40	39
Gesteinsausbruch (m^3)	220602	135003	94143
mittlerer Ausbruchquerschnitt (m^2)	16,6	17,9	21,5

Beim Auffahren von Gesteinsstrecken ist der Sprengvortrieb gegenwärtig noch die fast ausschließliche *Vortriebstechnik.* Jedoch sind in den letzten Jahren auch mehrere Kilometer Gesteinsstrecken erfolgreich mit Vortriebsmaschinen (Vollschnittmaschinen) aufgefahren worden.

Die gleiche Entwicklung zeigt sich beim Herstellen von Blindschächten. Hier steht die herkömmliche Sprengtechnik mit betriebsreifen Blindschacht-Bohrverfahren in einem technischen und wirtschaftlichen Wettbewerb.

Infolge des fortschreitenden Abbaus werden die Teufen immer größer. Die mittlere Gewinnungsteufe unter Rasenhängebank nahm von 678 m im Jahre 1964 auf 729 m im Jahre 1969 und 799 m im Jahre 1974 zu. Das entspricht einer durchschnittlichen Zunahme der Gewinnungsteufe von 6,1 m je Jahr. Die mittlere Schachtförderteufe betrug 1974 803 m; die tiefste Sohle im Steinkohlenbergbau lag in einer Teufe von 1283 m.

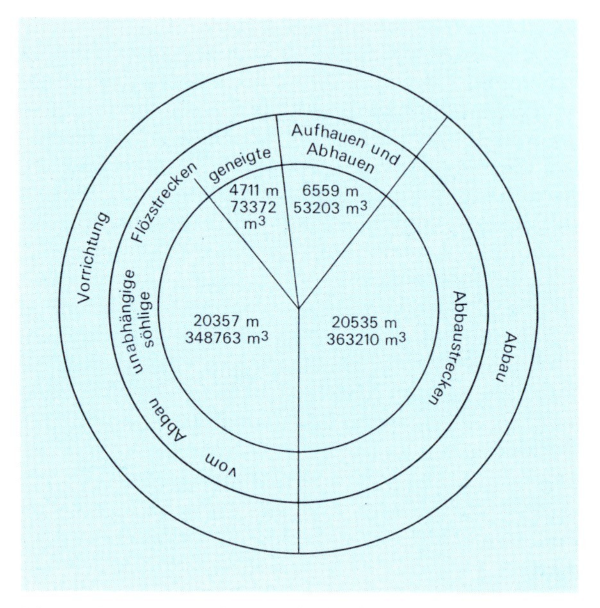

Bild 4: Länge und Ausbruch der im Flöz aufgefahrenen Grubenbaue (Oktober 1974)

Im Erhebungsmonat Oktober 1974 wurden im Steinkohlenbergbau insgesamt 52162 m Grubenbaue im Flöz aufgefahren. Davon entfielen 31627 m (60,6 v. H.) auf Vorrichtungsbaue, d. h. auf söhlige und geneigte Flözstrecken, die unabhängig vom Abbau aufgefahren werden, sowie auf Auf- und Abhauen *(Bild 4).*

Wie bei der Ausrichtung nimmt der Sprengvortrieb mit vollmechanisierter Ladearbeit auch bei den *Vorrichtungsbauen* eine führende Rolle ein, die aber zunehmend durch den Einsatz von Vortriebsmaschinen (Teilschnittmaschinen) eingeschränkt wird. Im Oktober 1974 wurden 15,6 v. H. der söhligen Flözstrecken, 13,4 v. H. der geneigten Flözstrecken und 2,2 v. H. der Auf- und Abhauen mit Vortriebsmaschinen aufgefahren.

Vorrichtungs- und Abbaustrecken		Oktober 1971	Oktober 1974
Auffahrung	(m)	52257	45603
Ausbruch	(m^3)	796335	785344
mittlere arbeitstägl. Auffahrung	(m)	2,87	3,16
mittlerer Ausbruchquerschnitt	(m^2)	15,2	17,2
Auffahrung je 1000 t verw. Förderung	(m)	5,76	5,21

1.3.2 Abbau

In den Flözen der flachen und mäßig geneigten Lagerung wird *Strebbau* betrieben; in der stark geneigten und steilen Lagerung wird der *Schrägbau* angewandt. Bei diesen Abbauverfahren, die nahezu frei von Gewinnungsverlusten sind, wird entlang der 150 bis 300 m langen Strebfront täglich ein mehrere Meter breiter Kohlenstreifen hereingewonnen.

Die stark geneigte und die steile Lagerung sind häufig geologisch gestört und bieten verhältnismäßig wenig Möglichkeiten für eine Mechanisierung der Strebbetriebe. Die Förderanteile aus diesen Lagerungsbereichen sind daher rückläufig:

Lagerung	Einfallen in gon	Förderanteile v. H. 1964	1969	1974
flach	0 – 20	72,3	78,2	82,3
mäßig geneigt	20 – 40	12,7	11,9	13,7
stark geneigt	40 – 60	9,7	7,1	2,8
steil	60 – 100	5,3	2,8	1,2

Die Nutzung der Mechanisierungsmöglichkeiten der flachen und mäßig geneigten Lagerung führte zu einer weitgehend vollmechanisierten Gewinnung und zu einer hohen Kapitalintensität der Flözbetriebe *(Bilder 5 bis 7)*.

Installierte Leistung je 100 t verwertbare Förderung

	November 1964	September 1969	September 1974
Flözbetrieb	112 kW	146 kW	183 kW
Grubenbetrieb unter Tage	280 kW	314 kW	339 kW

Der Rückgang der teilmechanisierten Gewinnung (Schrämmaschinen und Abbauhammer) und die Fortschritte in der *Hobeltechnik* haben in den 60er Jahren den Anteil der schneidenden Gewinnung vorübergehend verringert. Inzwischen hat die erfolgreiche Entwicklung des *Schreitausbaus* für mächtige Flöze wieder zu einem stärkeren Einsatz von *Walzenschrämladern* geführt, deren glatter Schnitt einem reibungslosen Betriebsablauf entgegenkommt.

Gewinnungsverfahren	November 1964	Oktober 1969	Oktober 1974
schneidende	26,1 v. H.	19,9 v. H.	32,6 v. H.
schälende	72,8 v. H.	79,3 v. H.	67,3 v. H.
rammende	1,1 v. H.	0,8 v. H.	0,1 v. H.

Bild 5: Walzenschrämmaschine in einem Streb mit Schildausbau

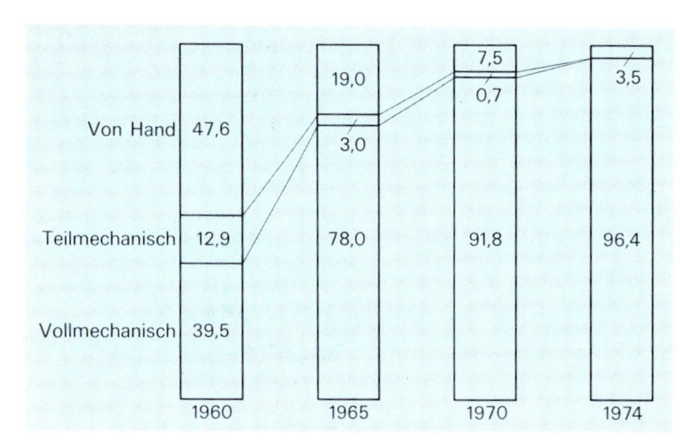

Bild 6: Förderanteile der Gewinnungsverfahren

Eine Gliederung der verwertbaren Förderung aus Abbaubetrieben nach Strebausbauarten und Versatzverfahren zeigt die beherrschende Stellung des schreitenden Ausbaus und des Bruchbaus:

Strebausbauarten	November 1964	Oktober 1969	Oktober 1974
Holzausbau und gemischter Ausbau	20,3 v. H.	10,7 v. H.	3,2 v. H.
Reibungsstempel	53,1 v. H.	24,5 v. H.	1,9 v. H.
Hydraulische Einzelstempel	22,4 v. H.	34,6 v. H.	19,2 v. H.
Schreitender Ausbau	4,2 v. H.	30,2 v. H.	75,7 v. H.

Versatzverfahren	November 1964	Oktober 1969	Oktober 1974
Vollversatz	36,3 v. H.	20,0 v. H.	8,5 v. H.
Bruchbau	63,7 v. H.	80,0 v. H.	91,5 v. H.

Die Mechanisierung der Kohlengewinnung und des Ausbaus und der verstärkte Übergang auf Bruchbau als Versatzverfahren haben die Betriebskonzentration im Abbau begünstigt. Darüber hinaus hat auch der bevorzugte Abbau der geologisch günstigen Lagerstättenteile zu einer Leistungssteigerung der Abbaubetriebe beigetragen.

	1964	1969	1974
Zahl der Abbaubetriebe	1134	533	314
mittlere Streblänge (m)	173	191	216
mittlere gebaute Flözmächtigkeit mit/ohne Bergemittel (m)	1,49/1,28	1,59/1,37	1,74/1,45
verwertbare Förderung je Abbaubetrieb (t/d)	447	778	1152
mittlere Abbaugeschwindigkeit (m/d)	1,50	2,18	2,62
Schichtleistung im Streb (t/MS)	7,36	11,75	15,16

Bild 7: Hobelstreb

1.3.3 Förderung und Transport

Während im Streb *Kettenkratzförderer* eingesetzt sind, erfolgt das Abfördern der Kohle in den Abbaustrecken nahezu ausschließlich durch *Gurtbandförderer.* Anschließend wird die Kohle an Zentralladestellen in *Förderwagen* geladen oder gelangt über *Bandstraßen* zum Schacht. Im September 1974 waren im Steinkohlenbergbau Stetigförderer mit einer Nutzlänge von insgesamt 1132 km im Betrieb, davon 800 km (70,6 v. H.) Gurtbandförderer und 149 km (13,1 v. H.) Doppelketten-Kratzförderer *(Bild 8).*

Zur selben Zeit dienten 1496 Hauptstrecken- und Zubringerlokomotiven und 453 Abbaulokomotiven der Förderung und dem Transport.

Förderwagenbestand	1964	1969	1974
bis 1000 l Inhalt	169186	79431	36002
1000 bis 1600 l	204312	127863	61470
1600 bis 2400 l	16544	11882	7307
über 2400 l	47725	45073	39418
Summe Förderwagen	437767	264249	144197
Sonstige Wagen	45102	49802	46635

Der *Personen- und Materialtransport* erfolgt in den Hauptstrecken vor allem in Spezialwagen, in den Abbaustrecken hauptsächlich mit Einschienenhängebahnen, Flurförderbahnen und anderen Fördermitteln. Im September 1974 waren 1409 Einschienenhängebahnen mit 888 km Nutzlänge und 247 Flurförderbahnen mit 174 km Nutzlänge im Einsatz.

1.3.4 Wasserhaltung und Gasabsaugung

Im Steinkohlenbergbau wurden 1974 insgesamt 156,9 Mill m^3 Wasser aus einer mittleren Teufe von 585 m gehoben. Das entspricht einem ständigen Wasserzufluß von 298,5 m^3/min oder 1,65 m^3/t verwertbare Förderung.

Grubenwasserzuflüsse treten dort auf, wo das hauptsächlich vom Niederschlagwasser gespeiste Grundwasser in die Grubenbaue eindringen kann, weil keine wasserhemmenden Deckgebirgsschichten vorhanden sind. Mit zunehmender Mächtigkeit des überlagernden Deckgebirges und zunehmender Abbauteufe gehen die Wasserzuflüsse zurück.

Bild 8: Bandförderung in der Strecke

Im Steinkohlenbergbau wird Grubengas (Methan) durch Bohrlöcher im Flöz und im Nebengestein abgesaugt, um den bei der Kohlengewinnung auftretenden Gaszustrom in die Grubenwetter zu verringern. 1974 wurden auf diese Weise 635,6 Mill. m^3 Grubengas mit einem mittleren CH_4-Gehalt von 44 v. H. gewonnen. Eine wirkungsvolle Gasabsaugung ist die Voraussetzung für Hochleistungsbetriebe in gasreichen Kohlenflözen.

1.4 Kohlenveredlung

1.4.1 Aufbereitung

Die Bemühungen des deutschen Steinkohlenbergbaus, seine wirtschaftliche Lage durch Rationalisierung im Untertagebetrieb zu verbessern, hatten eine merkliche Verschlechterung der Rohkohleneigenschaften zur Folge. So betrug das Verhältnis von verwertbarer Förderung zur Rohförderung 1960: 69,2 v. H. und 1974: 59,7 v. H. Zugleich stiegen der Gehalt der teuer aufzubereitenden Körnung unter 0,5 mm und die Feuchtigkeit der Rohförderkohle.

Aufgabe der Aufbereitung ist es, einen Ausgleich zwischen dem Rohkohlenangebot der Grube und den Anforderungen des Marktes bezüglich Quantitäten und Qualitäten zu schaffen. Der Asche- und der Wassergehalt können zum Beispiel beeinflußt werden, zum Teil auch die Körnung und der Schwefelgehalt der Kohle *(Tafel 2)*. Ein Eingriff in technologische Eigenschaften, wie zum Beispiel die Verkokungseigenschaften oder das Schwel-, Brenn- und Ascheschmelzverhalten, ist nur begrenzt möglich.

Tafel 2: Verfahrensstammbaum einer modernen Aufbereitungsanlage

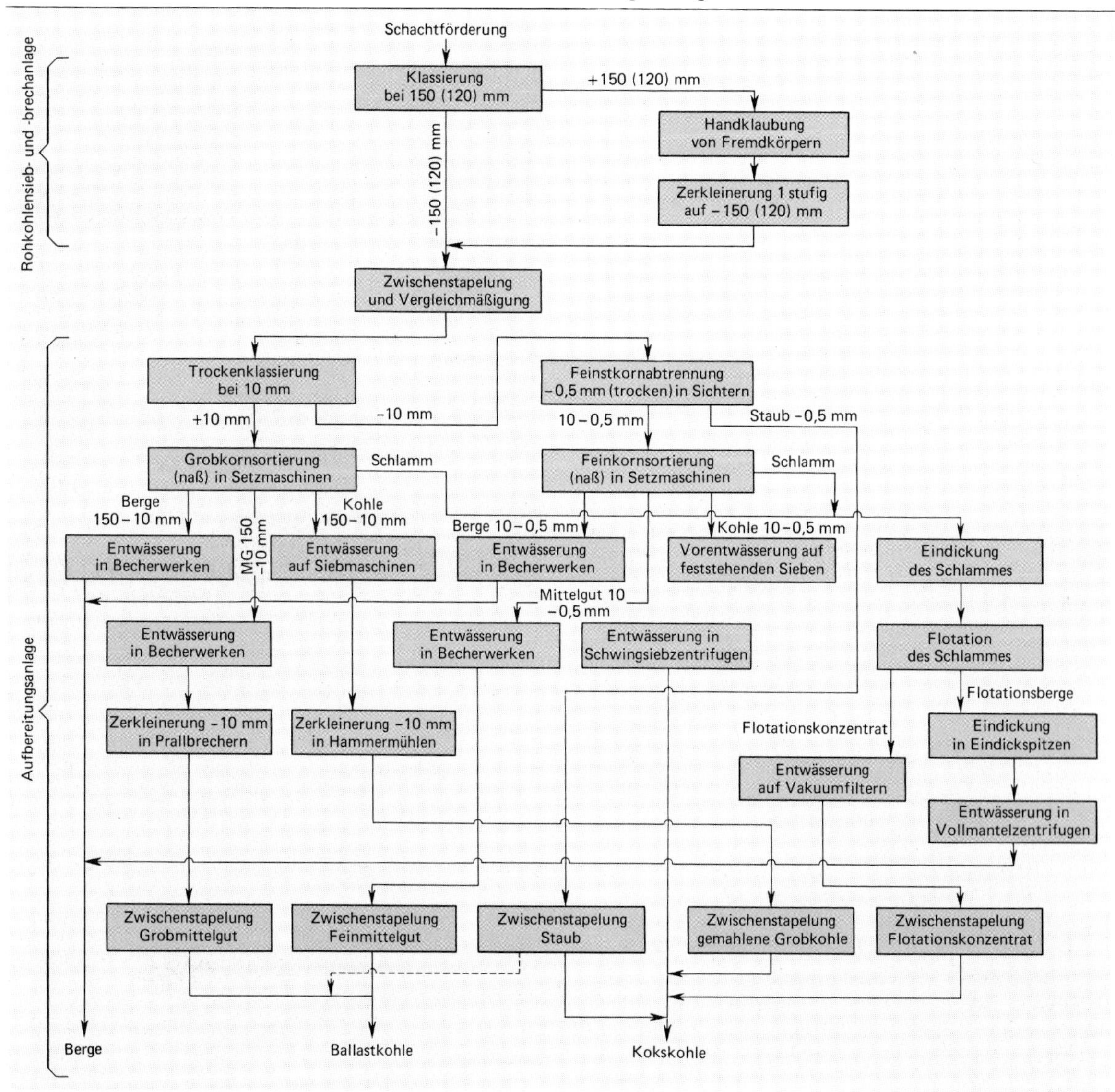

Die *Rohförderkohle* wird in der Sieberei bei 150 mm abgesiebt. Der Siebüberlauf wird von Holz, Eisen und sonstigen Fremdkörpern befreit, auf unter 150 mm zerkleinert und mit dem Siebunterlauf gemeinsam der Aufbereitung zugeführt. Das so vorbereitete Gut wird in Vergleichmäßigungsbunkern oder in Mischlägern homogenisiert. Diese Maßnahme erleichtert und verbilligt alle folgenden Verfahrensstufen sowie deren Regelbarkeit und Automatisierung. Anschließend wird die *Rohwaschkohle* bei etwa 10 mm abgesiebt. Setzmaschinen oder auch Schwertrübescheider sortieren das Gut zwischen 120 und 10 mm in drei Produkte: die Berge, die verworfen werden, das Mittelgut, das entweder durch Zerkleinerung aufgeschlossen oder unmittelbar einem Kraftwerk zugeführt wird, und die gewaschene Nußkohle, die klassiert und versandt wird.

Die *Rohfeinkohle* bis 10 mm wird im Luftstrom gesichtet, wobei die Körnung $< 0{,}5$ mm (Staub) mehr oder weniger vollständig abgetrennt wird. Die entstaubte Rohfeinkohle 10 bis 0,5 mm wird Setzmaschinen zur Sortierung in Kohle, Mittelgut und Berge aufgegeben. Die erzeugte Feinkohle wird in Zentrifugen entwässert. Das durch Abrieb entstandene Feinstkorn bildet mit Waschwasser eine Suspension und muß ausgeschieden werden. Dies geschieht in Rundeindickern, in denen der Feststoff mit Hilfe von synthetischen Flockungsmitteln sedimentiert. Der Feststoff wird anschließend je nach Verwendungszweck nochmals sortiert und entwässert.

Da sich das Rohkohlenangebot und die Marktanforderungen laufend ändern, muß der Aufbereitungsprozeß gesteuert werden. Eine optimale Prozeßführung bei sich ständig ändernden Betriebsbedingungen und veränderlichen Rohkohleeigenschaften ist nur mit Hilfe eines *Prozeßrechners* möglich. Ein hoher Automatisierungsgrad und eine umfassende mathematische Beschreibung der Aufbereitung sind dabei Voraussetzung für die optimale Prozeßsteuerung allgemein und unabdingbar für die Prozeßsteuerung im on-line-Betrieb. Zur Erreichung dieses Zieles sind im deutschen Steinkohlenbergbau in jüngster Zeit intensive Entwicklungs- und Forschungsarbeiten begonnen und erste Teilerfolge erzielt worden.

Ein anderer Forschungsschwerpunkt der Aufbereitung ist auf die Herabsetzung des Schwefelgehaltes von Kohlen gerichtet, um die Schwefeldioxid-Emissionen der Kraftwerke auf das zulässige Maß zu senken.

1.4.2 Brikettierung

Um die nicht verkokbare und nicht in den Kraftwerken gebrauchte Anthrazit-, Mager- und Eßfeinkohle von 6 bis 0 mm direkt in Kleinfeuerungen verwerten zu können, ist ein Stückigmachen dieser Kohlen durch Brikettierung erforderlich. In den letzten Jahren ist die Brikettherstellung infolge der zunehmenden Verwendung von Heizöl im Hausbrandsektor stark zurückgegangen. Außerdem wird das Verbrennen pechgebundener Briketts im Rahmen des Bundesimmissionsschutzgesetzes weiter eingeschränkt.

In den letzten zehn Jahren sind die Bestrebungen zur Herstellung von *raucharm* verbrennenden Steinkohlenbriketts erheblich verstärkt worden. Dieses Ziel wird durch Verwendung von Sulfitablaugen, durch *Heißbrikettierung* mit backender Kohle anstelle von Pech als Bindemittel oder durch eine thermische Nachbehandlung pechgebundener Briketts erreicht. Seit 1968 werden im Aachener Revier beim Eschweiler-Bergwerks-Verein *rauchlos* verbrennende Form-Anthrazit-Brennstoffe „Ancit" und bei der Gewerkschaft Sophia-Jacoba neuartige „Extrazit-Silber" hergestellt. Ihr Anteil an der Gesamtbriketterzeugung in der Bundesrepublik betrug im Jahre 1974 ca. 12,8 v. H.

1.4.3 Verkokung

Rund 45 v. H. der in der Bundesrepublik Deutschland geförderten Steinkohlen gelangen zur Zeit in Zechen- und Hüttenkokereien des In- und Auslandes, in denen sie in *metallurgischen Koks* umgewandelt werden. Die Verkokung findet auch heute noch in dem vor über hundert Jahren entwickelten Horizontalkammerofen statt. Die gebräuchlichen Ofentypen mit Kammern zwischen 400 und 450 mm Breite, 4 bis 8 m Höhe und 12,5 bis 17 m Länge sind technisch gleichwertig und unterscheiden sich lediglich in ihrem Heizsystem. Die neuen Großraumöfen ermöglichen dabei einen Durchsatz bis 72 t pro Tag und Kammer. Die Heizzugtemperaturen dieser indirekt beheizten Öfen liegen zwischen 1100 und 1400 °C, so daß sich Garungszeiten von 16 bis 24 Stunden ergeben. 70 bis 100 Koksöfen werden zu einer Koksofenbatterie zusammengefaßt *(Bild 9)*.

Zur Verkokung eignen sich alle Fettkohlen und gegebenenfalls auch Eßkohlen. Die Kokskohlen besitzen normalerweise einen Wassergehalt von 8 bis 12 v. H. Ihre Körnung liegt unter 10 mm, wobei der Anteil < 2 mm etwa 80 v. H. beträgt. Im Koksofen verdampft oberhalb 100 °C zunächst das

Wasser; adsorbierte Gase werden ausgetrieben. Bei rund 250 °C destillieren einige Kohlenwasserstoffverbindungen aus der Kohle. Zwischen 350 °C und 450 °C durchläuft die Kohle den plastischen Bereich, der mit der Erweichung der Kohle beginnt und mit dem Verfestigen endet. Der dann entstandene Halbkoks besitzt noch einen Gehalt von 12 bis 15 v.H. flüchtigen Bestandteilen. Die weitere Temperaturerhöhung bewirkt eine weitere Ausgasung. Erst bei weniger als 1 v. H. flüchtigen Bestandteilen ist der Koks ausgegart. Ist der Verkokungsvorgang beendet, wird der glühende Koks aus der Ofenkammer herausgedrückt, gelöscht und in einer Sieberei in verschiedene Kornklassen zerlegt.

Der *Hochofenkoks* muß bestimmte Anforderungen erfüllen, die durch den Verhüttungsprozeß vorgegeben werden. Wichtig sind vor allen Dingen seine Stückigkeit, Festigkeit und sein Abrieb. Außerdem spielen für den Einsatz im Hochofenprozeß Schüttdichte, Porosität, Reaktionsverhalten, Gehalt an flüchtigen Bestandteilen, Wasser-, Schwefel-, Phosphor- und Aschegehalt eine Rolle. Da die mathematische Beschreibung der Hochtemperaturverkokung im Horizontalkammerofen die Vorausberechnung von Ausbringen und Qualität des Kokses ermöglicht, können optimale Kokskohlenmischungen für die jeweiligen Marktanforderungen hergestellt werden.

In den letzten Jahren sind zur *Steigerung der spezifischen Ofenleistung* die Heizzugtemperaturen bis auf 1400 °C erhöht und dünnere Läufersteine, die Ofenkammer und Heizzug voneinander trennen, mit höherer Wärmeleitfähigkeit verwendet worden. Die programmgesteuerte Beheizung des Koksofens soll eine optimale Wärmeausnutzung ermöglichen, da die verschiedenen Verkokungsstadien unterschiedliche Wärmezufuhr erfordern. Untersuchungen zur Vorerhitzung der Kohle haben ergeben, daß nicht nur der spezifische Wärmeverbrauch und die Garungszeiten zusätzlich verringert werden können, sondern daß gleichzeitig die Einsatzbasis für Kokskohlen erweitert werden kann. Der Einsatz vorerhitzter Kohle führt außerdem zu einer Verbesserung und Vergleichmäßigung der Ofencharge. Das von der Bergbau-Forschung in Essen entwickelte *Precarbon-Verfahren,* das eine zweistufige Vorerhitzung mit einem Kettenförderer kombiniert, wird schon kommerziell genutzt.

Entwicklungsarbeiten zur Verbesserung der Umweltbedingungen sind auf geringere Staub- und Gasemissionen der Kokereien gerichtet. Anfallende Kokereiabwässer und auch später Abwässer aus Kohlevergasungsanlagen werden einem Wasserreinigungsverfahren mit Aktivkoksen unterworfen. Dabei werden die biologisch nicht abbaubaren, organischen Substanzen durch Adsorption aus dem Abwasser entfernt. Dieses Abwasserreinigungsverfahren wird im Pilotmaßstab betrieben.

1.4.4 Kohlechemie

Durch thermische und chemische Behandlung können aus Steinkohlen *Aktivkokse* geformt und mit einem bestimmten Porensystem hergestellt werden. Die Vorteile dieser auf Steinkohlenbasis erzeugten A-Kokse beruhen unter anderem auf ihrer großen Härte, ihrer geringen Wasseraufnahme und ihrem hohen Zündpunkt. Neben der traditionellen Verwendung von Aktivkoks bei der Rückgewinnung von Lösungsmitteldämpfen sind in den letzten Jahren neue Verwendungsgebiete erschlossen worden. Eine heute schon großtechnisch erprobte Anwendung betrifft die trockene Entschwefelung von Rauchgasen aus fossil befeuerten Kraftwerken (Kraftwerk Kellermann, Lünen). Besondere Aktivkokse lassen sich auch zur Wasserreinigung und zur Verzögerung radioaktiver Abgase aus Kernkraftwerken einsetzen. Die Möglichkeit, geeignete Molekularsiebkokse aus Steinkohle zu erzeugen, hat zur Entwicklung eines Verfahrens zur Sauerstoffanreicherung der Luft geführt.

Das bei der Verkokung anfallende *Rohgas* wird vor seiner Verwendung gekühlt und gereinigt. Es fallen dabei *Kohlenwertstoffe* an, die zu verkaufsfähigen Produkten aufgearbeitet werden. Wachsende Bedeutung kommt heute wieder der Verarbeitung des anfallenden Teeres zu. Die Hauptverfahrensschritte sind Destillation, Kristallisation, Extraktion und Polymerisation. Der bei der Primärdestillation entstandene Rückstand, das Steinkohlenteerpech, wird bei der Brikettierung der Steinkohle als Bindemittel benutzt, aber auch zur Schmelzelektrodenherstellung für die Aluminiumindustrie verwendet.

Besondere Bedeutung haben Naphthalin, Anthracen, Pyridinbasen und Phenole. So wird Naphthalin zu Weichmachern und Harzen verarbeitet. Zusammen mit Anthracen wird es in der Farbstoffindustrie verwendet und zur Herstellung von Insektenvertilgungsmitteln eingesetzt. Die Phenole sind wichtige Ausgangsstoffe zur Erzeugung von Kunststoffen oder Insektiziden. Pyridinbasen dienen der Vergällung von Alkohol und als Grundsubstanz der pharmazeutischen Industrie.

Bild 9: Kokserzeugung

Eine wichtige Rolle spielen auch die bei niedrigen Temperaturen siedenden Benzolfraktionen und deren Derivate. Äthylbenzol dient zur Herstellung von künstlichem Kautschuk. Anilin ist ein wichtiger Grundstoff für die Pharma- und Farbstoffindustrie (Anilinfarben). Weitere Endprodukte auf Benzolbasis sind: Lacke und Kunstharze, Lösungsmittel, Spezialklebstoffe, Nylon- und Perlonfasern. Höher siedende Verbindungen werden als Motorenbenzol zur Mischung von Superkraftstoffen verwendet.

1.4.5 Stromerzeugung

Neben der eisenschaffenden Industrie sind in der Bundesrepublik Deutschland die öffentlichen und industriellen Kraftwerke die größte Verbrauchergruppe von Steinkohle *(Bild 10)*. Die Stabilisierung des Steinkohlenabsatzes in der Kraftwirtschaft in den letzten Jahren ist der Tatsache zuzuschreiben, daß die Bundesregierung verschiedene Gesetze zur Sicherung des Einsatzes und Förderung der Verwendung von Steinkohle zur Stromerzeugung erlassen hat. Hierzu gehört auch das Dritte Verstromungsgesetz, das im November 1974 verabschiedet wurde und langfristig (bis 1985) einen Steinkohlenabsatz von 33 Mill. t pro Jahr garantieren soll.

Die Umwandlung der in der Kohle gebundenen chemischen Energie in elektrische Energie findet in Dampfkraftwerken statt. Die bei der Verbrennung der Kohle frei werdende Wärme dient der Erzeugung von überhitztem Wasserdampf, dessen Temperatur maximal 540 °C und dessen Druck bis 240 bar beträgt. Der Wasserdampf ist das Arbeitsmittel für den nachgeschalteten Dampfturbinen-

prozeß. Die Wärme- und Druckenergie wird durch Entspannung und Abkühlung in Turbinen in mechanische Energie umgesetzt. Der Dampf kondensiert schließlich in der sogenannten Kondensationsstufe. Die Kondensationswärme kann nicht in elektrische Energie umgewandelt werden; sie geht verloren.

Unter Berücksichtigung aller Verluste, die bei der Umwandlung auftreten, und der thermodynamischen Prozeßbedingungen wird ein *Wirkungsgrad,* d. i. das Verhältnis von Nutzungsenergie zu eingesetzter Energie, von maximal 39 v. H. erreicht. Die konventionelle Kraftwerkstechnik kann nicht weiter verbessert werden. Daher wird an der Entwicklung neuer Kraftwerkskonzepte gearbeitet.

1.4.6 Fernwärmeversorgung

Während 1974 jede 16. Wohnung in der Bundesrepublik an ein Fernheiznetz angeschlossen war, wird langfristig angestrebt, jede dritte Wohnung einmal mit Heizenergie zu versorgen. Dies könnte zu einer jährlichen Einsparung von 33 Mill. t Heizöl führen. Neben einer Energieeinsparung liegen weitere Vorteile der Fernwärme in ihrer Umweltfreundlichkeit und ihrer leichten Handhabung.

Die Wirtschaftlichkeit der Fernwärmeversorgung hängt von mehreren Faktoren ab. Zunächst müssen die Gebäude, die mit Fernwärme versorgt werden sollen, mit einem Zentralheizsystem ausgerüstet sein. Außerdem ist es notwendig, daß eine genügende Bebauungsdichte *(Wärmedichte)* vorhanden ist. Fernwärmeanlagen arbeiten heute schon wirtschaftlich bei Anschlußleistungen von 30 bis 50 Gcal/h je km^2. Die Wärmekosten werden dabei durch die Länge des Fernwärmenetzes und die Größe des Kraftwerks beeinflußt.

Eine ideale Energiequelle für die Fernwärmeversorgung ist die *Wärme-Kraft-Koppelung.* Der in einem Kraftwerk erzeugte hochgespannte Dampf wird zunächst zur Stromerzeugung eingesetzt. Der aus der Mitteldruckturbine austretende Heißdampf wird anschließend in einem geeigneten Wärmetauscher unter Nutzung der Kondensationswärme zur Heißwassererzeugung eingesetzt. Es ergeben sich auf diese Weise Gesamtwirkungsgrade für die Wärme-Kraft-Koppelung bis 80 v. H.

◂ *Bild 10: Steinkohlenkraftwerk am Niederrhein*

1.5 Unternehmen, Produktion und Belegschaft

1.5.1 Die Unternehmen im deutschen Steinkohlenbergbau

Nach dem Zusammenschluß von 24 Bergbauunternehmen im Ruhrrevier zur Ruhrkohle AG besteht der deutsche Steinkohlenbergbau seit dem Jahre 1969 aus sechs Unternehmen *(Bild 11).*

Gewerkschaft Auguste Victoria

Das in der Rechtsform einer bergrechtlichen Gewerkschaft geführte Unternehmen in Marl wurde 1899 gegründet und ist seit 1908 eine Tochtergesellschaft der BASF Aktiengesellschaft in Ludwigshafen, die 100 v. H. der Kuxe besitzt. Das Unternehmen verfügt im Kreis Recklinghausen an Berechtsamen über 40,8 km^2 Steinkohle, 4,4 km^2 Bleizinkerz und 2,2 km^2 Sole sowie in den Kreisen Coesfeld und Unna über noch nicht aufgeschlossene weitere 44,6 km^2 Steinkohle. Der Gewerkschaft gehören sieben Tagesschächte. Die technische Förderkapazität beträgt über 3 Mill. t/Jahr. Neben Kraftwerkskohle fördert die Gewerkschaft Auguste Victoria auch hochwertige Kokskohle. Die Förderung betrug 1974 2,2 Mill. t. Hauptabnehmer mit rund 40 v. H. der geförderten Kohle ist die BASF-Gruppe.

Eschweiler Bergwerks-Verein

Das mit Sitz in Herzogenrath-Kohlscheid in der Rechtsform einer Aktiengesellschaft betriebene Unternehmen verfügt über ein Grundkapital von 126 Mill. DM. 96 v. H. des Aktienkapitals befinden sich im Eigentum der Aciéries Réunies de Burbach-Eich-Dudelange S.A. (ARBED) in Luxemburg.

Bei einem Felderbesitz von 594 km^2 betreibt der Eschweiler Bergwerks-Verein vier Schachtanlagen (zwei im Aachener- und zwei im Ruhr-Revier), drei Kokereien, eine Brikettfabrik und eine Ancit-Fabrik. Von der jährlichen Förderung in Höhe von rund 7,5 Mill. t Steinkohle werden rund 4,3 Mill. t zu Koks und 0,3 Mill. t zu Briketts und Ancit weiterverarbeitet. In drei eigenen Kraftwerken werden bei einer installierten Leistung von 403 MW jährlich rund 0,6 Mill. t Steinkohle eingesetzt und 1,8 Mrd. kWh Strom erzeugt.

Preussag AG Kohle

Dieses in Ibbenbüren gelegene Unternehmen gehört zur Preussag AG Berlin/Hannover, deren Aktienkapital sich zu etwa 75 v. H. in Händen von Kleinaktionären befindet. Das Bergwerkseigentum in Ibbenbüren umfaßt 92,8 km². Der aus heutiger Sicht wirtschaftlich gewinnbare Gesamtkohlenvorrat wird auf etwa 120 Mill. t geschätzt. Der Abbau wird in zwei Gruben betrieben. Die Gesamtförderkapazität beträgt rund 2,8 Mill. t jährlich.

Die durchschnittliche Abbauteufe liegt bei 822 m (Ostfeld) und 488 m (Westfeld). Im Jahre 1974 wurden insgesamt ca. 2 Mill. t Anthrazitkohle gefördert. Die Preussag AG verfügt in Ibbenbüren über ein Kraftwerk mit einer installierten Leistung von 242 MW sowie über eine Brikettfabrik und ein Fernheizwerk.

Ruhrkohle AG
Die Ruhrkohle AG (RAG), Essen, ist am 27. November 1968 gegründet worden und verfügt über ein Grundkapital von rund 535 Mill. DM. Ihre 16 Aktionäre sind Unternehmen, die ihr Bergbauvermögen gemäß Grundvertrag zur Neuordnung des Ruhrbergbaus vom 18. Juli 1969 in die RAG einbrachten oder deren Rechtsnachfolger wurden (insbesondere aufgrund von Umwandlungen oder Liquidationen). Die meisten Aktionäre sind mit der RAG durch langfristige Lieferverträge über Kokskohle, Koks und Kraftwerkskohle verbunden.

Die Betriebsführung der Steinkohlenbergwerke, Kokereien und Nebenbetriebe liegt bei sechs regional gegliederten Betriebsführungsgesellschaften, die im Namen und für Rechnung der RAG handeln. Die STEAG AG, an der die RAG zu mehr als 66 v. H. beteiligt ist, nimmt die stromwirtschaftlichen Interessen der Ruhrkohle AG wahr. Die Energieerzeugung im STEAG-Verbund belief sich 1974 auf 15,4 Mrd. kWh bei einer installierten Leistung von 3500 MW.

Der Felderbesitz der RAG beträgt ca. 3028 km², davon sind rund 1200 km² noch nicht aufgeschlossen. Es werden insgesamt 32 Schachtanlagen, 21 Kokereien und eine Brikettfabrik betrieben.

1974 betrug die Gesamtförderung 72,6 Mill. t verwertbare Förderung, die aus rund 230 Abbaubetriebspunkten gewonnen wurden.

Der Kohlen- und Koksabsatz des Unternehmens an die eisenschaffende Industrie des In- und Auslandes betrug 1974 bei Umrechnung von Koks in Kohle 49,1 Mill. t. Zusammen mit den Lieferungen an die Kraftwerke in Höhe von 28,9 Mill. t sind dies 86,2 v. H. des Absatzes insgesamt.

Saarbergwerke AG
Die Saarbergwerke AG, Saarbrücken, ist im Jahre 1957 mit einem Grundkapital von 350 Mill. DM gegründet worden. Aktionäre sind die Bundesrepublik Deutschland mit 74 v.H. und das Saarland mit 26 v.H. des Aktienkapitals.

Bei einem Felderbesitz von 525,5 km² betreibt die Saarbergwerke AG sechs Schachtanlagen, drei Steinkohlenkraftwerke und eine Kokerei. Die Kohlenvorräte betragen rund 2,7 Mrd. t. Die Förderung belief sich im Jahre 1974 auf insgesamt 8,9 Mill. t Steinkohle. Sie setzt sich je zur Hälfte aus Kokskohle und Kraftwerkskohle zusammen. Ein Drittel der Förderung wird in unternehmenseigenen Kraftwerken und in der Zentralkokerei Fürstenhausen verarbeitet. Ein weiteres Drittel wird an die saarländischen Hütten und an saarländische Kraftwerke geliefert. Das restliche Drittel geht an französische und an süddeutsche Abnehmer.

In der Kokerei Fürstenhausen wurden im Jahre 1974 rund 1,5 Mill. t Koks erzeugt. Die Stromerzeugung betrug rund 4,5 Mrd. kWh bei einer installierten Leistung von 868 MW. Ein 650 MW-Block auf Steinkohlenbasis geht im Herbst 1976 in Betrieb.

Gewerkschaft Sophia-Jacoba
Die Kuxe der bergrechtlichen Gewerkschaft Sophia-Jacoba mit dem Sitz in Hückelhoven (Aachener Revier) befinden sich vollständig in holländischem Eigentum. Bei einem Felderbesitz von 131 km² umfaßt ihr Betriebsfeld 15 km². Die Jahresförderung betrug 1974 1,6 Mill. t Anthrazit, die aus durchschnittlich sechs Abbaubetrieben gewonnen wurde. Die Gewerkschaft ist Anteilseigner am Gemeinschaftskraftwerk West in Voerde und betreibt zwei Brikettfabriken, von denen eine die rauchlose Formkohle „Extrazit-Silber" herstellt. Beliefert werden Hausbrand und Industrie. Der Exportanteil beträgt rund 50 v. H.

1.5.2 Produktion
In der Bundesrepublik wurden 1974 94,9 Mill. t Steinkohle gefördert *(Tafel 3)*. Davon entfielen auf die Reviere

- Ruhr 82,4 v. H.
- Saar 9,4 v. H.
- Aachen 6,1 v. H.
- Niedersachsen 2,1 v. H.

Bild 11: Anlagen der sechs Unternehmen des deutschen Steinkohlenbergbaus ▶

Gewerkschaft Auguste Victoria: Kohlenaufbereitung und Kraftwerk in Marl-Hüls (oben links)

Ruhrkohle AG: Zeche Zollverein in Essen (oben rechts)

Saarbergwerke AG: Kraftwerk Fenne in Völklingen an der Saar (Mitte links)

Eschweiler Bergwerks-Verein: Schachtanlage Emil Mayrisch in Siersdorf bei Aachen (Mitte rechts)

Gewerkschaft Sophia-Jacoba: Förderturm der Schachtanlage 4 in Hückelhoven Bez. Aachen (unten links)

Preussag AG – Kohle: Anthrazit-Verladung am Mittellandkanal in Ibbenbüren (unten rechts)

Tafel 3: Steinkohlenförderung in der Bundesrepublik

Jahr	Revier				Bundesrepublik
	Ruhr	Saar	Aachen	Niedersachsen	
	Mill. t verwertbare Förderung				
1956	124,6	17,0	7,2	2,6	151,4
1958	122,3	16,2	8,0	2,3	148,8
1960	115,5	16,2	8,2	2,4	142,3
1965	110,9	14,2	7,8	2,2	135,1
1970	91,1	10,5	6,9	2,8	111,3
1971	90,7	10,7	6,6	2,8	110,8
1972	83,3	10,4	6,3	2,5	102,5
1973	79,8	9,2	6,0	2,3	97,3
1974	78,3	8,9	5,8	1,9	94,9

Gegliedert nach *Kohlenarten* setzte sich die Förderung wie folgt zusammen:

- Anthrazit, Mager- und Eßkohle 10,6 v. H.
- $^3/_4$ Fett- und Fettkohle 66,4 v. H.
- Gas-, Gasflamm- und Edelflammkohle 23,0 v. H.

Nach *Kohlensorten* gegliedert waren es:

- Stücke, Knabbeln, Nüsse (Körnung über 10/6 mm) 11,5 v.H.
- Kokskohle und gewaschene Feinkohle (Körnung unter 10/6 mm) 69,8 v. H.
- Sonstige Kohle zum Beispiel Ballastkohle 18,7 v.H.

1.5.3 Belegschaft

Ende 1974 waren in Zechen, Kokereien, Energie- und sonstigen Betrieben sowie im allgemeinen Dienst 205000 Belegschaftsmitglieder in folgenden Bereichen beschäftigt:

	Arbeiter	Angestellte
unter Tage	110000	11000
über Tage	62000	22000

Die über Tage Beschäftigten sind zu etwa einem Drittel den bergbaulichen Betrieben, einem Sechstel den Veredelungsbetrieben und rund zur Hälfte den angegliederten Betrieben und dem allgemeinen Dienst zuzurechnen.

Gegenüber dem Höchststand von 604000 Beschäftigten (Jahresdurchschnitt 1957) betrug der Rückgang rund zwei Drittel.

Fluktuation

Die Belegschaftsfluktuation war 1974 mit einer Abgangsrate von 10,9 v. H. und einer Zugangsrate von 11,1 v. H. – jeweils bezogen auf die jahresdurchschnittliche Gesamtbelegschaft – günstig. Die Abgänge blieben unter dem langjährigen Durchschnitt von etwa 15 v.H., die Zugänge über der Abgangsrate.

Altersstruktur

Der Altersaufbau der Arbeiterbelegschaft ist durch eine fühlbare Überalterung gekennzeichnet *(Bild 12)*. Innerhalb des mittleren Altersbereichs von 20 bis 50 Jahren besteht ein ausgeprägtes Ungleichgewicht: Die Gruppe der jüngeren Beschäftigten von 20 bis 30 Jahren ist zu schwach, die der 40- bis 50jährigen zu stark besetzt. Der Anteil der über 50jährigen, denen ein vorzeitiger Übergang in den Ruhestand aufgrund von Anpassungsmaßnahmen in den zurückliegenden Jahren ermöglicht wurde, ist wiederum gering. Umgekehrt weist die Gruppe der Jugendlichen bis zu 20 Jahren – gemessen an den Jahrgängen von 20 bis 30 Jahren – eine ansehnliche Stärke auf.

Ausländer

Die Nachwuchslücke bei den 21- bis 30jährigen wäre ohne Anwerbung von ausländischen Arbeitskräften wesentlich ausgeprägter. Ende 1974 waren im westdeutschen Steinkohlenbergbau annähernd 30000 Ausländer beschäftigt; ihr Anteil an der Gesamtbelegschaft betrug 14,4 v. H. Dieser Anteil liegt nicht höher als in anderen vergleichbaren Industrien, unter Tage allein erreicht er aber bei den Arbeitern 22,5 v. H. und in der Gruppe der 20- bis 30jährigen Arbeiter unter Tage über 60 v. H. Die ausländischen Arbeitskräfte erfüllen damit über die rein quantitative Auffüllung der Belegschaft hinaus eine wichtige Funktion der qualitativen Strukturverbesserung.

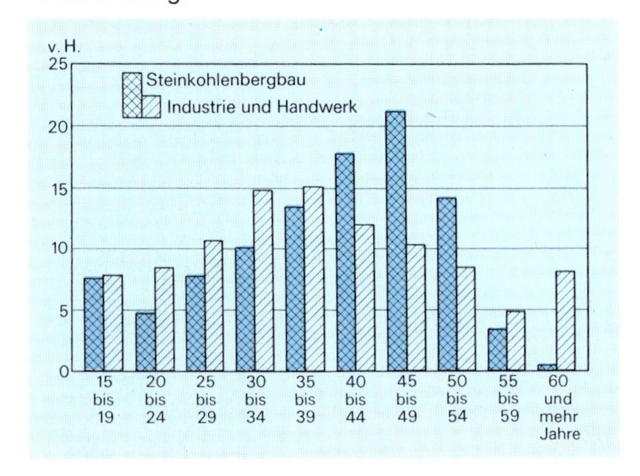

Bild 12: Altersaufbau

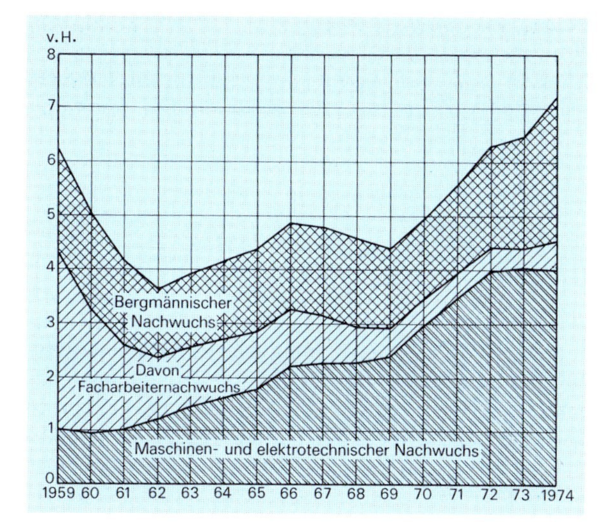

Bild 13: Nachwuchs im Steinkohlenbergbau der Bundesrepublik

Gegliedert nach Nationalitäten bilden die Türken mit 73 v. H. den weitaus größten Anteil der Ausländerbelegschaft, gefolgt von Koreanern mit 7 v.H. und Jugoslawen mit 5 v.H. Alle übrigen Nationalitäten bleiben unter 3 v. H. Etwa die Hälfte der Ausländer ist länger als drei Jahre im Steinkohlenbergbau beschäftigt.

Ausbildung
Die gegenüber dem Ende der 60er Jahre wieder wesentlich verbesserte Nachwuchssituation des Steinkohlenbergbaus ist einerseits auf das wieder wachsende Vertrauen in die Zukunft dieses Wirtschaftszweiges zurückzuführen, andererseits aber auch auf die hervorragende Ausbildung und berufliche Förderung der Jugendlichen im Bergbau *(Bild 13).*

Im Vordergrund der Ausbildung stehen maschinen- und elektrotechnische Berufe, in denen Ende 1974 56 v.H. der 12400 Nachwuchskräfte ausgebildet wurden. Der Anteil der maschinen- und elektrotechnischen Fachkräfte an der Bergarbeiterbelegschaft beträgt nur rund ein Fünftel. Angesichts der starken Mechanisierung der Betriebe besitzen diese Fachkräfte jedoch eine Schlüsselposition. Dies ist bei den hohen Fluktuationsverlusten an gut ausgebildeten Fachkräften zu berücksichtigen.

In der bergmännischen Facharbeiterausbildung zum Knappen standen Ende 1974 etwa 7 v. H. des Nachwuchses. Die restlichen 37 v. H. entfielen auf Jugendliche, die mangels ausreichender persönlicher Voraussetzungen keine Ausbildungsverträge haben und die zur Erlernung der bergmännischen Fertigkeiten nach besonderen Plänen beruflich gefördert werden.

In Anlehnung an derartige Maßnahmen führt der Steinkohlenbergbau zusammen mit der Arbeitsverwaltung Lehrgänge für Jugendliche durch, die nicht zur Belegschaft gehören. Berufsförderungslehrgänge für noch nicht berufsreife Jugendliche verfolgen ähnliche Zwecke.

Insgesamt erreichte der *Nachwuchs* im Steinkohlenbergbau 1974 wieder einen Anteil von 7,2 v. H. der Arbeiterbelegschaft, nachdem er zehn Jahre vorher auf unter 4 v. H. abgesunken war.

Neben der Nachwuchsausbildung nimmt im Steinkohlenbergbau die *betriebliche Eingliederung* der erst im Erwachsenenalter zum Bergbau stoßenden Arbeitskräfte einen breiten Raum ein. Jährlich sind etwa 10000 bis 20000 neu angelegte Beschäftigte planmäßig in ihren neuen Beruf einzuführen, wozu bei Ausländern auch die Vermittlung von Grundkenntnissen in der deutschen Sprache gehört.

Aufgrund der technischen Entwicklung im Bergbau gewinnt die berufliche *Fortbildung* zunehmende Bedeutung. Jährlich nehmen etwa 10 v. H. der Belegschaft an betrieblichen und überbetrieblichen Lehrgängen zur Vermittlung von Kenntnissen in speziellen Techniken und an der Aufstiegs-Fortbildung in bergbaulichen Schulen teil. Die enge Bindung der schulischen Ausbildung an die Bergbaubetriebe sichert dabei eine besonders praxisbezogene Ausbildung.

1.5.4 Produktivität

Die Arbeitsproduktivität, bezogen auf die geleistete Arbeitszeit, betrug 1974 3937 kg verwertbare Förderung je Arbeiterschicht unter Tage; bezogen auf die durchschnittlich angelegten Untertagearbeiter wurden 786 t je Arbeiter und Jahr gefördert.

Die Entwicklung war 1974 erstmals nach vielen Jahren leicht rückläufig. Die Ursachen dafür liegen in der Neuorientierung der Kohlepolitik, die auf eine Stabilisierung der Förderung gerichtet ist. Dies erfordert beträchtliche Anstrengungen in der Aus- und Vorrichtung, um die Lagerstättennutzung langfristig optimal zu gestalten. Die produktivitätssteigernden Effekte der negativen Rationalisierung, die in der Vergangenheit durch anhaltenden Rückzug auf die kostengünstigeren Anlagen und Lagerstättenteile betrieben wurde, verlieren an Bedeutung.

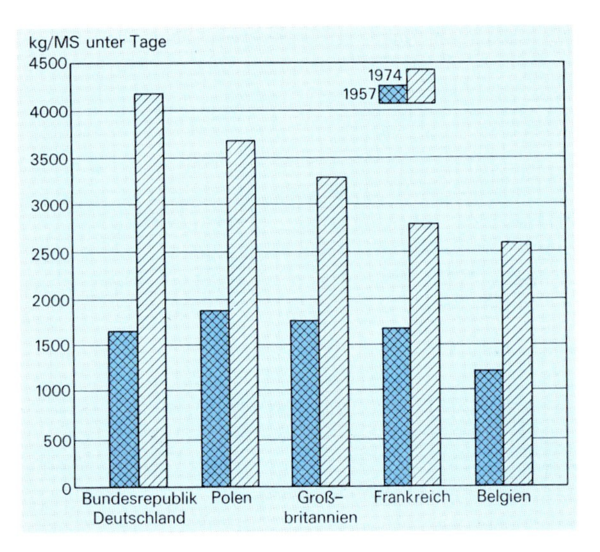

Bild 14: Schichtleistung im Steinkohlenbergbau europäischer Länder

Im europäischen Vergleich nimmt der deutsche Steinkohlenbergbau eine Spitzenstellung in der Arbeitsproduktivität ein. Die Untertageschichtleistung liegt um 13 v. H. über der polnischen, um 27 v. H. über der britischen, um 50 v. H. über der französischen und um 62 v. H. über der belgischen Leistung *(Bild 14)*.

Tafel 4: Durchschnittliche Arbeitszeit je Arbeiter in Schichten

Kalendertage	365,0
./. Sonn- und Feiertage	64,2
./. Ruhetage	51,0
./. Sonstiger Urlaub	0,8
./. Tarifurlaub	23,2
Mögliche Normalschichten	225,8
./. Betriebliche Gründe	0,4
Schichten zur Verfügung des Arbeitnehmers	225,4
./. Krankheit	30,4
./. Arbeitsunfälle	4,7
./. Entschuldigtes Fehlen	4,1
./. Unentschuldigtes Fehlen	0,4
Normal verfahrene Schichten	185,8
+ Überschichten	20,9
Gesamtsumme der verfahrenen Schichten	206,7
./. davon Berufsausbildung	4,0
Schichten zur Verfügung des Arbeitgebers	202,7

1.5.5 Arbeitsbedingungen

Arbeitszeit

Ein Bergarbeiter verfuhr im Jahre 1974 durchschnittlich 202,7 Schichten. Gegenüber dem Vorjahr bedeutete dies eine Steigerung um 1,9 v. H. Die Zunahme ist im wesentlichen auf die verstärkte Mehrarbeit zurückzuführen, zu einem kleinen Teil auf eine erstmals seit 1967 eingetretene Verminderung der durch Krankheit entgangenen Schichten *(Tafel 4)*.

Arbeitsverdienst

Die untertägige Arbeit stellt trotz aller Erleichterungen durch die moderne Technik nach wie vor hohe Anforderungen an die Belegschaften. Dementsprechend verdienen die Bergleute auch überdurchschnittlich hohe Löhne und Gehälter. Hinzu kommen freiwillige und gesetzliche Sozialleistungen, die den Bergbaubeschäftigten insbesondere hinsichtlich ihrer Altersversorgung eine bevorzugte Stellung geben.

Mitte 1974 verdiente ein Untertagearbeiter in Nordrhein-Westfalen mit einem effektiven Stundenlohn von 11,74 DM je vergütete Stunde 16,5 v. H. mehr als ein Industriearbeiter mit durchschnittlichem Lohn *(Bild 15)*. Die entsprechenden Daten für die Arbeiter im Steinkohlenbergbau Nordrhein-Westfalens insgesamt lauten 11,08 DM je vergütete Stunde; d. s. 9,9 v. H. über dem Durchschnitt. Nach der amtlichen Industriestatistik (34 Industriebereiche) nahmen die Untertagearbeiter den dritten und die Arbeiter im Steinkohlenbergbau insgesamt den sechsten Rang ein.

Lohnordnung

Basis der Entlohnung im Steinkohlenbergbau ist ein umfangreiches *Tarifwerk*. Die Tarifverträge werden zwischen den einzelnen Revierverbänden des Steinkohlenbergbaus auf der Arbeitgeberseite und der Industriegewerkschaft Bergbau und Energie sowie der Deutschen Angestelltengewerkschaft auf der Arbeitnehmerseite vereinbart.

Die wichtigsten, für Löhne und Gehälter maßgebenden Tarifregelungen sind die den Manteltarifverträgen beigefügten *Lohnordnungen* und *Gehaltsgruppenverzeichnisse*.

Lohnordnungen und Gehaltsgruppenverzeichnisse sind in den letzten Jahren grundlegend erneuert worden. An die Stelle eines vor allem auf die Vorbildung abgestellten Einstufungssystems ist eine im wesentlichen tätigkeitsbezogene Untergliederung getreten. Bei den Arbeitern ist danach jede regel-

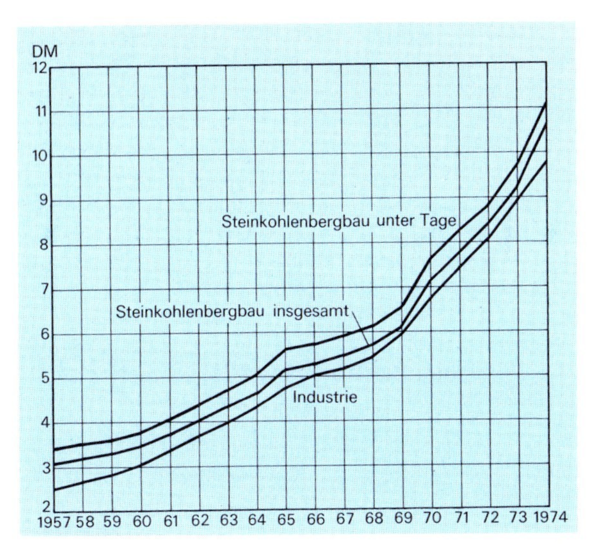

Bild 15: Bruttostundenverdienste im Steinkohlenbergbau und in der Industrie

mäßig vorkommende Tätigkeit nach ihrem summarisch ermittelten Tätigkeitswert einer der elf Lohngruppen in der Lohnordnung zugeordnet.

Bedeutende Neuerungen sind außerdem durch die Einführung zusätzlicher Leistungsentlohnungsgrundsätze geschaffen worden. Sie tragen einerseits der technischen Entwicklung Rechnung, die dazu geführt hat, daß der einzelne Arbeiter vielfach nur noch sehr begrenzte Möglichkeiten hat, unmittelbar auf das Arbeitsergebnis Einfluß zu nehmen. Andererseits gestatten sie die Ausdehnung der Leistungsentlohnung auf viele Tätigkeiten, die bisher nur im Zeitlohn verrichtet werden konnten. Eine möglichst breite Anwendung der Leistungsentlohnung entspricht dem Bestreben des Steinkohlenbergbaus, die Leistungsmotivation durch Lohnanreize zu stärken.

Einen zusätzlichen Bestandteil des Arbeitsverdienstes der Untertagebeschäftigten bildet die *Bergmannsprämie* in Höhe von 5 DM je verfahrene Schicht. Sie wird in Anerkennung der besonderen Leistung der Bergleute für die Allgemeinheit von der öffentlichen Hand aus dem Lohnsteueraufkommen finanziert.

1.6 Forschung und technische Entwicklung

1.6.1 Neue Technologien zur Kohlenveredlung

Verkokung

In den letzten Jahren sind kontinuierliche Formkoksverfahren entwickelt worden, zum Beispiel das Bergbau-Forschung-Lurgi-Verfahren (BFL – Verfahren) und das Ancitverfahren des Eschweiler Bergwerks-Vereins.

Beim BFL-Verfahren werden rund 30 v. H. backende Kohle und rund 70 v. H. beliebige Kohle eingesetzt. Die nicht backende Feinkohle wird zunächst bei ca. 750 °C nach dem Lurgi-Ruhrgas-Verfahren geschwelt und entgast. Der daraus entstehende heiße Feinkoks wird anschließend mit der backenden Komponente vermischt. Durch geeignete Temperaturführung entsteht ein quasiplastisches Gemisch, das auf einer Ringwalzenpresse zu gleichförmigen *Heißbriketts* verpreßt wird. Die Formlinge eignen sich als metallurgischer Hochofenkoks. Eine Prototypanlage zur Herstellung von 300 t Formkoks pro Tag ist 1975 in Betrieb gegangen *(Bild 16)*.

Besondere Merkmale der neuen kontinuierlichen Verkokungsverfahren sind hohe Leistungsdichte, Flexibilität, gute Wärmeausnutzung und Umweltfreundlichkeit. Der gesamte Prozeß läuft in einem völlig abgeschlossenen System ab, das keine Staubemissionen zuläßt. Der größte Vorteil besteht im Einsatz von 70 v. H. beliebiger Kohle und damit in einer wesentlich besseren Nutzung unserer Kohlereserven.

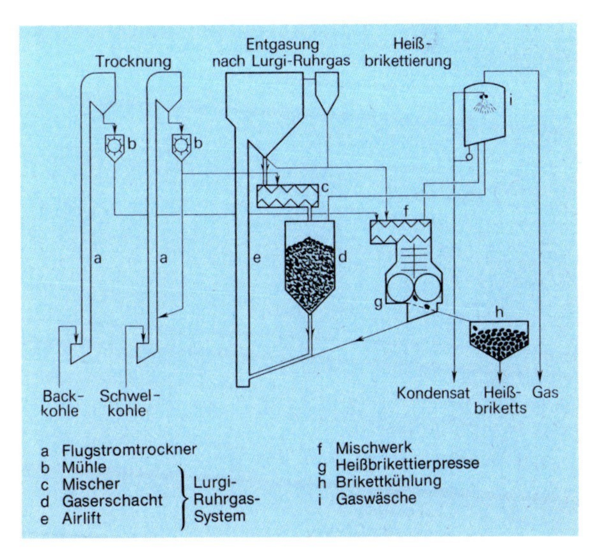

Bild 16: Schema der Großversuchsanlage Prosper

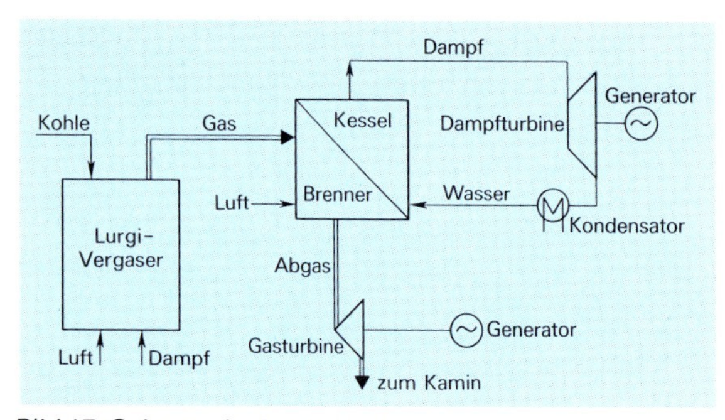

Bild 17: Schema der Kohledruckvergasung

Stromerzeugung
Neue Kraftwerkskonzepte zielen auf eine bessere Nutzung der Kohle und damit auf höhere Wirkungsgrade von thermischen Kraftwerken hin. Die konventionelle Technik ist ausgereift und läßt keinen höheren Wirkungsgrad als 39 v. H. zu.

Ein Konzept der STEAG sieht die *Kombination einer Kohledruckvergasungsanlage mit einem kombinierten Gas/Dampf-Turbinenprozeß* vor. Die Kohle wird zunächst in einem Vergasungsreaktor nach Lurgi mit Luft und Wasserdampf bei etwa 20 bar in Gas umgewandelt. Das erzeugte Gas wird anschließend unter Druck gereinigt und in einem Kessel bei dem Ladedruck einer nachfolgenden Gasturbine verbrannt. Die Wärmeinhalte von Gas und Dampf werden über eine Gas- und Dampfturbine in Strom umgesetzt *(Bild 17).* Mit dieser Technologie kann ein Wirkungsgrad von 43 v.H. erreicht werden. Ein Versuchskraftwerk für 170 MW ist bei STEAG im Betrieb. Für 1980 ist ein 400-MW-Kraftwerk geplant.

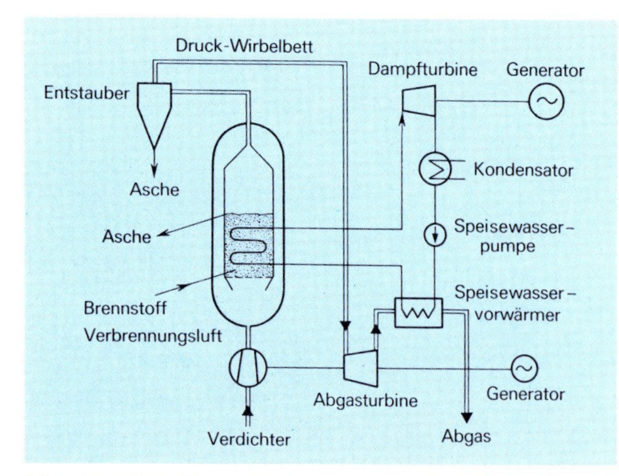

Bild 18: Gas-Dampf-Turbinenprozeß bei einer Druck-Wirbelschicht-Feuerung

Ein anderer Weg wird mit der *Wirbelschichtfeuerung* beschritten, die in der Bundesrepublik Deutschland, in stärkerem Maße aber in den USA und in England entwickelt wird. Bei der Wirbelschichtfeuerung wird aufbereitete Kohle in einer Wirbelschicht aus kalkhaltigem Material bei Temperaturen zwischen 800 °C und 1000 °C verbrannt. In die Wirbelschicht tauchen Heizflächen ein, die wegen der sehr guten Wärmeübertragungsverhältnisse kompakt gehalten werden können. Der in der Kohle enthaltene Schwefel wird durch den Kalk in der Schicht gebunden. Wegen der geringen Verbrennungstemperatur sind die Stickoxidemissionen erheblich reduziert.

Bei Druckbetrieb kann ein kombinierter Gas-Dampf-Turbinenprozeß nachgeschaltet werden *(Bild 18).*

Beide Verfahren haben gegenüber bisherigen Verfahren folgende Vorteile:

- Verringerung der spezifischen Investitionskosten
- Erhöhung des Wirkungsgrades
- Umweltfreundlichkeit infolge verringerter Schadstoffemissionen
- Verbreiterte Rohstoffbasis.

Im Bereich der konventionellen Kraftwerkstechnik wird die Möglichkeit diskutiert, die Kraftwerkskohle vorzuschwelen, um die wertvollen gasförmigen und flüssigen Bestandteile der Kohle vor der Verbrennung zu gewinnen.

Vergasung
Eine für den Verbraucher sehr bequeme und in vieler Hinsicht auch zweckmäßige Energieform ist Gas. Es ist umweltfreundlich, läßt sich preiswert transportieren und unterirdisch lagern. Wegen dieser günstigen Eigenschaften haben in den letzten Jahren die Zuwachsraten des Gasverbrauchs bei über 10 v. H. gelegen. Mitte der 80er Jahre ist wegen mangelnder Reserven mit einer Lücke im Erdgasangebot zu rechnen. Eine Möglichkeit, die Gas- und damit auch die Energieversorgung langfristig zu sichern, ist die Vergasung von Kohle, die noch reichlich vorhanden ist.

Die Vergasungsverfahren lassen sich nach strömungsbedingten Zuständen des Vergasungsstoffes unterscheiden. Beim *Lurgi-Druckvergasungsverfahren* findet die Vergasung in einem Festbett bei Drücken bis 30 bar statt. Ein Teil der Einsatzkohle wird mit Sauerstoff verbrannt, um die zur Wasserdampfvergasung benötigte Reaktionswärme bereitzustellen. Es entsteht ein Synthesegas aus Kohlenmonoxid und Wasserstoff, das auch Methan und andere Kohlenwasserstoffe enthält. Beim *Winkler-Verfahren* findet der Vergasungsvorgang in einer Wirbelschicht bei Normaldruck statt. Das entstehende Synthesegas enthält nur sehr wenige Kohlenwasserstoffe. Beim *Koppers-Totzek-Verfahren* läuft die Vergasungsreaktion in einer Flugstromwolke bei über 1500 °C ab. Aufgrund der hohen Temperaturen entstehen nur noch Kohlenmonoxid und Wasserstoff. Um aus den Produkten ein Gas mit hohem Heizwert zu erzeugen, muß für einen hohen Methangehalt gesorgt werden. Aus diesem Grunde ist es notwendig, dem Verfahren eine Methanisierungsstufe nachzuschalten.

Seit 1973 wird verstärkt an der Weiterentwicklung der konventionellen, autothermen Verfahren gearbeitet. Beim Lurgi-Verfahren steht der Einsatz auch backender und feinkörniger Kohlen im Vordergrund, während bei den anderen Verfahren eine Vergasung unter Druck probiert wird. Vornehmlich in den USA wird eine Reihe neuer Vergasungskonzepte entwickelt.

Völlig neu ist die Technologie, die eine Kombination einer *Vergasungsanlage mit einem Hochtemperaturreaktor (HTR)* vorsieht. In der Bundesrepublik Deutschland wird daran seit 1969 gearbeitet. Die Reaktionswärme wird dabei mit Hilfe von Helium, das im HTR auf über 950 °C erhitzt wird, über ein Wärmetauschsystem in eine Wirbelschicht aus Kohle geleitet. Die Restwärme des Heliums wird anschließend über eine Gasturbine in elektrische Energie umgewandelt *(Bild 19)*.

Das Anströmmedium für die Wirbelschicht bildet Wasserdampf, der ebenfalls mit Kernreaktorwärme aufgeheizt und überhitzt wird. Bei dem Prozeß entsteht primär Synthesegas, das zu Methan oder anderen Kohlenwasserstoffen aufgearbeitet werden kann. Dieses neue Kohlevergasungsverfahren unter Nutzung von Kernreaktorwärme besitzt die Vorteile eines besseren Umweltschutzes, geringerer Kosten und besserer Nutzung der Energiereserven. Bei den konventionellen Verfahren können aus 1 t Kohle mit 35 v. H. flüchtigen Bestandteilen 550 m^3 Methan erzeugt werden. Bei der Verwendung von nuklearer Wärme steigt die Methanproduktion auf 880 m^3 an. Andererseits nimmt der Kohlendioxidanteil von 1030 m^3 auf 700 m^3 pro t Kohle ab.

Ein weiteres, in der Entwicklung befindliches Kombinationssystem von Kernreaktor und Vergasungsanlage ist die *hydrierende Vergasung*, bei der Methan direkt erzeugt wird. Die Kernwärme dient in diesem Prozeß nur der Spaltung eines Teils

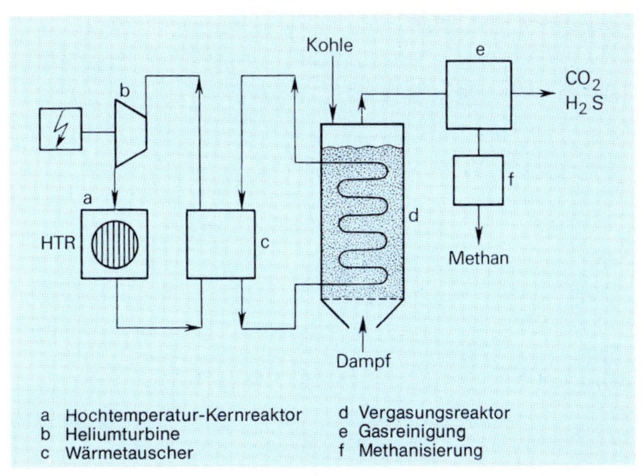

Bild 19: Kohlevergasung mit Wärme aus dem Hochtemperatur-Reaktor

des erzeugten Methans mit Wasserdampf zu Wasserstoff und Kohlenmonoxid, um den zur Vergasung benötigten Wasserstoff bereitzustellen. Die Vergasungsreaktion selbst ist exotherm, d. h., es wird Wärme frei.

Die Verfahren werden in gemeinsamer Arbeit von der Kernforschungsanlage Jülich GmbH, der Rheinischen Braunkohlenwerke AG und der Bergbau-Forschung GmbH entwickelt und vom Bundesministerium für Forschung und Technologie gefördert. Die Technologie befindet sich, was die Vergasung betrifft, im Übergang vom Labor- in den Technikumsmaßstab. Mit einer erfolgreichen Realisierung kann frühestens Ende der 80er Jahre gerechnet werden *(Bild 24)*.

Kohleverflüssigung

Das technisch und wirtschaftlich bedeutendste Gebiet der chemischen Veredlung von Steinkohle stellte vor und während des Krieges die Treibstofferzeugung dar. So konnten 1943/44 fast 5 Mill. t Treibstoff pro Jahr erzeugt werden. Nach dem Kriege mußten die bestehenden Anlagen aufgegeben werden, da sich die wirtschaftlichen Voraussetzungen geändert hatten.

Alle Verfahren zur Kohleverflüssigung beruhen auf dem Prinzip, die großen, wasserstoffarmen Kohlemoleküle zu spalten und kleine, wasserstoffreiche Moleküle durch Wasserstoffanlagerung (Hydrierung) zu erzeugen.

Beim *Pott-Broche-Verfahren* wird Kohle in einem Lösungsmittel aufgelöst, wobei es zu einem Kohleaufschluß und zu einer leichten Hydrierung kommt. Es entsteht ein asche- und schwefelarmer Extrakt, der als Ersatz für schweres Heizöl in Kraftwerken verbrannt werden kann. Es hat sich als schwierig erwiesen, den Extrakt zu leichteren Ölen oder Benzin weiterzuverarbeiten.

Das *Bergius-Pier-Verfahren* wurde mit dem Ziel entwickelt, Vergaserkraftstoffe zu erzeugen. Der Verfahrensgang ist wegen einer längeren und weiter fortschreitenden Hydrierung kompliziert und erfordert zwei Stufen: eine Sumpf- und eine Gasphasenhydrierung. Die Sumpfphasenhydrierung ähnelt dem Extraktionsverfahren, wobei die Hydrierung durch bestimmte Katalysatoren günstig beeinflußt wird. Es entstehen Schwer- und Leichtöl, Benzine und Gase. Die leichteren Produkte werden aus dem Prozeß entfernt, während die mittleren Öle weiterhydriert werden. Das Hauptprodukt ist Benzin. Jedoch können durch andere Betriebsbedingungen auch leichtere Heizöle erzeugt werden.

Bei der *Fischer-Tropsch-Synthese* wird Kohle zunächst durch Vergasung in ein Synthesegas umgewandelt. Unter Einwirkung von Katalysatoren können aus dem Synthesegas unter Druck und relativ niedrigen Temperaturen leichtere und schwerere Kohlenwasserstoffverbindungen, im wesentlichen Aliphate, erzeugt werden. In Sasolburg, Südafrika, wird in einem Synthesewerk aus billigen südafrikanischen Kohlen Fischer-Tropsch-Benzin hergestellt. Die Anlage hat eine Kapazität von 230 000 t Benzin pro Jahr.

In Zukunft könnte die Herstellung von *Methanol* als Benzinersatz aus dem Synthesegas der Kohlevergasung mit Kernreaktorwärme interessant werden. Aus einer Tonne Kohle können zwei Tonnen Methanol, das ist der Wärmeinhalt von 1 t Benzin, erzeugt werden. Das Verfahren von Bergius-Pier erfordert hingegen den Einsatz von 3,5 t Kohle zur Herstellung von 1 t Benzin. Für die Methanolherstellung sprechen außerdem die Umweltfreundlichkeit bei der Verbrennung und der bessere Gesamtwirkungsgrad der Motoren. Methanol kann außerdem als Grundstoff in der chemischen Industrie eingesetzt werden.

Die Kohleverflüssigungsverfahren werden in den nächsten Jahren unrentabel sein. Im Hinblick auf eine größere Unabhängigkeit von Erdöl- und Erdgasprodukten muß jedoch an der Weiterentwicklung der Verflüssigungsverfahren gearbeitet werden.

1.6.2 Bergtechnik

Die Konzentration im westdeutschen Steinkohlenbergbau auf wenige fördernde Schachtanlagen ist weitgehend abgeschlossen. Ein Schwerpunkt der künftigen Entwicklung liegt in einer weiteren Kapazitätserhöhung der bestehenden Schachtanlagen auf verwertbare Förderungen zwischen 10 000 und 15 000 t/d je Anlage.

Im Untertagebereich hat sich seit 1959 die Strebleistung verdreifacht und die Leistung des Grubenbetriebes verdoppelt *(Bild 20)*. Damit ist das Verhältnis Strebleistung zur Leistung unter Tage von 3:1 auf 4:1 angewachsen. Diese Entwicklung drückt den Erfolg aus, den die bevorzugte *Weiterentwicklung der Abbautechnologie* erbracht hat. Sie zeigt aber auch, daß von dem im Abbaubereich erzielten Leistungszuwachs ein großer Teil in den vor- und nachgeschalteten Betriebsbereichen aufgezehrt wird. Dazu zählen das arbeitsintensive Herstellen und Offenhalten der Grubenräume sowie die Förderung und der Materialtransport. Ziel der Forschung und der technischen Entwicklung ist es, durch weitere Mechanisierung und Automatisierung dieser Betriebsvorgänge den Leistungsabfall vom Streb bis zum Schacht zu verringern und die Arbeitsbedingungen zu erleichtern.

Eine zunehmende Bedeutung gewinnen auch der *Betriebszuschnitt* und die *Betriebsüberwachung*, weil die Einführung neuer Technologien in vielen Fällen eine Anpassung des Zuschnitts erfordert und die Empfindlichkeit des Grubenbetriebes gegenüber technischen Störungen mit steigender Betriebskonzentration wächst. Eine Anpassung an diese Erfordernisse wird durch die Entwicklung neuer

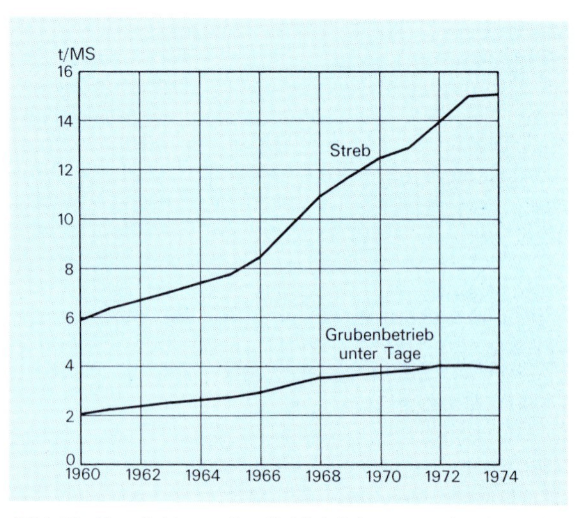

Bild 20: Entwicklung der Schichtleistungen im Streb und im Grubenbetrieb unter Tage

Methoden für die Zuschnittsplanung mit Hilfe der elektronischen Datenverarbeitung und des Operations Research verfolgt. Ferner sollen neue Kommunikationssysteme den Informationsfluß zwischen den untertägigen Betriebsbereichen und zwischen den Bereichen unter und über Tage verbessern und die Betriebsüberwachung erleichtern.

Vortriebstechnik
Zumindest bis in das nächste Jahrzehnt hinein wird beim Herstellen der Grubenbaue der Sprengvortrieb seine vorherrschende Stellung behalten. Deshalb ist die technische Entwicklung auf diesem Gebiet hauptsächlich auf die Verbesserung der Bohr-, Spreng-, Lade- und Ausbautechnik sowie auf die Organisation des Streckenvortriebs gerichtet.

Gleichzeitig wird mit Nachdruck die Weiterentwicklung der *Streckenvortriebsmaschinen* betrieben, mit denen bereits gute Erfolge erzielt worden sind. Maschinen dieser Art sind zwar kapitalintensiv, mit ihnen werden aber wesentlich höhere Auffahrgeschwindigkeiten als beim Sprengvortrieb erreicht *(Bild 21)*.

Ähnlich sind die Entwicklungsschwerpunkte beim Abteufen von Schächten und Blindschächten. Es wird sowohl an der Verbesserung der konventionellen Abteuftechnik als auch an der Weiterentwicklung von *Schachtbohrmaschinen* gearbeitet.

Bild 21: Streckenvortriebsmaschine

Abbau
Trotz weitgehender Vollmechanisierung kann im Abbaubereich die Strebleistung mittelfristig auf 20 bis 25 t/Mannschicht (MS) gesteigert werden. Dazu gehören die weitere Verbesserung der Gewinnungstechnik mit *Kohlenhobeln (Bild 22)* und *Schrämladern,* die Weiterentwicklung des schreitenden Ausbaus und eine noch bessere Abstimmung der Betriebsmittel aufeinander. Der *Schildausbau* wird seinen Anteil am schreitenden Ausbau in wenigen Jahren auf mehr als 50 v. H. erhöhen.

Eine *Automatisierung der Betriebsvorgänge* im Streb wird angestrebt. Sie trifft bei unregelmäßiger Ausbildung der Lagerstätte auf technische und wirtschaftliche Grenzen, wird sich aber bei gleichmäßiger Flözausbildung in absehbarer Zeit verwirklichen lassen.

Die in ungestörten Lagerstättenbereichen hochleistungsfähigen Strebausrüstungen zeigen heute unter gestörten Verhältnissen vielfach einen starken Leistungsabfall. Deshalb bemüht der Steinkohlenbergbau sich intensiv um die Entwicklung von Strebausrüstungen, die auch unter ungünstigeren Lagerstättenbedingungen hohe Leistungen erreichen lassen. Diese Bemühungen sind insofern von besonderer Bedeutung, als für eine möglichst vollständige Ausbeutung der heimischen Steinkohlenlagerstätten auch wenig günstig ausgebildete Lagerstättenteile mit wirtschaftlichem Erfolg gebaut werden müssen.

Die vollständige Nutzung der Lagerstätten ist auch ein Ziel, das mit der Weiterentwicklung der *hydromechanischen Gewinnung* verfolgt wird. Das Verfahren verwendet anstelle einer Gewinnungsmaschine den Hochdruckstrahl einer Wasserkanone zum Gewinnen von Kohle, die anschließend in Rohrleitungen zum Schacht gepumpt wird. Für die stark geneigte und steile Lagerung, die einer Mechanisierung große Schwierigkeiten bereitet, ist die hydromechanische Gewinnung ein erfolgversprechendes und bereits erprobtes Verfahren.

Förderung und Transport
Der Trend zu größeren Förderwagen und stärkeren Lokomotiven wird auch in Zukunft anhalten. Die größten bisher im Steinkohlenbergbau eingesetzten Wagen sind Bodenentleerer mit 7 m^3 Inhalt. Die mit der *automatischen Lokomotivförderung* gemachten Erfahrungen ermutigen zu einer größeren Verbreitung. Das gilt auch für die automatische Steuerung von *Bandstraßen-Systemen* durch elektronische Prozeßrechner.

Der *Material- und Personentransport* wird auch künftig überwiegend auf Spezialwagen zurückgreifen, die dem jeweiligen Zweck angepaßt sind. Für einen schnellen Umschlag auf andere Fördermittel wird das Material auf Paletten verpackt und gebündelt. Neuentwicklungen und Weiterentwicklungen von Umschlageinrichtungen und Fördermitteln sollen zu einem personalsparenden Transport zwischen den Hauptstrecken und den Strebbetrieben führen.

Gebirgsbeherrschung
Mit dem Vordringen des Bergbaus in größere Teufen steigt der *Gebirgsdruck,* der durch das Gewicht der überlagernden Gebirgsschichten verursacht wird. Damit wird das Offenhalten der Grubenbaue über größere Zeitabschnitte immer schwieriger. Die Entwicklung und Verbesserung von Ausbausystemen, die im Verband mit dem umgebenden Gebirge die Grubenbaue bestmöglich schützen, ist eine der wichtigsten Aufgaben der Gebirgsmechanik.

Eine besondere Bedeutung für den Steinkohlenbergbau hat weiterhin die Erforschung der *Gebirgsschläge,* die auf Druckkonzentrationen im Gebirge zurückzuführen sind. Hier werden neue Erkenntnisse über die Mechanik der Gebirgsschläge zu deren Verhütung beitragen.

Ausgasung und Grubenklima
Wegen der weiter zunehmenden Betriebskonzentration unter Tage wird die Beherrschung der Ausgasung immer schwieriger. Da der Methangehalt in den Grubenwettern aus sicherheitlichen Gründen 1 v. H. nicht überschreiten darf, ist die technische Verbesserung der Gasabsaugung eine wichtige Voraussetzung für die weitere Leistungssteigerung im Abbaubereich.

Mit zunehmender Abbauteufe steigt die Gebirgstemperatur: in den Karbonschichten um rund 4 °C je 100 m. Dadurch erwärmen sich die Grubenwetter auf ihrem Weg vom Schacht bis zu den Abbaubetrieben immer stärker. Die mit der Teufe steigenden Wettertemperaturen zwingen zu einer Verkürzung der Schichtzeit oder zu einer *Klimatisierung* der Betriebspunkte. Die Verbesserung der Kühltechnik nimmt einen bedeutenden Platz in der laufenden Forschungs- und Entwicklungsarbeit ein. Für die fernere Zukunft wird die Individualkühlung am Mann mit Hilfe spezieller Grubenanzüge in Erwägung gezogen.

Bild 22: (links oben) Erprobung eines Kohlenhobels im Versuchsfeld Abbautechnik der Bergbau-Forschung

Bild 23 (rechts oben): Rauchgasentschwefelungsanlage der Bergbau-Forschung; Blick unter den Entschwefelungsreaktor

Bild 24: Halbtechnische Anlage zur Wasserdampfvergasung von Braun- und Steinkohle auf dem Versuchsgelände Königin Elisabeth der Bergbau-Forschung

1.7 Wirtschaftliche Entwicklung

1.7.1 Steinkohlenmarkt bis zur Ölkrise

Obwohl namhafte Experten bereits Anfang der 70er Jahre ein Ende des scheinbar dauerhaften Energieüberflusses der 60er Jahre voraussagten und für verstärkte Anstrengungen zur Sicherung der künftigen Energieversorgung eintraten, setzten sich auf dem Energiemarkt der Bundesrepublik zunächst bisherige Tendenzen fort. Vor allem der Mineralölverbrauch stieg weiter kräftig an und erreichte 1973 mit 209 Mill. t SKE einen Höchststand. Am gesamten *Primärenergieverbrauch* betrug der Mineralölanteil 55 v.H. Die Steinkohle deckte zwar noch immer 22 v. H. des Primärenergieverbrauchs und leistete damit einen Versorgungsbeitrag in einer Größenordnung, den alle anderen Energieträger (Braunkohle, Wasserkraft, Erdgas, Kernenergie und sonstige) zusammen erreichten. Gegenüber einem Steinkohlenverbrauch von 137 Mill. t SKE, der rund 70 v. H. des Primärenergieverbrauchs im Jahr 1957 deckte, war der Versorgungsbeitrag der Steinkohle jedoch nicht nur relativ, sondern auch absolut rückläufig *(Bild 25).*

Maßgeblich für diese Entwicklung waren vor allem *preisliche Aspekte,* nach denen die Energieverbraucher ihre Bedarfsdeckung bislang vorwiegend ausgerichtet hatten und die auch die Energiepolitik wesentlich beeinflußten. Die Rohölbezugspreise (Grenzübergangswerte) der Bundesrepublik gingen von 1957 bis 1970 stark zurück. Während 1957 für eine Tonne importierten Rohöls noch 114 DM gezahlt werden mußten, hatte sich dieser Preis bis 1970 annähernd halbiert und betrug 60 DM/t. Nach diesem Tiefstand war eine Verteuerung zu

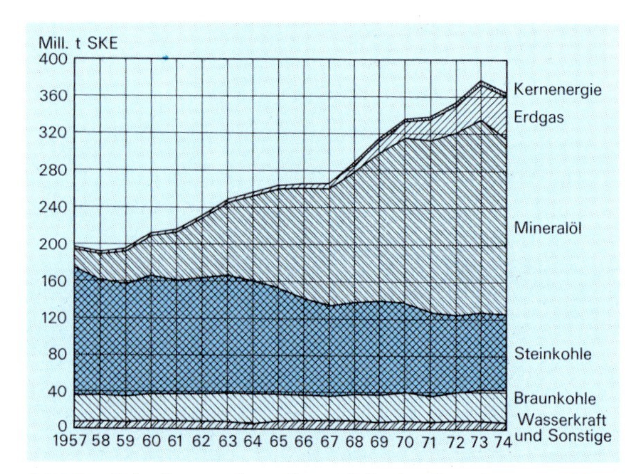

Bild 25: Primärenergieverbrauch in der Bundesrepublik

beobachten. Die Wettbewerbsposition der Steinkohle konnte sich dadurch jedoch nicht entscheidend verbessern; der Preisabstand war zu groß.

Im Steinkohlenbergbau waren bis Mitte der 60er Jahre die ansteigenden Lohn- und Materialkosten durch erhebliche Produktivitätsfortschritte aufgefangen worden. Gegen Ende der 60er Jahre ging aber die sich verstärkende inflationäre Kostenentwicklung, die den Bergbau wegen seiner hohen Lohnintensität sowie seiner hohen Versorgungslasten und Bergschadensverpflichtungen besonders trifft, über die möglichen Produktivitätsfortschritte hinaus. Deshalb waren die Unternehmen gezwungen, die Listenpreise entsprechend zu erhöhen. Die Wärmepreisdifferenz zum schweren Heizöl, mit dem die *Kraftwerkskohle* im Wettbewerb steht, belief sich 1972/73 auf etwa 24 bis 25 DM/t SKE; 1971 betrug sie noch weniger als 5 DM/t SKE *(Tafel 5).*

Auf dem zweiten wichtigen Markt, dem *Kokskohlenmarkt,* steht die inländische Steinkohle mit Drittlandskohle im Preiswettbewerb. Bei dieser Kohle waren in der Vergangenheit immer wieder starke Preisausschläge zu beobachten, obwohl die Kosten auch im ausländischen Steinkohlenbergbau angestiegen waren. Auf die Dollarpreise wirkte sich neben der jeweiligen Nachfragesituation die Entwicklung der Seefrachten aus. Entscheidender waren aber die Wechselkursveränderungen, die sich in gedrückten DM-Preisen äußerten. Von Mitte 1969 bis Ende 1972 wurde die D-Mark gegenüber dem US-Dollar um 25 v. H. aufgewertet. Die Drittlandskohle gewann dadurch einen beachtlichen Spielraum für Preiserhöhungen. Von Anfang 1970 bis Ende 1972 sind die Dollarpreise dieser Kohle cif ARA-Häfen um 44 v.H. angestiegen. Die Listenpreise für Ruhrkokskohle wurden dagegen um 28 v.H. angehoben *(Bild 26).*

Der Steinkohlenabsatz, der Ende der 60er Jahre über 120 Mill. t/Jahr betrug, ging bis Ende 1972 auf etwas über 100 Mill. t zurück. Die wichtigsten Abnehmer sind die Stahlindustrie und die Elektrizitätswirtschaft, auf die inzwischen drei Viertel des Gesamtabsatzes entfallen, während 1960 noch mehr als die Hälfte des Steinkohlenabsatzes an die Haushalte und Kleinverbraucher sowie an die übrige Industrie ging *(Bild 27).*

Die deutsche Stahlindustrie deckt ihren Kokskohlenbedarf nahezu vollständig aus inländischem Aufkommen. In der Stahlindustrie der gesamten Europäischen Gemeinschaft hat die deutsche Koks-

Tafel 5: Preisentwicklung für Kraftwerkskohle und schweres Heizöl 1972 bis 1975 in DM/t SKE

	1972		1973		1974		1975	
	Kohle	Heizöl	Kohle	Heizöl	Kohle	Heizöl	Kohle	Heizöl
Januar	83,—	61,90	87,—	62,70	98,50	108,60	132,—	155,70
Februar	83,—	61,30	87,—	62,80	98,50	138,20	132,—	152,20
März	83,—	60,70	87,—	62,80	98,50	137,—	132,—	143,30
April	83,—	62,10	87,—	67,90	98,50	133,70	132,—	137,90
Mai	83,—	61,20	87,—	67,40	109,80	130,30	132,—	138,20
Juni	83,—	60,80	87,—	67,—	117,—	131,70	132,—	131,30
Juli	85,20	60,—	88,40	63,20	117,—	132,70	132,—	119,10
August	87,—	59,—	91,80	52,90	117,—	130,50	132,—	111,30
September	87,—	56,80	91,80	50,40	117,—	130,60	132,—	122,90
Oktober	87,—	59,20	91,80	55,90	117,—	139,—	132,—	124,20
November	87,—	60,60	91,80	68,70	117,—	146,—	132,—	123,00
Dezember	87,—	61,50	94,—	89,—	117,—	150,90	132,—	130,41
Jahresdurchschnitt	84,80	60,40	89,30	64,20	110,20	134,10	132,-	132,46

Kraftwerkskohle = Industriekohle C (RAG), Listenpreis ab Zeche abzüglich Mengen- und Treuerabatte
Schweres Heizöl = Erzeugerpreis ab Raffinerie bei Abnahme in Leichtern von 650 t und mehr einschl. Verbrauchsteuer

kohle einen Anteil von über 50 v. H. am Gesamtverbrauch und stellt damit die wesentliche Versorgungsbasis. Knapp 30 v. H. der deutschen Stromerzeugung erfolgen aus inländischer Steinkohle, die in diesem wichtigen Sektor der bedeutendste Energielieferant ist.

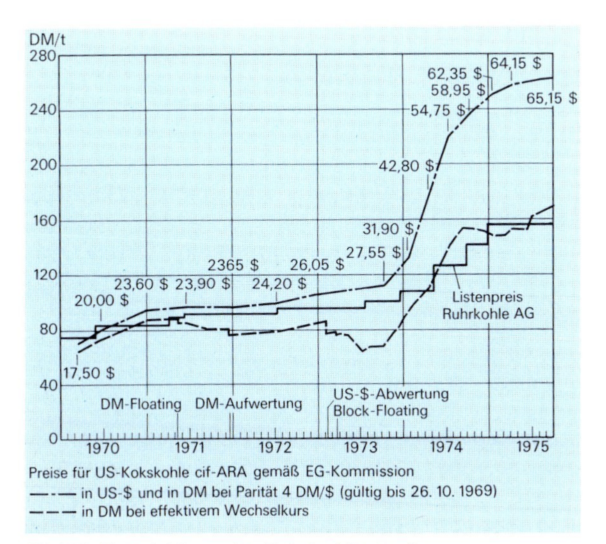

Bild 26: Entwicklung der Kokskohlenpreise

1.7.2 Versorgungssituation bis Oktober 1973

Im Jahre 1973 war die Steinkohlennachfrage zunächst durch zwei Tendenzen gekennzeichnet:

- ○ In der europäischen Stahlindustrie belebte sich die Konjunktur. Mit ansteigender Rohstahlproduktion nahm auch der *Kokskohlenbedarf* wieder zu. Die Dollarpreise für Drittlandskokskohle cif ARA-Häfen stiegen 1973 um rund 7 v. H. an. Der Preisanstieg war damit höher als die Listenpreisanhebung für Ruhrkokskohle von rund 5 v. H. Trotzdem ergab sich im Jahresverlauf aufgrund des sinkenden Dollarkurses eine zunächst wachsende Preisspanne zwischen dem „Wettbewerbspreis" der Drittlandskokskohle und dem Listenpreis der inländischen Kokskohle.
- ○ Auf dem Markt für Kesselkohle setzte sich 1973 zunächst die schwache Steinkohlennachfrage fort. Dabei dürfte die Preisentwicklung von *Kraftwerkskohle* und schwerem Heizöl eine wesentliche Rolle gespielt haben. Während Anfang 1973 die Preisdifferenz Kraftwerkskohle/schweres Heizöl noch rund 24 DM/t SKE betrug, vergrößerte sich der Preisvorteil des Heizöls bis September 1973 auf über 40 DM/t SKE. Ursache dafür war die aufgrund des anhaltenden Kostenauftriebs erforderliche Erhöhung der Kohlepreise um 5,5 v. H. Mitte 1973. Noch viel

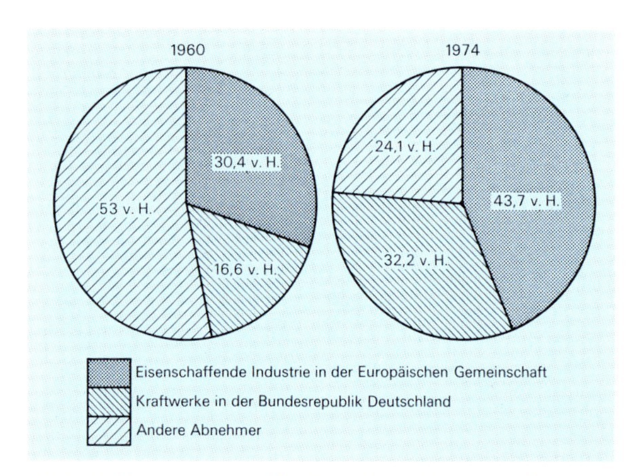

Bild 27: Veränderung der Absatzstruktur des deutschen Steinkohlenbergbaus

stärker wirkte sich aber der Preisverfall beim schweren Heizöl aus. Von Juni bis September gingen die Preise dafür um 25 DM/t (17 DM/t SKE) zurück.

Die insgesamt schwache Steinkohlennachfrage führte trotz eingeschränkter Förderung zu einem weiteren Anstieg der gesamten Haldenbestände, die Ende September 1973 18,7 Mill. t Koks und Kohle betrugen. Dabei nahmen aufgrund der anziehenden Stahlkonjunktur die Koksbestände seit Jahresbeginn ab, während sich die Kohlenbestände in dieser Zeit um über eine Million Tonnen erhöhten.

Die aktuelle Energiemarkt- und die dadurch bedingte Absatzsituation des Steinkohlenbergbaus schienen weiterhin im Widerspruch zu den künftigen Perspektiven der Energieversorgung zu stehen, nach denen ein Ende der Zeit des reichlichen und preisgünstigen Energieangebots allgemein erwartet wurde. Die Bundesregierung hatte im September 1973 erstmals ein *Energieprogramm* vorgelegt, das die künftige Energieversorgung der Bundesrepublik und ihre Risiken analysierte und die Folgerungen daraus in einem geschlossenen und auf längere Sicht angelegten Konzept zusammenfaßte. Ein Konzept zur mittelfristigen Konsolidierung des deutschen Steinkohlenbergbaus war zwar ein wesentlicher Teil dieses Energieprogramms, doch war darin eine weitere Schrumpfung der Steinkohlenförderung auf 83 Mill. t bis 1978 vorgesehen. Auf dieses Ziel mußte der Steinkohlenbergbau seine Förderplanung ausrichten.

1.7.3 Wende im Oktober 1973

Die im Zusammenhang mit dem vierten Nahostkrieg auf dem Weltmineralölmarkt eingetretenen Veränderungen haben die Schwächen der Energieversorgung der Bundesrepublik offenkundig gemacht. Fördereinschränkungen der OPEC-Staaten führten bei einigen Mineralölprodukten während des Winters 1973/74 zu mengenmäßigen Versorgungsengpässen. Deutliche Verknappungen ergaben sich vor allem bei schwerem Heizöl. Außerdem wurden die Rohölpreise drastisch angehoben, und infolgedessen verteuerte sich auch das Heizöl erheblich.

Die Steinkohle war während dieser Zeit der einzige Energieträger, der mengenmäßig in großem Umfang und sofort verfügbar war, um neben energieverbrauchsbeschränkenden Maßnahmen zur Entlastung der Ölversorgung beitragen zu können. Wesentlich für die Versorgung waren die hohen Kohlenbestände. Die Förderplanung wurde nach Ausbruch der Ölkrise revidiert.

Analysen, die während der Ölkrise durchgeführt wurden, ergaben, daß etwa 18 Mill. t Öl durch 25 Mill. t Steinkohle ersetzt werden können, wenn die Versorgungsengpässe beim Mineralöl mengenmäßig ernst und anhaltend eintreten. Dies macht etwa 7 v. H. des Primärenergie- und ca. 13 v. H. des Ölverbrauchs aus. Ein bedeutender Teil dieser Menge entfällt auf Haushalte und Kleinverbraucher (12 Mill. t) sowie die übrige Industrie (3 Mill. t), wobei jedoch eine gewisse Zeit und teilweise technische Umstellungen erforderlich sind. Wesentlich einfacher kann dagegen der Heizölverbrauch in den Hochöfen der Stahlindustrie in der Größenordnung von 3 Mill. t Kokskohle und bei den Kraftwerken substituiert werden, wozu etwa 7 Mill. t SKE Kesselkohle erforderlich sind. Über 40 v. H. der gesamten Kraftwerksleistung der Bundesrepublik sind Steinkohlenkraftwerke, knapp ein Drittel davon sind bivalent, vorwiegend mit Öl. Hier kann der Ölverbrauch bis auf einen unwesentlichen Teil ersetzt werden. Die Stahlindustrie und die Kraftwerke haben im Winter 1973/74 Maßnahmen in dieser Richtung ergriffen und durch einen verstärkten Steinkohleneinsatz Heizöl für andere wichtige Verwendungszwecke freigemacht.

Die veränderten Versorgungsbedingungen beim Mineralöl und die weiter aufwärtsgerichtete Stahlkonjunktur führten nach anfänglich sehr schwachem Steinkohlenabsatz vor allem gegen Jahresende zu einem kräftig ansteigenden Steinkohlenbedarf, so daß der Gesamtabsatz des Steinkohlenbergbaus, der 1973 rund 106 Mill. t oder rund 102 Mill. t SKE betrug, erstmals seit 1968/69 wieder zunahm. Neben der laufenden Förderung wurden wieder Haldenbestände benötigt, die von 18,7 Mill. t Ende September auf 14,8 Mill. t Ende Dezember 1973 abnahmen. Seit Beginn der Kohlenkrise im Jahre 1958 erwiesen sich die Haldenbestände zum dritten Mal als wichtige Energiereserve und Versorgungspuffer.

1.7.4 Situation 1974 ...

Diese Tendenzen setzten sich 1974 fort. Wesentlichen Einfluß darauf hatten

- die starke *Verteuerung des schweren Heizöls.* Kraftwerkskohle besaß im Januar 1974 einen Wärmepreisvorteil von rund 10 DM/t SKE und im Februar 1974 von etwa 40 DM/t SKE. Ein Wärmepreisvorteil der Steinkohle konnte während des ganzen Jahres gewahrt werden;
- der 1974 erreichte neue *Produktionsrekord der deutschen Stahlindustrie,* die dafür 30 Mill. t Kokskohle benötigte. Einen Bedarf in dieser Größenordnung hatte die Stahlindustrie zuletzt 1961 gehabt *(Bild 28)*;
- die *Auswirkungen der Ölkrise auf den Weltsteinkohlenmarkt* mit Verknappungserscheinungen und einem kräftigen Anstieg der Preise für Drittlandskohle. Diese Tendenz auf allen Kohlenmärkten war auf dem Kokskohlenmarkt, der nur einen Teil des gesamten Steinkohlenverbrauchs weltweit ausmacht, am deutlichsten. Ein knappes Angebot und ein hoher Kokskohlenbedarf führten sowohl zu mengenmäßigen Anspannungen als auch zu gewaltigen Preissteigerungen. Von Oktober 1973 bis Oktober 1974 sind die Preise für Drittlandskokskohle cif ARA-Häfen von 27,55 $/t auf 56,75 $/t angestiegen und haben sich damit innerhalb eines Jahres mehr als verdoppelt. Für spot-Mengen mußten, soweit sie überhaupt verfügbar waren, über 100 $/t bezahlt werden. Die Stahlindustrien einiger Länder wurden von diesen preislichen und mengenmäßigen Auswirkungen empfindlich getroffen.

  Deshalb nahm der Gesamtabsatz des deutschen Steinkohlenbergbaus 1974 um rund 10 Mill. t zu und erreichte knapp 116 Mill. t oder rund 111 Mill. t SKE. Die Absatzsteigerung betraf auch diejenigen Bereiche, in denen bislang – wie bei Haushalten/Kleinverbrauchern – seit Jahren ein kontinuierlicher, strukturell bedingter Rückgang zu verzeichnen war. Mengenmäßig wichtiger waren die Lieferungen an Stahlindustrie und Kraftwerke sowie die Steinkohlenausfuhr.

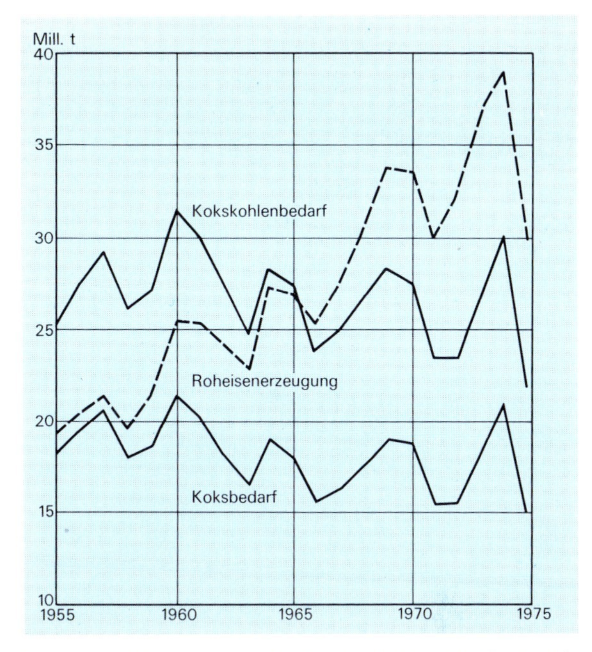

Bild 28: Kokskohlenbedarf der deutschen Stahlindustrie 1955 bis 1975

Der Gesamtabsatz lag 1974 deutlich über der laufenden Steinkohlenförderung. Diese war mit 95 Mill. t zwar rund 2 Mill. t niedriger als 1973, aber rund 3 Mill. t höher als nach dem Energieprogramm geplant war. Zur Bedarfsdeckung wurden die Steinkohlenbestände 1974 weiter abgebaut. Ende 1974 war eine Kohlenreserve von nur noch rund 3 Mill. t vorhanden.

Der Steinkohlenmarkt hatte 1974 deutlich andere Tendenzen aufzuweisen als der allgemeine Energiemarkt. Erstmals seit 16 Jahren stieg der Primärenergieverbrauch in der Bundesrepublik nicht mehr weiter an, sondern verminderte sich um rund 3 v. H. gegenüber dem Vorjahr. Verantwortlich dafür waren vor allem die bereits 1974 insgesamt schwache Konjunktur und auch die außergewöhnlich milden Temperaturen. Der auf Energieeinsparungen zurückzuführende Minderverbrauch wurde dagegen auf etwas mehr als 3 Mill. t SKE veranschlagt, was rund 1 v. H. des gesamten Energieverbrauchs ausmacht.

1.7.5 ... und 1975

Die Konjunktur in der Bundesrepublik war bereits seit Herbst 1974 rückläufig. Dieser Trend setzte sich 1975 verstärkt fort. Die Industrieproduktion wurde weiter eingeschränkt, das reale Wirtschaftswachstum wurde negativ. Stark betroffen war jetzt auch die Stahlindustrie, die 1974 noch wesentlich die Konjunktur stützte. Auswirkungen ergaben sich auf die Energienachfrage insgesamt, insbesondere aber auch auf die Stromnachfrage. Erstmals in der Geschichte der Bundesrepublik stieg die Bruttostromerzeugung 1975 nicht mehr weiter an.

Der relativ niedrige Heizölbedarf und der von importierten Produkten ausgehende Preisdruck führten zu Produktpreisen, die teilweise unter die Rohöleinstandskosten sanken und zu entsprechenden Verlusten bei der Mineralölwirtschaft führten. Zwar blieb für die Kraftwerkskohle zunächst zumindest in den für den größten Teil des Absatzes wichtigen reviernahen Märkten noch ein Wärmepreisvorteil gegenüber dem schweren Heizöl, doch machte die weitere Entwicklung im Jahresverlauf mit stark rückläufigen Heizölpreisen erneut deutlich, wie wichtig das mit dem Dritten Verstromungsgesetz im Kraftwerksbereich inzwischen auch energiepolitisch anerkannte *Prinzip kostendeckender Steinkohlenpreise* ist, ohne dessen Verwirklichung die erwünschte Förderstabilisierung nicht realisiert werden kann.

Auf dem Kokskohlenmarkt hat sich die Preissituation mit nachlassender Stahlkonjunktur wieder entspannt. Dies hat sich jedoch nur auf die spot-Preise für Drittlandskohle ausgewirkt, die nach einer Spitze gegen Ende 1974 nun wieder zurückgingen. Bei langfristig gebundenen Vertragsmengen setzte sich dagegen der Preisanstieg fort. Im Oktober 1975 kostete Kokskohle aus Freiwirtschaftsländern cif ARA-Häfen 63,80 $/t gegenüber 56,75 $/t ein Jahr zuvor. Da sich der Dollarkurs gleichzeitig wieder erholte, war die deutsche Kokskohle auch preislich voll wettbewerbsfähig.

Die schwere wirtschaftliche Rezession in der Gesamtwirtschaft sowie der tiefe Produktionseinbruch in der Stahlindustrie und in der Elektrizitätswirtschaft, in der außerdem verstärkt andere Energieträger, wie zum Beispiel Kernenergie, aber auch Erdgas zur Stromerzeugung eingesetzt wurden, führten 1975 zu einem in diesem Ausmaß nicht vorhersehbaren Absatzrückgang bei der Steinkohle um etwa 30 Mill. t. Die Haldenbestände erhöhten sich dadurch wieder auf etwa 16,4 Mill. t Kohlen und Koks (Koks in Kohle umgerechnet).

Bei einem nur verhaltenen Konjunkturaufschwung in 1976 muß davon ausgegangen werden, daß die Haldenbestände des Steinkohlenbergbaus zunächst weiter ansteigen, zumal die Steinkohle von einer konjunkturellen Nachfragebelebung zuletzt berührt wird. Kohlenreserven in einem größeren Ausmaß als 16 Mill t sind zwar auch in früheren Jahren aufgebaut und dann wieder benötigt worden. Für den Bergbau allein sind sie jedoch eine zu große Belastung. Wenn das energiepolitisch unverändert richtige Ziel einer längerfristigen Stabilisierung der Förderkapazität des deutschen Steinkohlenbergbaus nicht gefährdet werden soll, bedarf es der Anstrengungen aller Beteiligten. Die Bundesregierung hat inzwischen den Aufbau einer nationalen Kohlenreserve ab 1976 und zusätzliche Anreize zur Erhöhung des Kohleeinsatzes in der Kraftwirtschaft in den Jahren 1976 und 1977 beschlossen. Die Bergbauunternehmen werden die laufende Förderung verringern, soweit der gegebene Flexibilitätsspielraum es ohne Beeinträchtigung der Kapazitäten gestattet. Die großen Energieverbraucher sind aufgerufen, konjunkturelle Anpassungslasten nicht einseitig auf die Steinkohle zu verteilen.

2 Braunkohle

Bild 1: Braunkohlenreviere

2.1 Begriff und Eigenschaften

Braunkohle läßt wegen ihrer wechselnden chemischen und physikalischen Eigenschaften eine einwandfreie Abgrenzung gegenüber anderen festen Brennstoffen nicht zu, obschon grundsätzliche Unterschiede bestehen. Im Hinblick auf Entstehung, also das geologische Alter, ihre chemische Zusammensetzung und physikalisches Verhalten gibt es vielfältige Übergänge und Variationen.

Die für die Braunkohlenlagerstätten in der Bundesrepublik Deutschland weitgehend zutreffende Einteilung nach der *geologischen Entstehungszeit* in den tertiären Formationen des Eozän, Oligozän, Miozän und Pliozän besitzt keine Allgemeingültigkeit. In anderen Ländern ist auch in wesentlich älteren Formationen Kohle anzutreffen, die in ihren physikalischen Eigenschaften und ihrer chemischen Zusammensetzung der tertiären Braunkohle ebenso ähnelt, wie zum Beispiel kleine Vorkommen im diluvialen Schutt der Alpentäler und des Alpenvorlandes.

Dagegen sind in der *chemischen Zusammensetzung* der Braunkohle brauchbare Erkennungsmerkmale zu finden. Die Inkohlung ist bei der Braunkohle erst so weit fortgeschritten, daß bei asche- und wasserfreier Kohle der Gehalt von Kohlenstoff (C) zwischen 58 und 73 v.H., von Sauerstoff (O) zwischen 21 und 36 v.H. und Wasserstoff (H) zwischen 4,5 und 8,5 v.H. liegt.

Der Kohlenstoffgehalt bestimmt den Heizwert. Bei asche- und wasserfreier Braunkohle schwankt er zwischen 5700 und 6800 kcal/kg (23,8/28,4 MJ/kg). Die Braunkohle verdankt ihre besondere Brenneigenschaft und Zündfreudigkeit dem hohen Sauerstoffgehalt.

Asche- und Wassergehalt der Rohbraunkohle beeinflussen ihren Heizwert. Er liegt bei den deutschen Vorkommen zwischen 1200 und 3100 kcal/kg. Der Wassergehalt der Braunkohle des rheinischen Reviers beträgt im Mittel 59 v.H., der des Helmstedter Reviers etwa 48 v.H., des bayerischen 51 v.H. und des hessischen Reviers 43 bis 57 v.H. Der Aschegehalt der Braunkohle rührt zum Teil von anorganischen Bestandteilen der ursprünglichen Flora her, überwiegend jedoch von Sanden und Tonen, die sich während der Bildung der Lagerstätten mit abgelagert haben.

Der Bitumengehalt der asche- und wasserfreien Braunkohle schwankt zwischen 2 und 12 v.H. Bitumen ist der Hauptbildner des Paraffins im Teer. Bituminöse Kohle ist reich an Wasserstoff. Der

Schwefelgehalt der Braunkohle beträgt in organischer Bindung 0,1 bis 1 v.H. Bei einigen Vorkommen treten anorganische Schwefelbeimengungen, meist in Form von Markasit, hinzu. Alkaligehalte in der Braunkohlenasche setzen den Aschenschmelzpunkt herab und führen bei Gehalten von mehr als 2 v.H. zu Versinterungen der Kesselheizfläche und damit zu einer Verringerung des Kesselwirkungsgrades. Normale Braunkohlenaschen schmelzen bei 1100 bis 1500 °C, Salzkohlenaschen jedoch in Abhängigkeit vom Natriumgehalt schon ab 650 °C.

Die *physikalischen Eigenschaften* variieren stark. Je nach Herkunft, Entstehungsweise und Zersetzungsstufe stellt die Braunkohle eine faserige, holzige, dichte, erdige oder harzig-wachsartige Masse von faserigem oder muscheligem, mattem oder glänzendem, glattem oder unebenem, erdigem oder schiefrigem Bruch dar. Die Farbe ist hellbraun bis dunkelbraun, bei Glanz- und Pechkohle auch fast schwarz. Der Strich der Braunkohle ist ebenso wie ihr festes Pulver immer braun. Die Dichte bewegt sich zwischen 0,8 und 1,5. Die Härte liegt zwischen 1,0 und 3,0.

2.2 Lagerstätten

2.2.1 Entstehung

Braunkohle ist aus Torflagern früherer Erdzeitalter entstanden. Durch ein Absinken der Erdoberfläche infolge tektonischer Vorgänge in tieferliegenden Erdschichten stieg der Grundwasserspiegel an. Der Absenkungsrhythmus bestimmte die Höhenlage der Vegetation zum jeweiligen Grundwasserspiegel und damit die Entwicklung entsprechender *Pflanzenfamilien.* Sichtbar wird dieser Rhythmus in dem Wechsel hellerer und dunklerer Braunkohlenschichten. Die helleren Schichten entsprechen offenen Moortypen, während die dunkleren aus Bruchwaldtorfen entstanden sind.

2.2.2 Vorkommen

Die Braunkohlenvorkommen in der Bundesrepublik Deutschland sind fast immer an das kohlenführende Tertiär gebunden. Die gesamten *Vorräte* belaufen sich auf etwa 60 Mrd. t, von denen nach dem heutigen Stand der Tagebautechnik und der Energiepreise etwa 35 Mrd. t wirtschaftlich gewinnbar sind. Die Lagerstätten mit den größten Vorräten liegen im Rheinland, aus denen 87 v.H. der Gesamtförderung der Bundesrepublik stammen. Hier sind zur Zeit über 9 Mrd. t aufgeschlossen, im Aufschluß begriffen bzw. in der Aufschlußplanung. In Niedersachen betragen die Tagebau-Vorräte rund 80 Mill. t, in Hessen und Bayern jeweils rund 50 Mill. t.
Bekannt sind auch kleine Braunkohlenvorkommen, die jedoch nur zeitweise wirtschaftlich genutzt werden und deshalb über eine örtliche Bedeutung nicht hinauskommen (*Bild 1*).

2.2.3 Geologische Verhältnisse

Im Gegensatz zur Steinkohle ist die Braunkohle meist von losen Massen, wie Sand, Kies, Ton oder Lehm, überlagert. Lediglich in Hessen und im Westerwald finden sich im Deckgebirge einzelner Vorkommen Basaltergüsse, also feste Gebirgsschichten, die beim Abbau im Tagebau eine erhebliche Erschwernis für die Abraumgewinnung mit sich bringen.

Rheinland

Im Rheinland wird eine miozäne Braunkohle abgebaut, die bei einem Wassergehalt von durchschnittlich 59 v.H. und einem Aschegehalt von 2 bis 8 v.H. einen Heizwert von ca. 1900 kcal/kg hat. Daneben wird aber auch Kohle mit höherem Ballastgehalt und entsprechend niedrigerem Heizwert gewonnen. Die tieferen Schollen der Tagebaue enthalten auch Kohle mit niedrigerem Wassergehalt und Heizwerten bis über 2000 kcal/kg. Im Neuaufschluß Hambach steigt der Heizwert bei einer Tagebauteufe von 470 m auf 2800 kcal/kg.

Die zwischen 10 und 100 m, im Durchschnitt 40 bis 60 m mächtige Flözablagerung ist durch zahlreiche, meist von Südost nach Nordwest streichende Verwerfungen gestört. Tiefe Einbrüche des darunterliegenden alten Gebirges haben die ursprünglich gleichmäßige horizontale Lagerung zerrissen. Die markanteste Verwerfungsgruppe ist der *Erftsprung* mit seinen Nebensprüngen. Am Erftsprung ist das Flöz teilweise bis in eine Teufe von 600 m abgesunken; es hebt sich allmählich nach Westen wieder empor. Die gesamte Lagerstätte ist in einzelne Gräben und Schollen aufgeteilt, die wieder durch Querverwerfungen gestört sind (*Bild 2*).

Eine hochgelegene Scholle ist das Vorgebirge, die sogenannte *Ville.* Sie erstreckt sich über eine Länge von rund 40 km von Süden nach Norden von Brühl bis über Grevenbroich hinaus in einer Breite von 3 bis 4 km und wird im Westen durch den Erftsprung und im Osten unter anderem durch den Frechener Sprung begrenzt. Auf dieser Scholle und im Westen der niederrheinischen Bucht – in der Gegend von Eschweiler – ging bis vor einigen Jahren der Abbau

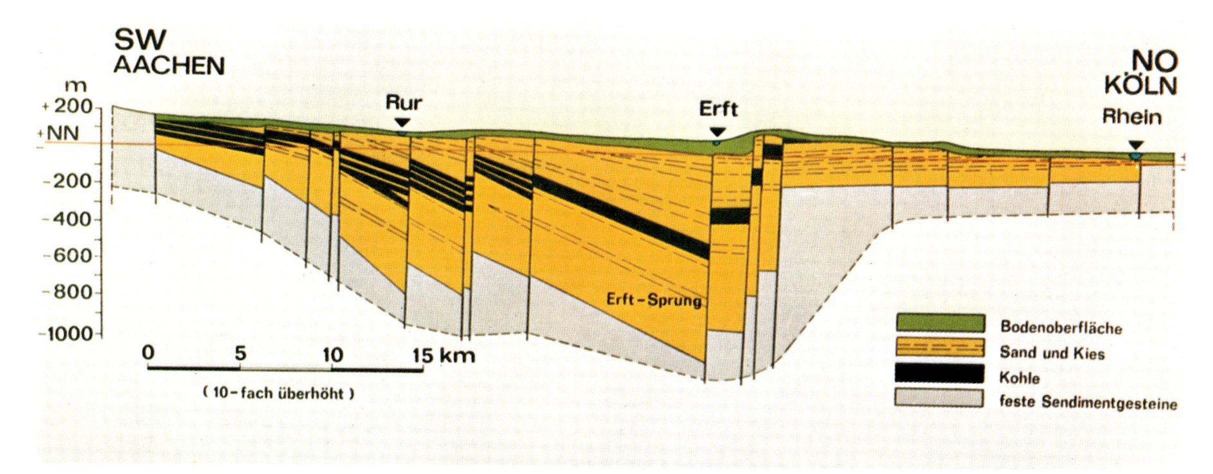

Bild 2: Geologisches Profil im rheinischen Revier

in verhältnismäßig ungestörten Feldesteilen mit einer allgemein nur geringmächtigen Überlagerung um. Diese besonders günstig gelagerten Feldesteile sind jedoch weitgehend ausgekohlt, so daß der Abbau in die von Störungen durchsetzten Feldesteile übergeht. Die *neuen Abbaufelder,* zwischen Bergheim und Bedburg sowie westlich von Grevenbroich, ferner im Westen nördlich und nordwestlich von Eschweiler, insbesondere aber der *Neuaufschluß Hambach,* weisen eine wesentlich größere und im Zuge des Abbaufortschrittes noch wachsende Deckgebirgsmächtigkeit auf. Während in den alten Abbaugebieten das Mächtigkeitsverhältnis von Abraum zu Kohle (A:K) ungefähr 0,35:1 bis 0,5:1 betrug, erhöht es sich in den Neuaufschlüssen erheblich und wird in Hambach 6 : 1 überschreiten.
Das *Deckgebirge* besteht im allgemeinen aus einer kulturfähigen, zum Teil stark ausgeprägten Lößlehmschicht sowie einer Wechsellagerung von nicht verfestigten Kiesen, Sanden und Tonen. Die Kohle ist im Süden in einem Flöz, im Norden und Westen teilweise in mehreren Flözen abgelagert; dazwischen trifft man im allgemeinen Feinsande an. Ihrer geologischen Entstehung entsprechend verändert sich die Braunkohle in nördlicher Richtung dadurch, daß durch die größere Küstennähe zur Zeit der Braunkohlenbildung ihr Aschegehalt durch eingelagerte Sande erhöht und die sonst erdige Kohle im allgemeinen härter wird.

Niedersachsen
Von den Braunkohlenvorkommen in Niedersachsen ist das bei Helmstedt gelegene eozäne Vorkommen am größten und wirtschaftlich bedeutungsvollsten. In zwei durch einen mesozoischen Horst getrennten Mulden werden zwei Flöze bei einer Tiefe bis zu 110 m und einer durchschnittlichen Mächtigkeit von zusammen 32 m im Tagebau gebaut. In beiden Mulden wird die Tagebaukohle durch ein um 150 bis 200 m tiefer liegendes Flöz unterlagert, das im westlichen Randbereich der Mulde bis zu Tage reicht. Auch dort bestehen das Deckgebirge und das Zwischenmittel aus lockeren Schichten, vornehmlich aus Sanden. Der Heizwert der Kohle ist wesentlich höher als im Rheinland und beträgt rund 2800 kcal/kg. Die Kohle hat einen höheren S-Gehalt und das Unterflöz einen unterschiedlichen Salzgehalt. Die Grenze zur DDR trennt einen Teil des Vorkommens ab.

Hessen
In Nordhessen stehen Braunkohlenlagerstätten, die teils im Tagebau, teils im *Tiefbau* gewonnen werden, in einzelnen Feldern innerhalb der niederhessischen Tertiärsenke an. Dieser Tertiärgraben erstreckt sich vom Vogelsberg in nördlicher Richtung bis über Kassel hinaus. Die Braunkohlenablagerungen stammen aus zwei verschiedenen Zeitaltern, dem Unteroligozän und dem Miozän, wodurch in den einzelnen Vorkommen ein unterschiedlicher Heizwert gegeben ist; er beträgt 2800 kcal/kg bzw. 2000 bis 2300 kcal/kg. Der Aschegehalt schwankt zwischen 3 und 10 v.H. Lebhafter Vulkanismus im späteren Tertiär brachte starke Basaltausbrüche, die auch die Braunkohlenlagerstätten durch Basaltstöcke in der Kohle und Basaltüberdeckung beeinflußten. Die Basaltstöcke haben in ihrer Nähe eine Veredlung der Kohle zu Glanzkohle bewirkt.

Bild 3: Geologisches Profil im bayerischen Revier (Maßstab 1 : 1000)

Viel jünger ist die Braunkohle, die in der Wetterau bei Wölfersheim abgebaut wird. Sie stammt aus dem Pliozän und weist infolge ihres hohen Asche- und Wassergehaltes einen durchschnittlichen Heizwert von etwa 1450 kcal/kg bei Schwankungen zwischen 1200 und 1900 kcal/kg auf.

Bayern

Die Braunkohlenablagerungen in Bayern beschränken sich im wesentlichen auf die miozänen Vorkommen im Naab- und Regental. Sie nehmen unter den Braunkohlenvorkommen in der Bundesrepublik aufgrund ihrer schlauchartigen engen Lagerungsformen, ihres schnellen Wechsels der Flözausbildung und ihrer eigenartigen Entstehungsbedingungen in einem Flußtal-System eine besondere Stellung ein.

Die Lagerungsverhältnisse in den abbaufähigen Braunkohlenvorkommen sind zum Teil sehr gestört *(Bild 3)*. Der Heizwert der Kohle beträgt in Abhängigkeit vom Aschegehalt bis zu 2000 kcal/kg.

2.2.4 Hydrologische Verhältnisse

Für den Abbau im Tagebau ist eine *Entwässerung* des Deckgebirges und des Kohlenflözes sowie gegebenenfalls eine Entspannung von Druckwasser im Liegenden erforderlich. Werden im Tagebau große Teufen erreicht, ist zur Sicherung der Standfestigkeit der Tagebauböschungen auch die Grundwasserabsenkung im angrenzenden Bereich des Abbaugebietes notwendig. Darüber hinaus gilt es, die Kippen (Abraumhalden), soweit es deren Standfestigkeit erfordert, zu entwässern, Maßnahmen zur Verhinderung von Einbrüchen des Oberflächenwassers in den Tagebauraum zu treffen und für den planmäßigen Abfluß der Niederschläge im gesamten Tagebaubereich zu sorgen *(Bild 4)*.

Im Rheinland muß der *Grundwasserspiegel* an den Tagebaurändern teilweise bis zu 500 m gesenkt werden. Hier erfolgt die Entwässerung durch Unterwasserpumpen aus rund 1000 Tiefbrunnen, die mit dem Saugbohr- oder Lufthebeverfahren abgeteuft sind. Die Brunnen sind längs der Tagebaubegrenzung und im Einzugsstrom des Grundwassers zu Brunnengalerien zusammengefaßt. Das geförderte Wasser wird zum Teil in ein künstlich geschaffenes Vorflut-System, den Kölner Randkanal, eingeleitet.

Im Zuge der Wasserabsenkung sind seit Beginn des Aufschlusses der Tagebaue etwa 20 Mrd. m³, im Jahre 1974 1,2 Mrd. m³ Wasser gefördert worden. Das Verhältnis von Wasserhebung zur Kohlenförderung betrug zeitweise 14:1, im Jahre 1974 11:1. Im weiteren Verlauf des Abbaus wird nach erfolgter Absenkung das Verhältnis weiter abnehmen.

Bild 4: Entwässerungsbohrung

2.3 Gewinnung und Förderung

2.3.1 Technische Ausrüstung

Die technische Entwicklung im deutschen Braunkohlenbergbau ist durch einen hohen Grad der Mechanisierung und durch den fortschrittlichen technischen Stand der Tagebauausrüstung gekennzeichnet. Zur Zeit werden in der Bundesrepublik aus Tagebauen etwa 99,5 v.H., aus zwei Tiefbaubetrieben im hessischen Revier 0,5 v.H. gefördert. Der Anteil der Tiefbaugewinnung wird weiter sinken, da die auf diese Weise gewonnene Braunkohle nur noch unter bestimmten Voraussetzungen gegenüber anderen Primärenergien konkurrenzfähig ist.

Technische Entwicklung des Tagebaus:

Zeitraum	Wesentliches Merkmal	Förderung je Betrieb (t/d)
bis 1890	Handbetrieb	1000
1890–1925	teilmechanisierter Betrieb	10000
1925–1955	vollmechanisierter Betrieb	30000
seit 1955	Bewältigung der Massenförderung durch Rationalisierung (Automatisierung und Betriebskonzentration)	100000

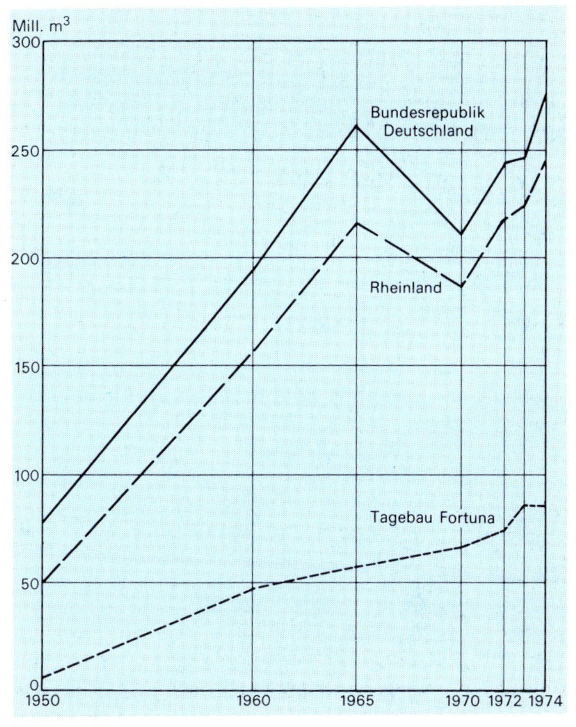

Bild 5: Abraumbewegung

Die Entwicklung der letzten 25 Jahre spiegelt sich in den Fördererergebnissen des Braunkohlenbergbaus wider. *Bilder 5 und 6* zeigen die Entwicklung der Abraumbewegung und der Braunkohlenförderung für die Bundesrepublik, das rheinische Revier sowie für den hier betriebenen größten Tagebau Fortuna-Garsdorf, die größte Bergwerkseinheit der Welt.

Die *moderne Tagebautechnik* verlangt neben der Vollmechanisierung mit einer hohen Leistung je Baggeransatzpunkt eine weitgehende Automatisierung der Arbeitsabläufe. Dies findet seinen Ausdruck in großen Gewinnungs-, Förder- und Absetzgeräten und in einer gesteuerten Betriebsüberwachung. Die Folgen sind eine ständige Verringerung der Belegschaft, steigende Leistung und zunehmende Massenbewegung.

Die Mechanisierungsmaßnahmen in der Tagebaugewinnung nahmen ihren Anfang mit der Einführung der *Eimerkettenbagger.* Entsprechend den an sie gestellten Anforderungen wurden Eimerketten-

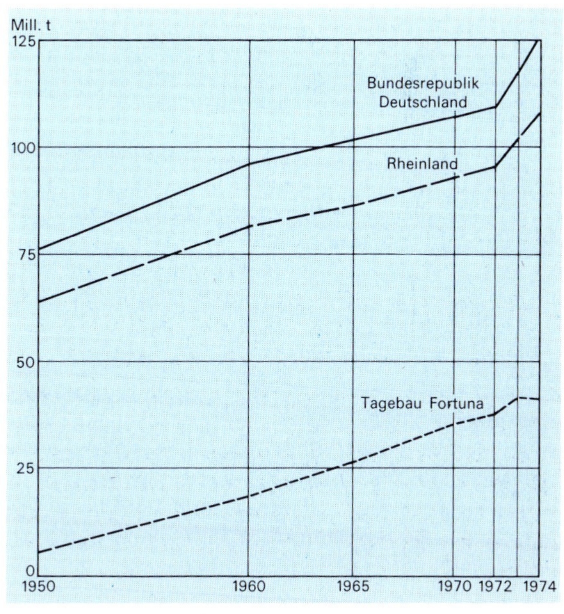

Bild 6: Braunkohlenförderung

bagger gleisgebunden und auf Raupen bzw. Gleisraupen als Tiefschnitt- und als Schwenkbagger mit Abtragshöhen bis zu 40 m, Dienstgewichten (Gesamtgewicht von Konstruktion und Einbauten) bis zu 1400 t, Eimerinhalten bis zu 2000 l und Leistungen bis zu 50000 m^3 je Tag entwickelt.

In der heutigen Tagebautechnik bestimmt der auf Raupen fahrbare *Schaufelradbagger* das Geschehen. Er bringt insbesondere bei geologisch gestörten Lagerstätten die günstigsten Einsatzvoraussetzungen mit. Für große Gewinnungsleistungen hat sich der Bagger mit vorschublosem Schaufelradausleger sowie einer in der Länge veränderlichen Zwischenbrücke und einem Beladegerät bewährt. Bei häufigem Wechsel von Abraum und Kohle im gleichen Gewinnungsvorgang ist jedoch zur Verringerung von Fahrbewegungen der Raupenfahrwerke der Einsatz von Schaufelradbaggern mit Vorschub im Bereich mittlerer Baggergrößen durchaus sinnvoll.

Bei den großen Massenbewegungen des rheinischen Reviers wurden zunächst vorschublose Geräte für einen maximalen Hochschnitt von 50 m bei einer Tagesleistung von 100000 m^3 ausgelegt. Die weitere Entwicklung führte zu Baggern, die neben dem Hochschnitt einen Tiefschnitt bis zu 25 m mitgewinnen und durch Versetzen des Baggerteils gegenüber dem Verladeteil auf ein um 10 m höheres bzw. tieferes Planum eine theoretische Gesamtabtragshöhe bis zu 95 m erreichen können. Die Leistung der Schaufelradbagger insgesamt schwankt zwischen 100 m^3/h bei kleinen Hilfsgeräten und bis zu 5800 m^3/h bei den genannten Großschaufelradbaggern mit Dienstgewichten zwischen 35 und 7500 t. Im Zuge weiter steigender Massenbewegung in den Tagebauen wurden im Hinblick auf den *Aufschluß Hambach* im Rheinland Schaufelradbagger entwickelt, die bei einem Dienstgewicht bis zu 13000 t eine Gewinnungsleistung von 240000 m^3/d erreichen *(Bild 7).*

Die Gewinnung im Tagebau erfolgt meist im Parallelbetrieb. Hier liegen im Abbaufortschritt die einzelnen Bagger- und Absetzerstrossen parallel zueinander. Die Bagger arbeiten meist im Blockabbau mit möglichst breitem Vorkopfschnitt des Gerätes. In einigen Fällen erfolgt der Abbau im Schwenkbetrieb. Hier wandern die einzelnen Sohlen des Tagebaues um einen festliegenden Drehpunkt, der auch Sammel- und Verteilerpunkt für die Abraum- und Kohlenströme bildet.

Die *Absetzer,* mit deren Hilfe die Abraummassen in ausgekohlten Flächen oder auf Halden verkippt werden, haben sich in ihrer Leistungsfähigkeit gleichlaufend mit den Gewinnungsgeräten entwikkelt. Sie sind in ihrer Größe und Leistung meist diesen zugeordnet, haben Auslegerlängen bis zu 100 m und Dienstgewichte bis zu 5200 t *(Bild 8).*

Die *Bandförderung* ermöglicht bei kontinuierlicher Gewinnung eine gleichmäßig laufende Abförderung des gewonnenen Materials. Die im Braunkohlenbergbau jetzt eingesetzten Bänder weisen je nach Förderbeanspruchung Bandbreiten von 800 bis 3000 mm auf und laufen mit Geschwindigkeiten bis zu 6,5 m/s. Alle stark beanspruchten Förderbänder sind als Stahlseilfördergurte ausgebildet und können Zugkräfte bis 4500 kp/cm Gurtbreite aufnehmen. Im Bandbetrieb erfolgt etwa zwei Drittel der gesamten Massenbewegung im Braunkohlenbergbau. Insgesamt sind in den Tagebauen über 180 km Bandstraße im Einsatz, davon mehr als 100 km mit Bandbreiten über 2000 mm *(Bilder 9 und 10).*

Weniger stark belastete kleinere Bänder werden in mehreren Lagen mit Textilfasern konfektioniert, die Zugkräfte bis zu 2000 kp/cm aufnehmen können. Neben der hydraulischen Förderung von Löß und Asche und der LKW-Förderung in Sonderfällen gibt es die Förderung im *Zugbetrieb,* auf die etwa ein Drittel der gesamten Massenbewegung entfällt. Bei horizontalem Transportweg ist sie unter bestimmten Voraussetzungen wirtschaftlicher als die Bandförderung. Dies gilt insbesondere bei der Zuführung der Kohle zu den verschiedenen Verbraucherstellen: den Kraftwerken und Brikettfabriken, soweit diese nicht unmittelbar am Rand des Tagebaus errichtet und von dort aus mit Bandstraßen verbunden sind.

Die im Rheinland eingesetzten vierachsigen Kohlenwagen weisen bei einer Spurweite von 1435 mm ein Fassungsvermögen von 120 m^3 auf, das entspricht einem Ladegewicht von 90 t Rohbraunkohle. Die achtachsigen Abraumwagen *(Bild 11)* haben einen Inhalt von 96 m^3; das entspricht 180 t Abraum. Da-

Bild 7: Schaufelradbagger ▸

neben sind in einer Reihe von Betrieben noch 900-mm-Spur-Bahnen in Betrieb. Als Zugmittel dienen spezielle, für den Braunkohlenbergbau entwickelte elektrische Lokomotiven und für Sonderzwecke Diesel-Lokomotiven. Insgesamt sind im Braunkohlenbergbau etwa 660 km Gleisanlagen im Einsatz, davon über 400 km mit dem überschweren Schienenprofil S 64 für die Aufnahme hoher Achsdrücke.

Die Bandförderung hat große betriebstechnische Vorteile gegenüber dem Zugbetrieb, die mehr und mehr genutzt werden *(Bild 10)*. Neben der Kontinuität der Abförderung ist die Überwindung größerer Steigungen dafür ein Beispiel. Während der Zugbetrieb nur in Ausnahmefällen eine Steigung von 1:49 überschreitet, sind im Bandbetrieb Steigungen von 1:3 ohne weiteres möglich. Hierdurch fallen bei Bandförderung aus dem Tagebau die mit zunehmenden Tagebauteufen wachsenden großen Böschungsräume weg, die bei Zugförderung zum Anlegen der Bahnstrecken freigehalten werden müssen.

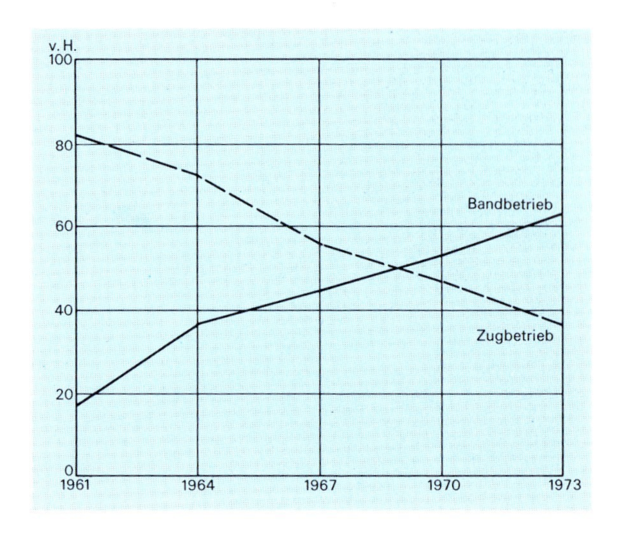

Bild 9 (oben): Entwicklung des Zug- und Bandbetriebes

Bild 8 (unten): Absetzer

Bild 10: Bandsammelpunkt (Freigeg. Reg. Präs. Düsseldorf 18 B 493)

Der seit Einführung der Bandförderung in den Tagebauen erkennbare Trend wird sich weiter fortsetzen. Die Transportleistungen des Braunkohlenbergbaus betragen zur Zeit etwa 5 Mrd. Nutz-tkm/a. Das entspricht einer Massenbewegung von über 600 Mill. t/a.

Der hohe Stand der Tagebautechnik erfordert auch für alle Hilfsarbeiten Geräte, die die Handarbeit einschränken. Aufgrund der Erfahrungen mit Erdbauarbeiten in USA überwog zunächst die Zahl neuartiger Geräte mit Riesenluftreifen. Im Laufe der letzten Jahre kommen jedoch durch Raupen bewegte Fahrzeuge wieder stärker zum Einsatz. An Hilfsgeräten sind u. a. zu nennen: Planierschlepper mit Zusatzgeräten, Schürfkübelraupen, Motor- und Anhängerschürfwagen, Erdhobel, kleine Schaufelrad- und Löffelbagger, Grabenbagger und Kräne.

Bild 11: Abraumzug

2.3.2 Entwässerung und Gebirgsmechanik

Eng verbunden mit der Lösung von Entwässerungsproblemen ist die Standfestigkeit der Tagebauöffnung mit ihren Teilböschungen. Voraussetzung einer ausreichenden Standsicherheit ist, daß Böschungen, die im gewachsenen oder angeschütteten Lockergestein geschnitten werden oder durch Anschüttung von Abraum entstehen, so angelegt und unterhalten werden, daß die Sicherheit des Bergwerkbetriebes gewährleistet ist. Auch die persönliche Sicherheit und die Sicherheit des öffentlichen Verkehrs dürfen durch Rutschungen nicht gefährdet und die geplante Nutzung nicht beeinträchtigt werden.

Um diese Ziele zu erreichen, muß durch Gestaltung der Böschungen bzw. Böschungssysteme sowie durch Auswahl und Verteilung der Lockergesteinsmassen auf den Kippen möglichen Böschungsumbildungen entgegengewirkt werden. Auch für eine ausreichende Bewirtschaftung der Böschungsflächen und die Unterhaltung notwendiger wasserwirtschaftlicher Anlagen ist Sorge zu tragen.

2.3.3 Einwirkung des Tagebaus auf Landschaft und Besiedlung

Die Gewinnung der Braunkohle im Tagebau führt wie bei keinem anderen Industriezweig zu einer weitreichenden Veränderung der Landschaft. Nach dem Auskohlen und der Verkippung wird jedoch das Gelände wieder hergestellt und seiner früheren oder einer anderen Nutzung zugeführt.

Bis zum Jahre 1974 wurden in der Bundesrepublik über 23000 ha durch den Braunkohlenbergbau in Anspruch genommen und hiervon ca. 15000 ha wieder zurückgegeben. Seit einer Reihe von Jahren werden jährlich laufend mehr Flächen *rekultiviert* als durch Tagebaue neu in Anspruch genommen werden. Bei den wieder nutzbar gemachten Flächen wird zwischen landwirtschaftlicher und forstwirtschaftlicher Rekultivierung unterschieden, ferner nach der Nutzung als Wasserfläche, als Wohnsiedlungs- oder Industriegebiet, als Verkehrsweg und sonstige Fläche.

Zur Rekultivierung wird ausgesonderter kulturfähiger Boden, der beim Abräumen des Deckgebirges anfällt, verwendet. Wo fruchtbarer *Lößlehm* ansteht, so in weiten Teilen des Abbaugebietes der nördlichen Tagebaue des rheinischen Reviers und in den Tagebauen der Wetterau, wird dieser gesondert gewonnen und später zum Vorteil der Landwirtschaft weitgehend genutzt *(Bild 12)*. Er wird in einer Höhe bis zu 2 m auf der Kippenoberfläche aufgetragen. Für diesen Kulturbodenauftrag bieten sich als Möglichkeiten eine Verkippung durch Absetzer mit nachfolgender Planierung, unmittelbares Verkippen durch Lastkraftwagen und Verspülung an.

Die landwirtschaftliche Nutzung der so gewonnenen Böden setzt nach intensiver Düngung und Bearbeitung sofort mit dem Anbau von Gründüngungspflanzen ein, dem sich eine schonende Fruchtfolge anschließt. Auf diese Weise wurden im Braunkohlenbergbau der Bundesrepublik bis zum Jahre 1974 über 6100 ha landwirtschaftlich rekultiviert. Neben der schwierigen Planung und dem großen technischen Aufwand sind mit diesen Arbeiten auch erhebliche Kosten verbunden, die zum Teil höher liegen können als der Wert bestbewerteter Bodenflächen.

Ist jedoch kulturfähiges Abraummaterial nicht oder nur in so geringem Maße vorhanden, daß eine gesonderte Gewinnung nicht möglich ist, wird vorwiegend eine forstwirtschaftliche Rekultivierung durchgeführt. Außerdem werden die bleibenden Kippenböschungen aufgeforstet, um sie gegen Witterungseinflüsse zu sichern. Soweit vorhanden, wird bindiger Kies, sogenannter Forstkies, aufgetragen. Sonst bedarf die Aufforstung keiner wesentlichen bodenkultivierenden Vorarbeit, sofern sie der Ankippung auf dem Fuße folgt. Die Forstpflanzen werden also unmittelbar in den rauhen Kippenboden gesetzt und erhalten lediglich eine Düngergabe. Bis 1974 wurden mehr als 6300 ha Kippenflächen mit über 70 Millionen Bäumen aus mehr als 50 verschiedenen Arten aufgeforstet und weitere ca. 2500 ha für andere Zwecke nutzbar gemacht.

Bild 12: Rekultiviertes Ackerland

Bild 13: Vor der Umsiedlung

Bild 14: Neue Ortschaft

Da der Braunkohlentagebau beim Abbau der Lagerstätte keine Flächen aussparen kann, ist eine Verlegung der im Abbaugebiet liegenden Ortschaften, Wege, Bahnen und Wasserläufe erforderlich. Dies verursacht hohe Kosten. Nach den vorliegenden Plänen für die schon aufgeschlossenen Tagebaue im Rheinland sind noch etwa 12000 Einwohner umzusiedeln, mehr als 70 km Straßen, außerdem Eisenbahnstrecken, Wasserläufe und Vorfluter zu verlegen. Der große Vorteil, die *neuen Ortschaften* und Einzelanwesen dem technischen Fortschritt entsprechend nach modernen Gesichtspunkten aufbauen und die soziologische Struktur der Ortschaften sinnvoll neugestalten zu können, führte nach ersten Vorbehalten der Betroffenen und der Gemeinden zu gemeinsamen, allseits befriedigenden Planungen, die, in die Tat umgesetzt, großzügige Lösungen bringen. Diese Arbeiten sind umfassend. Zu ihnen gehören Bereitstellung von Grundstücken im neuen Umsiedlungsgelände, Planung und Vermessung der neuen Ortslage und Anlage der notwendigen öffentlichen Einrichtungen, wie Straßen, Plätze, Kanalisation, Strom- und Wasserversorgung u. a., sowie eine weitgehende Flurbereinigung in den rekultivierten Gebieten. Der Bergbau stellt also nicht nur den alten Zustand wieder her, sondern übernimmt bei öffentlichen Einrichtungen vielfach auch den Mehraufwand oder einen Teil desselben für eine Ausführung nach neuesten wirtschaftlichen sowie bau- und verkehrstechnischen Gesichtspunkten *(Bilder 13 und 14)*.

Diese Maßnahmen führen zu Eingriffen in das Eigentum und die Rechte Dritter. Die hier entstehenden Pflichten und Rechte der Bergbaugesellschaften ergeben sich im allgemeinen aus den *berggesetzlichen Bestimmungen.* Außerdem wurde 1950 für das Rheinland als Sondergesetz zu dem allgemeinen Landesplanungsgesetz das Gesetz über die Gesamtplanung im rheinischen Braunkohlengebiet (Braunkohlengesetz) erlassen. Nach den Bestimmungen dieses Gesetzes wurde als besonderes Gremium für die Aufstellung eines Gesamtplanes im rheinischen Braunkohlengebiet der *Braunkohlenausschuß* gebildet. Ihm fällt u. a. die Aufgabe zu, die Flächen im Plangebiet festzulegen, die für den Bergbau, für andere Industrien, für die Land- und Forstwirtschaft und für die Besiedlung bereitgehalten werden sollen. Er bestimmt ferner die Ortschaften und Ortsteile, die wegen des Braunkohlenbergbaus verlegt werden müssen, und die Stellen, wohin die Bewohner umgesiedelt werden sollen. Die Pläne des Braunkohlenausschusses sind jedoch erst dann verbindlich, wenn sie vom Ministerpräsidenten von Nordrhein-Westfalen als der obersten Landesplanungsbehörde für verbindlich erklärt worden sind. Dadurch wird verhindert, daß aus örtlichen Interessen Planungen beschlossen werden, die nicht im öffentlichen Interesse liegen.

Eine besondere Bedeutung kommt der Regulierung der Vorflutverhältnisse und der Wasserableitung zu, die durch die Eingriffe in den Grundwasserhaushalt zwingend wurde. In diesem Zusammenhang wurde 1958 in Anbetracht der besonderen Verhältnisse im Erftgebiet durch Gesetz der *Große Erftverband* geschaffen. Das Gesetz schreibt die Mitgliedschaft in diesem Verband zwingend vor. Ihm gehören u. a. die Braunkohlenunternehmen, die Elektrizitätswerke, die Wasserwerke, die größeren industriellen Wasserverbraucher, die Landkreise und die Städte an, soweit sie im Verbandsgebiet liegen. Dem Verband obliegt die Regelung der gesamten Wasserwirtschaft im Erftgebiet. Insbesondere hat er gegenwärtigem oder zukünftigem Wassermangel vorzubeugen bzw. ihn zu beheben, die Vorflut zu erhalten und zu verbessern sowie für die Reinhaltung der Gewässer zu sorgen. Außer diesen für Wasserverbände typischen Aufgaben hat der Große Erftverband die öffentlichen Belange gegenüber den eingetretenen und noch möglichen Auswirkungen der bergbaulichen Grundwasserabsenkungen im Erftgebiet zu wahren. Obwohl die Verpflichtungen des Bergbaus nach §§ 196 und 148 ABG wegen der Folgeerscheinungen der Grundwasserabsenkungen unberührt bleiben, kann der Verband von sich aus Maßnahmen ergreifen, um vorbeugend die Wasserversorgung in den betroffenen Gebieten zu sichern.

2.4 Veredlung

Wegen ihres hohen Wassergehaltes verträgt die Rohbraunkohle wirtschaftlich keine großen Transportbelastungen. Deshalb wird sie in grubennahen Kraftwerken als Brennstoff eingesetzt oder zu Braunkohlenbriketts veredelt *(Bild 15)*.

2.4.1 Brikettierung

Das Braunkohlenbrikett bestreitet auch heute noch den Verbrauch von festen Brennstoffen in den Haushalten der Bundesrepublik zu etwa 50 v.H. Der Industrieabsatz liegt bei rund 10 v.H. des Gesamtabsatzes.

Das *Brikett* wird aus getrocknetem, feinem Kohlenkorn von einer Größe bis zu 3 mm ohne Bindemittel bei einem Druck von etwa 1000 kp/cm² zusammengepreßt. Als Salon- oder Langform-Feinkornbrikett von 550 g Gewicht, als Industrie- oder Rundformat-Brikett von 170 g und als Kleinbrikett, Brikolett genannt, von 60 g kommt es auf den Markt. Die Gesamtproduktion betrug 1974 6,3 Mill. t. Produktionsstätten für das Brikett befinden sich nach Stillegung der Brikettfabrik bei Helmstedt ausschließlich im Rheinland. Um die Absatzpalette zu erweitern, wurde das Angebot an Bündelbriketts wesentlich erhöht; außerdem werden Briketts in Schrumpffolien geliefert.

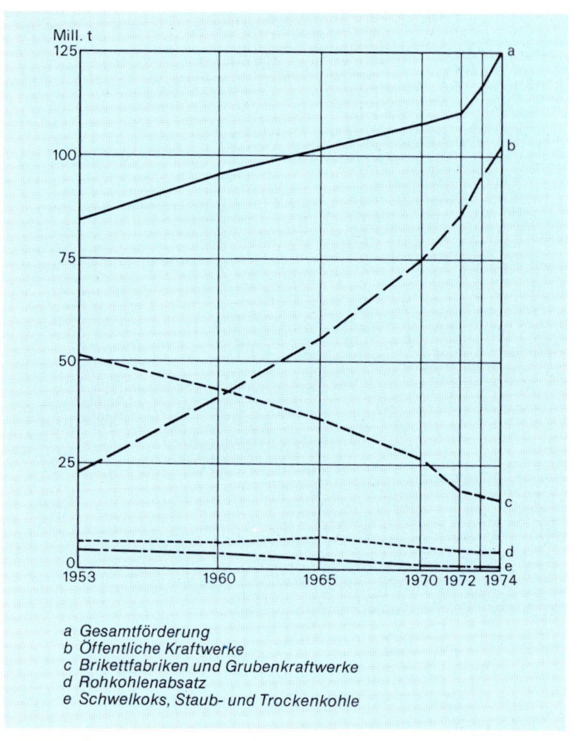

Bild 15: Verwendung des Braunkohlenaufkommens

Der in den Brikettfabriken anfallende und zur Brikettherstellung nicht verwendete Braunkohlenstaub findet in der Industrie als Brennstoff Absatz und wird den Verbrauchern in Spezialfahrzeugen im Bahn- und Straßenverkehr zugeführt.

2.4.2 Stromerzeugung

Die technisch und kostenmäßig günstige Gewinnung sichert der Braunkohle den Absatz an Kraftwerke, die in unmittelbarer Nähe der Braunkohlenvorkommen errichtet wurden.

1974 waren in *öffentlichen Braunkohlenkraftwerken* 11588 MW installiert. Nach Fertigstellung aller vorgesehenen Kraftwerkseinheiten ist die installierte Leistung der öffentlichen Braunkohlenkraftwerke 1975 auf über 13000 MW angewachsen. Ein weiterer Ausbau ist zur Zeit nicht vorgesehen. Bei einem Einsatz von fast 103 Mill. t Braunkohle wurden im Jahre 1974 76,6 Mrd. kWh erzeugt. Somit entfiel auf Braunkohle ein Anteil von fast 36 v.H. an der gesamten Stromerzeugung in öffentlichen Wärmekraftwerken. Aufgrund des niedrigen Wärmepreises der Braunkohle und des günstigen spezifischen Brennstoffeinsatzes von durchschnittlich 2500 kcal/kWh bzw. etwa 1,30 kg/kWh fahren die Kraftwerke Grundlast mit einer hohen Ausnutzungsdauer der installierten Leistung.

Die Abgabe von Braunkohle an Industriebetriebe mit hohem Wärmeeinsatz oder an industrieeigene Kraftwerke bleibt auf einen reviernahen Abnehmerkreis beschränkt. Hier betrug die Stromerzeugung aus Braunkohle 1974 2,6 Mrd. kWh, in den mit der Brikettproduktion gekoppelten Grubenkraftwerken 1,8 Mrd. kWh, also aus Braunkohle insgesamt 81 Mrd. kWh oder 26 v.H. der gesamten Stromerzeugung der Bundesrepublik Deutschland.

Während der Rohkohleneinsatz für die Brikettierung von 1955 bis 1974 von 51 Mill. t auf knapp 18 Mill. t zurückging und der Anteil der Brikettierkohle an der gesamten Braunkohlenförderung von 57 v.H. auf 14 v.H. sank, stieg der Einsatz von Kraftwerkskohle von 1955 bis 1974 von 34 Mill. t auf 103 Mill. t oder von 37 v. H. auf 82 v. H. der Braunkohlenförderung.

2.5 Produktion und Belegschaft

2.5.1 Entwicklung des Braunkohlenbergbaus

Bis zur Mitte des 19. Jahrhunderts fand die Braunkohle – mit Ausnahme einer geringen Erzeugung von Farberden, Alaunen und Paraffinen – nur im Hausbrand und in der Landwirtschaft Verwendung. Erst nach Erfindung der Exterpresse zum Brikettieren getrockneter Braunkohle im Jahre 1859 konnte sich eine Braunkohlenindustrie entwickeln, da hierdurch die Absatzmöglichkeit für Braunkohle in größere Entfernung von den Gruben ermöglicht wurde. Ende des 19. Jahrhunderts förderten etwa 300 Gesellschaften in ungefähr 600 Betrieben Braunkohle in Deutschland. Der Anteil der im Tagebau gewonnenen Braunkohle war mit 25 v.H. noch gering.

Die wachsenden Anforderungen an die Braunkohlevorkommen führten zunächst zu einer Umstellung vom Tiefbau zum Tagebau und schon in der ersten Hälfte dieses Jahrhunderts zu einem weitgehenden Zusammenschluß der Braunkohlengesellschaften.

Während des letzten Krieges stand der Braunkohlenbergbau im Rheinland erneut vor der Frage, ob er wegen Auskohlung der bisher betriebenen zahlreichen flachen Tagebaue zum Tiefbau übergehen oder versuchen sollte, die noch vorhandenen Braunkohlenvorkommen in sehr viel tieferen Tagebauen abzubauen. Bald wurde erkannt, daß eine dem Steinkohlenbergbau ähnliche Tiefbauförderung die Kostenlage des Braunkohlenbergbaus so ungünstig beeinflussen würde, daß weder die Brikettproduktion noch die Stromerzeugung aus Braunkohle gegenüber anderen Primärenergieträgern konkurrenzfähig bleiben würde. Außerdem erwies sich eine Gewinnung im Tiefbau mangels geeigneter Arbeitskräfte als nicht durchführbar. Deswegen wurden im Rheinland in den fünfziger Jahren sogenannte tiefe Tagebaue mit einer Teufe von zunächst über 250 m aufgeschlossen *(Tafel 1).*

Die technische und wirtschaftliche Struktur des westdeutschen Braunkohlenbergbaus veränderte sich dadurch von Grund auf. Im Rheinland wurden die tiefen Tagebaue aufgeschlossen, die wegen der

Tafel 1: Die Entwicklung des Braunkohlenbergbaus

Jahr	Förderung Mill. t	Zahl der Betriebe	Zahl der Beschäftigten	Förderung je Betrieb (t/d)
		Deutschland		
1920	110,0	520	170000	700
1937	185,0	235	93000	2600
		Bundesrepublik Deutschland		
1974	126	19	20300	
davon:				
Tagebau-Großbetriebe	109	5	8700	65000 (20000–140000)
übrige Tagebau-Betriebe	16,5	12	5200	5000 (200– 18000)
Untertage-Betriebe	0,5	2	300	1000
Sonstige Betriebe	—	—	6100	—

Kosten und aus technischen Gründen auf Tagesförderungen bis 140000 t Kohle und Abraumbewegungen bis 300000 m^3 ausgelegt wurden. Die Folge war eine starke Konzentration im Bereich der Betriebe und Unternehmen.

Der *Neuaufschluß Hambach* wird auf eine tägliche Kohlenförderung von über 150000 t und eine Abraumbewegung von über 750000 m^3 ausgelegt. Vorgesehen ist eine weitere Erhöhung der Braunkohlenförderung von 126 Mill. t im Jahre 1974 auf etwa 130 Mill. t. durch eine weiter erhöhte Abnahme der Kraftwerke nach Fertigstellung der 1974 noch im Bau befindlichen Kraftwerksblöcke.

2.5.2 Produktivität und Belegschaft

Die technische Entwicklung hat zu einer Produktivität der Tagebaubetriebe geführt, die einen Wettbewerbsvorsprung gegenüber Konkurrenzenergien gewährleistet. So betrug 1974 die *durchschnittliche Leistung* je Mann und Schicht aller Tagebaue in der Bundesrepublik Deutschland 65,3 t Braunkohle, im rheinischen Revier fast 84 t und im leistungsstärksten Tagebau Fortuna-Garsdorf 103,5 t entsprechend 28 t SKE/MS *(Bild 16).*

Die *Belegschaft* ging der technischen Entwicklung im Braunkohlenbergbau entsprechend trotz steigender Förderung und wachsendem Verhältnis von Abraum zu Kohle laufend zurück. 1974 waren im Braunkohlenbergbau der Bundesrepublik nur noch etwas mehr als 20000 Mitarbeiter tätig, während es 1960 mit über 36500 noch 82 v.H. mehr waren. An Masseneinheiten (t Kohle + m^3 Abraum) wurden 1974 390 Mill. ME bewegt, während die Vergleichszahl für 1960 mit 290 Mill. ME noch um über 25 v.H. niedriger lag. Hierin kommen die Rationalisierungserfolge sichtbar zum Ausdruck *(Bild 17).*

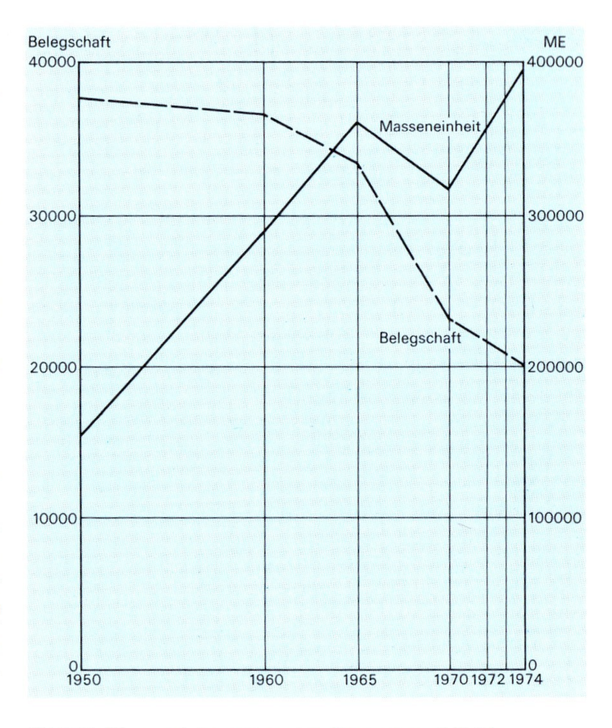

Bild 17: Massenbewegung von Abraum und Kohle

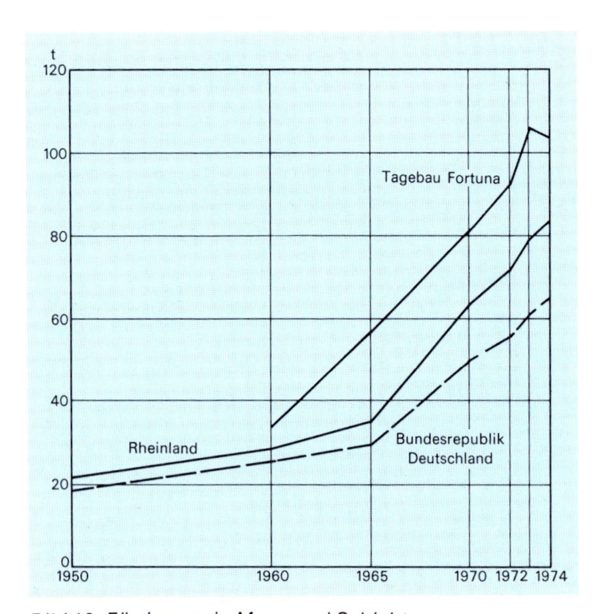

Bild 16: Förderung je Mann und Schicht

Die *Arbeitszeit* beträgt im Braunkohlenbergbau zur Zeit 40 Stunden/Woche; jedoch werden aufgrund der Arbeitsvoraussetzungen, die eine absolute Betriebsruhe zum Beispiel an Sonn- und Feiertagen nicht ermöglichen, zusätzlich etwa vier bis fünf Stunden verfahren. Das Durchschnittsalter der Belegschaft ist über Jahre hinaus konstant geblieben und liegt zwischen 41 und 42 Jahren. Der Anteil der Gastarbeiter beträgt mit etwa 1000 Mann rund 5 v.H. der Belegschaft.

Die Gesellschaften des Braunkohlenbergbaus betreiben eine intensive *Ausbildung Jugendlicher* zu Facharbeitern in eigenen Lehrwerkstätten, in denen stets zwischen 550 und 600 Auszubildende beschäftigt werden, und eine gezielte Weiterbildung in einzelnen Fachbereichen. Im rheinischen Revier gibt es eine staatlich anerkannte Bergschule als Techniker-Fachschule.

2.6 Forschung und technische Entwicklung

Die Vielfalt der in den modernen Braunkohlentagebauen zu lösenden Aufgaben auf den Gebieten der Erkundung und Erschließung von Lagerstätten, der Förderung und Gewinnung von Abraum und Kohle und schließlich der Rekultivierung und Wiedereingliederung des vom Bergbau in Anspruch genommenen Geländes in die Landschaft erfordert eine breit angelegte Forschungs- und Entwicklungstätigkeit. Die verschiedenen Vorhaben werden teils in unternehmenseigenen Forschungsstätten, teils auch unter Hinzuziehung von Hochschul-Instituten oder Landes- bzw. Bundesämtern als Forschungsstellen in enger Zusammenarbeit mit der Zulieferindustrie, Abnehmern oder Weiterverarbeitern der Braunkohle bzw. ihrer Produkte und auch anderen Bergbauzweigen durchgeführt.

Im Rahmen der industriellen Gemeinschaftsforschung oder der sonstigen, mit öffentlichen Mitteln geförderten Forschungs- und Entwicklungsprogramme koordiniert der *Deutsche Braunkohlen-Industrie-Verein e. V.* in Köln solche Arbeiten, die nicht von den bergbautreibenden Gesellschaften allein bestritten werden.

Ein besonderer Schwerpunkt der Forschungstätigkeit liegt auf der Verbesserung bereits vorhandener Braunkohlenprodukte in Qualität und Einsatzmöglichkeiten sowie der Entwicklung neuer Produkte aus Braunkohle, die den Wert dieses Minerals als Rohstoff herausstellen. Wirtschaftlicher und effizienter als in der Stromerzeugung läßt sich die Braunkohle langfristig als industrieller Rohstoff verwenden. Sobald die Kernenergie in der Lage ist, den Grundlastbereich der Stromversorgung in der Bundesrepublik weitgehend zu übernehmen, werden Braunkohlenmengen frei, die als Energieträger und Rohstoff zur Erzeugung von

- Fein- und Formkoks für Spezialzwecke
- festen Reduktionsmitteln zur Eisenschwammherstellung
- sythetischem Erdgas und kohlenoxid- und wasserstoffhaltigen Gasgemischen
- Bodenverbesserungsmitteln

genutzt werden können.

Im Bereich der Verkokung führten die bisherigen Versuche zur Feinkoksherstellung zum Bau einer Demonstrationsanlage nach dem *Herdofenprinzip* mit einer Produktionskapazität von ca. 100000 t/a. Der Ermittlung eines geeigneten Verfahrens zur Formkoksherstellung dienen Versuche, die in einer Pilotanlage (Kapazität 5 t/d) durchgeführt werden. Die anwendungstechnischen Versuche, mit denen die Eignung des Kokses für verschiedene Prozesse untersucht wird, werden durch Forschungsarbeiten zur Erschließung geeigneter Verwendungsmöglichkeiten von Kondensationsprodukten der Braunkohlenverkokung ergänzt.

Nach mehrjährigen Versuchen mit Braunkohle in Versuchs-*Drehrohrofenanlagen* wurde die prinzipielle Eignung des Einsatzes von Braunkohlenbriketts zur Direktreduktion von Eisenerz in einem großtechnischen Versuch mit gutem Ergebnis unter Beweis gestellt. Da Verfahren zur Direktreduktion von Eisenerz zu Eisenschwamm mit anschließendem Hochofenprozeß im Elektroofen als Alternative zum Hochofen allgemein an Bedeutung gewinnen, wird somit der Braunkohle auch im Eisenhüttensektor ein neuer, wichtiger Verwendungsbereich erschlossen.

Die der Vergasung geltenden Aktivitäten werden von besonderer energie- und rohstoffpolitischer Bedeutung für die Gasversorgung der Bundesrepublik Deutschland sein, da hier ein Weg liegt, den Grad der Versorgungssicherheit kurzfristig zu erhöhen. Die Vergasung von Kohle ist von besonderem Interesse, weil Erdgas- und Erdölprodukte durch Kohleprodukte ersetzt werden können. Sie erfordert neben der Bereitstellung eines Vergasungsmittels die Zufuhr von Wärmeenergie. Diese für die Vergasung benötigte Wärme wird bei den konventionellen Verfahren durch Teilverbrennung der Einsatzkohle erzeugt. Das *Hochtemperatur-Winkler-Vergasungsverfahren* zur Vergasung von Braunkohle stellt eine Weiterentwicklung des bekannten Winkler-Verfahrens dar und dient der Herstellung von Reduktionsgas. Eine Neuentwicklung ist das *Röhrenofen-Vergasungsverfahren,* bei dem grubenfeuchte Rohbraunkohle eingesetzt werden kann.

Bei der Vergasung mit Hilfe von *Prozeßwärme aus Hochtemperatur-Kernreaktoren* wird die für die Vergasung benötigte Energie durch heißes Helium (950° C) in den Vergasungsprozeß eingekoppelt. Dabei wird im Vergleich zu den konventionellen Verfahren ca. 40 v.H. weniger Kohle verbraucht und zugleich die Umwelt weniger belastet, da die Bildung von SO_2 vermieden und die CO_2-Bildung verringert wird. Die hydrierende Vergasung von Kohle mit Kernwärme wird z. Z. in einer Versuchsanlage, bei der die nukleare Prozeßwärme durch elektrische Beheizung simuliert wird, erprobt und zielt darauf ab, in den 80er Jahren im großtechnischen Maßstab Gas aus Kohle zu erzeugen.

Interessante Ergebnisse erbrachten die Forschungsarbeiten auf dem Gebiet der *Humusanreicherung* von Böden durch einen Bodenverbesserer auf Braunkohlenbasis. In langjährigen Versuchen konnte festgestellt werden, daß Rohbraunkohle unter Zusatz von bakteriell leicht abbaubaren Stoffen in der Lage ist, auf Boden und Pflanze eine günstige Wirkung auszuüben.

2.7 Wirtschaftliche Entwicklung

Die Rohbraunkohle wurde im Jahre 1974 zu fast 82 v.H. als Einsatzkohle in öffentlichen Braunkohlenkraftwerken verwendet. Lange Transportwege sind bei der Braunkohle wegen ihres hohen Wassergehaltes unwirtschaftlich; deshalb stehen Kraftwerke in unmittelbarer Nähe der Grubenbetriebe. Aus der engen *technischen Verbindung* zwischen Braunkohle und Strom erklärt sich auch die *wirtschaftliche Verbindung* zwischen Bergbau und Elektrizitätswirtschaft. Braunkohengruben werden entweder mit den Kraftwerken in einer Gesellschaft betrieben (Braunschweigische Kohlen-Bergwerke und Preußische Elektrizitäts AG), oder sie sind als selbständige Gesellschaften in Organschaft mit Elektrizitätserzeugungsunternehmen verbunden (Rheinische Braunkohlenwerke AG und Bayerische Braunkohlen-Industrie AG).

Die ungünstiger werdenden Ablagerungsverhältnisse und die steigenden Anforderungen an die Tagebaue führten schon frühzeitig zu einer Konzentration im Braunkohlenbergbau, so daß er heute in jedem Revier fast ausschließlich von je einer großen, den Charakter des Reviers bestimmenden Gesellschaft betrieben wird.

2.7.1 Gesellschaftsstrukturen, Eigentumsverhältnisse

An der Braunkohlenförderung im Rheinland in Höhe von 109,5 Mill t (1974) ist die größte deutsche Braunkohlengesellschaft, die *Rheinische Braunkohlenwerke AG (Rheinbraun),* Köln, aus fünf Tagebauen mit fast 100 v.H., an der gesamten Förderung im Bundesgebiet mit über 86 v.H. beteiligt. Rheinbraun stellt in vier Brikettfabriken die gesamte Braunkohlen-Brikettproduktion der Bundesrepublik in Höhe von etwa 6 Mill. t (1974) her. Außerdem läßt das Martinswerk, in dem aus Bauxit ein Vorprodukt für die Aluminiumverhüttung hergestellt wird, durch eine Unternehmergruppe etwa 0,6 Mill t Braunkohle in einem kleinen Tagebau fördern.

In Niedersachsen betreiben die *Braunschweigischen Kohlen-Bergwerke (BKB),* Helmstedt, den Braunkohlenbergbau bei Helmstedt. Nach Einstellung der Brikettfabrikation dient die gesamte Förderung in Höhe von 5,2 Mill. t (1974) als Einsatzkohle für das Kraftwerk Offleben.

In Hessen beträgt der Anteil der *Preußischen Elektrizitäts-AG (Preußenelektra)* über 97 v.H. der Revierförderung von 3,4 Mill. t (1974). Die Preußenelektra betreibt mehrere Tagebaue und zwei Tiefbaugruben zur Belieferung ihres Kraftwerks in Borken und zwei Tagebaue für das Kraftwerk Wölfersheim.

Je einen kleinen Tagebau betreiben die Firmengruppen *von Waitz'sche Erben* bei Großalmerode und die *Elektrische Licht- und Kraftanlagen AG* bei Frielendorf.

In Bayern befinden sich Tagebaue zur Braunkohlenförderung nur noch bei der *Bayerischen Braunkohlen-Industrie AG,* Schwandorf. Die 1974 gewonnenen 8 Mill. t gingen ausschließlich an das Kraftwerk Dachelhofen des Bayernwerks. In nicht nennenswertem Umfang wird außerdem Braunkohle in zwei kleinen Tongruben mitgewonnen, wenn Kohle bei der Tongewinnung anfällt.

2.7.2 Absatz an Dritte

Im wesentlichen bezieht sich der Absatz von Braunkohlenprodukten auf das Braunkohlenbrikett. Die *Rheinische Braunkohlenbrikett-Verkauf GmbH (RBV),* Köln, verkauft die rheinischen Briketts unter der Handelsbezeichnung „Union“. Ferner hat sie im Einvernehmen mit dem Bundeswirtschaftsministerium auch im Rahmen von Handelsabkommen den Vertrieb von den aus der DDR importierten Briketts „Rekord“ übernommen. Einschließlich der Lieferungen nach West-Berlin betrug die Einfuhr von „Rekord“-Briketts 1974 1,1 Mill. t. Außerdem wurden 0,2 Mill. t Schwelkoks aus der DDR eingeführt. Kleinere Mengen Briketts kommen zusätzlich noch aus der CSSR. Dagegen wurden vom RBV 1974 in traditionelle Liefergebiete u. a. nach Frankreich, Österreich, Belgien, Italien und in die Schweiz knapp 0,7 Mill. t Briketts exportiert.

Roh- und Siebkohle sowie Staubkohle werden im Rheinland unmittelbar vom Erzeuger aus vertrieben. Außer diesen Mengen wird nur die Braunkohle der zwei Tagebaue der Firmen *von Waitz* und *LIKRA* an Dritte abgesetzt.

3 Torf

3.1 Begriff, Eigenschaften und Verwendung

Der Torf – die jüngste Stufe in der Reihe der Kaustobiolithe – entsteht in den Mooren. In ihnen wandelt sich in den obersten 50 cm die abgestorbene Pflanzensubstanz in einem verwickelten mikrobiellen und chemischen Prozeß unter weitgehendem Luftabschluß bei Wasserüberschuß zu Torf um. Unter bestimmten klimatischen Voraussetzungen läuft dieser Prozeß noch heute ab. Der dabei erreichte Zustand bleibt dann mehr oder weniger erhalten. Die ersten Torfbildungen in der Nacheiszeit setzten vor rund 12000 Jahren ein.

Nach Entwicklung und Aufbau sind grundsätzlich zwei Hauptformen der Moore zu unterscheiden: Niedermoore und Hochmoore. *Niedermoore* entstehen im Bereich mehr oder weniger nährstoffreichen Grundwassers als Verlandungsmoore offener Wasserflächen oder als Versumpfungsmoore auf den Ablagerungen dieser Moore oder unmittelbar auf Mineralböden. Ihre Torfe sind meist kalk- und stickstoffreich und schwach sauer. Sie sind an den Resten bestimmter anspruchsvoller Pflanzen, wie Kräutern, Schilf, Weiden, Erlen und gewissen Seggen-Arten zu erkennen. *Hochmoore* leben vorwiegend von Niederschlägen und entwickeln sich entweder auf Niedermoorbildungen oder als sogenannte wurzelechte Hochmoore unmittelbar auf dem Mineralboden. Ihre Torfe sind kalk- und stickstoffarm und sauer. Sie enthalten Reste von Hochmoorpflanzen, wie Torfmoosen (Sphagnum), Wollgras (Eriophorum) und verschiedenen Heidekrautgewächsen *(Bild 1)*.

Nach den wesentlichen torfbildenden Pflanzen sind verschiedene Torfarten, wie Sphagnum-, Wollgras-, Seggen-, Schilf-, Bruchwaldtorf u. a. zu unterscheiden. Hinsichtlich ihrer chemischen Zusammensetzung und physikalischen Eigenschaften weichen sie voneinander ab: Nach dem Zersetzungsgrad trennt man wenig zersetzten Torf (*Weißtorf*) mit mehr oder weniger gut erhaltener pflanzlicher Struktur von stärker zersetztem Torf (*Schwarztorf*) mit wenig erkennbaren Resten und hohem Anteil an strukturloser plastischer Masse.

In den großen Mooren Norddeutschlands, den Hauptlagerstätten für die Torfgewinnung in der Bundesrepublik Deutschland, treten wenig zersetzte Moostorfe vorwiegend als hangende (obere) und die stärker zersetzten Moostorfe als liegende Schichten auf. Die Torfe der Niedermoore sind im allgemeinen gleichmäßig mittel bis stark zersetzt und werden in Norddeutschland kaum abgebaut.

In Süddeutschland werden dagegen neben wenig zersetzten Moostorfen auch Seggen- und Schilftorfe abgebaut.

Bild 1: Ahlen-Falkenberg-Moor bei Bederkesa

Aufgrund seiner physikalischen und chemischen Eigenschaften, wie zum Beispiel Porenvolumen, Luft-, Wasser- und Ionenumtauschkapazität, Wärmeleitfähigkeit, Heizwert, Gehalt an Huminstoffkomplexen und physiologisch aktiven Substanzen ist der Torf ein Rohstoff für vielseitige, sehr unterschiedliche Verwendungsmöglichkeiten *(Tafel 1)*.

Als Brennstoff wurde der Torf zuerst in Sodenform und später als Torfbrikett genutzt. Bevorzugt wurde wegen seines hohen Heizwertes der stärker zersetzte Torf. Der geringe Aschegehalt, und hier besonders der niedrige Anteil an Schwefel und Phosphor im Hochmoortorf, war Anlaß zur Herstellung von *Torfkoks* und seiner Anwendung bei metallurgischen Prozessen und der Produktion von Aktivkohle.

Der wenig zersetzte Torf diente zunächst als Einstreu bei der Viehhaltung. Im industriellen Maßstab abgebaut und verarbeitet wird er seit Ende des vorigen Jahrhunderts. Heute ist dieser Torf fast ausschließlich *Bodenverbesserungsmittel* und Pflanzsubstrat in reiner und veredelter Form *(Bild 2)*. Seit zwei Jahrhunderten wird Torf auch für balneologische Zwecke in der Humanmedizin gebraucht.

Bild 2: Blumenwand mit Torfkultursubstrat

3.2 Lagerstätten

Moore, die Lagerstätten des Torfes, bilden sich nur dort, wo ein Überschuß an Wasser in Form von Grund- oder Oberflächenwasser oder von Niederschlägen herrscht, also nicht in den Trocken- oder Eisgebieten. Sie haben sich sonst überall in sehr unterschiedlichen Formen, Größen und Mächtigkeiten entwickelt.

Tafel 1: Eigenschaften von Hochmoortorf

		schwach zersetzt	stärker zersetzt	
			Brenntorf	zur Bodenverbesserung
Asche in der Trockensubstanz	Gew. v. H.	1 – 3	1 – 3	1 – 3
Organische Substanz in der Trockenm.	Gew. v. H.	95 – 99		95 – 99
Porenvolumen	Vol. v. H.	90 – 95		90 – 95
Wasserkapazität	Vol. v. H.	45 – 55		75 – 85
Luftkapazität	Vol. v. H.	35 – 45		10 – 15
Trockensubstanz in aufgelockertem Zustand	g/l	50 – 90		90 – 180
Zersetzungsgrad r-Wert	Gew. v. H.	< 48		>48
Kationenumtauschkapazität mval/100 g Trockensubstanz		100 – 150		120 – 170
pH-Wert (KCl)		2,5 – 3,5		2,5 – 3,5
pH-Wert (Wasser)		3,0 – 4,0		3,0 – 4,0
Elektrische Leitfähigkeit (50 ml Torf in 180 ml Wasser)	$\mu S\ cm^{-1}$	50 – 120		60 – 180
N (Stickstoff) – Gehalt	Gew. v. H.	0,8 – 1,2		0,8 – 1,2
P_2O_5 (Phosphor) – Gehalt	Gew. v. H.	0,025 – 0,1		0,025 – 0,1
K_2O (Kali) – Gehalt	Gew. v. H.	0,02 – 0,05		0,02 – 0,05
CaO (Kalzium) – Gehalt	Gew. v. H.	0,25 – 0,35		0,25 – 0,35
MgO (Magnesium) – Gehalt	Gew. v. H.	0,1 – 0,3		0,1 – 0,3
Kohlenstoffgehalt	Gew. v. H.	48 – 53		56 – 63
Heizwert kcal/kg wasserfrei		<4700	5500 – 5800	

In der Bundesrepublik Deutschland sind die Moore entsprechend den klimatischen und topographischen Voraussetzungen sehr ungleichmäßig verteilt. *Hochmoore* bilden sich vorwiegend in den regenreichen Küstengebieten Niedersachsens und Schleswig-Holsteins, im Voralpenland und in den höheren Lagen der Mittelgebirge. *Niedermoore,* die nicht von klimatischen, sondern von topographischen Bedingungen abhängen, sind dagegen fast überall vertreten *(Bild 3).* Als ursprüngliche Fläche aller Moore wurden bisher 1 125 000 ha angegeben, wobei von einer Mindestmächtigkeit von 20 cm Torf ausgegangen wurde. Diese Fläche ist heute zu verringern, da bei Mooraufnahmen eine Torfmächtigkeit von 30 cm als Voraussetzung zur Ansprache als Moor angesetzt wird. Weiterhin sind die Flächen abzuziehen, die durch Tiefpflugkultur völlig verändert sind. Genaue Zahlen gibt es dafür nicht, jedoch sind mindestens 200 000 ha abzusetzen *(Tafel 2).*

Um Moore als industriewürdige Torflagerstätten ansprechen zu können, müssen sie eine Mindesttorfmächtigkeit von 1 m haben. Die Torf verarbeitenden Betriebe haben zur Zeit als Betriebs- und Reserveflächen, vorwiegend auf Hochmoor, rund 50 000 ha Eigentums- und Pachtflächen zur Verfügung. Eine in ihrer Größe noch unbekannte industriell abbauwürdige Fläche kann hinzugerechnet werden. Diese Flächen sind insgesamt kleiner (höchstens 25 v. H. der ursprünglich vorhandenen Hochmoorflächen) als die von der Landwirtschaft genutzten. Bei den Niedermooren wird fast die ganze Fläche landwirtschaftlich genutzt.

Bild 3: Moorflächen

Tafel 2: Ursprüngliche Größe der Moore in der Bundesrepublik Deutschland, nach Große-Brauckmann 1967

Länder	Hochmoore ha	Hochmoore v. H.*	Niedermoore ha	Niedermoore v. H.*	zusammen ha	zusammen v. H.*
Niedersachsen u. Bremen	330 000	7,0	300 000	6,3	630 000	13,3
Bayern	59 000	0,8	141 000	2,0	200 000	2,8
Schleswig-Holstein u. Hamburg	25 000	1,6	135 000	8,6	160 000	10,2
Baden-Württemberg	20 000	0,6	40 000	1,1	60 000	1,7
Nordrhein-Westfalen	5 000	0,1	60 000	1,8	65 000	1,9
Rheinland-Pfalz u. Saarland	2 000	0,1	3 000	0,15	5 000	0,25
Hessen	1 000	0,05	4 000	0,19	5 000	0,24
Bundesrepublik	442 000	1,8	683 000	2,7	1 125 000	4,1

* bezogen auf die jeweilige Landesfläche

3.3 Gewinnung und Förderung

Die planmäßige Moornutzung begann in Norddeutschland mit der Gründung der Fehnkolonien im 17. Jahrhundert. Voraussetzung dafür war die Entwässerung der Moore. Das Entwässerungssystem lehnte sich an die vorhandenen Flüsse, von der Natur gegebene Vorfluter, an; es diente auch dem Abtransport des gewonnenen Torfes und der Rückfracht von Baumaterialien und anderen Rohstoffen. Der industrielle Torfabbau setzte in Deutschland in der zweiten Hälfte des vorigen Jahrhunderts ein. Es wurden dazu spezielle Bearbeitungsmaschinen entwickelt und Versuche zur künstlichen Entwässerung begonnen. Zu Beginn dieses Jahrhunderts wurde die Nutzung des Torfes als Brennstoff intensiviert, um die Moorflächen schneller abbauen und danach kultivieren zu können. Leistungsfähige Torfbagger mit Ablegeeinrichtungen wurden entwickelt. In diese Zeit – 1908 – fällt der Bau des Torfkraftwerkes Wiesmoor. Ein zweites Kraftwerk entstand Mitte der zwanziger Jahre in Rühle bei Meppen; sie wurden 1964 bzw. 1974 wegen Unwirtschaftlichkeit stillgelegt und durch Kraftwerke auf anderer Brennstoffbasis ersetzt.

Neben der Gewinnung von stark zersetztem Torf als Brennmaterial begann Ende des vorigen Jahrhunderts auch die Nutzung des schwach zersetzten Torfes. 1879 wurde in Neudorf-Platendorf bei Gifhorn die erste Torfstreufabrik gegründet, in der Ballen hergestellt wurden. Der Torf fand Verwendung als Einstreu bei vielen Pferdehaltern, wie Speditionen, Bergbaubetrieben und dem Militär.

Voraussetzung für jede Moornutzung ist die Entwässerung der Moore. Der Torf, der in seinem natürlichen Zustand einen Wassergehalt bis zu 97 v. H. bezogen auf sein Rohgewicht hat, verliert dabei rund die Hälfte der ursprünglich in einer Gewichtseinheit vorhandenen Wassermenge und erreicht dann einen Wassergehalt von rund 90 v. H. Mit dem Wasserabfluß ist eine entsprechende Sackung des Moores verbunden, die bei Massenberechnungen der Torfvorräte zu berücksichtigen ist.

Entwässerungsmaßnahmen und Abbau werden so geplant, daß nach Beendigung der Torfgewinnung die in einer Abtorfungsgenehmigung festgelegten Auflagen erfüllt werden. Hierfür gibt es besondere Gesetze. Bis zum Jahre 1972 waren in Niedersachsen die Bestimmungen der *Moorschutzgesetze* und der *Moorschutzverordnung* bindend, die zur Auflage machten, daß nach der Abtorfung eine Restmenge von 50 cm Torf (Bunkerde) auf der Fläche bleiben mußte, um eine anschließende land- oder forstwirtschaftliche Nutzung sicherzustellen. Ab 1. April 1972 ist in Niedersachsen das *„Gesetz zum Schutze der Landschaft bei Abbau von Steinen und Erden"* (Bodenabbaugesetz) gültig, das als weitere Folgenutzung die Schaffung von Naturschutz- und Erholungsgebieten berücksichtigt.

3.3.1 Gewinnung von schwach zersetztem Hochmoortorf

Bis vor etwa 20 Jahren wurde der Torf mit Spezialspaten ausschließlich von Hand schichtweise in Form von Soden mit den Maßen 40 x 15 x 15 cm aus dem Moor gelöst. Die Tagesleistung eines Torfgräbers lag bei rund 25 m^3. Heute werden spezielle Grabemaschinen eingesetzt. Sie schneiden in einem Arbeitsgang Soden, heben sie aus dem Moor heraus und legen sie oben an der Grabenkante ab. In einer Schicht können 600 bis 800 laufende Meter = 300 bis 400 m^3 Torf gegraben werden. Zum Trocknen sind die Soden je nach Wetterlage mehrmals von Hand umzusetzen oder maschinell zu rütteln *(Bilder 4, 5 und 6)*. Die bis auf einen Wassergehalt von ca. 50 Gewichts-Prozent getrockneten Soden werden je nach Betriebsgröße mit bis zu 100 m breiten Sammlern teil- oder vollmechanisiert geborgen, in Loren verladen und über Feldbahnen zur Fabrik oder Vorratsmiete gebracht. Da überwiegend in den Sommermonaten eine ausreichende Trocknung erzielt wird, die Absatzspitzen jedoch im Herbst und Frühjahr liegen, sind für die Produktion Mietenvorräte anzulegen *(Bild 8)*.

Die künstliche Trocknung und Entwässerung von Torf wurde in der Bundesrepublik Deutschland mehrfach nach verschiedenen Verfahren versucht und begonnen. Heute sind mehrere thermische Trocknungsanlagen in Betrieb. Diese thermische Trocknung ist durch die in den letzten Jahren stark gestiegenen Energiekosten nur unter bestimmten Voraussetzungen wirtschaftlich.

Ein weiteres Gewinnungsverfahren ist das Fräsen in dünner Schicht, das besonders im süddeutschen Raum angewandt wird. Gegenüber der Verbreitung dieses Verfahrens im Ausland, besonders in der UdSSR, in Irland und Finnland, ist das Fräsen bei uns nur in sehr geringem Umfange üblich. Die mit einer Fräse gelösten Torfteile werden bei dem Verfahren mit Spezialwendern und Häuflern bearbeitet und mit Sammlern geborgen *(Bild 7)*.

Bild 4 (oben links): Weißtorf-Grabemaschine

Bild 5 (oben rechts): Trockenfeld mit Weißtorfsoden

Bild 6 (Mitte rechts): Rüttler für Weißtorfsoden

Bild 7 (unten): Frästorffeld mit Sammler

Bild 8: *Mietenbau*

3.3.2 Gewinnung von stark zersetztem Hochmoortorf

Die industrielle Brenntorfgewinnung ist schon seit vielen Jahren voll mechanisiert. *Eimerleiterbagger* verschiedener Konstruktion fördern den Torf, bearbeiten ihn in einem Mischwerk und legen ihn als endlosen Strang auf dem Trockenfeld ab. Diese Spezialbagger *(Bild 9)* können in einer Saison, d. h. von Anfang April bis Anfang August, bis zu 200000 m^3 Rohtorf fördern; das ergibt rund 25000 t Brenntorf mit etwa 30 v.H. Wassergehalt, wobei 1 kg Torf einer halben Steinkohleneinheit (SKE) gleichzusetzen ist.

Die in Soden geteilten Stränge bleiben auf dem Trockenfeld ungestört liegen, bis sie „handfest" geworden sind und mit entsprechenden Geräten gewendet werden können. Nach der Trocknung werden die Soden mit Aufnahmegeräten gesammelt und am Rande der Felder zu großen Vorratshaufen aufgeschichtet.

Bild 9: *Schwarztorfbagger*

Bild 10: Dosiereinrichtung für Zuschlagstoffe

Bild 11: Ventilsackanlage

Für die Gewinnung von stark zersetztem Torf als Ausgangsmaterial für die Substratherstellung und Bodenverbesserung wird mit den gleichen Baggern wie bei der Brenntorfproduktion gearbeitet. Hier darf die Förderung erst im Spätherbst erfolgen, damit der gebaggerte Torf mit möglichst hohem Wassergehalt im Laufe des Winters durchfriert und locker wird. Erst im Frühjahr wird er dann bei einem Wassergehalt von ca. 70 v.H. zu großen Haufen zusammengeschoben und auf Vorrat gehalten.

3.4 Aufbereitung

Mit der Gewinnung, Formung und Trocknung auf dem Feld erhalten nur die Brenntorfsoden ihre endgültige Form. Für andere Zwecke muß der gewonnene und getrocknete Torf, bevor er in den Handel gebracht wird, über Reißwölfe, Mühlen und Siebvorrichtungen weiterverarbeitet werden.

Torf ohne Zuschlagstoffe wird als sogenannter *Düngetorf* verkauft. Ein Gemisch aus Torf und Mineraldünger wird als *Torfmischdünger* gehandelt und muß, da es unter die Düngemittel fällt, den im Düngemittelgesetz aufgeführten Typen „Organisch-mineralische Düngemittel" entsprechen. Bei der Produktion wird einer Gewichtseinheit Torf eine Gewichtsmenge Mineraldünger zugesetzt und im Mischer homogenisiert *(Bild 10)*. Die Überwachung dieser Produkte obliegt der öffentlichen Hand. Die Herstellung von gärtnerischen Erden aus Torf – den sogenannten *Torfkultursubstraten* – erfordert eine andere Produktionsweise. Hier wird einem bestimmten Torfvolumen eine dem Pflanzenbedarf angepaßte Mineraldüngermenge in pflanzenphysiologisch erprobter Zusammensetzung zugegeben. Außerdem muß durch Zugabe von Kalk der pH-Wert des Ausgangstorfes in einen für das Pflanzenwachstum günstigen Bereich angehoben werden. Für die Zugabe der einzelnen Komponenten sind automatische Dosier- und Mischanlagen entwickelt worden. Die Produktion wird laufend überwacht.

Die Torfprodukte werden automatisch in Kunststoffsäcke verpackt, und zwar gepreßt, leicht verdichtet oder lose eingefüllt. Ein Teil der Ware wird auch unverpackt vermarktet. Zur Kennzeichnung des Torfes für Gartenbau und Landwirtschaft sowie für die Verpackung wurden DIN-Normen geschaffen *(Bild 11)*.

3.5 Produktion und Belegschaft

Der Absatz von Torfprodukten zeigte in den letzten Jahren eine steigende Tendenz. Der Liebhabergartenbau, dessen Anteil am Torfverbrauch höher ist als der des Erwerbsgartenbaus, hatte in der vergangenen Zeit, bedingt durch den Hang zum Eigenheim und dem damit verbundenen Garten, einen steigenden Bedarf. Im Landschaftsgartenbau wurden Torfprodukte verstärkt bei der Schaffung von Grünanlagen und mobilem Grün eingesetzt. Der Erwerbsgartenbau ist seit Jahren ein großer Verbraucher von Torf und Hauptabnehmer von Torfkultursubstraten für die Anzucht von Pflanzen. Der Absatz von Brenntorf hat sich weiter rückläufig entwickelt *(Tafel 3)*.

In der Bundesrepublik Deutschland wird von einem Werk in Niedersachsen aschearmer, stark zersetzter Hochmoortorf zu *Torfkoks* veredelt. Daneben erfolgen Lieferungen zur Aktivkohleherstellung an ein Werk in den Niederlanden. Die Herstellung von *Torfbriketts* ist unbedeutend. Stärker zersetzter Torf findet zunehmend für die Abgabe an Moorbäder Verwendung.

Die Beschäftigtenzahl schwankt innerhalb des Jahres, sie ist aber im Jahresdurchschnitt mit 3350 bis 3500 in den letzten Jahren fast gleich geblieben. In den Sommermonaten werden weiterhin zusätzliche Arbeitskräfte benötigt, zu denen auch Ausländer gehören, deren Anteil an den im Jahresschnitt Beschäftigten über dem Bundesdurchschnitt, der für 1974 mit 11,3 v. H. angegeben wurde, liegt.

Das Bild der Belegschaft hat sich verändert. Der Einsatz von Maschinen bei der Torfgewinnung verlangt heute aufgeschlossene und technisch interessierte Arbeitskräfte. Viele der Beschäftigten sind mit der Landschaft verbundene Menschen. Ein Großteil von ihnen gehört den Betrieben 10, 20 und mehr Jahre an.

Tafel 3: Erzeugung von Torfprodukten in der Bundesrepublik Deutschland[3])

Jahr	Torfballen Stück	Brenntorf t	Torfbriketts t	Torfkoks t
1950	2900000	1145000	1400	9500
1956	7900000	1010000	25300	20300
1960	11400000	880000	18100	19500
1964	11800000	706000	3200	11500
1970	14500000	324000	[1])	[1])
1974	18000000[2])	187000	[1])	[1])

[1]) Keine Veröffentlichung erfolgt

[2]) Der Anteil an Veredlungsprodukten beträgt 18 v. H.

[3]) 1974 wurden zusätzlich abgesetzt: 33000 t Schwarztorf für Düngezwecke, 171000 t Torfmischdünger in anderen Packungen und lose, 1500000 m^3 Weißtorf lose und in Säcken.

3.6 Forschung und technische Entwicklung

Die Granulierung von stärker zersetztem Torf führte zu neuen Produkten, wie zum Beispiel Rasendüngern auf Torfbasis. Sie ergibt weitere Möglichkeiten für eine Verwendung von Torf als Ionenaustauscher und zur Aufbereitung von Siedlungsabfällen, die z. Z. in Forschungsvorhaben untersucht werden. Als komplexer organischer Stoff enthält der Torf eine sehr große Zahl verschiedenartiger Substanzen, zu denen auch Wirkstoffe zu rechnen sind. In Gemeinschaftsarbeit mehrerer Institute wird versucht, die einzelnen Bestandteile zu identifizieren und ihre Wirkungsweise unter verschiedenen Gesichtspunkten aufzuklären.

3.7 Wirtschaftliche Entwicklung

Die Mechanisierung erfordert hohe Investitionen. Sie stellen bereits bei einem kleinen Torfwerk mit etwa 20 Beschäftigten allein für die Einrichtung der Fabrik und die Gewinnungs- und Transportausrüstung einen Wert von 1 Million DM dar. Die eingesetzten Maschinen, wie Drän-, Grabe- und Bearbeitungsmaschinen, Sodensammler u. a., sind zum größten Teil Entwicklungen der Torfindustrie und werden in eigenen Werkstätten und in Maschinenfabriken hergestellt.

Zum Ausgleich saisonaler Bedarfsspitzen werden für die Sicherstellung der Produktion genügend verarbeitungsfähige Vorräte eingemietet, die einen erheblichen Teil der Kapital- und Zinskosten binden.

Die in den letzten Jahren überdurchschnittlich gestiegenen Lohnkosten – sie belasten auch heute noch das Produkt bis zu 50 v. H. – konnten nur durch Rationalisierung aufgefangen werden. Der Gesamtumsatz lag 1974 bei 185 Mill. DM. Die Anzahl der durchschnittlich Beschäftigten zugrunde gelegt, ergibt sich daraus ein Umsatz von 55000 DM je Beschäftigten.

Torfprodukte werden nicht nur im Inland, sondern auch im europäischen Ausland (Hauptabnehmer sind die Schweiz, Frankreich und Italien) und in überseeischen Ländern abgesetzt. Der Exportanteil beträgt knapp 20 v. H.

Aus den Niederlanden und aus Osteuropa, vor allem der UdSSR und Polen, wird Torf importiert. Der Anteil liegt z. Z. bei 2 v. H. der im Inland produzierten Menge.

4 Uran

4.1 Begriff, Eigenschaften und Verwendung

Das Element Uran kommt in der Natur in mehr als 150 Mineralien vor. Es besteht aus einem Gemisch von schwereren und leichteren Uranatomen. Diese Atome verhalten sich chemisch gleich, sind aber physikalisch verschieden. Während die Anzahl der Protonen mit 92 gleich ist, variiert die Zahl der Neutronen. Man nennt solche Atome generell *Isotope* und klassifiziert sie nach der Massenzahl, die sich aus der Summe der Protonen und Neutronen des jeweiligen Kerns ergibt.

Das Natururan besteht aus Uran 235 und Uran 238, in ganz geringen Mengen auch aus Uran 234. Das spaltbare Material ist Uran 235, das im Natururan nur zu 0,711 v. H. vorhanden ist. Um es in Leichtwasserreaktoren – der gegenwärtig dominierenden Reaktorbaulinie – nutzbar zu machen, muß der Isotopenanteil an Uran 235 durch Anreicherungsverfahren vergrößert werden. Allerdings ist trotz der geringen Konzentration auch der Einsatz von Natururan in Reaktoren, wie zum Beispiel in Kanada und Argentinien, möglich.

Uranerze wurden zu Beginn des vorigen Jahrhunderts als Rohstoff zur Fabrikation von Farben für die Glas- und Porzellanindustrie genutzt. Rund 50 Jahre später fanden lichtempfindliche Uranverbindungen Anwendung in der Fotografie. Gegen Ende des 19. Jahrhunderts wurde die Eignung des Urans zur Veredelung von Stahl geprüft. Etwa zum gleichen Zeitpunkt – bei Einführung der Röntgenstrahlen in die medizinische Diagnostik im Jahre 1896 – wurde die starke Fluoreszenz der Uranverbindungen für die Herstellung von Leuchtschirmen genutzt. In der näheren Zukunft wird das Uran weiterhin vorwiegend zur *Erzeugung von Elektrizität* verwendet werden. Die Erzeugung industrieller *Prozeßwärme,* die Entsalzung von Meerwasser und der nukleare Antrieb von Handelsschiffen stehen auf dem Programm.

4.2 Lagerstätten

Uran tritt in tieferen Zonen der Erdkruste, im Nahbereich der Erdoberfläche und auch im Meerwasser auf. In der Erdkruste ist es in vielen Gesteinstypen weit verbreitet und meistens fein verteilt. In der Häufigkeit des Vorkommens liegt Uran vor Platin, Gold, Silber, Wismut und anderen Metallen. Allerdings sind die Gehalte in Uranlagerstätten durchweg niedriger als bei anderen Erzen, so daß nur ein geringer Teil des insgesamt auf der Welt vorhandenen Urans bergmännisch gewinnbar ist. Nach dem heutigen Stand der Technik werden Erze als abbauwürdig angesehen, die mindestens 0,05 bis 0,1 v. H. U_3O_8 enthalten. Dieser Wert gilt allerdings nicht für die Gewinnung des Urans als Nebenprodukt. Bei der Goldproduktion in Südafrika oder der Kupfer- und Phosphatproduktion in den USA kann der Gehalt an Uran bedeutend geringer (bis zu 0,0055 v. H.) und trotzdem abbauwürdig sein, da es als Nebenprodukt kostengünstiger zu gewinnen ist.

Es gibt sechs Haupttypen von Vererzungen:

- Konglomerate
- Sandsteine
- gangartige Vorkommen
- Gänge
- intramagmatische Vererzungen
- Calcrete

Etwa ein Drittel der Uranvorkommen entfällt auf den Sandsteintypus, während knapp 20 v. H. in Konglomeraten enthalten sind. Rund 15 v. H. sind jeweils in gangartigen Vorkommen und intramagmatischen Vererzungen vorhanden. In Ganglagerstätten und dem Calcretetypus kommen zusammen nur etwa 2 v. H. des Urans vor. Der Rest der Uranvorkommen verteilt sich auf Vererzungen in Phosphaten, Schwarzschiefer und anderen Gesteinen.

Die Bundesrepublik Deutschland zählt nicht zu den uranhöffigen Provinzen der Erde. Mit Unterstützung des Bundes und der Länder wurden *Prospektionsprogramme* in den Bundesländern Baden-Württemberg, Bayern, Hessen und Rheinland-Pfalz durchgeführt. Dabei wurden Uranvorkommen in Ellweiler (Pfalz), Mähring (Oberpfalz), Menzenschwand (Südschwarzwald), Schwandorf (Oberpfalz), Stockheim (Oberfranken), Weißenstadt

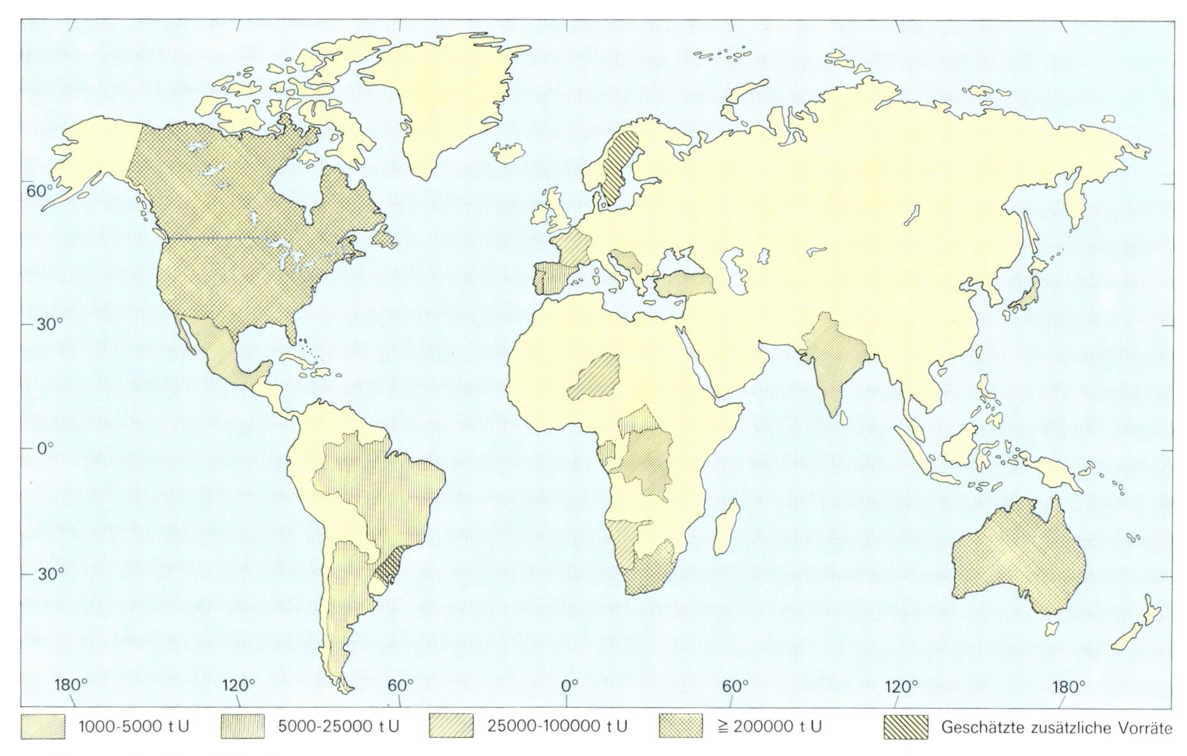

Bild 1: Vorräte bis zu $ 15/lb U_3O_8

(Fichtelgebirge) und Wölsendorf (Oberpfalz) gefunden. Ein Abbau geringer Mengen an Erzen erfolgte bisher nur in Ellweiler und Menzenschwand. Die übrigen Vorkommen müssen gegenwärtig als unwirtschaftlich bezeichnet werden. 1975 wurde erstmalig eine sekundär gebildete Lagerstätte im nördlichen Schwarzwald nachgewiesen. Das Vorkommen ist an karbonische Sedimentgesteine gebunden.

Die großen Uranreserven der westlichen Welt sind auf die Länder USA, Kanada, Australien und Südafrika konzentriert *(Bild 1)*.

4.3 Gewinnung und Förderung

Ist mit radiometrischen, emanometrischen und geochemischen Methoden ein uranhöffiges Gebiet entdeckt, folgt als nächster Schritt ein Bohrprogramm mit Vollbohrungen und/oder Kernbohrungen. Die hergestellten Bohrlöcher werden radiometrisch vermessen, womit Ausdehnung und Gehalt einer eventuellen Vererzung festgestellt werden *(Bild 2)*. Die bei den Kernbohrungen gewonnenen Bohrkerne werden chemisch analysiert.

Von der Uransuche bis zum Aufschluß und Abbau einer Lagerstätte ist es ein langer, mühsamer Weg. Man beginnt mit zahlreichen Projekten, von denen

Bild 2: Radiometrische Bohrlochvermessung

nur wenige aufgrund entsprechender Indikationen weiterentwickelt werden können, und ein Projekt führt – vielleicht – zu einer Uranlagerstätte. Liegt diese in einem politisch stabilen Land, das zudem auch den Export von Uran gestattet und gelangt die angestellte Wirtschaftlichkeitsuntersuchung zu einem positiven Ergebnis, dann kann der Aufschluß der Lagerstätte erfolgen. Entsprechend der Lage und geologischen Beschaffenheit des Erzkörpers sowie des Nebengesteins, der Mächtigkeit der Lagerstätte und der Hydrologie werden im Uranerzbergbau *fast alle Abbauverfahren* angewendet, die auch in anderen Bergbauzweigen üblich sind.

Die Gewinnung kann sowohl im *Tiefbau* als auch im *Tagebau* vorgenommen werden. Ebenso ist die Betriebsgröße variabel. Im Tagebau werden Vorkommen ausgebeutet, die nicht tiefer als 150 bis 200 m liegen. Während Reicherzkörper in kleineren Betrieben abgebaut werden können, müssen bei großen Lagerstätten mit niedrigem Urangehalt gut mechanisierte Anlagen mit hohen Fördereinheiten errichtet werden.

Im Tiefbau werden Erzgänge mit geringer Mächtigkeit im Firstenbau mit Versatz oder bei festem Nebengestein im Magazinbau abgebaut. Da beide Verfahren eine ständige Anpassung an die Form des Erzganges erlauben, sind die Abbauverluste relativ gering. Der Einsatz von Maschinen ist allerdings begrenzt. Bei Erzgängen von größerer Mächtigkeit werden großräumige Methoden wie Querbau und Kammerbau mit höherem Mechanisierungsgrad angewandt.

4.4 Aufbereitung

Das aus dem Tief- oder Tagebau angelieferte Uranerz wird zunächst radiometrisch vermessen und je nach Urangehalt auf einer entsprechenden Halde zwischengelagert. Anschließend wird das Erz auf einen Wassergehalt von rund 10 v.H. getrocknet und gegebenenfalls vorkonzentriert. Eine Vorkonzentrierung wird vorgenommen, wenn auf diese Weise ein Teil des nicht uranhaltigen Materials zur Entlastung der Aufbereitungsanlage abgeschieden werden kann, ohne daß zu hohe Verluste an Uran auftreten. Ein weiterer Grund liegt vor, wenn die Entfernung zwischen Bergwerksbetrieb und Aufbereitungsanlage groß ist und durch die Vorkonzentrierung des Erzes die Transportkosten verringert werden können.

Danach wird das Erz durch Brechen und Mahlen zerkleinert und einer sauren oder alkalischen Laugung zum Herauslösen des Urans aus dem Erz zugeführt. In der nachfolgenden Feststoff-Flüssig-Trennung werden uranhaltige Lösung und der nunmehr sterile Feststoff voneinander getrennt. Die Uranlösung wird zur Konzentration und Reinigung einem Ionenaustauschverfahren unterworfen, das mit Hilfe von festen Austauscherharzen oder einer Flüssig-Flüssig-Extraktion durchgeführt wird. Bei der alkalischen Laugung kann wegen der hohen Reinheit der Uranlösung meistens auf diesen Schritt verzichtet werden. Anschließend wird das Uran aus der Lösung ausgefällt, getrocknet und versandfertig verpackt *(Bild 3 und 4)*.

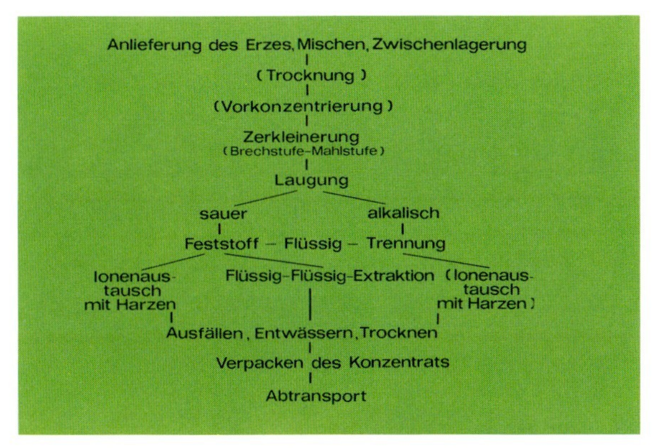

Bild 3: Prozeßschritte bei der Uranerzaufbereitung

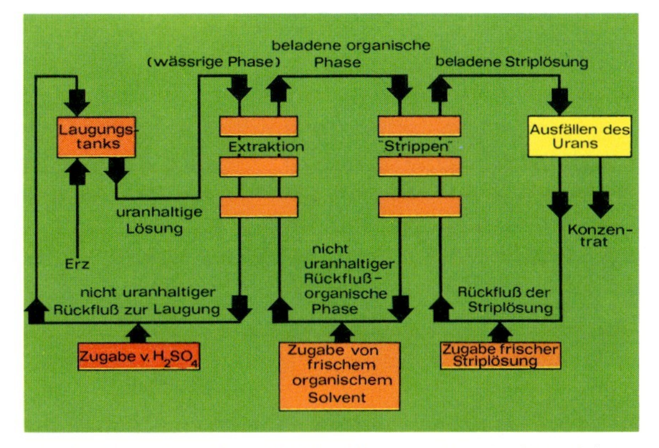

Bild 4: Typisches Fließbild der Flüssig-Flüssig-Extraktion

Um auch Erze mit einem niedrigen Urangehalt oder geringe Erzreserven wirtschaftlich abbauen zu können, für die sich der Bau einer ortsfesten Aufbereitungsanlage nicht lohnt, werden in Zukunft die in-situ-*Laugung,* die Laugung über Tage auf Halden und die Laugung unter Tage in Kammern verstärkt Anwendung finden. Die Verarbeitung der anfallenden Laugungsflüssigkeit wird in kompakten, fahrbaren Anlagen erfolgen. Die Aufbereitungsanlagen werden aus einigen kleinen Austauschersäulen und gegebenenfalls einer Einrichtung zum Ausfällen des Urans bestehen. Der Yellow Cake wird in Tankwagen zur nächsten Aufbereitungsanlage transportiert, wo er entwässert und getrocknet wird. Nach dem Abbau der Lagerstätte, der im allgemeinen nur wenige Jahre dauert, wird mit der Aufbereitungsanlage zur nächsten Lagerstätte umgezogen.

Schließlich wird auch die Gewinnung von Uran aus Phosphaten und Braunkohle wieder in den Vordergrund rücken, für die in der Vergangenheit Aufbereitungsmethoden entwickelt worden sind, die aber wegen eines Preisverfalls auf dem Uranmarkt nicht mehr wirtschaftlich waren.

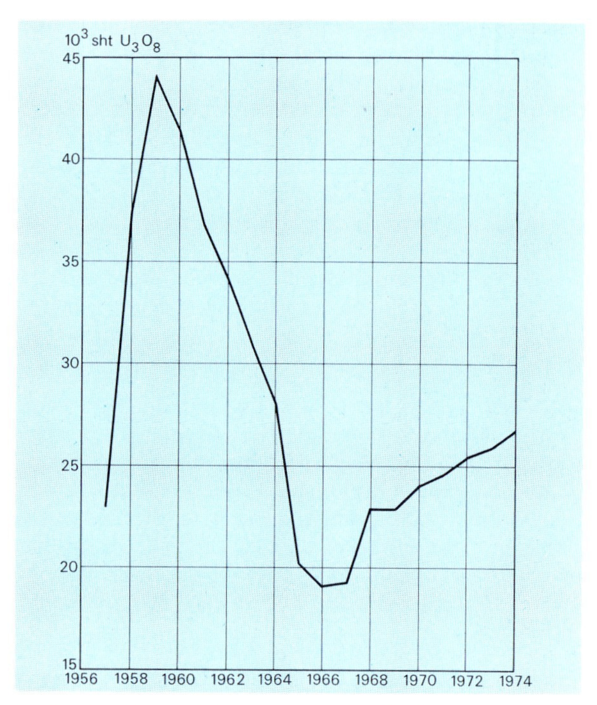

Bild 5: Uranproduktion der westlichen Welt

4.5 Produktion

Die Uranproduktion der westlichen Welt erreichte im Jahre 1959 mit fast 45000 sht U_3O_8 einen Höhepunkt und fiel dann bis zu den Jahren 1966 und 1967 auf unter 20000 sht U_3O_8/Jahr zurück. 1974 betrug sie etwa 27000 sht U_3O_8 *(Bild 5).*

Die Gründe für diese Entwicklung sind in dem unterschiedlichen Bedarfszweck zu erblicken. Während das Uran ursprünglich nur zur Atombombenherstellung verwendet und später für militärische Zwecke gelagert wurde, überstieg die Produktion ab 1960 bei weitem die Nachfrage, da der militärische Bedarf voll gedeckt und der zivile Verbrauch an Uran bis Mitte der 60er Jahre sehr gering war. Um einen Zusammenbruch des Natururanmarktes zu verhindern, legten die Hauptproduzentenländer USA, Kanada, Südafrika und Frankreich insgesamt etwa 100000 sht U_3O_8 auf Lager. Außerdem waren die Produzenten gezwungen, nicht nur eigene Läger anzulegen, sondern auch einen Teil ihrer Produktionskapazität vorübergehend oder endgültig stillzulegen.

1975 werden Angebot und Nachfrage in etwa ausgeglichen sein. Schwer ist es hingegen, für Ende der 70er und Anfang der 80er Jahre noch Angebote zur Belieferung mit Uran zu erhalten, da die vorhandene Kapazität der Uranproduzenten für diesen Zeitraum praktisch ausverkauft ist. Der Bedarfsanstieg beschleunigte sich gegenüber den ursprünglichen Schätzungen, da in vielen Ländern aufgrund der Ölkrise die Reaktorbauprogramme stark forciert wurden. Verschärft wurde diese Situation noch durch die Rohstoffpolitik einiger Produzentenländer, die Uran nur noch in möglichst weit veredelter Form exportieren und/oder teilweise ihren Eigenbedarf decken wollen. Ein weiterer Grund für die Angebotsverknappung war die bis 1974 unbefriedigende Erlössituation bei den Uranproduzenten. Sie führte dazu, daß der Ausbau der Kapazitäten und die Suche nach Uran verlangsamt wurden.

In der Bundesrepublik Deutschland gibt es vier deutsche Gesellschaften, die auf dem Uransektor tätig sind:

- Gewerkschaft Brunhilde in Uetze bei Hannover
- Saarberg-Interplan Gesellschaft für Rohstoff-, Energie- u. Ingenieurtechnik mbH, Saarbrücken
- Uranerzbergbau-GmbH & Co. KG, Bonn
  Gesellschafter sind zu gleichen Teilen:
  C. Deilmann AG, Bentheim
  Rheinische Braunkohlenwerke AG, Köln

○ Urangesellschaft mbH & Co. KG, Frankfurt
Gesellschafter sind zu gleichen Teilen:
Metallgesellschaft AG, Frankfurt
Steag AG, Essen
Veba AG, Bonn/Berlin.

Während die ersten beiden Gesellschaften ihre Aktivitäten auf die Bundesrepublik beschränken, sind die Uranerzbergbau-GmbH & Co. KG in Bonn und die Urangesellschaft mbH & Co. KG in Frankfurt seit 1969 in vielen Ländern der Erde tätig. Die Arbeiten konzentrierten sich auf Gebiete mit früh verfestigten Urkontinenten, die „Alten Schilde". Mit Unterstützung der Bundesregierung, die für die Suche nach Natururan und die Beteiligung an Uranlagerstätten von 1956 bis 1974 Mittel in Höhe von 159 Mill. DM ausgab, prospektieren die zwei letztgenannten Gesellschaften weltweit *(Bild 6)*.

Außerdem ist es beiden deutschen Gesellschaften gelungen, sich an je einer Lagerstätte zu beteiligen, aus denen schon Uran gewonnen wird. Während die Urangesellschaft in Frankfurt an der Lagerstätte Arlit in Niger *(Bild 7)* einen Anteil von $8^1/_8$ v. H. (etwa 160 sht U_3O_8/a) hat, erwarben die Gesellschafter der Uranerzbergbau-GmbH & Co. KG, Bonn, an der Lagerstätte Rabbit Lake in Kanada eine Beteiligung von 49 v. H. (1100 sht U_3O_8/a) *(Bild 8)*. Weitere kleinere Minderheitsbeteiligungen bestehen an Uranbergwerken, die bis Ende der 70er Jahre die Produktion aufnehmen werden.

4.6 Wirtschaftliche Entwicklung

Der kumulative Uranbedarf der westlichen Welt bis einschließlich 1980 wird insgesamt etwa 270000 sht U_3O_8 betragen. Für den Zeitraum von 1981 bis 1985 ist von der Internationalen Atomenergiebehörde ein Verbrauch von rund 525000 sht U_3O_8 prognostiziert worden.

Für die Jahre 1986 bis 1990 ist der kumulative Uranbedarf der westlichen Welt auf etwa 900000 sht U_3O_8 geschätzt worden. Wird unterstellt, daß die Prognosen zutreffen, so werden bis 1990 1,7 Mill. sht U_3O_8 benötigt. Da die wahrscheinlich sicheren Reserven mit Gewinnungskosten bis zu 15 $ / lb U_3O_8 etwa 2 Mill. sht U_3O_8 betragen, sind bis 1990 voraussichtlich über 85 v. H. der kostengünstigen Vorkommen verbraucht.

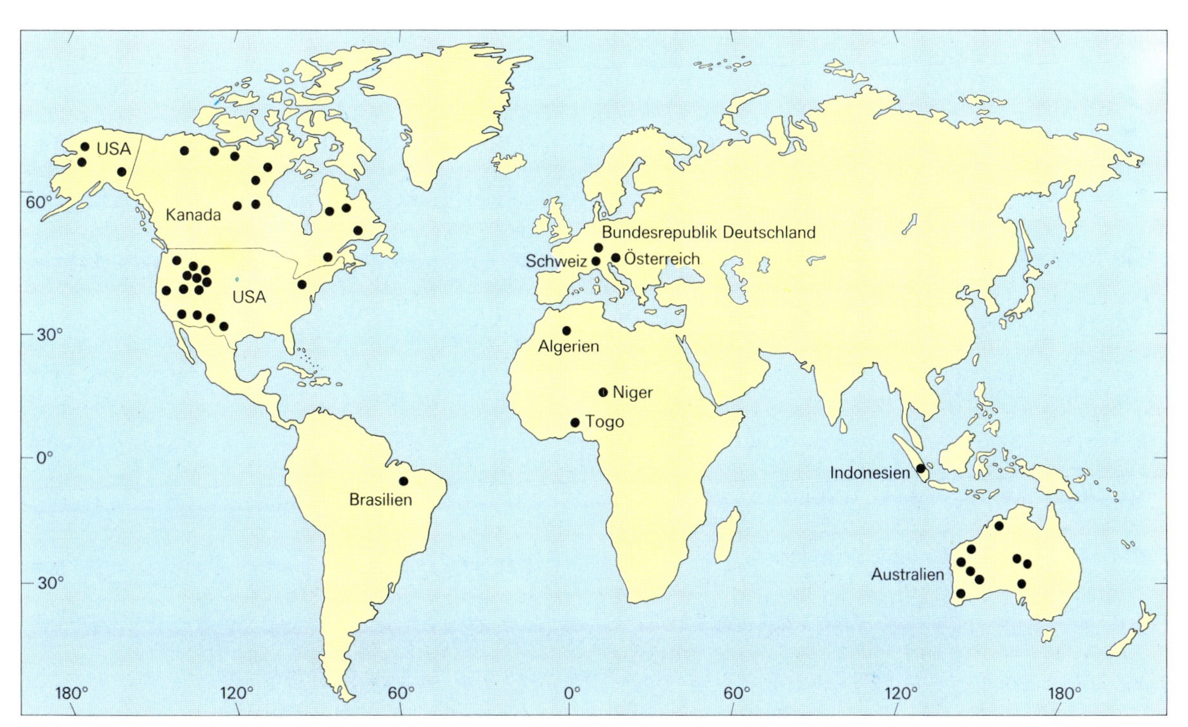

Bild 6: Aktivitäten deutscher Urangesellschaften

Es wäre allerdings nicht richtig, hieraus den Schluß zu ziehen, daß zu Beginn der 90er Jahre eine ständige Mangellage eintreten müßte oder nur noch die Lagerstätten mit heutigen Gewinnungskosten von über 15 $ / lb U_3O_8 zur Verfügung stehen würden. Neben den wahrscheinlich sicheren Reserven werden zusätzlich noch 2,5 Mill. sht U_3O_8 vermutet, die zu Kosten bis zu 15 $ / lb U_3O_8 gefördert werden können. Außerdem kann bei höheren Preisen und angemessenen Gewinnen für die Uranproduzenten angenommen werden, daß neue kostengünstige Lagerstätten entdeckt und aufgeschlossen werden. Eine weitere Voraussetzung ist allerdings, daß die Regierungen der Produzentenländer ausländischen Gesellschaften nicht nur Beteiligungen bei der Prospektion und Exploration einräumen, sondern im Falle der Fündigkeit und anschließendem Abbau einer Lagerstätte die Ausfuhr von Uran in Höhe des Anteils der Beteiligung ohne größere Auflagen gestatten.

Die Bundesrepublik Deutschland wird etwa 10 v. H. des Uranbedarfs der westlichen Welt benötigen. Der kumulative Uranbedarf wird bis 1985 etwa 70000 sht U_3O_8 betragen.

Bis gegen Ende der 70er Jahre ist der Bedarf zu etwa 60 v. H. durch die Beteiligung deutscher Gesellschaften an Lagerstätten in Kanada und Niger gedeckt. Da die Bundesrepublik diesen Prozentsatz auch für die Zeit nach 1980 anstrebt, gewährt die Bundesregierung in den kommenden Jahren ebenfalls Zuschüsse zu den Prospektionskosten, übernimmt Bürgschaften und Garantien sowie bei Lagerstättenbeteiligungen partiell die Risiken damit verbundener Abnahmeverpflichtungen. Von 1975 bis 1979 sind in der Finanzplanung des Bundes 267,5 Mill. DM vorgesehen, um die Bemühungen zur Auffindung neuer Vorkommen in den nächsten Jahren zu verstärken.

Bild 7: Uranbergwerk Arlit/Niger

Bild 8: Aufbereitungsgebäude Rabbit Lake/ Kanada

5 Kali und Steinsalz

5.1 Begriffe, Eigenschaften und Verwendung

Justus v. Liebig stellte im Jahr 1840 fest, daß die Ernährung der Pflanzen nicht auf dem Humus, sondern auf bestimmten mineralischen Stoffen im Boden basiert. Die von Liebig entscheidend beeinflußte Agrikulturchemie bewirkte einen Umschwung in der Landwirtschaft. Die planmäßige Zufuhr mineralischer Pflanzennährstoffe führte sowohl zu steigenden Erträgen als auch zur Qualitätsverbesserung.

Kalium steuert auf verschiedene Weise die lebensnotwendigen Stoffwechselvorgänge von Pflanzen und ist wesentlich am Auf- und Umbau der organischen Substanz beteiligt. Auch der pflanzliche Wasserhaushalt wird vom Kalium reguliert. Schließlich trägt es zur Festigung des Zellgewebes und zur Widerstandsfähigkeit gegen Schädlinge bei.

Kalium, als Düngemittel *Kali* genannt, kommt als Salzmineral vor und wird bergmännisch gewonnen. In Deutschland enthalten die abgebauten Kalirohsalze vielfach auch Magnesium.

Der Nährstoff Magnesium, ebenfalls wichtig für die gesunde Entwicklung von Boden, Pflanze, Tier und Mensch, ist daher in vielen Kali-Einzeldüngern enthalten und macht sie besonders wertvoll.

95 v. H. des produzierten Kalis werden als Düngemittel, der Rest für industrielle Zwecke, vor allem in der Chemie, verwendet.

Am Anfang unseres Jahrhunderts betrug der Kaliabsatz nur 0,5 Mill. t K_2O. 1974/75 erreichte er mehr als 21,5 Mill. t K_2O; die Bundesrepublik Deutschland war daran mit 11,8 v. H. beteiligt. Der Kaligehalt wird der besseren Vergleichbarkeit wegen für alle Kalisorten rein rechnerisch als K_2O, Kaliumoxid, angegeben.

Bergmännisch gewonnenes *Steinsalz* wird als Speise-, Gewerbe-, Industrie- und Streusalz verwendet. Es enthält im allgemeinen 98 bis 99 und mehr v. H. NaCl.

Speisesalz dient als physiologisch unentbehrlicher Würzstoff der menschlichen Ernährung. Der Verbrauch liegt bei etwa 5,6 kg je Kopf der Bevölkerung und Jahr. Speisesalz unterliegt der Salzsteuer von 120,– DM/t, die von den Herstellungsbetrieben abzuführen ist. Um eine mißbräuchliche Verwendung zu unterbinden, wird der Verbrauch von Gewerbe-, Industrie- und Streusalz von der Zollbehörde beaufsichtigt.

Gewerbesalz wird vor allem für die Konservierung von Fischen, Häuten, Fellen und Därmen verwendet, ferner zur Regeneration von Ionenaustauschern für die Wasseraufbereitung, bei der Stahlhärtung, zur Herstellung von Kältemischungen und Kühlsolen sowie zum Glasieren von Tonwaren. Zu erwähnen ist ferner die Verwendung als Viehsalz in Form von Lecksteinen für Vieh und Wild und als Zusatz zu Futtermitteln. Für die Herstellung von Mineralfuttermitteln werden neben Steinsalz auch Magnesiumchlorid und -sulfat verwendet.

Industriesalz ist einer der wichtigsten Grundstoffe der chemischen Industrie zur Herstellung praktisch aller Natriumverbindungen, insbesondere Soda und Natronlauge, wie auch für die Gewinnung von Chlor.

Streusalz ist für die Verkehrssicherheit im Winter unentbehrlich geworden; es ist das wirksamste und wirtschaftlichste Mittel, die Straßen schnee- und eisfrei zu halten. Es wird in Haushaltspackungen, gesackt und in loser Form den Verbrauchern angeboten.

5.2 Lagerstätten

Die in der Bundesrepublik Deutschland erschlossenen Kalisalzvorkommen sind vor rund 200 Millionen Jahren im Zechstein entstanden. Dies trifft auch für den größten Teil der Steinsalzlagerstätten zu. Darüber hinaus gehören einige der alpinen Trias und dem Muschelkalk an.

Bei dem heißen, trockenen Klima dieser erdgeschichtlichen Zeitabschnitte sind in mehreren, vom offenen Ozean durch Meerengen und zeitweilige Barren abgeschnürten Becken die im Meerwasser gelösten Salze infolge Verdunstung konzentriert

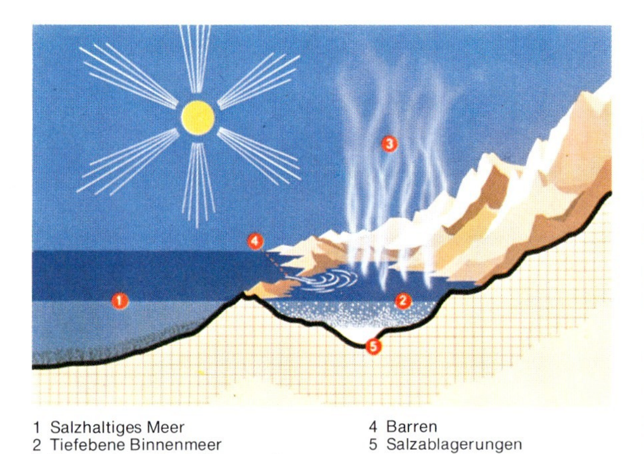

Bild 1: Entstehung der Kali- und Steinsalzlager

worden und nach dem Grad ihrer Löslichkeit auskristallisiert. Dieser Vorgang hat sich durch Nachschübe von frischem Meerwasser mehrfach wiederholt und zu einem zyklischen Aufbau der Salzlagerstätten geführt *(Bild 1).* An deren Zusammensetzung sind im wesentlichen folgende Minerale beteiligt:

- ○ Steinsalz (NaCl)
- ○ Sylvin (KCl)
- ○ Carnallit ($KCl \cdot MgCl_2 \cdot 6H_2O$)
- ○ Kieserit ($MgSO_4 \cdot H_2O$)
- ○ Anhydrit ($CaSO_4$).

Bevorzugt abgebaut werden die sylvin- und kieserithaltigen Salzgesteine

Sylvinit = Steinsalz + Sylvin
Hartsalz = Steinsalz + Sylvin + Kieserit.

Zusätzlich werden auf einigen Kaliwerken Carnallitit = Steinsalz + Carnallit sowie carnallitische Mischsalze = Carnallit + Sylvin + Steinsalz + Kieserit mit hereingewonnen, die wegen ihres Magnesiumgehaltes zunehmende Bedeutung haben.

Im *Werra-Fulda-Gebiet*, das zum Typ der flachen Lagerung gehört, sind die beiden Kaliflöze „Thüringen“ und „Hessen“ im Abstand von 50 bis 60 m voneinander in ein 200 bis 300 m mächtiges Steinsalzgebirge eingebettet, dessen Teufenlage zwischen 400 und 1000 m schwankt *(Bild 2).* Beide Lager sind 2 bis 3 m mächtig und bestehen aus Hartsalz mit wechselnden Carnallititanteilen. Der K_2O-Gehalt beträgt durchschnittlich 9 bis 12 v. H.

Das *Hannoversche Kalirevier* ist gekennzeichnet durch das Vorhandensein von Salzsätteln und -stöcken, in denen das ursprünglich tiefer liegende Zechsteinsalz bis in bergbaulich erreichbare Teufen emporgedrungen ist. Die Schichten sind steil aufgerichtet und zumeist kulissenartig verfaltet *(Bild 3).* In diesem Revier sind die Kaliflöze „Staßfurt“, „Ronnenberg“ und „Riedel“ zum großen Teil bauwürdig entwickelt und werden mit durchschnittlichen K_2O-Gehalten von 12 bis 23 v. H. abgebaut.

Am *Niederrhein* entstand zur gleichen Zeit wie im Werragebiet eine etwa 200 m mächtige Steinsalz-

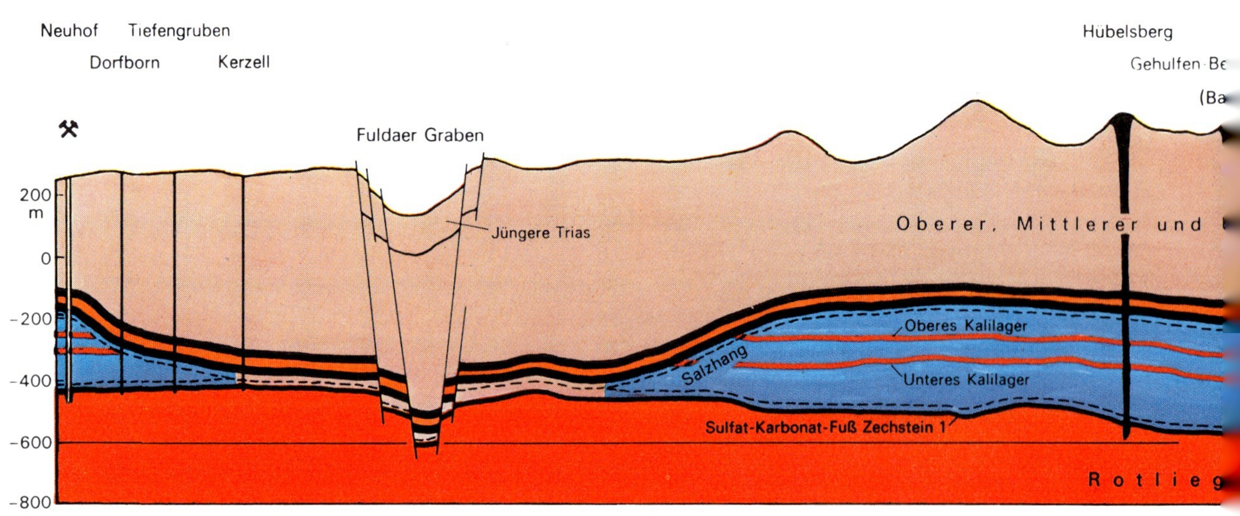

Bild 2: Flache Lagerung im Werra-Fulda-Revier. Nach E. Fulda und H. Roth

lagerstätte mit eingelagerten Kalisalzen in einer Teufe zwischen 300 und 1200 m.

Dem Mittleren Muschelkalk gehören die flachliegenden Steinsalzlagerstätten in *Baden-Württemberg* an. Die in verhältnismäßig geringer Teufe liegenden Salzlager weisen Mächtigkeiten zwischen 8 und 40 m auf.

Von den alpinen Salzlagerstätten gehört nur der Anteil unter dem *Obersalzberg* bei Berchtesgaden zur Bundesrepublik. Im Salzbergwerk Berchtesgaden wird mittels Sinkwerken das Salz aus dem Haselgebirge, einem Ton-Salz-Mischgestein, herausgelöst.

5.3 Gewinnung und Förderung

Entsprechend der geographischen Lage abbauwürdiger Vorkommen sind die Standorte des Kali- und des Steinsalzbergbaues in den Ländern der Bundesrepublik wie folgt verteilt *(Bild 4)*:

	Kaliwerke	Steinsalzwerke
Niedersachsen	6	3
Hessen	3	–
Nordrhein-Westfalen	–	1
Baden-Württemberg	–	3
Bayern	–	1

Von den neun Kaliwerken gehören acht zur Kali und Salz AG und eins zur Kali-Chemie AG. Die Steinsalzwerke verteilen sich auf fünf Gesellschaften.

Salz ist in hohem Maße wasserlöslich. Für den Kali- und Steinsalzbergmann ist es daher oberstes Gebot, die Lagerstätte gegen Zuflüsse aus dem zumeist wasserführenden Deckgebirge zu schützen. Tagesschächte werden deshalb in der Regel im Gefrierverfahren niedergebracht und die wassertragenden Horizonte mit Tübbingen oder Stahl-Beton-Verbundausbau wasserdicht gegen die Lagerstätte abgeschlossen.

Die Aus- und Vorrichtung unter Tage und die Gewinnung verlangen ständige geologische Untersuchungsarbeit, um Gefahren frühzeitig zu erkennen, die von Gebirgsstörungen, Randlaugen und Einschlußlaugen sowie von CO_2-Gasausbrüchen drohen können.

Das vorherrschende Gewinnungsverfahren im deutschen Salzbergbau ist die Bohr- und Sprengarbeit.

5.3.1 Stand der Untertage-Technik

Im Laufe der letzten zehn Jahre hat sich die Produktivität in den Kalibergwerken der Bundesrepublik Deutschland mehr als verdreifacht. Sie betrug 7467 t Rohsalz je unter Tage Beschäftigten (gewerbliche Arbeitnehmer und Angestellte) im Jahr 1974. Dies ist das Ergebnis einer technischen Revolution. Während noch vor fünfzehn Jahren die elektrische Säulendrehbohrmaschine, die 25-kg-Sprengstoff-Tragkiste und der Schrapper das Bild unter Tage beherrschten, kommen heute hochlei-

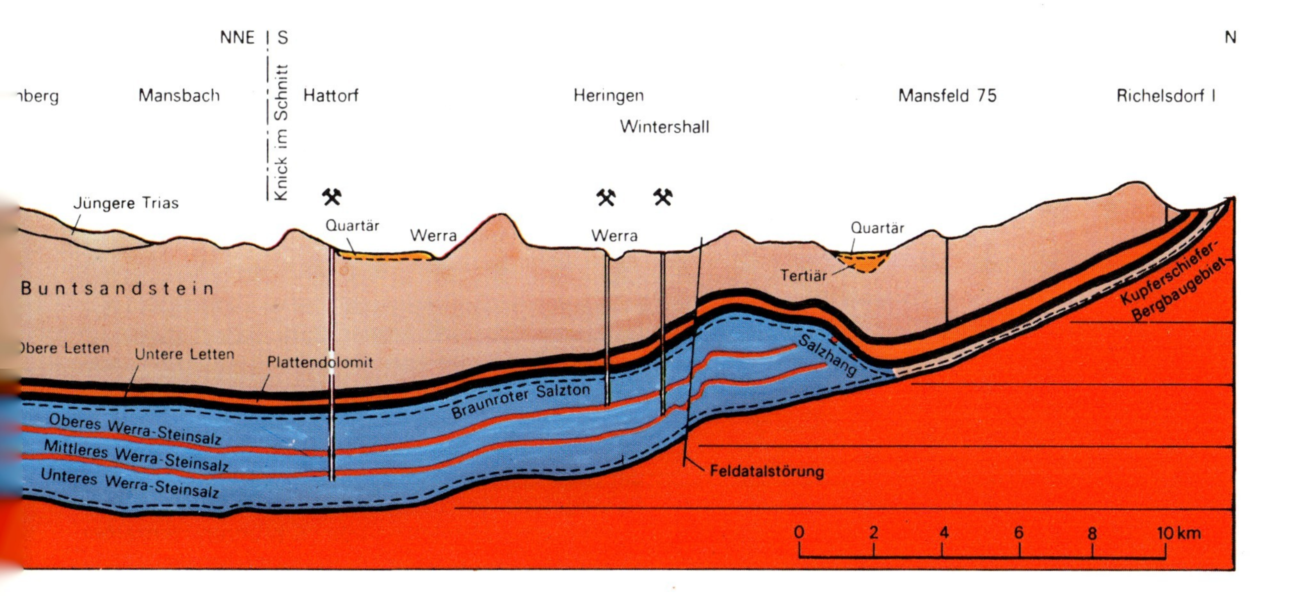

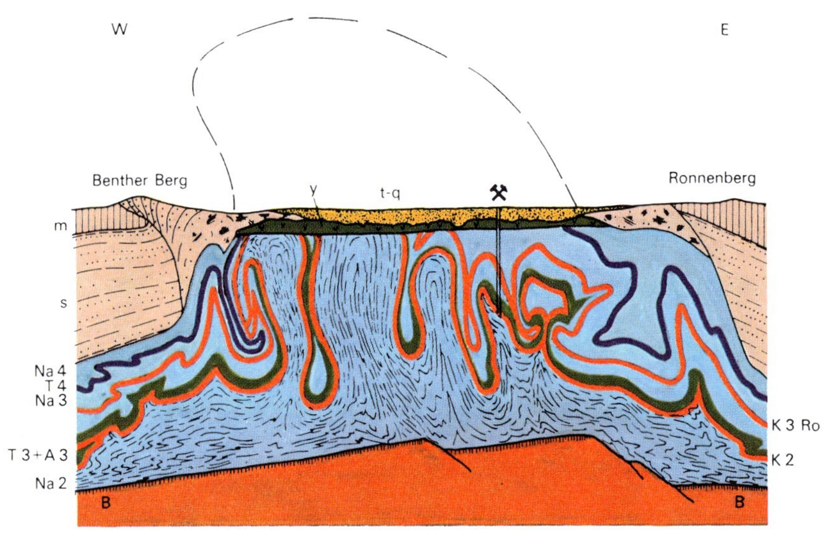

t–q = Tertiär und Quartär der Subrosionssenke
y = Gipshut
k = Keuper
m = Muschelkalk
s = Buntsandstein (zum Salzspiegel hin in Einsturzgebirge übergehend)
Na 4 = Aller-Steinsalz
T 4 = Roter Salzton
Na 3 = Leine-Steinsalz mit Flöz Ronnenberg (K 3 Ro)
T 3 + A 3 = Grauer Salzton + Hauptanhydrit
K 2 = Flöz Staßfurt
Na 2 = Staßfurt-Steinsalz
B = subsalinare Basisgesteine

Bild 3: Steile Lagerung im Hannoverschen Revier. Nach O. Ahlborn und G. Richter-Bernburg

■ Kalisalzbergwerk in Betrieb ▲ Steinsalzbergwerk

Bild 4: Die Kali- und Steinsalzbergwerke in der Bundesrepublik Deutschland

stungsfähige, dieselbetriebene mobile Großgeräte zum Einsatz.

In den Streckenvortrieben arbeiten *Großlochbohrwagen* zur Herstellung des Einbruchs von 7 m Länge und 420 mm Durchmesser. *Sprenglochbohrwagen,* mit automatischer Parallelführung der Lafetten ausgerüstet, bohren unter Anwendung von Luft-Wasser-Spülung die Sprengbohrlöcher. Die Vorschubgeschwindigkeit beim Sprenglochbohren liegt zwischen 10 und 14 m/min. Heute kann ein Mann mit einem Bohrwagen in der Schicht bis zu 100 Sprengbohrlöcher von je 7 m Länge abbohren.

Beide Bohrwagentypen haben sowohl Diesel- als auch Elektroantrieb. Der Dieselmotor erlaubt einen schnellen Wechsel des Einsatzortes, unabhängig vom elektrischen Netz. Während der Bohrarbeit wird auf Elektro-Betrieb umgeschaltet. Eine Abgasbelastung der Grubenwetter wird so weitgehend vermieden.

Die Sprengarbeit ist gleichfalls mechanisiert. *Sprengfahrzeuge,* die jeweils zu Schichtbeginn aus Untertage-Silos mit losem Sprengstoff „betankt" werden, versorgen die Schießorte. Mit Hilfe von Druckluft werden die Sprengbohrlöcher über Ladeschläuche mit Sprengstoff gefüllt. In steilstehende Bohrlöcher, zum Beispiel im Strossenbau, wird der Sprengstoff eingerieselt. Die Verwendung losen Sprengstoffs vereinfacht den Transport und vermeidet das zeitaufwendige Einführen einzelner Patronen. Gezündet wird überwiegend mit elektrischen Zeitzündern.

Dieselbetriebene, gleislose *Frontschaufellader* mit Schaufelinhalten zwischen 5 und 15 t nehmen das gesprengte Rohsalz vor Ort auf und transportieren es zu den Revierkippstellen. Dort wird es von schweren Lokomotivzügen mit Wageninhalten bis zu 30 t übernommen oder, nach Vorzerkleinerung, auf Bandanlagen zum Schacht gefördert. Rund 90 km *Förderbandanlagen* sind in Betrieb, davon allein 56 km in den Kali- und Steinsalzbergwerken mit flacher Lagerung. Hier haben sie Kettenbahn und Lokomotivförderung vollständig abgelöst und bilden die Hauptschlagadern zwischen Abbaurevier und Förderschacht.

In einigen Werken arbeiten auch Spezial-Trucks mit 20 bis 40 t Nutzlast als Zwischenfördermittel.

Der hochmechanisierte Betrieb unter Tage braucht eine leistungsfähige Infrastruktur: Sprengstoff und Dieseltreibstoff gelangen durch Falleitungen im Schacht nach unter Tage und werden dort in Silos und Tanklagern gespeichert. Tankfahrzeuge versorgen die Maschinen in den Revieren mit Treibstoff.

Dem Personen- und Materialtransport dienen serienmäßige Straßenfahrzeuge, die mit umweltfreundlichen Spezial-Motoren ausgerüstet sind. Bis zu 100 km mißt das unterirdische Straßennetz eines großen Kalibergwerkes. Zur Sicherheit des Verkehrs und zur Schonung der Fahrzeuge muß es dauernd instand gehalten werden. Die zahlreichen Bohrwagen, Lade- und Transportfahrzeuge sowie die elektrischen Anlagen und Geräte werden unter Tage in Werkstätten gewartet und repariert, die sich mit ihrer technischen Ausstattung und ihren modernen Magazinen von einer großen Kraftfahrzeugwerkstatt über Tage nicht unterscheiden.

Zur Erhöhung der Sicherheit am Arbeitsplatz und zur besseren Betriebsorganisation wurde in allen Grubenbetrieben *drahtloser Sprechfunkverkehr* eingeführt, so daß heute fast jeder Arbeitsplatz über Funk erreichbar ist.

Steile Lagerung

Die Werke mit steiler Lagerung wenden den Firstenkammerbau der früheren Jahre heute nicht mehr an. Er ist zunächst vom Strossenbau und dann in immer stärkerem Maße von dem sogenannten *Trichterbau (Bild 5)* abgelöst worden. Mit dieser Umstellung entfiel der beim Firstenkammerbau und beim Strossenbau noch notwendige Einsatz von Schrappern im Abbau. Die Gewinnung in den Trichterbauen geht so vor sich, daß das losgeschossene Haufwerk frei in die unter den Abbauen angeordneten Sammeltrichter fallen und dort unmittelbar von Streckenfördermitteln übernommen werden kann. Auch das spätere Einbringen des Versatzes, der zu einem großen Teil aus Verarbeitungsrückstand besteht, ist bei diesem Abbauverfahren einfacher, denn die beim Trichterbau entstehenden hohen Abbauräume werden von der oberen Hauptsohle aus durch dicht nebeneinander angeordnete Sturzlöcher mit Versatzmaterial verkippt. Damit erübrigt sich das beim Firstenkammerbau und beim Strossenbau mehrmals erforderliche und früher ebenfalls mit Schrappern durchgeführte Planieren des Versatzmaterials.

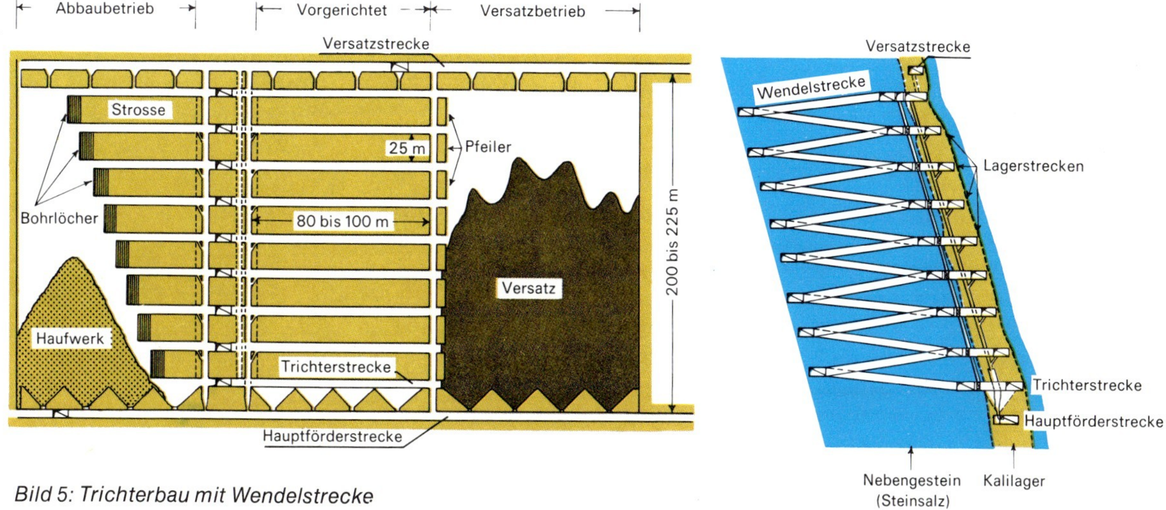

Bild 5: *Trichterbau mit Wendelstrecke*

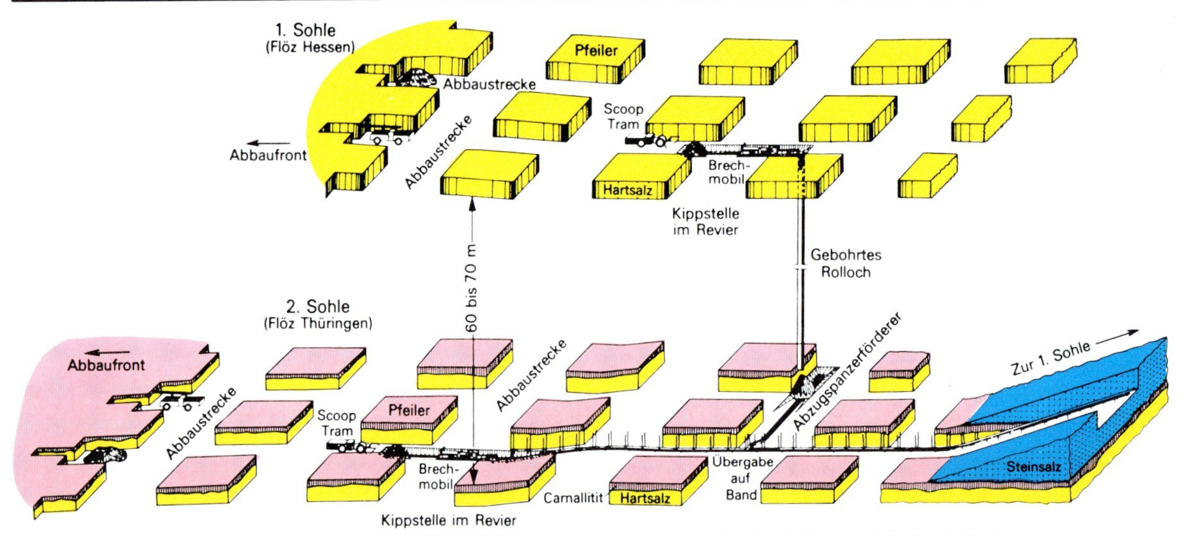

Bild 6: Zweisohlenabbau auf einem Kaliwerk an der Werra im „room-and-pillar"-Bau mit Rollochförderung von der ersten zur zweiten Sohle

Arbeitsablauf beim Trichterbau

Nachdem auf der oberen und der unteren Hauptsohle das abzubauende, steil einfallende Kalilager durchfahren worden ist, wird im Nebengestein in der Nähe des Lagers eine wendelartige Fahrverbindung mit bis zu 16 v. H. Steigung zwischen den beiden Hauptsohlen hergestellt. Von der Wendel aus werden im Abstand der vorgesehenen Strossenhöhen von 20 bis 25 m Horizontalstrecken bis zur vorgesehenen Abbaugrenze im Lager aufgefahren. Unmittelbar oberhalb der unteren Hauptsohle werden die Sammeltrichter für das bei der Gewinnung herabstürzende Haufwerk angelegt. Das Lager wird dann im Rückbau in Richtung auf die Wendelstrekke hereingewonnen. Dabei entstehen je nach Hauptsohlenabstand Abbaukammern von etwa 200 m Höhe und 80 m Länge. Ihre Breite (5 bis 20 m) richtet sich nach der jeweiligen Mächtigkeit des Lagers. Um die Standfestigkeit des Gebirges zu erhalten, bleiben Pfeiler von 10 bis 12 m Stärke stehen.

Im Gegensatz zum früher üblichen Firstenkammerbau erfordert der Trichterbau umfangreiche *Vorrichtungsarbeiten.* Wirtschaftlich war seine Anwendung erst vertretbar, nachdem man die Leistungen beim Auffahren der Wendelstrecken, Teilsohlen und Abbautrichter wesentlich steigern konnte. Die Voraussetzungen hierzu wurden geschaffen durch die Einführung gleislos fahrbarer Maschinen für die Bohr-, Spreng- und Ladearbeit. Sie können über die Wendelstrecken alle Vortriebe in kurzer Zeit erreichen und somit mehrere Orte je Schicht bedienen.

Zu Zeiten des Firstenkammerbaus und des Strossenbaus war das nicht möglich, da die Teilsohlen nur über Blindschächte zugänglich waren, durch die derartige Großmaschinen nicht transportiert werden konnten.

Flache Lagerung

Auch die Werke mit flacher Lagerung haben das gleislose Verfahren eingeführt. Der früher von der Schrapperförderung bestimmte Langpfeilerbau wurde abgelöst durch den *„room-and-pillar"-Bau* mit quadratischen Pfeilern. Pfeilerabmessungen und Streckenbreiten werden bestimmt durch Teufe, Lagermächtigkeit und Carnallit-Anteil in der Lagerstätte. Die Abbauverluste bei diesem Verfahren liegen zwischen 30 und 45 v. H. Es wird ohne Versatz gearbeitet. Zur Sicherung der Streckenfirsten werden mit Spezial-Bohrwagen jährlich etwa 400 000 *Firstanker* gesetzt.

Soweit zwei übereinanderliegende Kalilager gleichzeitig abgebaut werden, wird das Rohsalz entweder aus dem unteren Lager mit ansteigenden Schrägbändern abgefördert, die an die *Bandanlagen* im oberen Lager angeschlossen sind, oder das im oberen Lager gewonne Kalirohsalz wird den im unteren Lager installierten Hauptbandanlagen über *Sturzlöcher* zugeführt *(Bild 6).* Dem entspricht auf den Werken mit steiler Lagerung eine zunehmende Verdrängung der Blindschächte durch Schrägbandanlagen.

Bild 7: Strossenbau mit Strossenbohrwagen und Sprengfahrzeug

Im Steinsalzbergbau wird das Salz grundsätzlich in gleicher Weise wie im Kalibergbau abgebaut. Eine Besonderheit besteht für flach gelagerte Steinsalzvorkommen aber insoweit, als diese wesentlich höhere Mächtigkeiten aufweisen als die Kaliflöze und dementsprechend Kombinationen der Gewinnungsverfahren der flachen und steilen Lagerung angewendet werden *(Bild 7)*.

5.3.2 Schachtförderung

Die Schachtförderungen sind überwiegend mit *Gefäßförderanlagen* ausgestattet, deren größte eine Förderkapazität von rund 27000 t Rohsalz je Tag hat. Zur gleichmäßigen Rohsalzversorgung der im vollkontinuierlichen Betrieb arbeitenden Fabrikanlagen über Tage – vor allem an den Wochenenden – wurden in mehreren Werken unter Tage im Füllortbereich Großbunker angelegt, von denen der größte eine Speicherkapazität von 80000 t Rohsalz besitzt. Zur Entspeicherung dieses Bunkers ist ein elektrisch betriebener Schaufellader mit 30 t Schaufelinhalt eingesetzt.

5.3.3 Wetterführung

Wegen der vielen schweren Arbeitsmaschinen mit Dieselantrieb und der mit zunehmender Teufe höheren Gebirgstemperaturen wurde der Wetterführung im Kali- und Steinsalzbergbau größte Aufmerksamkeit zugewendet. In mehreren Fällen laufen neue Hauptgrubenlüfter mit Bewetterungsleistungen zwischen 16000 und 25000 m^3 Frischwetter je Minute.

5.4 Verarbeitung

5.4.1 Kalisalze

Die geförderten Kalirohsalze werden in ausgedehnten Fabrikanlagen in verkaufs- und verwendungsfähige Produkte umgewandelt. Die restlichen Mineralstoffe werden als Rückstand ausgeschieden. Soweit dieser nicht in den Abbauhohlräumen unter Tage versetzt werden kann, wird er auf den bei schönem Wetter weiß leuchtenden Halden gelagert.

Die technische Entwicklung der Kaliverarbeitung war in den letzten Jahren durch eine weitreichende Rationalisierung gekennzeichnet. Hierdurch konnten Kostensteigerungen aufgefangen, die Nährstoffgehalte der Produkte angehoben sowie deren Lager-, Riesel- und Streufähigkeit beträchtlich verbessert werden. Um der Landwirtschaft gekörnte Kalidüngemittel für moderne Düngemethoden liefern zu können, waren umfangreiche Verfahrensverbesserungen und -erweiterungen erforderlich.

Da die Sylvinite der deutschen Lagerstätten tonarm sind, lassen sie sich verhältnismäßig einfach zu hochprozentigen Kaliprodukten verarbeiten. Hartsalze enthalten den wertvollen Kieserit, der sonst nirgends gewonnen wird. Wegen der störenden chemischen Umwandlung zu Doppelsalzen gestaltet er aber die Verarbeitung der Hartsalze schwierig.

Chemische Prozesse sind beim Verarbeiten von carnallitischen Rohsalzen notwendig, ebenso beim Herstellen von Kaliumsulfat oder Kalimagnesia sowie von Magnesiumsulfat, Bittersalz, Magnesiumchlorid und Brom.

Kaliumchlorid-Produkte

Die Kaliumchlorid-Kristalle (KCl) sind in den Rohsalzen mit anderen Salzkristallen in Korngrößen bis 1 mm innig verwachsen. Die Herstellung hochprozentiger Kaliprodukte geschieht daher entweder in der Weise, daß man das Salzgemenge fein mahlt und die KCl-Kristalle selektiv durch spezielle Sortierverfahren, wie *Flotation* oder *Elektrostatik,* aussondert, oder daß man aus dem weniger fein zerkleinerten Salzgestein das Kaliumchlorid durch heiße, wäßrige Salzlösungen auslöst, um es anschließend durch Kristallisieren neu zu gewinnen.

Während dieses *Heißlöseverfahren* im Prinzip schon von Anbeginn der Kaliindustrie bekannt ist, sind die Sortierverfahren noch verhältnismäßig jung. Die Flotation von Sylvinit und Hartsalz wurde in Westdeutschland Anfang der 50er Jahre eingeführt, während die großtechnische Einführung der Elektrostatik erst in jüngster Zeit abgeschlossen wurde. Bedingt durch die Eigenart der Salze benötigt jede Fabrik spezifische, auf das betreffende Rohsalz abgestellte Verarbeitungsprozesse mit Abwandlung der einzelnen Verfahren. Die optimalen Bedingungen müssen durch eingehende Versuche ermittelt und im Prozeß der wechselnden Rohsalzzusammensetzung laufend angepaßt werden.

In den einzelnen Fabriken werden stündlich mehrere hundert, zum Teil über tausend Tonnen Rohsalz gemahlen und verarbeitet. Die moderne Verfahrenstechnik benötigt dafür hochentwickelte Apparate und zum Gewinnen reiner Produkte gleichbleibender Zusammensetzung einen vollkontinuierlichen Betrieb, der so wenig wie möglich unterbrochen werden darf. Das besonders für Sylvinit geeignete Heißlöseverfahren *(Bild 8)* beruht auf dem unterschiedlichen Löseverhalten der Rohsalzbestandteile. Eine bei 25 bis 30° C gesättigte Salzlösung kann nach dem Erhitzen auf 100 bis 110° C eine erhebliche Menge Kaliumchlorid auflösen, während ihre Aufnahmefähigkeit für Natriumchlorid sich beim Erwärmen kaum verändert. Bringt man eine solche heiße Löselauge mit Rohsalz in Verbindung, so löst sie das Kaliumchlorid auf. Das Natriumchlorid bleibt dagegen ungelöst und kann als Rückstand durch Filterapparate oder Zentrifugen abgetrennt werden.

Die heiße, KCl-reiche Lösung wird in Heißkläranlagen unter Zusatz von Flockungsreagenzien von Schlammpartikeln befreit. Die heiße Lösung wird anschließend in einer Vakuum-Kristallisationsanlage auf 30° C abgekühlt, wobei sich reine Kaliumchlorid-Kristalle bilden. Diese werden durch Filter oder Zentrifugen von der *Mutterlauge* abgetrennt und anschließend getrocknet. Die Mutterlauge wird wieder erhitzt und kehrt in den Kreislauf zurück.

In jüngster Zeit ist das Prinzip des einfachen Vakuumkristallisierens verlassen und durch eine differenzierte Kristallisationstechnik abgelöst worden. Früher ging es in den Vakuumkühlstationen ausschließlich um den Wärmerückgewinn beim Abkühlen der Lösung durch gleichzeitiges Wiedererwärmen von frischer Löselauge. Heute hingegen wird auf das Züchten staubarmen Kaliumchlorids in den Vakuumkristallisatoren besonderer Wert gelegt. Diesem Zweck dient das neuartige *Gegenstrom-Kristallisationsverfahren.* Dabei wird das in den kühleren Vakuumverdampfstufen gebildete feine Kristallisat stufenweise in die nächst wärmeren Stufen geleitet, so daß jeweils die kälteren Kristalle als Kristallisationskeime für die sich übersättigende nächstwärmere Lösung dienen. Auf diesem Wege erzeugt man ein grobkörniges Kaliumchlorid von sehr engem Kornspektrum und hohem Reinheitsgrad.

Bei Hartsalz ist der Verarbeitungsgang im Löseprozeß wegen der Anwesenheit von Kieserit ($MgSO_4 \cdot H_2O$) oder Anhydrit ($CaSO_4$) schwieriger. In den letzten Jahren ist es jedoch gelungen, auch aus Hartsalzen im Heißlöseprozeß hochprozentiges Kaliumchlorid zu gewinnen, indem kleine Mengen sulfatischer Misch- oder Doppelsalze gezielt ausgeschieden werden.

Carnallit, ein Kalium-Magnesium-Doppelsalz, wird zunächst zersetzt, d. h. in die Komponenten KCl

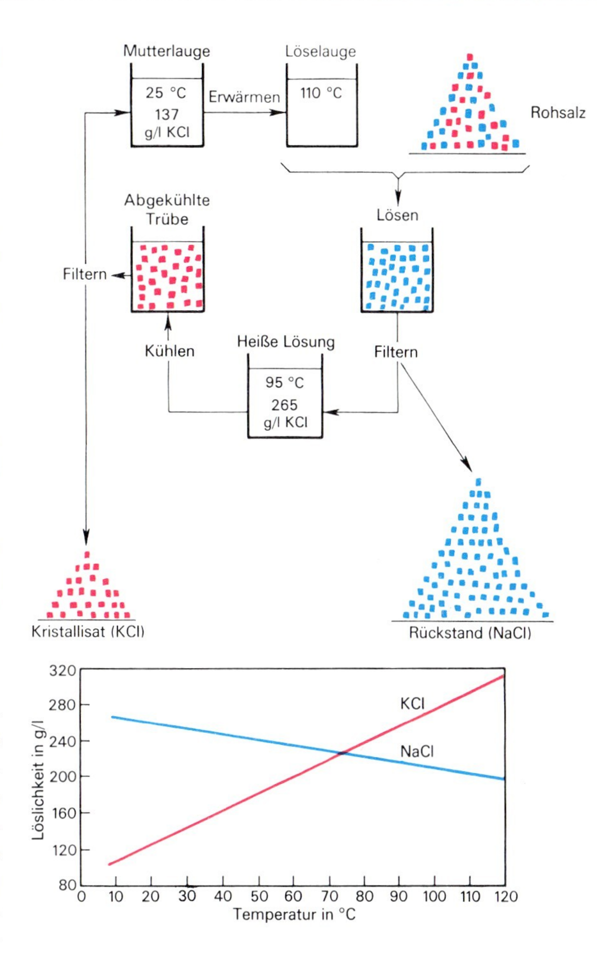

Bild 8: Heißlöseverfahren und Löslichkeit von KCl und NaCl

und $MgCl_2$ (Magnesiumchlorid) zerlegt, danach das KCl durch das Heißlöseverfahren gereinigt. Beim Verlösen von Hartsalz oder Carnallit entstehen sogenannte Endlaugen, die aus dem Prozeß herausgenommen werden müssen.

Zeitweilig schien es, daß das Heißlöseverfahren durch die Flotation verdrängt werden würde; es hat jedoch in den letzten Jahren zunehmend wieder an Bedeutung gewonnen. Dies ist zum Teil auf den günstigen Energieverbundbetrieb zwischen eigener Stromerzeugung und Verwertung des niedergespannten Dampfes zum Erhitzen der Löselauge zurückzuführen.

Das *Flotationsverfahren (Bild 9)* vermeidet den hohen thermischen Aufwand des Heißlöseverfahrens sowie die unerwünschten Doppelsalzbildungen. Es verlangt allerdings ein so weitgehendes

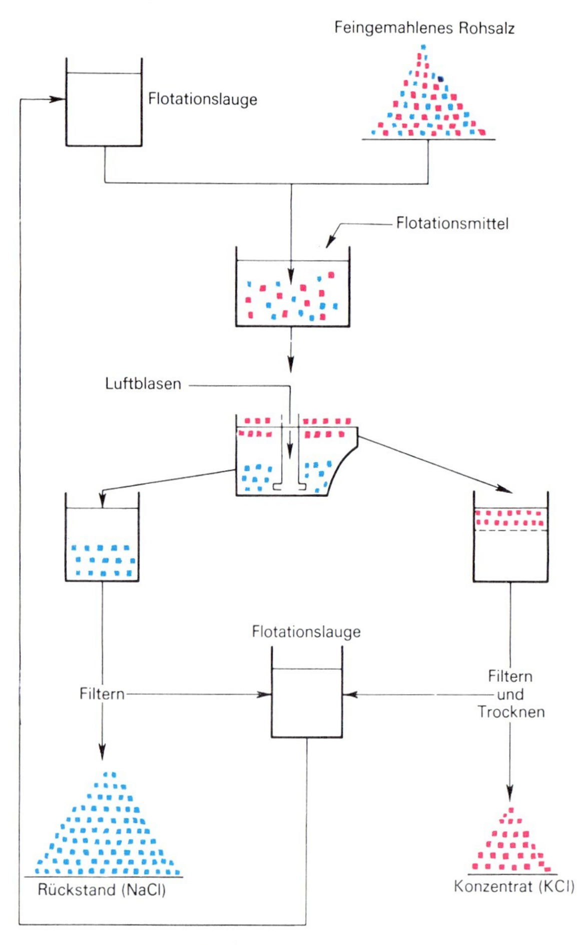

Bild 9: Flotationsverfahren

Mahlen des Rohsalzes, daß die einzelnen Minerale als unverwachsene Körner vorliegen. Danach werden sie in gesättigter Salzlauge aufgeschwemmt. Dieser Flotationstrübe werden selektiv wirkende Sammler-Reagenzien zugesetzt, welche nur die Sylvinkristalle überziehen und diese wasserabstoßend machen. Beim Einblasen von Luft in die Rohsalz-Suspension haften die Luftblasen nur an den Sylvinkristallen und bringen sie zum Aufschwimmen. Der sich auf der Flüssigkeitsoberfläche bildende KCl-beladene Schaum wird mechanisch abgestreift.

Nach der Flotation werden sowohl die ausgetragenen KCl-Schäume als auch die in der Traglauge nach dem Durchströmen der Flotationszellen zurückbleibenden Rückstandssalze, zum Beispiel Steinsalz oder Kieserit, von mitgeführter Salzlauge auf Filtern und Zentrifugen befreit. Während die Salzlauge nach sorgfältiger Klärung in den Flotationskreislauf zurückströmt, werden die Kaliumchloridprodukte getrocknet.

Das neuentwickelte *elektrostatische Verfahren* verlangt wie die Flotation ein weitgehendes Aufschließen der einzelnen Minerale durch Aufmahlen. Danach wird das Rohsalz trocken einer chemischen und klimatischen Behandlung unterworfen. Infolge dieser Konditionierung werden die verschiedenen Minerale elektrostatisch aufgeladen, so daß sie anschließend beim Fall durch ein starkes elektrisches Feld verschiedenartig abgelenkt und getrennt aufgefangen werden können. So gelingt es, auf völlig trockenem Wege – gegebenenfalls durch mehrstufige Anreicherungen – das Rohsalz in seine verschiedenen Bestandteile zu zerlegen *(Bild 10)*.

Bei den beschriebenen Verarbeitungsverfahren fällt das Endprodukt vorwiegend feinkristallin an. Da die Abnehmer aber mehr und mehr ein grobkörniges Produkt verlangen, werden granulierte Kaliprodukte nach einem der folgenden beiden Verfahren hergestellt: Entweder wird feuchtes Salz aus der Heißverlösung oder Flotation in Granulierschnecken, -tellern oder -trommeln zu 1 bis 3 mm großen Kügelchen geformt und anschließend in Drehrohrtrommeln getrocknet, oder es wird getrocknetes Produkt zwischen zwei Walzen unter hohem Druck zu Tafeln von 3 bis 6 mm Stärke gepreßt. Die Tafeln werden durch Mahlen in geriffelten Walzenstühlen oder in Prallmühlen zerkleinert. Anschließend wird das Granulat in der gewünschten Korngröße ausgesiebt. Diese Granulierverfahren finden vor allem Anwendung zur Produktion von Kornkali und PK-Düngemitteln.

Kaliumsulfat und Kalimagnesia

Kaliumsulfat wird in Deutschland ohne Verwendung von Schwefelsäure und damit unabhängig von dem schwankenden Weltmarktpreis für Schwefel durch Umsetzen von Kaliumchlorid mit Kieserit erzeugt. Dabei wird entweder Kieserit direkt oder aus dem Kieserit gewonnenes Bittersalz ($MgSO_4 \cdot 7\ H_2O$) in zwei Stufen zu reinem Kaliumsulfat umgesetzt.

Die Kalimagnesia, ein sulfatischer Kalium-Magnesium-Dünger, wird durch Granulieren einer Mischung von feinem Kaliumsulfat mit Magnesiumsulfat und magnesiumhaltigen Doppelsalzen hergestellt.

Magnesiumsulfat

Neben Kaliumchlorid enthalten die Hartsalze Kieserit, ein Magnesiumsulfat, und damit neben dem Pflanzennährstoff Kalium auch Magnesium in einer besonders günstigen pflanzenverfügbaren Form. Magnesiumsulfate haben gegenüber den meisten anderen für die Magnesiumdüngung eingesetzten Stoffen den Vorteil, leichter und schneller löslich zu sein.

Kieserit wird aus den Rückständen der Hartsalzverarbeitung, die im wesentlichen aus Steinsalz und Kieserit bestehen, entweder durch Waschen, d. h. durch Auflösen des schneller löslichen Steinsalzes in kaltem Wasser, oder durch Flotation mit geeigneten Flotationsmitteln gewonnen. In beiden Fällen muß er anschließend getrocknet werden.

Neuerdings ermöglicht die Elektrostatik eine Kieseritgewinnung auf trockenem Wege.

PK-Dünger
Neben Düngemitteln, die als einzigen Pflanzennährstoff das Kalium enthalten, werden durch Mischen von Kali mit verschiedenen Phosphaten auch PK-Dünger hergestellt. Als Phosphatkomponente dienen dabei entweder ein durch Glühen von Rohphosphat mit Soda und Quarzsand hergestelltes Glühphosphat oder Thomasphosphat, das bei der Stahlproduktion aus phosphorhaltigen Erzen anfällt. Neben Phosphat und Kali enthalten sie basisch wirksamen Kalk sowie in einzelnen Sorten auch Magnesium, Natrium und Bor.

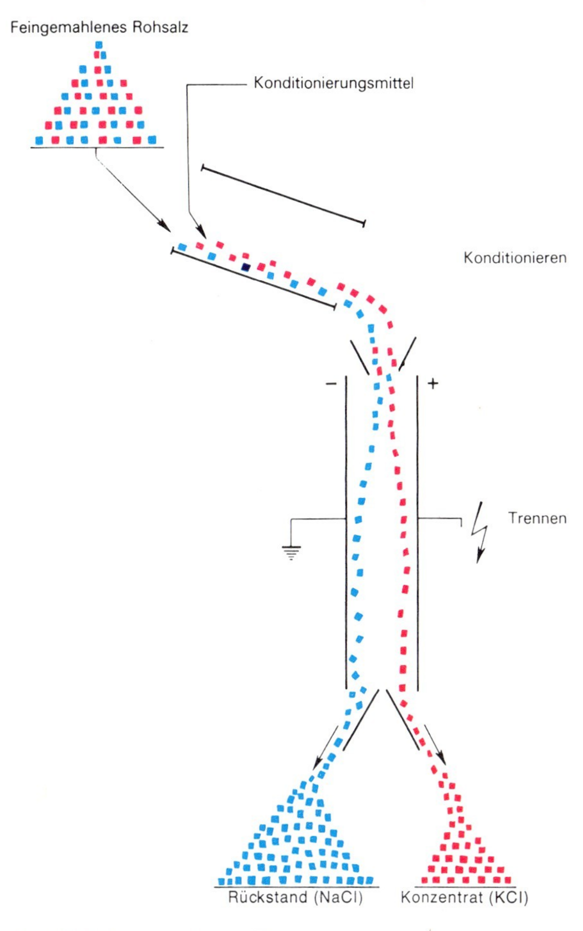

Bild 10: Elektrostatische Trennung

5.4.2 Chemikalien

Neben Düngemitteln und Kaliumverbindungen für industrielle Verwendung erzeugt die Kaliindustrie auch eine Reihe von Chemikalien.

Wasserfreies Magnesiumsulfat ($MgSO_4$) wird durch Entwässern eines flotativ gereinigten Kieserits in Kalzinieröfen bei 500° C hergestellt. Löst man dagegen den Kieserit in der Wärme zu konzentrierten Lösungen auf, so kristallisiert beim Abkühlen in Vakuumkühlanlagen Bittersalz ($MgSO_4 \cdot 7\,H_2O$) aus.

Magnesiumchlorid ($MgCl_2$) wird aus den Zersetzungslaugen der Carnallitverarbeitung nach einem Reinigungsprozeß durch Eindampfen als Hexahydrat ($MgCl_2 \cdot 6H_2O$) und als Dihydrat ($MgCl_2 \cdot 2H_2O$) gewonnen.

Das dem Chlor nahe verwandte Element Brom, das in den Verarbeitungslaugen als Bromid auftritt, wird durch Einwirkung von Chlorgas in der Hitze als Bromdampf aus den Laugen ausgetrieben und nach der Kühlung als schwere, rotbraune, ätzende Flüssigkeit gewonnen.

5.4.3 Steinsalz

Steinsalz wird grundsätzlich in gleicher Weise wie die Kalirohsalze gewonnen, über Tage wird es durch Brechen, Mahlen, Sieben, Sichten und Mischen mechanisch aufbereitet. Soweit erforderlich, wird es in seinem Gehalt an NaCl entweder durch selektive Aufmahlung und Absiebung oder unter Verwendung einer Schwertrübe nach dem *Sinkscheide-* oder dem *Zyklonscheideverfahren* angereichert.

NaCl hoher Reinheit wird auch durch die Verarbeitung zu Siedesalz erzeugt.

Den Wünschen der Verbraucher entsprechend werden viele bestimmte Kornspektren gezielt erzeugt und die unterschiedlichsten Konditionierungsstoffe sowie – aus steuerlichen Gründen – Vergällungsmittel zugesetzt.

5.4.4 Umweltschutz

Die ersten Rohsalze, die die Kaliindustrie verarbeitete, waren Carnallitite. Da das Magnesiumchlorid entfernt werden mußte, hatte sich die Kaliindustrie schon von Beginn an mit Problemen der Abwasserbeseitigung zu beschäftigen.

Nachdem zu Beginn unseres Jahrhunderts ein Gutachten des Reichsgesundheitsamtes die Grundlagen für eine gesetzliche Regelung gegeben hatte, wurden *Abwasserkommissionen* eingesetzt, die für die wichtigen Flußsysteme der Kalireviere zulässige Versalzungs- und Verhärtungsgrenzen festlegten und den Versalzungsspielraum auf die in Frage kommenden Werke aufteilten. Die für das Werra-Weser-Gebiet zuständige Kaliabwasserkommission setzt für die an der Werra liegenden Kaliwerke die zulässige Salzfracht fest. Die Werra-Kaliwerke in der DDR überschreiten indessen schon seit Jahren den ihnen nach einem ausgehandelten Schlüssel zustehenden Anteil um ein Mehrfaches.

Die Tatsache, daß die Kaliwerke vielfach in der Nachbarschaft von großen Waldgebieten liegen, war Veranlassung, daß auch der Vermeidung von Emissionen schon immer eine besondere Aufmerksamkeit gewidmet wurde.

Bei der Verarbeitung von Sylvinit werden in der Regel nur die geringen Mengen der Haldenabwässer und der bei den periodischen Reinigungsarbeiten anfallenden salzhaltigen Spülwässer abgestoßen, soweit sie im Betrieb nicht untergebracht werden können. Carnallit wird in der Bundesrepublik nur noch auf einem Werk als Beimengung zum Sylvinit verarbeitet. Aus den dabei entstehenden chlormagnesiumhaltigen Laugen wird dort überwiegend verkaufsfähiges Magnesiumchlorid hergestellt. Der Rest wird im Rahmen einer hierfür erteilten behördlichen Konzession in die Vorflut abgeleitet.

Die wesentlichen Mengen der Abwässer fallen als gesättigte Steinsalzlösungen bei der Kieseritgewinnung der Kalifabriken an der Werra an. Ihre Unterbringung erfolgt nur zu einem kleinen Teil in der Werra. Die Hauptmenge wird in die klüftige und poröse Gebirgsschicht des Plattendolomits versenkt, die durch Letten sowohl gegen die unter ihr liegenden Salzlagerstätten als auch gegen die weit darüber liegenden, Grundwasser führenden Schichten des Buntsandsteins abgedichtet ist.

Durch ein dichtes Netz von Beobachtungsstellen wird die Versenkung ständig überwacht.

Die Trocknungsanlagen verwenden zum überwiegenden Teil Erdgas und haben keine Emission von schädlichen Gasen. Durch entsprechende Einrichtungen in den Trocknungsanlagen, wie Mehrfachzyklone und Elektrofilter, wird auch der Auswurf von Salzstaub auf die Grenzen zurückgeführt, die nach den amtlichen Richtlinien zulässig sind.

Die Staubentwicklung bei Transport und Verladung hat sich durch die Verbesserung der mechanischen Eigenschaften der Kaliprodukte in den letzten Jahren wesentlich vermindert.

Wiederholte und umfangreiche Versuche, die für die Kaliwerke seit eh und je charakteristischen *Rückstandsberge* durch Bepflanzung mehr der Umgebung anzupassen, sind bisher ohne Erfolg geblieben, werden aber weiter intensiv fortgesetzt.

5.5 Produktion und Belegschaft

5.5.1 Produktion

Nach der Teilung Deutschlands 1945 verblieben nur 40 v. H. der Kaliproduktionskapazität auf dem Gebiet der jetzigen Bundesrepublik. Die sich im Westen reorganisierenden Gesellschaften – Wintershall/Burbach, Salzdetfurth und *Kali-Chemie* – haben in den Nachkriegsjahren die Kaliindustrie der Bundesrepublik Deutschland aufgebaut *(Bild 11)*. 1970 entstand aus dem Zusammenschluß der Werke von Wintershall/Burbach und von Salzdetfurth die *Kali und Salz AG.*

Beim Wiederaufbau der Kaliindustrie wurde besonderer Wert auf die Entwicklung und Produktion sulfat- und magnesiumhaltiger Kalidüngemittel gelegt.

Zur unmittelbaren Verwendung in der Landwirtschaft dienen:

- 40er und 50er Kali
- 50er Kali, grob
- Kornkali mit MgO
- Kaliumsulfat
- Kalimagnesia, grob
- Magnesia-Kainit, grob
- Kieserit.

Die 40er und 50er Kalisorten erfreuen sich u. a. deshalb großer Beliebtheit, weil sie noch weitere für das Gedeihen der Pflanzen unentbehrliche Bestandteile enthalten. Jedoch sind die Feinsorten in den letzten Jahren weitgehend durch die Grobsorten ersetzt worden, weil sich diese mit Maschinen rationeller ausstreuen lassen.

Bild 11: Gesamtansicht eines Kaliwerks

Kornkali mit MgO wird für magnesiumbeanspruchende Kulturen wie Rüben, Mais und Wiesen eingesetzt. Magnesia-Kainit und Kieserit, die einen noch höheren Magnesiumgehalt aufweisen, eignen sich besonders für die Düngung von Weiden.

Kaliumsulfat und Kalimagnesia werden als fast chloridfreie Düngemittel vorzugsweise im Obst-, Wein- und Tabakbau sowie im Gemüse- und Kartoffelanbau verwendet.

Für die Weiterverarbeitung zu Mehrnährstoffdüngern werden hochprozentiges Kaliumchlorid, Kaliumsulfat und Kieserit geliefert.

Die Entwicklung der Kalirohsalzförderung, der Produktion an verkaufsfähigen Kalisalzen und an bergmännisch gewonnenem Steinsalz ist seit 1950 fast ohne Unterbrechung gestiegen *(Tafel 1)*.

Die Produktion an Kalisalzen wird der Vergleichbarkeit wegen in t K_2O angegeben. Die Kaliwerke der Bundesrepublik erzeugen nach dem derzeitigen Stand mehr als 5 Mill. t verkaufsfertige Ware.

Kaliumchlorid und Kaliumsulfat, Magnesiumchlorid und Magnesiumsulfat sowie Brom, deren Produktionsentwicklung *Tafel 2* verdeutlicht, werden in verschiedenen Handelsformen und Qualitätsstufen an zahlreiche Industriezweige geliefert. Sie dienen als Ausgangsstoffe zur Herstellung des überwiegenden Teils der Kalium-, Magnesium- und Bromverbindungen und der höher gereinigten Qualitäten.

Tafel 1: Kalirohsalzförderung, Kaliproduktion und Steinsalzproduktion seit 1950

Jahr	Kalirohsalzförderung in Mill. t eff.	Kaliproduktion an verkaufsfähigen Erzeugnissen in Mill. t K_2O	Steinsalzproduktion in Mill. t
1950	8,93	0,91	2,19
1955	16,11	1,70	3,05
1960	18,64	1,98	3,63
1965	22,21	2,38	5,00
1970	21,03	2,31	8,26
1971	22,31	2,44	6,73
1972	23,02	2,45	6,14
1973	24,95	2,55	6,61
1974	26,20	2,62	7,12

Tafel 2: Produktion von Magnesiumerzeugnissen und Brom

Jahr	Magnesium-sulfatprodukte t eff.	Magnesiumchlorid (umgerechnet auf 100 v. H. $MgCl_2$) t	Brom t
1955	81600	39600	1200
1960	176500	27000	1200
1965	320300	28000	2900
1970	486300	77000	3800
1971	517300	80300	4600
1972	561400	84300	4400
1973	705700	94000	4700
1974	752400	104200	5300

Unmittelbar weiterverwendet werden Magnesiumchlorid in der Zuckerindustrie und zur Herstellung von Industriefußböden, Magnesiumsulfat in der Zellstoffindustrie und bei der Herstellung von Leichtbauplatten und feuerfesten Magnesitsteinen, ferner in Form von Bittersalz in der pharmazeutischen Industrie.

Besondere Bedeutung hat die Herstellung von Magnesium-Metall aus Magnesiumchlorid erlangt, bei der das anfallende Chlor ebenfalls verwertet wird. Brom und Bromverbindungen werden zunehmend benutzt, um Kunststoffe flammfest zu machen.

5.5.2 Belegschaft

Die mit dem Ausbau der betriebenen Kaliwerke und der Inbetriebnahme weiterer Werke verbundene Produktionserhöhung nach dem zweiten Weltkrieg wurde zunächst vom Anwachsen der Belegschaften übertroffen *(Tafel 3)*.

Tafel 3: Zahl der Beschäftigten im Kalibergbau

Jahr	Arbeiter	Angestellte	Arbeiter und Angestellte
1950	12379	1196	13575
1955	17605	1863	19468
1960	15821	2171	17992
1965	13485	2315	15800
1970	8298	2057	10355
1971	7888	2087	9975
1972	7477	2131	9608
1973	7200	2120	9320
1974	7543	2182	9725

Seit 1955 hat sich die Belegschaft als Folge verstärkter Rationalisierung und Mechanisierung und der Zusammenfassung der Produktion auf eine kleinere Zahl von Werken trotz eines weiteren Anstiegs der Produktion und trotz der Arbeitszeitverkürzung zunächst von Jahr zu Jahr vermindert. In den letzten fünf Jahren hat sich die Belegschaftsstärke im wesentlichen stabilisiert. Dazu hat auch der Übergang zur *vollkontinuierlichen*, alle sieben Wochentage umfassenden Betriebsweise in den Kalifabriken beigetragen, die eine Verstärkung der in Wechselschicht arbeitenden Belegschaften erfordert.

Von den in *Tafel 3* ausgewiesenen Beschäftigten arbeiten etwa ein Drittel unter Tage und zwei Drittel über Tage. Der Anteil der Angestellten hat ständig zugenommen, weil die Zahl der Planungs-, Leitungs- und Überwachungsfunktionen als Folgen der Produktionsausweitung, der Rationalisierung, der Mechanisierung und der teilweisen Automatisierung, nicht zuletzt auch wegen der Bemühungen um die Reinhaltung von Wasser und Luft, zugenommen hat.

Die Wochenarbeitszeit, die im Jahr 1955 noch 48 Stunden betrug, ist durch tarifliche Arbeitszeitverkürzungen in mehreren Stufen herabgesetzt worden und beträgt seit dem Jahr 1971 40 Stunden. Im vollkontinuierlichen Betrieb gilt die 42-Stunden-Woche, um einen gleichmäßigen Schichtwechsel zu ermöglichen.

Die Mehrzahl der Arbeiter und Angestellten ist verhältnismäßig bodenständig. Die Zahl der im eigenen Haus wohnenden Mitarbeiter ist ungewöhnlich hoch und liegt teilweise über 70 v. H. Viele betreiben neben der Arbeit auf den Kali- und Steinsalzwerken selbständig Landwirtschaft auf eigenem Anwesen.

Da die Kali- und Steinsalzwerke nicht in geschlossenen Industriegebieten, sondern bis auf wenige Ausnahmen entfernt von größeren Städten liegen, besitzen sie eine erhebliche Bedeutung für die regionale Beschäftigungslage und die Lehrlingsausbildung; das gilt insbesondere im grenznahen Raum.

Die Änderungen in der technischen Struktur der Untertage-Betriebe haben dazu geführt, daß ein Teil der überlieferten bergmännischen Arbeiten weggefallen und daher auch nicht mehr Gegenstand von *Ausbildungsberufen* ist. Statt dessen ist der Kali- und Steinsalzbergbau in verstärktem Maß auf Mitarbeiter mit hohem handwerklichen und technischen Ausbildungsstand angewiesen. Das gilt in gleicher Weise für die Übertage-Betriebe, in denen der Einsatz leistungsfähigerer Apparaturen und die Anwendung neuer Verfahrenstechniken Mitarbeiter erfordern, die das Verfahren und die Wartung der Anlagen in gleicher Weise beherrschen. Dementsprechend betreibt die Kaliindustrie eine sorgfältige Ausbildung in eigenen Werkstätten und fördert die Weiterbildung ihrer Mitarbeiter.

Die *Altersgliederung* der im Kalibergbau Beschäftigten zeigt infolge des starken Belegschaftsrückgangs während des letzten Jahrzehnts einen verhältnismäßig hohen Anteil der älteren Jahrgänge. Etwa 60 v. H. der Belegschaft sind zwischen 35 und 55 Jahre alt. Das Durchschnittsalter liegt bei etwa 42 Jahren.

5.5.3 Arbeitsbedingungen

Die Arbeit im Salzbergbau zeichnet sich durch günstige Bedingungen aus. Große Lagermächtigkeiten sowie der hohe Grad der Mechanisierung erleichtern die bergmännische Arbeit wesentlich. Dementsprechend ist auch ihre Unfallträchtigkeit vergleichsweise gering.

Hinzu kommt, daß ausgesprochene *Berufskrankheiten,* wie beispielsweise die Silikose, im Salzbergbau unbekannt sind, weil die Voraussetzungen zu ihrer Entstehung fehlen. Unter diesen Arbeitsbedingungen können auch noch ältere Mitarbeiter vollwertig eingesetzt und ihre langjährige Erfahrung vorteilhaft genutzt werden.

Neben den üblichen *Mantel-, Lohn- und Gehaltstarifverträgen* sind zwischen den Tarifvertragsparteien auch Tarifverträge über eine Arbeitsordnung, eine Schlichtungsordnung, ein Rationalisierungsschutzabkommen und über vermögenswirksame Leistungen abgeschlossen worden.

5.6 Forschung und technische Entwicklung

Als gemeinsame Einrichtung der Kaliindustrie dienen die *Bergtechnischen Ausschüsse* des Kalivereins e. V. in Hannover der bergtechnischen Entwicklung und dem Erfahrungsaustausch. Ihre Arbeit hat zu den Rationalisierungserfolgen in den Bergwerksbetrieben beigetragen. Sie hat die Untertageleistungen gesteigert und die Wettbewerbsfähigkeit der Werke gestärkt.

Dem Erfahrungsaustausch und der technischen Entwicklung im Bereich der Fabrikbetriebe dienen die Arbeitsausschüsse der *Kaliforschungsgemeinschaft e. V.* in Hannover, einer weiteren Gemeinschaftseinrichtung der Kaliindustrie.

Das *Kaliforschungs-Institut* der Kali und Salz AG in Hannover und die chemischen Laboratorien der Werke bearbeiten die wissenschaftlichen Grundlagen der Verarbeitungsverfahren und entwickeln gemeinsam mit den Betrieben chemische und verfahrenstechnische Verbesserungen. Einen besonderen Schwerpunkt bildet die Entwicklung der elektrostatischen Aufbereitung der Kalisalze zur Betriebsreife. Daneben werden durch anwendungstechnische Untersuchungen und Entwicklungsarbeiten die Eigenschaften der Produkte den Bedürfnissen der Verbraucher angepaßt.

Die *Landwirtschaftliche Forschungsanstalt Büntehof* in Hannover befaßt sich mit pflanzenphysiologischen Fragen, um den Wirkungsmechanismus einzelner Pflanzennährstoffe aufzuklären. Beispielsweise wird der Einfluß der Mineraldüngung auf Bodenfruchtbarkeit, Ertragssicherheit und Qualitätsbildung der Kulturpflanzen unter den verschiedensten Bedingungen untersucht. Insbesondere werden Fragen der Kaliverfügbarkeit im Boden, der optimalen Pflanzenernährung sowie der speziellen Aufgaben des Kaliums im Wachstumsprozeß erforscht. Die dabei gewonnenen Ergebnisse bilden die Grundlage für die in allen Teilen des Bundesgebietes durchgeführten Feldversuche.

Weitere wichtige Forschungsgebiete des Büntehofs sind Fragen der Tierernährung und Probleme des Anbaus und der Düngung von Nutzpflanzen der Tropen und Subtropen. Seine Tätigkeit ist daher von großer Bedeutung für die Landwirtschaft in aller Welt.

5.7 Wirtschaftliche Entwicklung

5.7.1 Kali

In der Bundesrepublik Deutschland wurden im Düngejahr 1974/75 1,24 Mill. t K_2O verbraucht. Der größte Teil, 1,12 Mill. t K_2O, ging als Düngemittel in die Landwirtschaft, und zwar zu 37 v. H. als Kalieinzeldünger, zu 26 v. H. als Phosphat-Kali-Dünger und zu 37 v. H. als Volldünger zusammen mit Stickstoff (N) und Phosphat (P). Seit 1950 stieg der landwirtschaftliche Kaliverbrauch in der Bundesrepublik Deutschland um mehr als 100 v. H. auf durchschnittlich 88 kg K_2O je Hektar landwirtschaftlicher Nutzfläche. Diese Intensivierung der Düngung – bei den anderen Düngemitteln sind ähnliche Verbrauchssteigerungen zu beobachten – verursachte eine überproportionale Ertragserhöhung und eine Qualitätsverbesserung der Agrarerzeugnisse *(Bild 12).* Hierfür leisteten zwölf landwirtschaftliche Beratungsstellen, die von der Kaliindustrie selbst in allen Bundesländern eingerichtet wurden, entscheidende Aufklärungsarbeit. Sie beraten die Abnehmer über sämtliche Fragen der Kalidüngung und führen Düngungsversuche durch, um jeweils die regional unterschiedliche optimale Kalidüngung zu ermitteln.

Die Verbrauchssteigerung wurde auch dadurch positiv beeinflußt, daß Kalieinzeldünger *frachtfrei* geliefert werden, d. h. überall im Bundesgebiet zum gleichen Preis erhältlich sind. Die Distribution der Einzeldünger erfolgt zu 45 v. H. durch den Handel und zu 55 v. H. über die landwirtschaftlichen Genossenschaften.

Die westdeutsche Kaliindustrie ist mit 10 v. H. am *Weltkaliexport* beteiligt. Sie trifft am Weltmarkt auf die Konkurrenz vor allem Kanadas und der UdSSR. Die Exporte stiegen seit 1950 ständig wachsend bis 1974 von 34 v. H. auf 48 v. H. des Gesamtabsatzes an. Der größte Teil der Exporte geht auf dem Schienenweg oder Binnenwasserstraßen nach Westeuropa. Überseetransporte werden über den eigenen Kalihafen in Hamburg abgewickelt. Im Düngejahr 1974/75 verteilten sich die westdeutschen Kaliausfuhren auf Westeuropa mit 64 v. H., Osteuropa mit 3 v. H., Nordamerika mit 2 v. H., Lateinamerika mit 11 v. H., den Fernen Osten mit 14 v. H. sowie auf Afrika mit 6 v. H.

Die handelspolitische Struktur des Weltkalimarktes wird dadurch bestimmt, daß Kali bisher nur in wenigen hochindustrialisierten Ländern produziert wird, die ihre Inlandsmärkte weitgehend selbst versorgen und darüber hinaus wegen der Frachtempfindlichkeit des Massenprodukts Kali relativ fest abgegrenzte Marktgebiete beliefern (zum Beispiel die UdSSR und die DDR das Comecon). Der für die westlichen Märkte auch in der Preispolitik ausschlaggebende Produzent ist Kanada. Die Entwicklungsländer sind auf Kalieinfuhren angewiesen. Die Zuwachsraten der Kalidüngung dieser Länder liegen zwar viel höher als in den gesättigten Industrieländern, die absoluten Verbrauchsmengen sind jedoch erheblich kleiner. In Asien, Afrika und Lateinamerika ist die westeuropäische Kaliindustrie beratend und aufklärend tätig, um die Voraussetzungen für eine richtige Mineraldüngung zu schaffen. Die westdeutsche Kaliindustrie gehört zu den Gründern des *Internationalen Kali-Instituts* in Bern, das eng mit der UNO zusammenarbeitet und Experten in die Entwicklungsländer entsendet.

Die Kaliindustrie der Bundesrepublik Deutschland arbeitet auf rein privatwirtschaftlicher Grundlage. Sie genießt weder Einfuhrschutz noch erhält sie Subventionen oder Steuervorteile, wie das in vielen konkurrierenden Ländern der Fall ist, in denen die Kaliindustrie überdies meist verstaatlicht ist.

5.7.2 Steinsalz

Den Verbraucherwünschen entsprechend produzieren die Werke eine Vielzahl von Steinsalzsorten. Die Vielfalt ist durch die unterschiedlichen Wünsche hinsichtlich der Kornzusammensetzung, der Zusatzstoffe und der Verpackungsarten, -formen und -größen bedingt.

Steinsalz als Massen- und Niedrigpreisprodukt ist sehr transportkostenabhängig; die Belieferung des Inlandsmarktes wird daher weitgehend von den Produktionsstandorten der Hersteller bestimmt.

Die Produktion an bergmännisch gewonnenem Steinsalz des Bundesgebietes ist in *Tafel 1* ausgewiesen. Die Außenhandelsstatistik weist für 1974 eine Ausfuhr an Stein-, Siede- und anderen Salzen (einschl. Sole) von 2,21 Mill. t nach, wobei der Anteil von Steinsalz und Sole mehr als 80 v. H. beträgt. Dieser Export – im wesentlichen in europäische Märkte – macht 20 v. H. der Gesamtproduktion aus.

Bild 12: Feldversuch an Kartoffeln ohne (NP) und mit (NPK) Kalidünger

6

Siedesalz

6.1 Begriff, Eigenschaften und Verwendung

Steinsalz und Siedesalz unterscheiden sich nur durch die Art der Gewinnung. Steinsalz wird bergmännisch abgebaut, Siedesalz wird in Salinen durch Eindampfen von *Sole* gewonnen. Siedesalz findet wie Steinsalz Verwendung als Speisesalz, Gewerbesalz, Industriesalz und Auftausalz.

6.2 Lagerstätten

Während Siedesalz geologisch vor allem im mittleren Muschelkalk (Trias) und im Zechstein (Perm) vorkommt, wird der Solungsbetrieb zur Erzeugung von Siedesalz zum Teil auch in den sonstigen Schichten des Trias und im Tertiär vorgenommen.

Die großen Salinen der Bundesrepublik liegen in Niedersachsen, Nordrhein-Westfalen, Bayern und Baden-Württemberg. Kleine Salinen in Hessen und in der Pfalz sind nur als Badesalinen von Bedeutung *(Bild 1)*.

6.3 Gewinnung und Aufbereitung

Bis zum Anfang des 19. Jahrhunderts beruhte die Salzgewinnung in Deutschland vornehmlich auf der Ausbeutung von *Solquellen* und *Solbrunnen.* Eine Ausnahme bildeten schon damals die *Sinkwerke* im Berchtesgadener Bergbau. Die erste *Salzbohrung* zur Erschließung von Steinsalzvorkommen wurde 1812 im Jagstfeld in Württemberg niedergebracht.

Die zur Gewinnung des Salzes notwendige Sole wird bei den meisten Salinen durch Aussolen eines Salzstockes gewonnen; die Sole wird aus Bohrlöchern gepumpt. Die Sole aus den Sinkwerken des Salzwerkes Berchtesgaden stammt aus dem Haselgebirge (alpine Trias), das einen Salzgehalt von 30 bis 70 v. H. hat. Das alpine Salzgebirge in Bayern besteht nicht aus mächtigen Steinsalzlagern, sondern aus einem ungeschichteten Gemenge von Salz, Mergel und Gips. Würde dieses Gestein bergmännisch gewonnen, müßte ein großer Anfall von taubem Fördergut in Kauf genommen werden. In den Sinkwerken wird das Salz mit Süßwasser ausgelaugt. Aus der so entstehenden Sole wird das Siedesalz dann im Salinenbetrieb gewonnen.

Bis zum Anfang des 20. Jahrhunderts wurde Siedesalz durch Einkochen von Sole – daher der Name Kochsalz – auf freiem Feuer in offenen Pfannen gewonnen. Dieses Verfahren wurde dann verbessert durch gezielte Feuerführung, später auch durch Beheizen der Sole in den Pfannen mit Dampf. Heute wird Siedesalz fast ausschließlich in *Großverdampferanlagen* gewonnen. Die erste Verdampferanlge wurde im Jahre 1926 in der Bayerischen Saline Reichenhall in Betrieb genommen.

Bild 1: Salinenstandorte

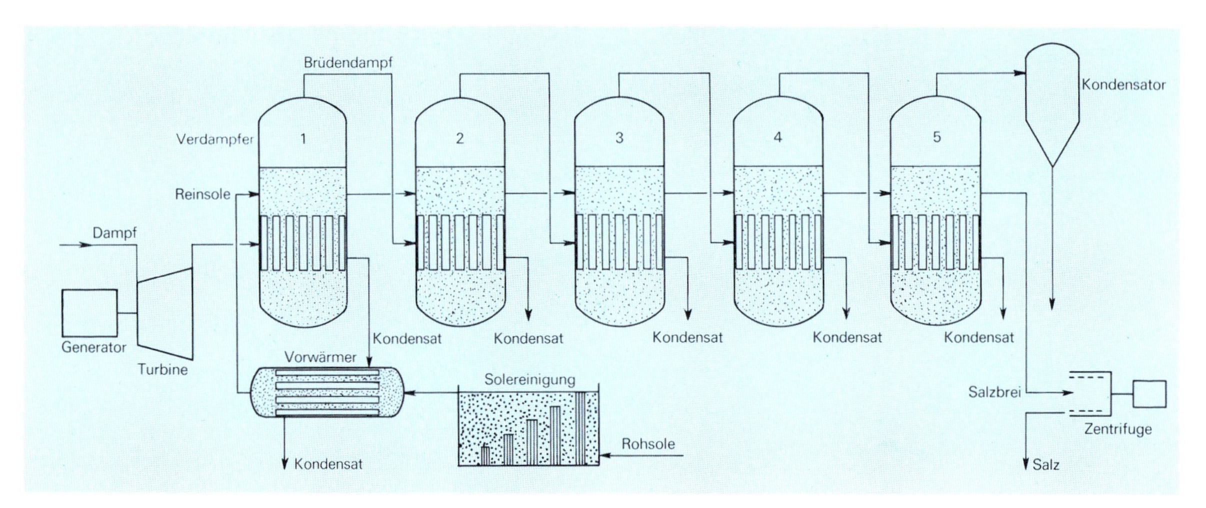

Bild 2: Mehrfacheffekt-Verdampferanlage

Bild 3: Rekristallisationsanlage

Diese Anlage arbeitet nach dem *Thermokompressionsverfahren*. Aus dem Verdampfer wird Brüdendampf abgesaugt, durch Verdichtung mittels Wärmepumpen wieder stark erwärmt und in den Verdampfer zur Erhitzung der Sole zurückgeleitet.

Zur Herstellung von Siedesalz haben sich zwei Methoden durchgesetzt:

- Reinigung der Rohsole, anschließend Verdampfung des Wassers und Kristallisation des Salzes;
- Direkte Eindampfung der Rohsole („Gipsschlamm“-Verfahren). Hier wird die Löslichkeitsabnahme des Kalziumsulfats bei steigender Temperatur (bei 106° C extrem unlöslich) zur Entfernung des Kalziumsulfats genutzt. Damit ist gleichzeitig die Kristallisation des Siedesalzes verbunden.

Welche der beiden Methoden zur Anwendung kommt, hängt vom Verwendungszweck des Produktes und den Reinheitsanforderungen an das Produkt ab. Entweder kommt das Thermokompressionsverfahren oder der *Mehrfacheffektbetrieb (Bild 2)* zum Tragen. Bei der Norddeutschen Salinen GmbH in Stade gibt es zwei 5-stufige Verdampferanlagen nach dem Mehrfacheffektprinzip. Bei diesem Verfahren arbeiten die Verdampfer größtenteils unter Vakuum und der Wärmegehalt des Dampfers wird mehrfach ausgenutzt. Die Reinigung der Rohsole erfolgt durch chemische Fällung von Kalzium und Magnesium.

Das *Rekristallisationsverfahren* wird in der Saline der Deutschen Solvay-Werke GmbH in Borth am

Niederrhein angewandt. Hier wird Siedesalz nicht aus Rohsole, sondern aus aufgelöstem, bergmännisch gefördertem Salz gewonnen *(Bild 3)*.

Eine neue Anlage der Bayerischen Saline Reichenhall arbeitet nach Reinigung der Rohsole im chemischen Verfahren nach dem Thermokompressionsverfahren.

Die Saline Friedrichshall gewinnt Siedesalz durch Lösen von Steinsalz im Gegenstrom. Die heiße, geklärte Sole wird in einer 7-stufigen Verdampferanlage durch Wärmeaustausch innerhalb des Systems (adiabatisch) eingeengt und abgekühlt. Der aus der gekühlten Sole abgeschiedene Salzbrei wird eingedickt, zentrifugiert und wie in anderen vorher erwähnten Anlagen getrocknet.

Die modernen Gewinnungsverfahren haben alte Salinen unrentabel gemacht. Zur Zeit werden nur noch zwei *Pfannensalzsalinen* betrieben.

Der Hauptanteil der Siedesalzproduktion wird in vier Verdampferanlagen vorgenommen:

- Bayerische Berg-, Hütten- und Salzwerke AG
  Saline Bad Reichenhall
- Deutsche Solvay-Werke GmbH
  Saline Borth
- Norddeutsche Salinen GmbH
  Saline Unterelbe
- Südwestdeutsche Salzwerke AG
  Raffinade-Salzwerk Bad Friedrichshall-Kochendorf.

6.4 Produktion und Belegschaft

Bei steigender Siedesalzproduktion hat sich die Belegschaft infolge Schließung unrentabler Betriebe und technischer Verbesserungen der Herstellungsanlagen stark vermindert *(Tafel 1)*. Die Zahl der in Betrieb befindlichen Salinen ist von 14 im Jahre 1968 auf 6 im Jahre 1974 zurückgegangen.

Tafel 1: Produktion und Belegschaft

Jahr	Produktion (t)	Zahl der Beschäftigten
1968	654242	949
1969	694739	812
1970	701166	767
1971	761135	692
1972	714016	678
1973	750402	651
1974	766366	634

6.5 Wirtschaftliche Entwicklung

Der Verbrauch von Speisesalz pro Einwohner ist kaum zu beeinflussen *(Tafel 2)*.

Tafel 2: Speisesalzverbrauch in der Bundesrepublik Deutschland (versteuert)

Jahr	Insgesamt in 1000 t	je Einwohner kg	davon Steinsalz v. H.	Siedesalz v. H.
1968	338	5,62	38	62
1970	350	5,78	38	62
1972	337	5,57	37	63
1974	336	5,56	37	63

Im Zuge der verbesserten Produktionsverfahren findet Siedesalz zunehmend Absatz im gewerblichen Sektor und in der chemischen Industrie. Der früher dominierende Absatz von Speisesalz bleibt aber auch weiterhin für die Erzeuger von Siedesalz wichtig. Speisesalz unterliegt der Salzsteuer, die 120 DM/t beträgt. Es ist üblich, den Preis für Siedesalz frei Empfänger einschließlich Verpackung zu berechnen.

In West- und Nordeuropa erzeugen folgende Länder Salz: Bundesrepublik Deutschland, Dänemark, Frankreich, Großbritannien, Italien, die Niederlande, Österreich, Portugal, Schweiz und Spanien. In Österreich und der Schweiz bestehen Staatsmonopole. Salzlose Länder sind: Belgien, Finnland, Irland, Luxemburg, Norwegen und Schweden. Die Siedesalzausfuhr *(Tafel 3)* der Bundesrepublik hat sich wie folgt entwickelt:

Tafel 3: Siedesalzausfuhr

Jahr	Menge (t)	davon Industriesalz (t)
1968	219362	156178
1970	229228	159463
1972	277635	186271
1974	272020	160434

Die Einfuhr von Salz ist am 1. Januar 1961 freigegeben worden. Der Außenzoll gegenüber Drittländern beträgt zur Zeit:

für Industriesalz	3,66 DM/t
für Gewerbesalz	9,15 DM/t
für Speisesalz	29,28 DM/t

7 Metallerz

Der Metallerzbergbau ist einer der ältesten Bergbauzweige Deutschlands. Während des Mittelalters hat er zum Teil entscheidenden Einfluß auf die Gestaltung der politischen, kulturellen und wirtschaftlichen Verhältnisse gehabt. Zahlreiche Stadtgründungen, wie zum Beispiel Goslar oder Freiburg im Breisgau, gehen auf ihn zurück.

Heute verfügt die Bundesrepublik Deutschland in ihrem Staatsgebiet nur in bescheidenem Umfang über wirtschaftlich nutzbare Metallerzvorkommen. Ins Gewicht fallende Mengen werden lediglich von den Blei-Zink-Erzgruben gefördert. Die folgenden Betrachtungen beschränken sich daher auf diesen Bergbauzweig.

7.1 Begriff, Eigenschaften und Verwendung

7.1.1 Blei

Eine ungewöhnliche Kombination physikalischer und chemischer Eigenschaften macht Blei für die verschiedensten industriellen Gebiete einsatzfähig. Es ist relativ weich und daher gut zu verarbeiten, es hat ein hohes spezifisches Gewicht (Dichte), sehr gute Legierungseigenschaften, einen hohen Siedepunkt, aber einen niedrigen Schmelzpunkt, ist sehr korrosionsbeständig und leicht zurückzugewinnen.

Blei wird verwendet für die Herstellung von Gitterplatten für Blei-Säure-Batterien, von Kabelmänteln, Farben (Mennige, Bleiweiß), Blei-Tetraäthyl (Antiklopfmittel im Benzin), Blechen für die Bauindustrie, für Feuchtigkeitsisolierungen, Dachdeckungen und Fassaden *(Bild 1)*, Leitungsrohren für Be- und Entwässerungen, Rohren für Installationszwekke, Munition und vieles andere, wie zum Beispiel Legierungen, Lötmetalle, Schriftmetalle und Chemikalien. Im Chemie-Apparatebau dient Blei als Korrosionsschutzwerkstoff für Reaktionsbehälter, Kühler u. a. m. Auch beim Strahlenschutz, im verstärkten Maße beim Schallschutz und als Stabilisator für Kunststoffe haben Blei und seine Verbindungen große Bedeutung.

Die Glasindustrie setzt beträchtliche Mengen von Bleioxid zur Herstellung von Bleiglas ein, aus dem Strahlenschutzglas, optische Gläser und Kristallglas gefertigt werden.

7.1.2 Zink

Wegen der Möglichkeit, Stahl durch Verzinken korrosionsfest zu machen, wegen der guten Legierungseigenschaften mit Kupfer zu Messing, besonders aber wegen seiner Eignung zur Herstellung komplizierter und hochwertiger Druckgußerzeugnisse in großen Stückzahlen zu niedrigen Preisen und wegen der vielfältigen Anwendung im Bauwesen *(Bild 1)* wird Zink in großem Umfang gebraucht. Es wird ferner in der chemischen Industrie, in der Farbenindustrie und zur Herstellung von Ätzplatten und Trockenbatterien verwendet.

Den Einsatz von Zink in der Industrie versinnbildlichen zwei Zahlen: Ein Auto enthält rund 15 kg und mehr Zink. In der Bundesrepublik wurden für die Erstellung von ca. 300000 Gebäuden rund 50000 t Zinkblech benötigt.

7.2 Lagerstätten

Die derzeitige Bergwerksproduktion kommt aus Lagerstätten, die im paläozoischen *Grundgebirge* des Harzes und Rheinischen Schiefergebirges auftreten *(Bild 2)*. Im mesozoischen *Deckgebirge* sind noch einige ärmere großflächige Lagerstätten mit zum Teil erheblicher Mächtigkeit bekannt.

Bild 1: Neues Bleidach der Kirche Erwitte (links). Zinkblechabdeckung einer Kläranlage bei Düsseldorf (rechts)

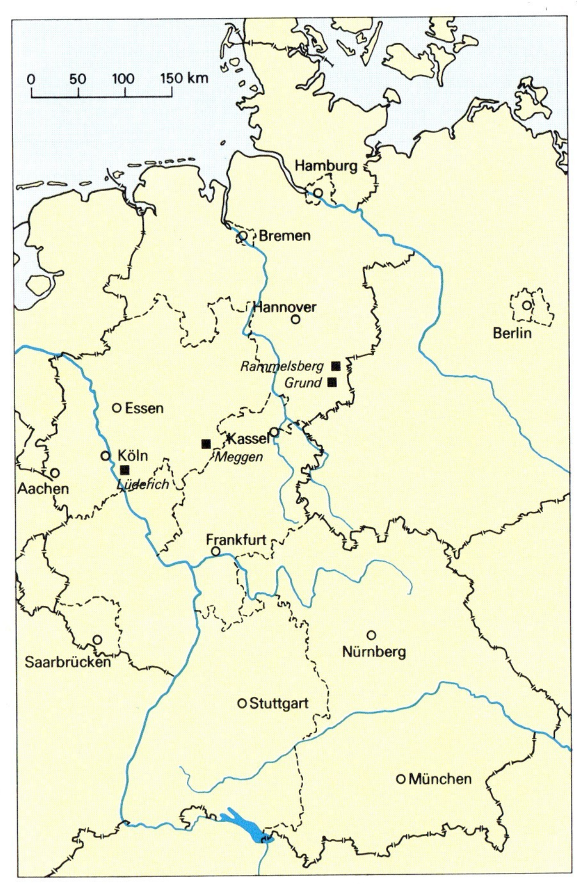

Bild 2: Standorte der Metallerz-Bergwerke

7.2.1 Lagerstätten im Grundgebirge

Es gibt schichtgebundene (Erzlager) und strukturgebundene (Erzgang) Lagerstätten:

Blei-Zink-Erzlager sind im allgemeinen regelmäßige und ausgedehnte Körper synsedimentär-submarin-hydrothermaler Entstehung, d. h. gleichzeitig mit dem umgebenden Gestein entstanden (syngenetisch). Hierzu gehören:

Rammelsberg (Harz): Zwei langgestreckte mächtige Erzlinsen – Altes und Neues Lager als tektonische Trennung einer ursprünglich zusammenhängenden Großlinse – schichtparallel in Wissenbacher Schiefern des Unteren Mitteldevons *(Bild 3)*. Die pyritischen und barytischen Blei-Zink-Erze mit Kupferkies u. a. Spurenvererzungen sind durch hohe Metallgehalte und äußerst feine Verwachsungen gekennzeichnet.

Meggen (Rheinisches Schiefergebirge): Das über etwa 3 km streichende zentrale pyritische Zinkblende-Bleiglanz-Lager hat zwei ausgeprägte Schwerspatsäume, ist als Altes und Neues Lager faltentektonisch durch einen Luftsattel getrennt und schichtparallel an die Grenze Mittel-/Oberdevon gebunden.

Blei-Zink-Erzgänge sind allgemein unregelmäßigflächige und steile Körper, welche hydrothermale Mineralausfüllungen von Gangspalten, Verwerfungen u. a. Strukturen darstellen. Hierzu gehören:

Bad Grund (Harz): Die zahlreichen Erzmittel (einzelne Erzkörper aus ein und derselben Struktur) des Grunder Reviers sind an das kilometerlange Störungssystem des Silbernaaler Gangzuges gebunden. Silberreicher Bleiglanz und cadmiumführende Zinkblende sind die wesentlichen Wertminerale.

Lüderich (Rheinisches Schiefergebirge): In den Schichten des Oberen Unterdevons bis ins Mitteldevon hinein treten im Bergischen Land viele Blei-Zink-Siderit-Erzgänge auf. Die Mineralisation ist wechselhaft. Am wichtigsten ist das Erzvorkommen Lüderich, eine 100 m breite und etwa 4 km lange vererzte Gangzone. Gewonnen werden Zinkblende und Bleiglanz, der nur mäßige Anteile von Silber enthält.

Ramsbeck (Rheinisches Schiefergebirge): Im Ramsbecker Erzrevier sind zahlreiche flach und steil einfallende geringmächtige Erzgänge mit absätziger Blei-Zink-Vererzung bekannt, welche tektonisch an Quarzite, Schiefer und Diabase des Unteren Mitteldevons gebunden sind.

Neben diesen Gangerzlagerstätten sind noch zwei, zur Zeit nicht fördernde ausgeprägte Ganglagerstätten des Ruhrgebietes zu nennen, welche allgemein größeren Querstörungen folgen:

Auguste-Victoria: Zwei Erzmittel im Blumenthaler Hauptsprung des flözführenden Oberkarbons mit Zinkblende, Bleiglanz, Pyrit und etwas Kupferkies.

Graf Moltke: Ein Blei-Zink-Erzgang im Graf Moltke-Wilhelmine-Victoria-Sprung.

7.2.2 Lagerstätten im Deckgebirge

Im Mittleren Buntsandstein der Nordeifel sind im Raum *Maubach-Mechernich* ausgedehnte Blei-Zink-Imprägnationsvererzungen bekannt. Ein wesentliches Lagerstättenpotential an Bleierzen ist abgebaut, ein niedrighaltiges, größeres Lagerstättenpotential noch vorhanden.

7.3 Gewinnung und Förderung

Im Metallerzbergbau der Bundesrepublik gibt es je nach Größe, Lage und Art der Vorkommen unterschiedliche Betriebsgrößen und Abbaumethoden.

Der einzige, in früheren Zeiten betriebene Bleierz-*Tagebau* von Maubach (Eifel) mußte wegen Erschöpfung der Lagerstätte im Jahre 1969 stillgelegt werden.

7.3.1 Erzbergwerk Rammelsberg

Nachdem im unteren Teil der Rammelsberger Blei-Zink-Kupfer-Erzlagerstätte *querschlägige Kammern* von 10 m Breite abgebaut und mit Sturzversatz verfüllt worden sind, stehen jetzt die *Pfeiler* zwischen den Kammern in Verhieb. Diese Pfeiler sind ebenfalls 10 m breit und wegen ihrer großen querschlägigen Länge in einen liegenden und einen hangenden Bauabschnitt unterteilt.

Der hangende Teil der Pfeiler ist im Erz vorgerichtet. Die jeweilige Abbauscheibe eines Pfeilers ist mit einer *Fahrrolle* an die obere Sohle und mit einer *Erzrolle* an die untere Sohle angeschlossen. Es wird mit Bohrhämmern von der Bohrstütze aus gebohrt und mit Schrappern gefördert.

Dagegen sind die liegenden Pfeilerabschnitte im Nebengestein vorgerichtet, und zwar mit Teilsohlen aus einer einfallenden Verbindungsstrecke zwischen den Sohlen, einer sogenannten Rampe. Es werden dieselgetriebene Bohrwagen, Fahrschaufellader und Servicefahrzeuge eingesetzt.

Das Abbauverfahren selbst ist – unabhängig vom Mechanisierungsgrad – der *abwärtsgeführte Querbau* in Scheiben von 3 m Stärke. Es wird mit Blasversatz gearbeitet, der auf eine Matte aus Rundholz und Maschinengeflecht geblasen wird. Diese Matte wird in der jeweils unteren Abbauscheibe mit hölzernem Türstockausbau unterfangen. Die Querbrechen haben einen Querschnitt von 3,0 x 2,5 m, so daß eine Pfeilerscheibe in vier nebeneinanderliegenden Orten „verhauen" wird. Wo es das Gebirge zuläßt, werden zur Betriebskonzentration zwei Querbrechen in einem Pfeiler gleichzeitig abgebaut.

7.3.2 Grube Meggen

Die Metallerzlagerstätte Meggen (Lennestadt) fällt in dem gegenwärtig und zukünftig gebauten Teufenbereich durch häufige Störungen und Falten kaskadenförmig zur Teufe ab. Die unregelmäßigen Lagerungsverhältnisse erforderten eine grundsätzliche Umstellung der Arbeitsweise in der Vorrichtung und im Abbau auf gleislose Dieselgeräte.

Die Lagerstätte wird mit Rampen zur Teufe hin aufgeschlossen. Von den Rampen aus werden die steilen Bereiche mit Teilsohlen vorgerichtet. Abbauverfahren in der steilen Lagerung ist ein *kombinierter*

Bild 3: Modell der Rammelsberger Erzlagerstätte

Teilsohlenbruchbau und Weitungsbau, in der flachen und halbsteilen Lagerung wird im *Örterpfeilerbau* abgebaut. Die Dieselmaschinen, die in der Grube eingesetzt sind, versehen alle Arbeitsvorgänge. Insbesondere sind für das Bohren zwei- und dreiarmige Bohrwagen, für das Laden und Transportieren Fahrschaufellader *(Bild 4)* und für die Ausbauarbeit Spritzbetonfahrzeuge eingesetzt.

Von der Tagesoberfläche her wurde bis Ende 1975 eine Zugangsrampe zur Teufe fertiggestellt. Die Rampe hat in erster Linie zum Ziel, die westliche Fortsetzung des Meggener Lagers zu explorieren. Sie kommt darüber hinaus später als zusätzliche Wetterverbindung und als Zugang der Grube zugute.

7.3.3 Erzbergwerk Grund

Die steil bis senkrecht einfallenden Blei-Zink-Erzgänge von Bad Grund im Harz werden in Baufelder von 100 bis 200 m streichender Länge eingeteilt. Die Mächtigkeiten schwanken zwischen wenigen Zentimetern und etwa 30 m, wodurch der Abbau häufig in mehreren Gangtrummen parallel geführt werden muß.

Bild 4: Fahrschaufellader

Bild 5: Dieselhydraulischer Bohrwagen

Es wird vorwiegend *Firstenstoßbau* mit dieselgetriebenen Bohrwagen und Fahrschaufelladern angewandt. Der Verhieb erfolgt schwebend bei streichender Abbaurichtung. Nach Abfördern des aus der Firste in die offene Strecke gedrückten Haufwerks zu den Erzrollen, die an den Baufeldgrenzen im Versatz mitgeführt werden, muß der Schwimmberge-Versatz mittels diesel-mobiler Fahrzeuge in die ausgeerzten Räume gestürzt werden. Das Abbauverfahren erfordert als Vorrichtung neben der zentralen Versatzzuführungsrolle eine zentrale Fahr- und Wetterrolle.

Soweit es die geologischen und die Situationsverhältnisse an der Oberfläche gestatten, wird in einzelnen Baufeldern *Teilsohlenbruchbau* betrieben. Die Teilsohlen werden von einem zentralen Überhauen ein- bis zweitrummig aufgefahren und die dazwischen verbleibenden Schweben von 3 m Höhe im Rückbau hereingeworfen.

Zur Erhöhung der Mobilität der Dieselfahrzeuge werden zwischen zwei Sohlen Rampen oder Wendeln im Liegenden des Ganges entweder vor Abbaubeginn oder parallel mit dem Abbau aufgefahren.

7.3.4 Grube Lüderich

Das Zink-Bleierz-Bergwerk Lüderich bei Bensberg baut eine zerrüttete Lagerstättenzone mit gangartigem Charakter von ca. 3 km streichender Länge, einem Einfallen von 72^g bis 79^g und einer Mächtigkeit bis zu 100 m ab.

Das Vorkommen wird im streichenden *Teilsohlenbruchbau* mit einem seigeren Abstand der Teilsohlen von 5 m, bei regelmäßigeren Verhältnissen von 6 m abgebaut. Hierdurch erreicht man eine weitgehende selektive Gewinnung. Es sind pro Abbau bis zu vier Teilsohlen gleichzeitig in Betrieb.

Bei der Bohrarbeit sind Bohrwagen *(Bild 5)* auf dieselhydraulischem Raupenfahrgestell im Einsatz; Ladearbeit und Abförderung des Haufwerks erfolgen mit Fahrschaufelladern. Das Verfahren der Bohr- und Ladefahrzeuge im Abbau von einer Teilsohle zur anderen erfolgt über schiefe Ebenen (Rampen). Die Abbauleistung liegt bei diesem Verfahren bei 25 t/MS.

7.4 Aufbereitung

Die Metallträger der im westdeutschen Metallerzbergbau geförderten Erze sind in der Hauptsache Bleiglanz (PbS) und Zinkblende (ZnS). Allein das Rammelsberger Erz enthält noch nennenswerte Mengen an Kupferkies ($CuFeS_2$). Diese Erzmineralien sind mehr oder weniger fein miteinander sowie mit der Gangart bzw. dem Nebengestein verwachsen und müssen daher aufbereitet werden. Hierfür ist es erforderlich, das Erz aufzuschließen, d. h. die einzelnen Komponenten durch Zerkleinerung freizulegen.

7.4.1 Zerkleinerung

Die Zerkleinerung geht stufenweise vor sich, und zwar in einer Grobzerkleinerung auf etwa 100 mm, einer Mittelzerkleinerung auf unter 25 mm und schließlich einer Feinzerkleinerung bzw. Feinmahlung auf Korngröße unter 0,2 mm.

Der Grobzerkleinerung dienen hauptsächlich Backenbrecher und Kreiselbrecher, u. U. auch Prallmühlen. In der Mittelzerkleinerung werden in der Regel Symons-Kegelbrecher, daneben aber auch Prallmühlen verwandt. Die Zerkleinerung wird zur Entlastung der Brecher oder zur Erreichung einer gewünschten Korngröße im offenen oder auch geschlossenen Kreislauf mit Siebeinrichtung durchgeführt. Die Feinmahlung geschieht in Kugelmühlen, und zwar im Gegensatz zur trockenarbeitenden Vor- und Mittelzerkleinerung unter Zusatz von Wasser. Diese Mühlen arbeiten stets in geschlossenem Kreislauf mit einem Klassier-Gerät, einem Rechen- bzw. Spiralklassierer oder Hydro-Zyklon. Diese Klassierer scheiden das bereits aufgeschlossene, sortierfähige Korn ab und geben Grobgut zur weiteren Zerkleinerung der Mühle zurück. In moderneren Anlagen wird die Feinmahlung zweistufig, d. h. in einer Stabmühle mit nachgeschalteter Kugelmühle, durchgeführt.

7.4.2 Sortierung

Bei grobverwachsenen Erzen besteht die Möglichkeit einer Voranreicherung durch *Sinkscheidung.* Hierbei werden die Erze in einer Körnung von etwa 50 bis 5 mm in einer Schwertrübe – einer Aufschlämmung von feinkörnigem Ferrosilizium oder anderen Stoffen mit hohem spezifischem Gewicht in Wasser – in Sinkgut und Schwimmgut getrennt. Je nach Verwachsungsgrad lassen sich bestimmte Bergemengen als Schwimmgut abstoßen. Damit werden eine beachtliche Kapazitätserweiterung der nachgeschalteten Flotation und eine erhebliche Betriebskostensenkung erreicht. Außerdem lassen sich die hier abgetrennten grobstückigen Berge billiger verhalden bzw. als Versatz in der Grube verwenden oder als Schotter und Splitt absetzen.

In den Fällen, in denen eine solche Bergevorabscheidung wegen des feinen Verwachsungsgrades des Erzes nicht möglich ist, muß das gesamte Roherz auf die erforderliche Aufschlußgröße feingemahlen werden. Die Sortierung geschieht durchweg nach dem *Flotations- oder Schaumschwimmverfahren (Bild 6),* bei dem die Minerale aufgrund unterschiedlicher Oberflächeneigenschaften voneinander getrennt werden. Durch Zugabe geeigneter Reagenzien können diese Oberflächeneigenschaften insofern beeinflußt werden, als die Minerale dann entweder aktiviert oder passiviert werden. Die aktivierten Erzminerale haben eine hydrophobe Oberfläche und können sich an die in die Erztrübe eingerührten, feinstverteilten Luft- oder Gasblasen anlagern und mit ihnen an die Oberfläche der Trübe schwimmen. Hier bildet sich eine dichte Schaumdecke, in der die Metallminerale konzentriert sind. Der Schaum wird als Konzentrat abgestrichen, während die passivierten bzw. tauben Minerale mit hydrophiler Oberfläche in der Trübe bleiben und als Abgänge oder Berge abgestoßen werden. Geeignete Abstimmung der Reagenzien ermöglicht es, passivierte Minerale wieder zu aktivieren und so die verschiedenen Minerale in selektiver Flotation nacheinander zu gewinnen.

Bild 6: Flotation

Die deutschen Aufbereitungsbetriebe arbeiten im allgemeinen mit selektiver Flotation, d. h. aus der Roherztrübe werden hintereinander in einzelnen Flotationsstufen Blei- und Zinkkonzentrate ausgeschwommen. Die Metallgehalte betragen je nach Charakter der verarbeiteten Erze beim Pb-Konzentrat etwa 70 v.H. und beim Zn-Konzentrat etwa 60 v.H. Bei sehr fein verwachsenen Erzen kann wegen des nicht erreichbaren Aufschlusses der Pb-Gehalt bis auf 35 v.H. und der Zn-Gehalt bis auf 43 v.H. zurückgehen.

7.4.3 Konzentratentwässerung und Aufbereitungsabgänge

Die ausgeschwommenen Konzentrate werden eingedickt und anschließend auf Vakuum-Filtern entwässert. Hierbei fallen die Konzentrate als Filterkuchen mit einem Feuchtigkeitsgehalt von etwa 10 v.H. an. Teilweise wird noch eine Trocknung der Konzentrate nachgeschaltet. Die in der Flotation anfallende Bergetrübe wird in Berge- oder Schlammteiche eingespült, in denen die Feststoffe ablagern und das Wasser ausreichend geklärt werden kann.

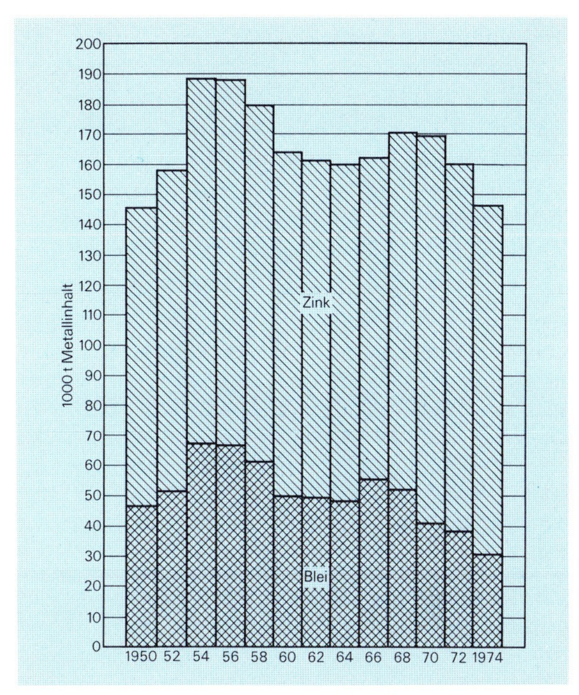

Bild 7: Entwicklung der Blei- und Zink-Erzproduktion

7.5 Produktion und Belegschaft

7.5.1 Entwicklung in der Bundesrepublik

Im Jahre 1957 hatte der Blei-Zink-Erzbergbau die Höhe seiner Vorkriegsförderung wieder erreicht. Unter dem Einfluß des Korea-Booms – 1949 bis 1952 – konnte eine Anzahl von Gruben betrieben werden, die unter späteren, ungünstigen Marktbedingungen nicht mehr wirtschaftlich arbeiten konnten.

Die 1953 einsetzende schwere Preiskrise, die mit geringen Unterbrechungen nahezu zehn Jahre dauerte, führte dazu, daß im Laufe von etwas mehr als zehn Jahren von ursprünglich 21 fördernden Gruben 14 stillgelegt werden mußten. Dieser Entwicklung fielen auch Großbetriebe, wie die Gewerkschaft Mechernicher Werke in Mechernich/Eifel und der Blei-Zink-Erzgrubenbetrieb der Gewerkschaft Auguste Victoria in Marl-Hüls im nördlichen Ruhrgebiet, zum Opfer.

Ende 1967 förderten noch sieben Gruben, unter diesen der Tagebau Maubacher Bleiberg bei Düren, dessen Vorräte begrenzt waren. Maubach wurde 1968 wegen Erschöpfung der Lagerstätte stillgelegt. Anfang 1974 stellte die Grube Ramsbeck im Sauerland – eine Grube mit recht hohen Lagerstättenvorräten – die Förderung vorläufig ein. Wegen der 1973 noch sehr unübersichtlichen Entwicklung

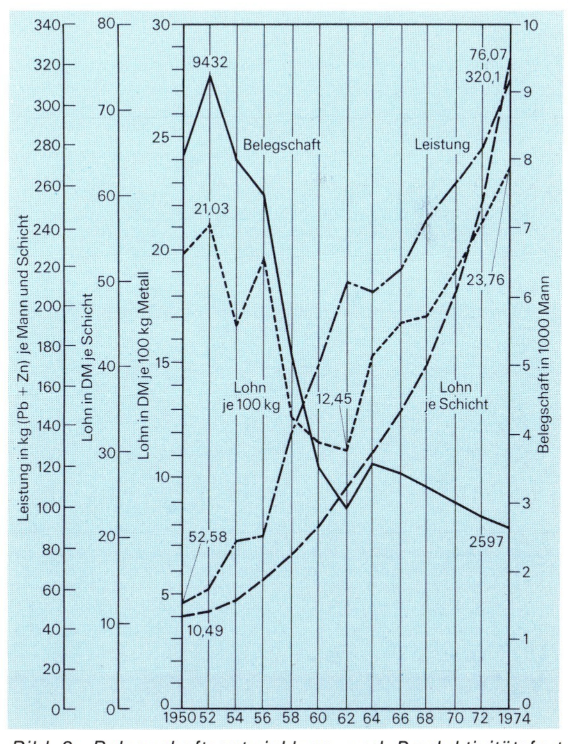

Bild 8: Belegschaftsentwicklung und Produktivitätsfortschritt

der Preise auf den Weltmärkten war die Entscheidung über die für den Aufschluß neuer Lagerstättenteile notwendigen sehr hohen Investitionen mit zu großem Risiko verbunden.

1975 werden in der Bundesrepublik noch vier Blei-Zink-Erzgruben betrieben. Sie förderten 1974 rund 147000 t verwertbares Blei und Zink, d. h. 116000 t Zink und rund 31 000 t Blei *(Bild 7)*.

Zu Beginn des Jahres 1975 betrug die *Gesamtbelegschaft* 2600 Mann; sie lag damit rund 70 v.H. unter dem Höchststand nach dem zweiten Weltkrieg (1952). Die Förderung lag dabei fast auf gleicher Höhe wie 1950 – allerdings etwas mehr als 20 v.H. unter der Höchstförderung nach dem Kriege. Der Blei-Zink-Erzbergbau förderte mit weniger als einem Drittel der Belegschaft und auf nur vier Gruben ebensoviel wie auf 21 Gruben mit mehr als der dreifachen Belegschaft vor 25 Jahren.

Den Umfang der Rationalisierungserfolge der Unternehmen zeigt die Entwicklung der Leistung. Die ausgebrachte Metallmenge (kg Pb + Zn je Mann und Schicht) konnte im Laufe der letzten 25 Jahre mehr als versechsfacht werden. Die heute fördernden Gruben sind damit international voll konkurrenzfähig. Die Grube Meggen ist zur Zeit die größte Blei-Zink-Erzgrube Europas. Sie wird nur von der Grube Black Angel in Grönland übertroffen.

Die Entwicklung der *Produktivität,* d. h. der Lohnbelastung je 100 kg Metall, zeigt, daß bei kontinuierlich steigenden Löhnen die Produktivität nur zwischen 1956 und 1962 gesteigert werden konnte. Von 1964 ab ist eine gegenläufige Bewegung zu bemerken. Die Gründe hierfür sind zum größten Teil in den überproportionalen Lohnsteigerungen der letzten Jahre – besonders seit 1970 – zu sehen *(Bild 8)*.

7.5.2 Versorgung der Blei- und Zinkhütten der Bundesrepublik

Da Bleihütten und Zinkhütten in den letzten zehn Jahren ihre Kapazitäten erheblich ausgeweitet haben, ist der Anteil der deutschen Erze an der Versorgung der Hütten in dieser Zeit ständig geringer geworden *(Tafel 1)*.

Tafel 1: Vorstoffversorgung der Blei- und Zinkhütten der Bundesrepublik

Jahr	Hüttenerzeugung	davon aus:									
		Erzen gesamt		inländischen Erzen			ausländischen Erzen			sonstigen Vorstoffen	
	1000 t	1000 t	in v.H. von 1	1000 t	in v.H. von 2	in v.H. von 1	1000 t	in v.H. von 2	in v.H. von 1	1000 t	in v.H. von 1
Spalte	1	2		3			4			5	
Blei											
1964	223,3	107,5	48,1	48,9*	45,5	21,9	58,6	54,5	26,2	115,8	51,9
1966	247,9	109,6	44,2	55,7*	50,8	22,5	53,9	49,2	21,7	138,3	55,8
1968	273,4	120,0	43,9	52,8*	44,0	19,3	67,2	56,0	24,6	153,4	56,1
1970	305,4	112,5	36,8	41,0*	36,4	13,4	71,5	63,6	23,4	192,9	63,2
1972	273,4	102,2	37,4	38,6*	37,8	14,1	63,6	62,2	23,3	171,2	62,6
1974	321,4	116,1	36,1	30,5*	26,3	9,5	85,6	73,7	26,6	205,3	63,9
Zink											
1964	175,7	107,0	60,9	111,3**	104,0	63,3	–	–	–	68,7	39,1
1966	214,6	123,0	57,3	107,0**	86,9	49,8	16,0	13,1	7,5	91,6	42,7
1968	203,5	122,4	60,2	118,0**	96,4	58,0	4,4	3,6	2,2	81,1	39,8
1970	301,2	226,9	75,3	128,6**	56,7	42,7	98,3	43,3	32,6	74,3	24,7
1972	358,7	291,4	81,2	121,9**	58,2	34,0	169,5	41,8	47,2	67,3	18,8
1974	400,0	333,4	83,3	116,4**	34,9	29,1	217,0	65,1	54,2	66,6	16,7

* einschließlich Gewinnung aus Halden

** einschließlich Metallinhalt der Schwefelkiese (bis 1972) und Gewinnung aus Halden

Während 1964 mehr als 45 v.H. der von den deutschen *Bleihütten* verarbeiteten Erze aus deutschen Bergwerken kamen, waren es 1974 nur noch wenig mehr als 26 v.H. Hierbei muß allerdings berücksichtigt werden, daß über 60 v.H. des von den Hütten der Bundesrepublik erzeugten Bleis nicht aus Erzen, sondern aus Schrott und in steigendem Umfang auch aus Werkblei erschmolzen werden.

Bei den *Zinkhütten* war die Lage etwas günstiger. 1964 konnten praktisch alle in den Zinkhütten eingesetzten Erze von deutschen Gruben beigestellt werden. Inzwischen wurde eine Reihe älterer Zinkhütten stillgelegt und durch wenige große und moderne Anlagen ersetzt, deren Kapazität heute etwas mehr als doppelt so hoch ist wie 1964. Obgleich die Förderung unserer Gruben in den letzten Jahren nur in mäßigen Grenzen schwankte, nahm der Anteil der deutschen Erze an der Gesamtvorstoffversorgung der Zinkhütten erheblich ab. Immerhin können auch heute noch rund 35 v.H. der von den Zinkhütten benötigten Erze aus deutscher Produktion geliefert werden.

Bei voller Ausnutzung der Kapazitäten der deutschen Blei- und Zinkhütten kann man den Erzbedarf der Bundesrepublik aus dritten Ländern zur Zeit auf etwa 220000 t Metallinhalt Zinkerze und 60000 bis 70000 t Metallinhalt Bleierze jährlich schätzen.

Seit längerer Zeit sind deutsche Unternehmen mit gutem Erfolg an der Erschließung von Vorkommen im Ausland tätig. Daneben werden meist längerfristige Lieferverträge eingegangen, häufig auch über jeweils kleinere Mengen.

Die Außenhandelsstatistik der Bundesrepublik verzeichnet 1974 zum Beispiel 12 Lieferländer für Bleierze und 21 Lieferländer für Zinkerze. Diese Zahlen unterstreichen die Bedeutung der deutschen Erzförderung für die Versorgung der Hütten. Nach dem derzeitigen Stand der Aufschlüsse wird die Förderung in der derzeitigen Höhe noch mindestens 10 bis 15 Jahre gehalten werden können.

7.5.3 Der Blei-Zink-Erzbergbau in der Europäischen Gemeinschaft

In der alten Europäischen Gemeinschaft waren die Bundesrepublik und Italien die Haupterzeugerländer von Blei- und Zinkerzen. Seit dem Beitritt Großbritanniens, Irlands und Dänemarks hat sich das erheblich geändert *(Bild 9)*.

1970 kamen mehr als 70 v.H. der Bleierze und über 90 v.H. der Zinkerze aus den Gruben der Bundesrepublik und Italiens. 1974 kamen dagegen über 45 v.H. der in der Gemeinschaft geförderten Bleierze und über 40 v.H. der Zinkbergwerksversorgung aus Irland und Grönland.

Bei vorsichtiger Schätzung wird das Blei- und Zinkerz-Aufkommen der Europäischen Gemeinschaft in den nächsten Jahren höchstens 200000 t/a Bleierze und 500000 t/a Zinkerze (Metallinhalt) erreichen.

Die Gemeinschaft wird in den nächsten Jahren über Bleihüttenkapazitäten von rund 1 Mill. t/a und Zinkhüttenkapazitäten von rund 1,3 Mill. t/a verfügen, die es je nach Ablauf der Konjunktur mit Vorstoffen zu alimentieren gilt.

Bei einer Eigenerzeugung von etwa 150000 t Metallinhalt Bleierzen und etwa 360000 t Zinkerzen hatte die Gemeinschaft im Jahre 1974 einen Erzeinfuhrbedarf aus Drittländern von rund 350000 t Bleierzen und rund 740000 t Zinkerzen.

Dieser Nettoeinfuhrbedarf wird in den nächsten Jahren bei der zu erwartenden besseren Ausnutzung der Bergbaukapazitäten vielleicht auf 250000 t bzw. 500000 t Metall zurückgehen. Die Gemeinschaft wird daher in gleicher Weise wie die Bundesrepublik ihre besondere Aufmerksamkeit einer vernünftigen Rohstoffpolitik widmen müssen.

7.5.4 Blei-Zink-Erzbergbau in der Welt

Im Jahre 1974 wurden auf der Welt rund 3,5 Mill. t Bleierze und rund 5,7 Mill. t Zinkerze (Metallinhalt) erzeugt.

Der Gesamtproduktionswert dieser Erzeugung betrug zu den mittleren Metallpreisen des Jahres 1974 gerechnet rund 17 Mrd. DM.

Rund 28 v.H. (ca. 1 Mill. t) der Bleierze und rund 24 v.H. (ca. 1,35 Mill. t) der Zinkerze kamen aus Ländern des Ostblocks; davon etwa die Hälfte aus der Sowjetunion.

In der westlichen Welt wurden rund 50 v.H. der Bergwerksproduktion von Blei und Zink in den Vereinigten Staaten, in Australien und in Kanada, d. h. in nur drei Ländern erzeugt *(Bild 10)*.

Auf sogenannte Entwicklungsländer entfielen 1974 in der westlichen Welt nur 23 v.H. der geförderten Bleierze (Peru, Mexiko, Jugoslawien, Marokko) und nur etwa 20 v. H. der Zinkerze (Peru, Mexiko, Zaire, Jugoslawien).

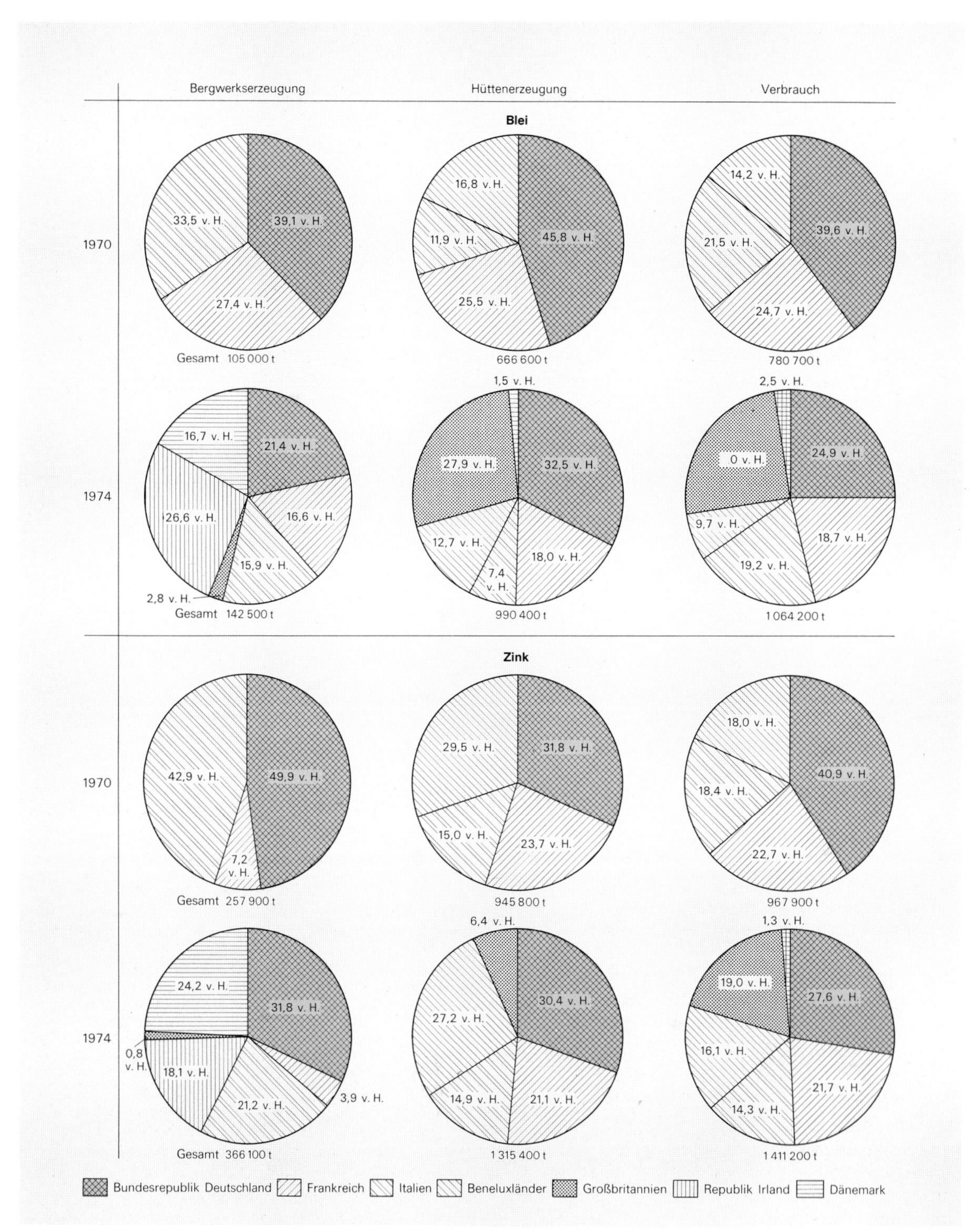

Bild 9: Blei- und Zinkversorgung der Europäischen Gemeinschaft

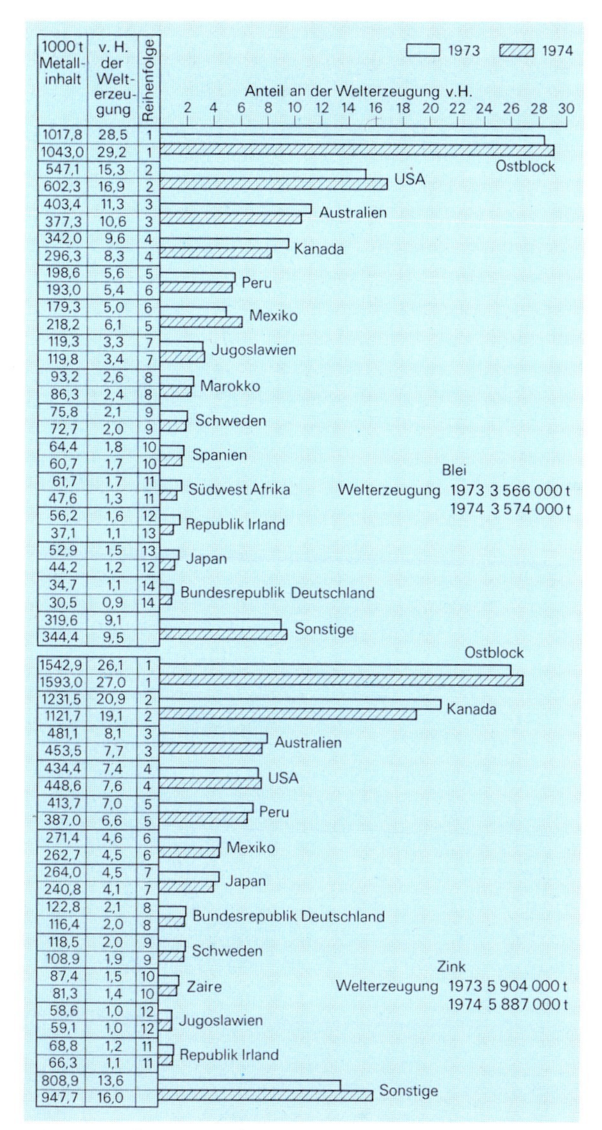

1000 t Metall-inhalt	v. H. der Welt-erzeu-gung	Reihenfolge	
1017,8	28,5	1	Ostblock
1043,0	29,2	1	
547,1	15,3	2	USA
602,3	16,9	2	
403,4	11,3	3	Australien
377,3	10,6	3	
342,0	9,6	4	Kanada
296,3	8,3	4	
198,6	5,6	5	Peru
193,0	5,4	6	
179,3	5,0	6	Mexiko
218,2	6,1	5	
119,3	3,3	7	Jugoslawien
119,8	3,4	7	
93,2	2,6	8	Marokko
86,3	2,4	8	
75,8	2,1	9	Schweden
72,7	2,0	9	
64,4	1,8	10	Spanien
60,7	1,7	10	
61,7	1,7	11	Südwest Afrika
47,6	1,3	11	
56,2	1,6	12	Republik Irland
37,1	1,1	13	
52,9	1,5	13	Japan
44,2	1,2	12	
34,7	1,1	14	Bundesrepublik Deutschland
30,5	0,9	14	
319,6	9,1		Sonstige
344,4	9,5		
1542,9	26,1	1	Ostblock
1593,0	27,0	1	
1231,5	20,9	2	Kanada
1121,7	19,1	2	
481,1	8,1	3	Australien
453,5	7,7	3	
434,4	7,4	4	USA
448,6	7,6	4	
413,7	7,0	5	Peru
387,0	6,6	5	
271,4	4,6	6	Mexiko
262,7	4,5	6	
264,0	4,5	7	Japan
240,8	4,1	7	
122,8	2,1	8	Bundesrepublik Deutschland
116,4	2,0	8	
118,5	2,0	9	Schweden
108,9	1,9	9	
87,4	1,5	10	Zaire
81,3	1,4	10	
58,6	1,0	12	Jugoslawien
59,1	1,0	12	
68,8	1,2	11	Republik Irland
66,3	1,1	11	
808,9	13,6		Sonstige
947,7	16,0		

Bild 10: Weltbergwerkserzeugung nach Haupterzeugerländern

Die restliche Erzproduktion kommt aus einer Reihe kleinerer Produktionsländer. 90 v.H. der Bleibergwerkserzeugung des Westens entfällt auf 13 Länder, 85 v.H. der Zinkerzerzeugung auf 11 Länder.

Infolge des Rückgangs der Bleierzförderung der Bundesrepublik liegt diese bei Blei an 13. Stelle unter den Haupterzeugerländern des Westens. Bei Zink nimmt die Bundesrepublik mit 2 v.H. der Weltproduktion dagegen den siebten Platz ein.

In den letzten Jahren zeigt sich bei den großen Rohstoffproduzenten verstärkt die Tendenz, ihre Erze im eigenen Land zu verhütten. Ihre Bereitschaft, Erze und Konzentrate auszuführen, wird damit in den kommenden Jahren zurückgehen. Hierbei ist allerdings daran zu denken, daß die Errichtung von Hüttenwerken heute wegen ihrer hohen Energieabhängigkeit und aus Gründen des Umweltschutzes wachsenden Schwierigkeiten begegnet. Außerdem dürften Kapazitäten unter 100000 t/a heute kaum wirtschaftlich zu betreiben sein.

Die Rohstoffbeschaffung der Länder ohne ausreichende eigene Erzbasis wird sich daher in Zukunft in stärkerem Maße auf kleinere Partien aus immer mehr Lieferländern, die ihre Bergwerksproduktion nicht selbst verhütten können, erstrecken. Schwierigkeiten sind in den nächsten Jahren nicht durch eine Erzknappheit, sondern nur durch eine Umschichtung der Lieferquellen zu erwarten.

7.6 Forschung und technische Entwicklung

In der Grube Ramsbeck, deren Blei-Zink-Erzförderung seit Anfang 1974 ruht, sollen durch ein großzügiges Explorationsprogramm der Verlauf und die Vererzung der Gänge zur Teufe untersucht werden. Bei einem guten Ergebnis könnte ein neuer Ausbauentscheid für die Grube getroffen werden. Die Exploration soll bis etwa 1978 abgeschlossen sein.

Die Anstrengungen zur Neu- und Weiterentwicklung untertägiger Arbeitsverfahren im Metallerzbergbau haben ihren Schwerpunkt im Bereich des Erzabbaus. Die *Dieselmechanisierung* durch LHD-Technik [laden (load); transportieren (haul); entladen (dump)] konnte hier zum Teil erst spät eingeführt werden, weil im Metallerzbergbau zum großen Teil *kleinräumiger Abbau* betrieben wurde, für den es zunächst keine passenden Geräte gab.

Erst als 1970 „LHD"-Maschinen der 1-cubicyard-Klasse auf dem Markt erschienen *(Bild 11)*, konnte damit begonnen werden, Vorrichtung und Abbau auf die neue Arbeitstechnik einzustellen. So wurden zum Beispiel von den Abbauverfahren in Grund der Teilsohlenbruchbau und der streichende Firstenstoßbau, in mächtigeren Partien auch der Kammer-Pfeilerbau als für den Dieselgeräteeinsatz passend ausgewählt. Der abwärts geführte Querbau in den Pfeilern im Rammelsberg erwies sich erst nach Umstellung auf rein querschlägigen Verhieb als dieselmechanisierbar.

Bild 11: LHD-Technik auf kleinem Raum

Die Grube Lüderich konnte vom Firstenbau mit 3 m Scheiben und vom Blas- und Spülversatz zum streichenden Teilsohlenbruchbau mit einem Teilsohlenabstand von 6 m übergehen. Um pro Abbaueinheit eine große Zahl von Betriebspunkten zur Ausnutzung der LHD-Lader zu schaffen, wurden bis zu vier Teilsohlen untereinander gleichzeitig betrieben. Die Teilsohlen werden durch Rampen verbunden. Das Erz kann beim Rückbau der Schweben selektiv hereingewonnen werden. Als Folge des Übergangs zum Teilsohlenbruchbau besserten sich die Gebirgsdruckverhältnisse im Abbau wesentlich. Der Holzverbrauch konnte somit gegenüber dem Firstenbau um 80 v.H. gesenkt werden.

Bild 12: Bohrwagen für enge Querschnitte

Nach ersten guten Erfahrungen mit der LHD-Technologie konzentrierten sich die Anstrengungen auf weitergehende Mechanisierung der übrigen Arbeitsgänge: Bohren, Bauen, Versetzen und Transport.

Gemeinsam mit mehreren Maschinenfabriken wurden den engen Querschnitten angemessene dieselgetriebene *Bohrwagen (Bild 12)* entwickelt, erprobt und nach Erreichen der Betriebsreife in Vorrichtung und Abbau eingesetzt. Wendige gummibereifte Fahrgestelle mit hydrostatischem Antrieb, die auf einem hydraulisch betätigten Bohrarm die Kettenvorschubbahn für einen 80-kg-Bohrhammer tragen, ermöglichen dem Bedienungsmann, die Leistung von wenigstens drei Bohrhauern mit Hämmern auf Bohrstützen zu erbringen.

Ferner wurden von den Herstellerfirmen einarmige dieselhydraulische Bohrwagentypen für kleine Abmessungen – 6,5 m Länge und 1,5 m Breite – konstruiert. Der Bohrarm wurde auf ein dieselhydraulisches Raupenfahrgestell verlagert. Dieses zeichnet sich durch kleine Abmessungen, hohe Wendigkeit und Unempfindlichkeit bei Arbeiten in schlammiger Streckensohle aus.

In Meggen erfordert der mechanisierte Abbau steiler Lagerstättenteile den Einsatz dieselgetriebener Bohrwagen zum Fächerbohren mit Verlängerungsbohrgestänge bis zu 12 m.

Der Wechsel vom pneumatischen zum hydraulischen Antrieb brachte eine erhebliche Steigerung der Bohrleistung und eine Dämpfung des Lärms.

Mit der LHD-Technik konnte man von den bisher gleisgebundenen druckluftgetriebenen Wurfschaufelladern mit ebenfalls druckluftgetriebenen Pendelwagen auf die dieselgetriebenen LHD-Lader übergehen. Die Abbauführung ist mit Hilfe dieser Geräte wesentlich flexibler, so daß die vielen, innerhalb einer Gangzone auftretenden Erztrumme für sich hereingewonnen werden können. Arbeiten in engen, kurvenreichen Strecken bereiten keine besonderen Schwierigkeiten mehr. Die Entwicklung kompakter Ladegeräte mit 1 m^3 Ladeschaufel ist inzwischen abgeschlossen.

In der Grube Meggen, deren Lagerstättenverhältnisse größere Abbauräume zulassen, sind entsprechend größere LHD-Geräte im Einsatz *(Bild 4)*.

Die Auffahrung der relativ großen Rampen im Lager erfordert hier den Transport großer Roherzmengen in geneigten Strecken aufwärts über teilweise unebene Fahrbahnen.

Nachdem mechanisch getriebene LHD-Geräte einen großen Verschleiß mit entsprechend hohem Reparaturaufwand aufwiesen, wurde dieser entscheidend durch die Entwicklung hydrostatisch getriebener *LHD-Geräte mit Radnabenmotoren* verringert, deren Beweglichkeit durch ein Knickgelenk gefördert wird.

Bei der Gewinnung von Erzen mußten bisher aus gebirgsmechanischen Gründen Vorratsteile aufgegeben werden. In der flachen Lagerung betrugen die Abbauverluste bis zu 20 v.H.; im Bereich der Sicherheitsfesten bis zu 50 v.H. Um diese Abbauverluste gerade bei Lagerstättenteilen mit hohen Gehalten weitgehend zu vermindern, wird das Einbringen von *Betonversatz* in Verbindung mit dem Örter-Pfeiler-Bau untersucht; die Untersuchungen erstrecken sich auf folgende Fragen: Verwendung von Bergen, Mischungsverhältnisse, Transportwege und -geräte sowie die Verfüllungsverfahren.

Auch auf den Gruben Rammelsberg und Grund wird zur Zeit sehr intensiv an der Entwicklung von Betonversatzverfahren gearbeitet. Dabei ist man im Rammelsberg gezwungen, den Zement dem hier üblichen Blasversatz beizumengen, während sich im Erzbergwerk Grund aus den Schwimmbergen der Aufbereitung mit Zementzusatz ein hervorragend standfester Versatz herstellen läßt, der mit Dieselfahrzeugen eingebracht wird. Mit der Einführung von Betonversatz verfolgt man auf beiden Gruben das Ziel, die Abbauquerschnitte für den zukünftigen Einsatz größerer Dieselgeräte zu erweitern und die arbeitsaufwendigen Ausbauarbeiten durch bessere Stützung des Gebirges zu vermindern.

Hand in Hand mit der Einführung von Dieselgeräten in den Untertagebereich ging die Entwicklung des *Spritzbetonausbaus,* besonders beim Vortrieb der großen Rampe in Meggen *(Bild 13).* Zur Zeit werden die technisch erprobten Verfahren weiter vervollkommnet durch den Bau zentraler Betonmischanlagen in Verbindung mit grubengängigen Frischbetonfahrzeugen und durch Versuche der Armierung des Betons mit Stahlfasern.

Auch die *Verfahren der Erzaufbereitung* werden ständig beobachtet und verbessert, wobei der Reinhaltung der Abwässer besondere Aufmerksamkeit gewidmet wird.

Bild 13: Über 1 km fährt der 240-PS-LKW auf der Rampe unter Tage

Auf einer Anlage konnten die Ergebnisse der Flotation von Bleiglanz zum Beispiel durch Umstellung des Reagenzien-Schemas von Phosokresol und Natronlauge auf Xanthat und Kalk erheblich verbessert werden. Der Bleigehalt des Konzentrates konnte um 10 Punkte, das Blei-Ausbringen um 15 Punkte gesteigert werden.

In Meggen läuft zur Zeit ein neues Verfahren zur Fällung der im Grubenwasser gelösten Metall-Ionen, bei dem eine um den Faktor 10 höhere Endeindickung der gefällten Metallhydroxide erzielt wird. Dadurch kann die Kapazität der bestehenden Grubenwasserfällanlage (bei gleichzeitiger Senkung der Betriebskosten) ohne Umbau der Klärbecken bedeutend erweitert werden.

7.7 Wirtschaftliche Entwicklung

7.7.1 Risiken bei den Erlösen

Im internationalen Handel ist es üblich, die Endprodukte des Blei-Zink-Erzbergbaues, die Konzentrate, nach ihrem Metallinhalt zu bewerten. Dabei wird ein angemessener *Schmelzabzug* für Metallverluste bei der Verhüttung berücksichtigt, der üblicherweise bei Blei rund 5 v.H. und bei Zink rund 15 v.H. des analytischen Metallinhaltes beträgt. Der Wert des verbleibenden (bezahlten) Metallinhalts hängt von den Marktpreisen der entsprechenden Metalle ab. Von dem so ermittelten Metallwert der Konzentrate wird ein *Hüttenlohn,* der die Kosten der Verhüttung decken soll, abgezogen. Der Hüttenlohn lag 1970 für handelsübliche Bleikonzentrate bei 80 bis 100 DM pro Tonne, für handelsübliche Zinkkonzentrate bei 170 bis 190 DM pro Tonne. Diese Hüttenlöhne reichten sowohl für Blei als auch für Zink zur Deckung der Verhüttungskosten bei weitem nicht aus.

Nach Stillegung von rund 500000 t Zinkhüttenkapazität, hauptsächlich in den USA, und nur geringfügigen Kapazitätserweiterungen der Bleihütten stiegen die Hüttenlöhne im Jahr 1973 an. Da das Angebot von Bleikonzentraten inzwischen größer als das von Zinkkonzentraten geworden ist, haben sich die Hüttenlöhne für Bleikonzentrate den Zinkhüttenlöhnen angepaßt. Sie lagen je nach Konzentratqualität um die Jahreswende 1974/75 zwischen 240 und 280 DM pro Tonne für beide Konzentratsorten.

Die Erlöse des Blei-Zink-Erzbergbaues werden also in hohem Maße von den Metallpreisen und damit von Faktoren bestimmt, die nicht seinem Einfluß unterliegen. Während in der gesamten NE-Metall verbrauchenden Industrie der Metallpreis im wesentlichen zu den Kosten gehört, die auf den nächsten Abnehmer abgewälzt werden, muß der NE-Metall-Erzbergbau das Risiko aus dem Schwanken der Metallpreise selbst tragen. Zudem sind Blei und Zink als Rohstoffe, die international gehandelt werden, seit jeher hohen Preisschwankungen ausgesetzt. Die Höhe ihrer Preise wird sowohl von wirtschaftlichen als von politischen Faktoren beeinflußt. Hinzu kommt, daß Spekulationen durch die nahezu unbegrenzte Lagerfähigkeit sowie die im Verhältnis zum Wert billige Transportmöglichkeit begünstigt werden.

Die außerordentlich starken Preisschwankungen *(Bild 14 und 15)* sind nicht nur für den westdeutschen Blei-Zink-Erzbergbau, sondern auch international ein schwieriges Problem, weil ein bedeutender Teil der Bergwerkserzeugung der Welt aus Entwicklungsländern stammt, denen er unentbehrliche Devisen bringt. Mit diesem Problem haben sich seit 1957 zahlreiche internationale Konferenzen befaßt.

7.7.2 Preisbildung bei Metallen

Die traditionellen Märkte für Buntmetalle sind die *Börsen,* von denen die bereits 1882 gegründete LONDON METAL EXCHANGE (LME) den zweifellos wichtigsten Einfluß hat. Ihre gegenwärtige Bedeutung bei der *Preisfindung* für die metallischen Rohstoffe kann nicht besser gekennzeichnet werden als durch die Tatsache, daß nahezu sämtliche Blei- und Kupferverträge in der westlichen Welt außerhalb der USA auf den Notierungen der Londoner Börse basieren.

Nur bei Zink haben die Londoner Preise an unmittelbarem Gewicht verloren, da die europäischen Zinkerzeuger seit 1964 eine unabhängige Preispolitik betreiben und ihre Produktion nur noch auf Basis eines Zinkproduzentenpreises verkaufen. Ziel dieses *Produzentenpreises* ist es, die teilweise wirtschaftlich ungerechtfertigten, spekulativen Preisausschläge im Sinn einer Preiskontinuität und Risikominderung für Erzeuger und Verbraucher zu begrenzen.

Die Vereinigten Staaten, die als größter Verbraucher von Blei und Zink eine besondere Stellung auf dem Weltmarkt einnehmen, betreiben eine unabhängige Preispolitik.

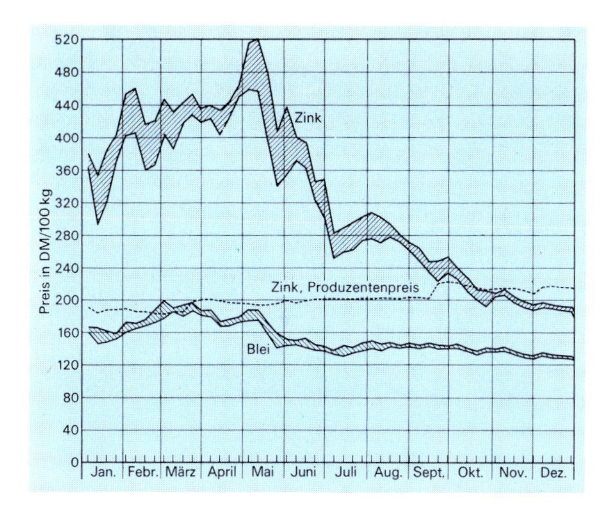

Bild 14: Wöchentliche Höchst- und Niedrigstnotierungen für Blei und Zink an der London Metal Exchange (LME) in 1974

Trotz des bedeutenden Einflusses der LME auf die Metallpreise in der westlichen Welt außerhalb der USA bestehen im Vergleich der einzelnen Länder untereinander nennenswerte Unterschiede bei den Inlandspreisen. Schutzzölle und andere staatliche Eingriffe zur Unterstützung der erzeugenden Industrie heben das jeweilige, auf den Londoner Börsenkursen basierende Preisniveau in unterschiedlichem Umfang an.

In den Vereinigten Staaten werden für Blei und Zink mehrere Preise veröffentlicht: Zunächst gibt es die Notierungen der New Yorker Warenbörse, der COMMODITY EXCHANGE INCORPORATION (COMEX). Deren Kurse haben jedoch bei weitem nicht die Bedeutung der vergleichbaren LME-Notierungen erlangt, da die Versorgung der verarbeitenden Industrie zu den von den Metallproduzenten festgesetzten Preisen erfolgt.

Diese Erzeugerpreise, die als US-producer-price für Blei und Zink veröffentlicht werden, haben in der Regel für einen längeren Zeitraum Gültigkeit. Die COMEX dagegen wird vorwiegend vom spekulativen Berufshandel in Anspruch genommen.

Soweit die Ostblockstaaten als Käufer oder Verkäufer auf den Märkten der freien Welt auftreten, müssen sie sich jeweils den dort herrschenden Metallpreisen oder -notierungen anpassen. Intern jedoch wird mit staatlich festgesetzten Preisen gearbeitet, die nach verschiedenen Verlautbarungen erheblich über den Marktpreisen in der freien Welt liegen.

Besondere Bedeutung für den deutschen Blei-Zink-Erzbergbau hatte seit 1969 die Tatsache erlangt, daß für beide Metalle die Preisfestlegung auf Pfund-Sterling-Basis erfolgt. Zahlreiche *Währungskrisen,* verbunden mit DM-Aufwertungen, Pfund-Abwertungen und Floatingphasen, haben dazu geführt, daß die internationalen Preissteigerungen für beide Metalle in der Bundesrepublik nur mit rund 50 v.H. zu Buche schlugen und das Kosten-Erlös-Verhältnis bei weitem nicht so verbesserten wie in den konkurrierenden Bergbaubetrieben in anderen Ländern, zum Beispiel Kanada, Australien oder Irland *(Bild 16).*

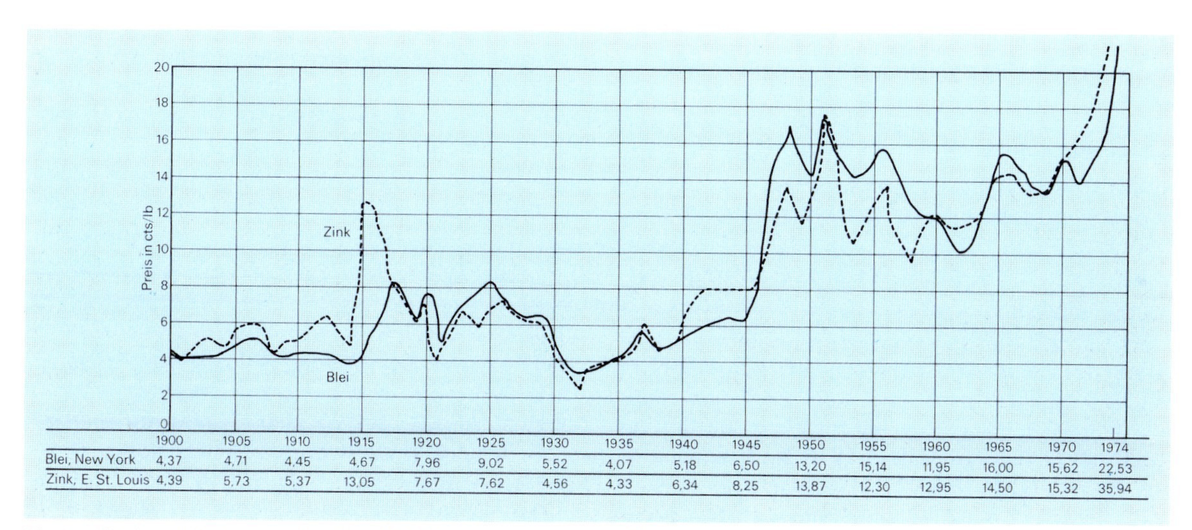

	1900	1905	1910	1915	1920	1925	1930	1935	1940	1945	1950	1955	1960	1965	1970	1974
Blei, New York	4,37	4,71	4,45	4,67	7,96	9,02	5,52	4,07	5,18	6,50	13,20	15,14	11,95	16,00	15,62	22,53
Zink, E. St. Louis	4,39	5,73	5,37	13,05	7,67	7,62	4,56	4,33	6,34	8,25	13,87	12,30	12,95	14,50	15,32	35,94

Bild 15: Blei- und Zinkpreise 1900 bis 1974. Notierungen in New York bzw. St. Louis

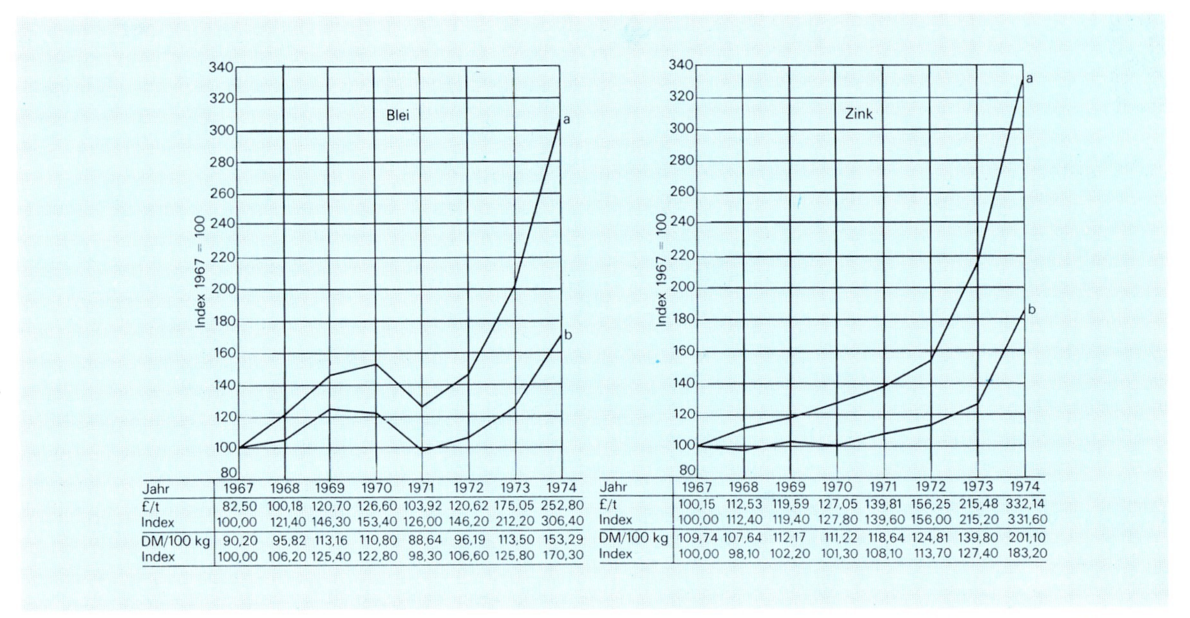

Jahr	1967	1968	1969	1970	1971	1972	1973	1974
£/t	82,50	100,18	120,70	126,60	103,92	120,62	175,05	252,80
Index	100,00	121,40	146,30	153,40	126,00	146,20	212,20	306,40
DM/100 kg	90,20	95,82	113,16	110,80	88,64	96,19	113,50	153,29
Index	100,00	106,20	125,40	122,80	98,30	106,60	125,80	170,30

Jahr	1967	1968	1969	1970	1971	1972	1973	1974
£/t	100,15	112,53	119,59	127,05	139,81	156,25	215,48	332,14
Index	100,00	112,40	119,40	127,80	139,60	156,00	215,20	331,60
DM/100 kg	109,74	107,64	112,17	111,22	118,64	124,81	139,80	201,10
Index	100,00	98,10	102,20	101,30	108,10	113,70	127,40	183,20

Bild 16: Vergleich der Blei- und Zinkpreise im Sterling-Raum (a) und in der Bundesrepublik Deutschland (b), Index 1967 = 100

7.7.3 Zölle

Der zur Zeit geltende gemeinsame Außenzolltarif der EG-Mitgliedstaaten läßt die Einfuhr von Blei- und Zinkkonzentraten sowie von Bearbeitungsabfällen und Schrott aus Blei und Zink zollfrei.

Für die Blockmetalle Rohblei und Rohzink wurde bis Ende 1975 ein Gewichtszoll von 1,32 RE/100 kg (1 Rechnungseinheit = 1 US-$) erhoben. Da der Umrechnungskurs des US-Dollars auf 3,66 DM festgesetzt ist, errechnete sich eine Zollbelastung von 4,83 DM/100 kg.

Dieser Zollsatz setzte jedoch erst nach der Ausschöpfung der jeweiligen *zollfreien Kontingente* ein, deren mengenmäßiger Umfang jährlich neu festgesetzt wird.

In den EG-Beitrittsverhandlungen mit Großbritannien, Irland und Dänemark wurde vereinbart, daß der bisherige EG-Außenzoll von RE 1,32 in einen Wertzoll von 4,5 v.H. des Warenwertes umgewandelt werden soll.

Entsprechend dieser Vereinbarung haben die EG-Länder während der Ausgleichsverhandlungen mit den GATT-Ländern im April 1974 den bisherigen Zoll gekündigt. Diese Maßnahme stieß auf heftige Kritik einiger GATT-Länder, die darauf hinwiesen, daß der bisherige Wertzoll bereits als vertraglich zugesicherte Obergrenze gebunden war. Im Verlauf der Verhandlungen wurde die Kompromißlösung erzielt, daß der autonome Zollsatz von 4,5 v. H., mindestens aber 1,1 RE je 100 kg, bestehen bleibt; der vertragsmäßige, im GATT gebundene Zoll jedoch auf 3,5 v. H. festgestzt wird. Im Rahmen der Meistbegünstigung besteht damit seit dem 1. Januar 1976 für beide Metalle praktisch ein Außenzoll von 3,5 v. H. gegenüber Drittländern.

Einigung dagegen konnte in den Beitrittsverhandlungen über die Frage der *EG-Außenzölle* gegenüber den Rest-EFTA-Ländern erzielt werden. Demnach wird die erweiterte Gemeinschaft nach einem Stufenplan bis zum Jahre 1980 die Blei- und Zinkeinfuhrzölle aus Finnland, Island, Norwegen, Österreich, Portugal, Schweden und der Schweiz nach und nach völlig abbauen.

Die schrittweise Aufhebung erfolgt zu nachstehenden Terminen:

Zollminderung in v. H. vom Ausgangszoll

1. 4. 1973	5	1. 1. 1977	15
1. 1. 1974	5	1. 1. 1978	20
1. 1. 1975	5	1. 1. 1979	20
1. 1. 1976	10	1. 1. 1980	20

Dabei ist der EG für Zink, nicht jedoch für Blei, die Möglichkeit gegeben worden, Richtplafonds (Kontingente) einzurichten, nach deren Ausschöpfung der jeweils gültige Zollsatz wieder voll angewendet werden kann.

8

Eisenerz

Bild 1: Die Eisenerzgruben in der Bundesrepublik Deutschland

8.1 Begriff, Eigenschaften und Verwendung

Die deutschen Eisenerze sind verhältnismäßig eisenarm; der Fe-Gehalt beträgt im Durchschnitt 27 v.H. beim Roherz. Sie sind hingegen reich an Schlackenträgern, wie Kieselsäure (SiO_2), Tonerde (Al_2O_3) und/oder Kalk (CaO) und enthalten 0,1 bis 1,0 v.H. Phosphor (P). Reicherze mit Fe-Gehalten über 50 v.H. sind nicht ausgebildet; diese Erze werden importiert. Der weitaus größte Teil der Eisenerze liegt in der Bundesrepublik Deutschland als *Brauneisenerz* (Goethit) vor. Geringere Anteile haben *Roteisenerz* (Hämatit) und *Eisenspat* (Siderit); ohne praktische Bedeutung ist Magnetit.

Die Eisenerze werden dem Möller in bestimmtem Verhältnis zugemischt und im Hochofen zur Roheisengewinnung eingesetzt. Die Fe-haltigen Zuschlagstoffe finden Verwendung als kalkige oder kieselige Schlackenträger, ortsnah als Temper-Erz und zur Erzeugung von siliziösem Gießerei-Roheisen oder auch als Zementzuschlag.

8.2 Lagerstätten

Eisenerze sind in der Bundesrepublik Deutschland weit verbreitet. Sie kommen in den verschiedensten geologischen Formationen in wechselnder chemischer und physikalischer Ausbildung vor. Die nachgewiesenen Gesamtvorräte betragen insgesamt rund 2250 Mill. t Roherz mit 800 Mill. t Fe-Inhalt *(Tafel 1)*.

Eisenerzlagerstätten, die heute noch abgebaut werden *(Bild 1)*, gehören fast ausschließlich den jüngeren Schichten (Jura und Kreide) an und sind als Lager, Flöze oder Linsen in Flachmeerbereichen entstanden *(Tafel 2)*.

Tafel 1: Eisenerzvorräte in Mill. t

Alter in Mill. Jahren	Geologische Formation	Roherz	Fe-Inhalt
60	Tertiär (Eozän)	30	5
90	Oberkreide:		
	Santon	50	10
	Cenoman	35	15
120	Unterkreide:		
	Neokom	450–600	150–200
150	Oberjura:		
	Korallenoolith	1020	310
170	Mitteljura: Dogger	705	225
190	Unterjura: Lias	80	20
370	Devon	5	2

In verschiedenen geologischen Zeitaltern hat das Meer ältere Festlandschichten überflutet und deren Verwitterungsprodukte neu geschichtet und dabei das darin vorhandene Eisen (Spat- und Schwefeleisenverbindungen) in Form von Brauneisenerz konzentriert. Das konnte chemisch durch Aufnahme und Ausfällen von Lösungen und mechanisch durch strandnahe Konzentration eisenreicher Partikel geschehen.

Nach der Struktur werden bei solchen marin-sedimentären Eisenerzen unterschieden

- Konglomerat- oder Trümmererz
- Oolithisches Erz
- Derberz.

8.2.1 Konglomerat- oder Trümmererz

Beim Untergang küstennaher Gebiete bildeten sich buchtenreiche und von Halbinseln gegliederte Flachmeere. Verlief der Vorgang „Land unter" rasch und war er auf schmale Zonen beschränkt, dann führten Abtragung (Erosion) und Anreicherung im Meer durch Auswaschen und Sortieren zur Anhäufung von Geröll- und Trümmererz, wie zum Beispiel beim *Lengeder* und *Bültener Erz* der Oberkreideschichten *(Bild 2).* Die Gerölle lagen als Toneisenstein-Konkretionen (Geoden, Knollen) in den abgetragenen Schichten vor. Es sind harte Einschlüsse aus Karbonat und Eisenspat, die sich bei der Verfestigung ursprünglichen Meeresschlamms gebildet hatten. Die besonders lösungs-

Tafel 2: Geologische Formation und Lagerstättenvorräte der fördernden Eisenerzgruben

Name	Geologische Formation	Erzart	Lagermächtigkeit m	erreichte Teufe m	Roherzvorräte Mill. t	Roherzanalysen v. H.				
						Fe	SiO_2	CaO	P	Mn
Bülten	Oberkreide: Santon	Brauneisenerz, konglomeratisch-kalkig;	4–20	340	12	26–28	5–6	23–29	0,8–1	2–4
Lengede	Oberkreide: Santon	Brauneisenerz als Trümmer-Wascherz;	3–6	100	16	26–29	13–17	16–18	1,4–1,7	0,3–0,4
Auerbach-Sulzbach	Oberkreide: Cenoman	Brauneisenerz, Weißeisenerz;	20–30 örtl. 90	200	30	42–45 35–36	9–13 13–14	0,2–0,6 4–5	0,6–1,3 1,4	0,5–1 0,9
Haverlahwiese	Unterkreide (Neokom)	Brauneisenerz vorw. als Oolith (+ Trümmer);	30–60	550	120 (i. Abbaufeld 80)	30–33	22–25	4–5	0,4	0,1–0,2
Konrad	Oberjura: M-Korallenoolith	Brauneisenerz oolithisch;	5–18	1200	50	31–33	14–15	13–15	0,3–0,4	0,1–0,2
Nammen	Oberjura: U-Korallenoolith	oolithischer Zuschlag;	2,8–8	Stollen	20	13–15	10–12	30–36	0,15	0,2
Fortuna (Lahn)	Devon	kieseliges kalkiges Roteisenerz	2–14	250	1	38–41 35	15–20 2–6	9–14 7–11 ($CaCO_3$)	0,09 0,12	0,12 0,16

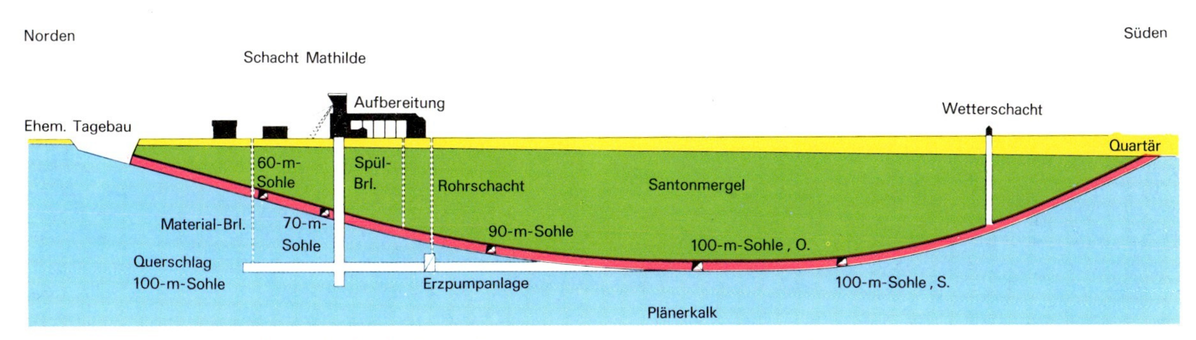

Bild 2: Trümmereisenerzlager der Grube Lengede

fähigen Elemente Eisen, Phosphor, Kalk wanderten mit dem dabei ausgepreßten Porenwasser so lange, bis sie zur „Sammelkristallisation" veranlaßt wurden. Oft genug besorgten Eiweißverbindungen verwesender Tierkörper oder Exkremente die Ausfällung. Durch Sauerstoffeinwirkung im Verlauf der Verwitterung oder im küstennahen Wasser wurde daraus Brauneisenerz. Abgelöste Stücke bilden Scherben oder Trümmer.

8.2.2 Oolithisches Erz

Drang das Meer langsam vor, so lieferten die absinkenden Festlandflächen in kurzer Zeit große Mengen Grund- und Flußwasser in den marinen Haushalt. Dabei fiel das gelöste Eisen in Form von Kügelchen (Ooide) aus. Auch die Kohlensäurezone des Meeres brachte Eisen in Lösung, das dann in der sauerstoffreichen Brandungszone wieder ausgefällt wurde. Die Eisenerzkörner von 0,2 bis 0,8 mm Durchmesser sehen aus wie Fischrogen, daher auch der Name Oolith (Eistein). Bei dichter Packung der Erzkörner wird solches Erz von den Bergleuten „Kaviarerz" genannt *(Haverlahwiese-Erz* der Unterkreide, *Konrad-Erz* des Oberjura). Sind die Ooide weniger dicht gepackt, so überwiegt die Grundmasse. Das trifft zum Beispiel beim „Klippenflöz" des Wesergebirges (Oberjura) zu, in dem der Kalkstein verhältnismäßig schwach mit Eisenooiden durchsetzt ist *(Grube Wohlverwahrt-Nammen).*

Die oft ungewöhnlichen Mächtigkeiten dieser Erzlager (Haverlahwiese) sind dadurch begründet, daß während der Erzbildung im tiefen Untergrund das ältere Zechsteinsalz „auf Wanderschaft" ging. Auch zur Erzbildungszeit waren schon über 1000 m Sediment über dem Salz abgelagert. Unter solchen

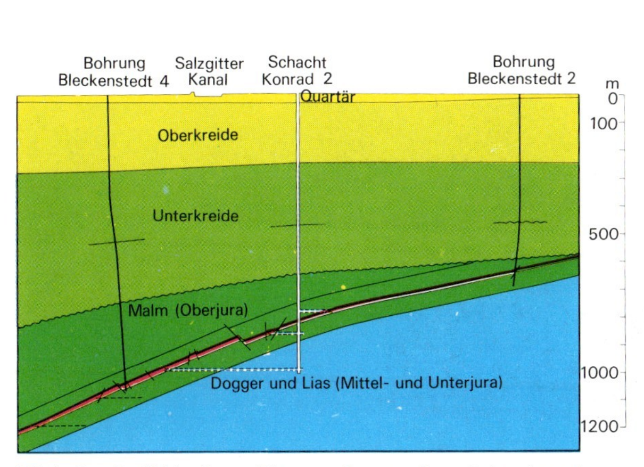

Bild 3: Oolithisches Eisenerzlager der Schachtanlage Konrad

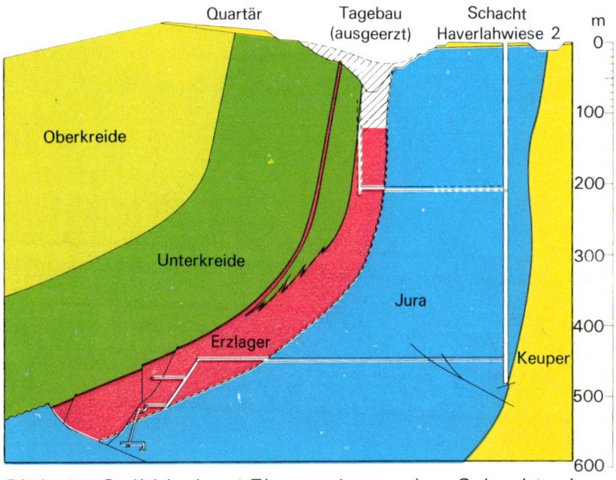

Bild 4: Oolithisches Eisenerzlager der Schachtanlage Haverlahwiese

Lasten wird Salz plastisch und „fließt“. Wo es weg-wandert, gibt es an der jeweils darüber befindlichen Oberfläche ein „Loch“. Der absackende Untergrund verursacht die „Bunkerung“ und Konservierung angelieferten Erzes in „Trögen“ (Konrad), „Mollen“ (Lengede) oder einseitig begrenzt durch tote Störungsflächen in „Kolken“ (Haverlahwiese).

Ging nach der Erzablagerung die Überdeckung durch andere Schichten ungestört weiter, ist an der Tagesoberfläche von den begrabenen Erzlagern nichts zu sehen. Es gibt keinen „Tagesausbiß“, wie bei der Grube Konrad *(Bild 3).* Stieg das Salz örtlich erneut auf, so wurden in „Salzsätteln“ die überdeckenden Schichten zusammen mit dem Erz angehoben und sogar bis zur Überkippung steil gestellt. In solchen Fällen gibt es, wie bei der Grube Haverlahwiese, Tagesausbisse *(Bild 4).*

8.2.3 Derberz

Im Unterschied zu den Trümmererzen und den oolithischen Erzen sind unter Derberzen Eisenerze zu verstehen, die keine Bindemittel, zum Beispiel Ton oder Kalk, aufweisen.

In der Oberpfalz *(Auerbach-Sulzbach)* wurden die Eisenverbindungen aus Verwitterungslösungen in die Rinnen des tieferlagernden Oberjura-Kalkes ausgefällt. Gelangten die eisenhaltigen Verwitterungslösungen in Meerwasser, bildete sich karbonatisches Weißeisenerz (Siderit). Trafen diese Lösungen mit Süßwasser zusammen, bildete sich Brauneisenerz. Später eintretende Bewegungen in der Erdkruste führten zur Verbiegung der Schichten. Dadurch entstanden „Tröge“, in denen sich das Erz bevorzugt und lagerstättenbildend sammeln konnte.

Vulkanisch-sedimentärer Entstehung sind die devonischen Erze der Grube *Fortuna* bei Wetzlar. Hier lösten sich in Wechselwirkung über einen langen Zeitraum vulkanische Vorgänge und Ablagerungen aus den Devonmeeren ab. Durch die aufsteigenden basaltischen Magmen (Schalsteine) bildeten sich an der Oberfläche Rinnen und Dellen. Das aus den jeweils nachfolgenden Meeren ausgefällte Eisen lagerte sich ab und sammelte sich in diesen Vertiefungen. Es entstanden Eisenkieselerze, Roteisenstein und Flußeisenstein, an den Rändern auch Spateisenstein und Chamosit. Kleine Bereiche wurden nachträglich in Magnetit umgewandelt. Die heutige Gewinnung konzentriert sich auf kieseliges Roteisensteinerz und kalkiges Roteisensteinerz (Flußeisensteinerz).

8.3 Gewinnung und Förderung

Die fördernden Gruben haben durch die Fortschritte in der Gewinnung, der Fördertechnik und in den nachgeschalteten Betriebsbereichen sowie durch eine weitgehende Abbaukonzentration ihre Produktivität in letzter Zeit erheblich verbessert.

Die *Schrappertechnik,* die Jahre hindurch den Abbau beherrschte, wurde in jüngster Zeit mehr und mehr aus dem Eisenerzbergbau verdrängt. An ihre Stelle traten die LHD-Technik (Load-Haul-Dump-Technik) und die schneidende Gewinnung. Beide Techniken umfassen die Arbeitsvorgänge Gewinnen, Laden und Fördern.

Die *LHD-Technik* besteht aus dieselgetriebenen Lade- und Fördergeräten, Bohrwagen, Spreng- und Ausbaufahrzeugen sowie verschiedenen Service-Fahrzeugen. Sie beruht auf dem Prinzip der Arbeitsteilung und benötigt zum wirtschaftlichen Arbeitsablauf eine entsprechend große Anzahl von Gewinnungsbetriebspunkten. Die Organisation ist so aufeinander abzustimmen, daß die Maschinen ohne gegenseitige Behinderung im *Karussellverfahren* eingesetzt werden können.

Die *schneidende Gewinnung* erfolgt durch Teilschnittmaschinen, die den Gewinnungs- und Ladevorgang in sich vereinen, wobei das geschnittene Erz entweder einem Pendelförderer (LKW oder Radlader) oder einem Fließförderer (Gummigurtförderer) übergeben wird.

Die Grube *Wohlverwahrt-Nammen* im Weserbergland war die erste deutsche Eisenerzgrube, die Dieselgroßmaschinen in ihre Grube brachte. Das oberflächennah anstehende, flach einfallende und im Durchschnitt ca. 5 m mächtige, sehr standfeste

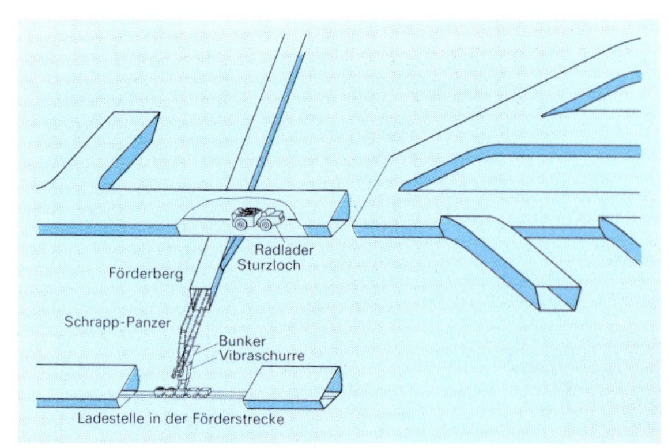

Bild 5: Kammerbau mit Darstellung der Zwischen- und Hauptförderung der Schachtanlage Konrad

Bild 6: Beraubefahrzeug im Einsatz unter Tage

Klippenflöz wird im *streichenden Örterbau* mit diagonalen Förderstrecken hereingewonnen, in den schon Anfang der 60er Jahre Ladegeräte und LKWs der Bauindustrie übernommen werden konnten. Wegen der relativ langen Förderwege kam es zur Trennung des Lade- und Fördervorganges und damit zum Einsatz von Löffelbaggern vor Ort und Schwerlastkraftwagen für den Transport des durch Sprengarbeit hereingewonnenen Erzes zum zentralen Sammelbunker. Eine sich anschließende Lokförderung fördert das Erz über die Stollensohle zur Brech- und Siebanlage über Tage. Die Untertageleistung der Grube liegt mit rund 55 t/MS an der Spitze des deutschen Eisenerzbergbaus.

Ein weiteres Beispiel für den Untertageeinsatz von LHD-Großgeräten ist die Schachtanlage *Konrad* in Salzgitter. Bis zum Jahre 1970 wurde das 6 bis 18 m mächtige, mit etwa 22 bis 24^g einfallende Eisenerzlager (Korallenoolitherz) in Teufen zwischen 900 und 1200 m im schwebenden Kammerbau mit Spülversatz unter Anwendung der Schrappertechnik abgebaut. Im Jahre 1970 wurde dann bei gleichzeitiger Umstellung auf *Kammerbau mit streichendem, diagonalem und querschlägigem Verhieb* die LHD-Technik mit Dieselgroßgeräten eingeführt *(Bild 5)*. Das Erz wird von Radladern zu zentralen Förderbergen transportiert. Von dort erfolgt der Weitertransport des Erzes bis in die Förderwagen der nächsttieferen Fördersohle durch Schrapp-Panzer. Die 25 bis 35 m^2 großen Strecken- bzw. Kammerquerschnitte brachten bei der großen Teufe Ausbauprobleme, die mit Hilfe des *Ankerausbaus* gelöst werden konnten. Zwecks Mechanisierung und sicherer Handhabung der Beräumarbeit vor Ort wurde ein mit einem schweren Hydraulikhammer versehenes *Beraubefahrzeug* entwickelt *(Bild 6)*, das in erheblichem Maße zur Verbesserung der Arbeitssicherheit in der Grube beigetragen hat. Die Untertageleistung konnte durch Umstellung auf LHD-Technik um rund 40 v. H. gesteigert werden.

Als die ersten Dieselkleingeräte 1971 auf den europäischen Markt kamen, konnte die LHD-Technik

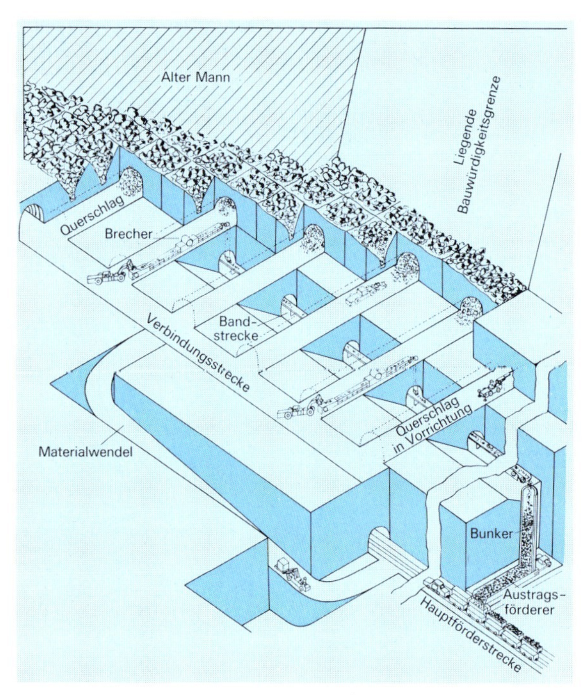

Bild 7: Abbau- und Hauptstreckenförderung der Schachtanlage Haverlahwiese

auch in Lagerstätten mit druckhaften und beengten Grubenräumen Eingang finden. Die Schachtanlage *Haverlahwiese* – Förderung 10000 bis 11000 t/d –, in der das bis zu 100 m Mächtigkeit steil anstehende, oolithische Brauneisenerzlager im *kontinuierlichen Blockbruchbau* mit LHD-Technik hereingewonnen wird, hatte bis dahin durch Entwicklung der Großblockbetriebe mit 4000 bis 6000 tato Betriebspunktförderung bereits eine beachtliche Abbaukonzentration erlangt.

Bild 8: Radlader im Einsatz unter Tage

Die unter den Blöcken verlegten Gummigurtbänder sammeln das in den Abbauquerschlägen anfallende Blockerz und fördern es dann bis zu drei Kilometer weit zur zentralen Ladestelle. Von dort wird das Erz in Zügen zur vollautomatischen Skipförderanlage im Schacht transportiert *(Bild 7).*

Nachdem der Abbaustreckenausbau von Stahlbögen mit Bretterverzug auf *Gebirgsanker mit Maschendrahtverzug* umgestellt worden war, konnte die LHD-Technik eingeführt werden *(Bild 8).* Innerhalb von knapp zwei Jahren, in denen nicht nur Radlader, sondern auch die notwendigen Bohr-, Schieß- und Service-Fahrzeuge entwickelt bzw. angeschafft werden mußten, konnte die Schrappertechnik abgelöst werden. Der Erfolg der Umstellung zeigte sich in einer um rund 20 v.H. auf rund 30 t/MS gestiegenen Untertageleistung.

Neuere Überlegungen könnten dazu führen, den Abbau auf selektive Gewinnung Fe-reicherer Partien der Lagerstätte im Kammerbau unter Anwendung von schneidender Gewinnung umzustellen.

Auch die Grube *Fortuna* im Lahn-Dill-Gebiet hat 1971 LHD-Geräte nach unter Tage gebracht und damit die Schrapper- und Wurfschaufelladertechnik weitgehend abgelöst. Das Roteisensteinlager erreicht örtlich eine Mächtigkeit bis zu 15 m und wird je nach angetroffenen Lagerungsverhältnissen im Örterbau, Teilsohlenbau oder Firstenstoßbau abgebaut. Die Mechanisierung der Grube und die damit einhergehende Abbaukonzentration brachten Verbesserungen in der Abbauleistung um 80 bis 100 v.H.

Die schneidende Gewinnung mit Walzenschrämladern wurde bereits Anfang der 60er Jahre auf einigen inzwischen stillgelegten Gruben mit flözartigen Erzvorkommen erprobt. Der Durchbruch zur Gewinnung mit Teilschnittmaschinen erfolgte 1965 im schneidgünstigen Erz von Lengede. Seitdem konnten die maschinen- und staubtechnischen sowie die schneidtechnischen Probleme soweit gelöst werden, daß inzwischen auch Erze mit höheren Festigkeiten wirtschaftlich mit schneidend arbeitenden Großgewinnungsmaschinen gewonnen werden können.

Die Eisenerzgrube *Lengede* baut das oberflächennahe, 3 bis 4 m mächtige, flach einfallende Eisenerzlager im *Kammerbruchbau* ab. Die Erzpfeiler

Bild 9: Teilschnittmaschine mit querrotierender Schrämwalze bei der Erzgewinnung ▶

sind mit 3 m so stark bemessen, daß sie ein Zubruchgehen der Kammern nach Rauben des Unterstützungsausbaus nicht behindern. Der Kammerbau wird mit und ohne Spülversatz angewandt. Die Gewinnung erfolgt schneidend mit leistungsfähigen Teilschnittmaschinen.

Die mit Schrämketten ausgestatteten und 40 t schweren Continuous Miner werden seit 1971 durch *Teilschnittmaschinen* mit querrotierender Schrämwalze ersetzt, da diese auch bei härterem Erz höhere Schneidleistungen erzielen, wendig und wartungsfreudig sind und somit zur Senkung der spezifischen Gewinnungskosten beitragen *(Bild 9).*

Das gewonnene Erz wird von der Maschine kontinuierlich an nachgeschaltete Gummigurtförderer abgegeben und bis zum Bunker der Erzpumpanlage transportiert. Dort wird das Erz auf unter 35 mm gebrochen und von zwei hintereinandergeschalteten Kreiselpumpen bei einer Mischung von 1 t Erz zu 1 m^3 Wasser hydraulisch 130 m nach über Tage bis in die Aufbereitung gepumpt. Dieses Verfahren wird hier erstmalig in Europa angewandt. Durch

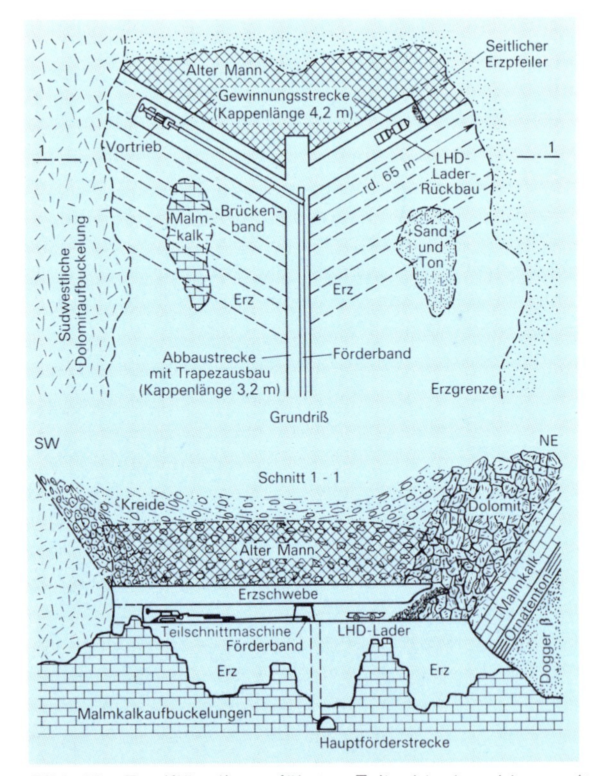

Bild 10: Zweiflügelig geführter Teilsohlenbruchbau mit schneidend reißender Gewinnung der Schachtanlage Maffei

Umstellungsmaßnahmen in der Gewinnung und in der Förderung konnte die Leistung der Grube seit 1964/65 gegenüber dem früheren Schrapper-Panzer-Betrieb mehr als vervierfacht werden. Die Untertageleistung liegt heute bei 45 t/MS.

Auf der Eisenerzgrube *Bülten* wurde das mittelharte Brauneisenerz (300 bis 1 000 kp/cm^2 Druckfestigkeit) schon seit 1964 im *Kammerbau mit Vollspülversatz* mit Hilfe der LHD-Technik abgebaut. Seit 1972 wurde ebenfalls damit begonnen, die Bohr- und Schießarbeit durch schneidende Gewinnung zu ersetzen. Die Lösung des Schneidproblems des heterogenen und harten Erzes gelang mit der Entwicklung der *Rundschaftmeißeltechnik* an querrotierenden Teilschnittmaschinen.

Zur Erzabförderung sind Radlader nachgeschaltet, die das gelöste und hinter der Maschine abgeworfene Erz aufnehmen und der Hauptstreckenbandförderung zuführen. Ab Mitte 1974 werden 60 v.H. der Gesamtförderung schneidend gewonnen. Die Untertageleistung der Grube Bülten beträgt rund 37 t/MS; sie war nach Einführung der schneidenden Gewinnung um rund 20 v.H. erhöht worden.

Im Eisenerzrevier der bayerischen Oberpfalz werden lager- und stockförmige Lagerstätten sedimentärer Brauneisen- und Spateisenerze (Weißeisenerze) der Kreideformation durch die Schachtanlage Maffei in *Auerbach* und eine Brauneisenerzlagerstätte durch die Schachtanlage Eichelberg in *Sulzbach-Rosenberg* abgebaut. Zur kontinuierlichen Weiterführung des Erzabbaus auf der nahezu erschöpften Schachtanlage Maffei dient das Vorkommen Leonie in Auerbach.

Auf der Schachtanlage Maffei wird der *Teilsohlenbruchbau* mit querschlägiger oder auch streichender Verhiebsrichtung angewandt. Bei einem Teilsohlenabstand von 5,5 bis 6 m erfolgte die Gewinnung bis 1972 ausschließlich durch Bohr- und Sprengarbeit unter Verwendung von Kippladern, die das Sprenghaufwerk bis zur Erzrolle förderten. Der heterogene Aufbau und Zustand des teilweise recht klüftigen Brauneisen- und Weißeisenerzlagers (Festigkeiten zwischen 0 und 1770 kp/cm^2) hat seit langem die Bohrarbeit erschwert. Anfang 1972 wurde beschlossen, mit einer schneidend reißenden Gewinnungstechnik Versuche durchzuführen. Das Ergebnis ist ein zweiflügelig geführter Teilsohlenbruchbau *(Bild 10).* In den Versuchsabbauen konnten die Betriebspunktförderung und die Abbauleistung bisher verdreifacht werden. Mitte

1974 wurden rund 30 v.H. der Gesamtförderung unter Anwendung des neuen Verfahrens abgebaut.

Das Erzlager Nitzlbuch der Schachtanlage Maffei, welches in den Rinnen des klüftigen und stark wasserführenden Malmkalks abgelagert ist, war vor Beginn des Abbaus auf Klüften und Poren mit Wasser gefüllt. Zur Entwässerung des Erzlagers für den Abbau wurde von den im Liegenden aufgefahrenen Ausrichtungsstrecken aus eine Vielzahl von Entwässerungsbohrungen so hoch gebracht, daß der Wasserspiegel im Erzlager für den Abbau gesenkt und eine Nachspeisung des Lagers aus der südwestlichen Malmaufbuckelung dabei verhindert werden konnte. Hierdurch war ein über Manometer und Pegelbohrlöcher kontrolliertes Entwässern möglich. Eine umfangreiche Wasserhaltung sorgt dafür, daß durchschnittliche Wasserzuflüsse von rund 20 m^3/min (Spitzen von 50 bis 90 m^3/min) bewältigt werden können.

8.4 Aufbereitung

Eisenerz, das vor der Verhüttung durch einen Sinterprozeß für den Hochofen vorbereitet wird, muß gebrochen und auf Korngrößen unter 10 mm gebracht werden. Diejenigen heimischen Eisenerze, die sich durch *Waschen* (Läutern) auf kaltem Wege anreichern lassen, werden dadurch vor der Sinterung von einem Teil der tauben Bestandteile (Ton oder Mergel) befreit. Das Waschen erfolgt durch Grubenwasser und Rücklaufwasser aus dem Klärteichbetrieb. Mit dem Schlamm werden auch wesentliche Teile des störenden Kieselsäure-Inhalts abgestoßen.

Wegen der Unterschiedlichkeit des Eisenerzkorns, der Art des Bindemittels und des Grades der Verwachsung sind die Aufbereitungsverfahren verschieden. So werden die Erze von Haverlahwiese in der ehemaligen Zentralaufbereitung Salzgitter-Calbecht und die Erze von Lengede in der zum Grubenbetrieb gehörenden Aufbereitung naßmechanisch aufbereitet.

8.4.1 Zerkleinerung

In Salzgitter-Calbecht erfolgen die Groberzzerkleinerung und die Nachzerkleinerung unter 20 mm in Prallmühlen.

In Lengede ist seit 1966 durch die Einführung der hydraulischen Förderung von der tiefsten Grubensohle (100 m) die Zerkleinerungsarbeit in die Grube verlegt. Von den zwei Systemen, die je mit einem Walzenbrecher und mit einer Prallmühle ausgerüstet sind, dient jeweils eins der ständigen Reserve. Brechgut über 35 mm wird der Zerkleinerung erneut zugeführt.

8.4.2 Läuterung

In der Anlage Salzgitter-Calbecht, die für einen Tagesdurchsatz von 20000 t Roherz gebaut wurde, gelangt das auf unter 20 mm zerkleinerte Erz in sieben Systeme von dreistufigen Waschapparaten (Schwerterträgen). Das dabei entstehende Vorkonzentrat wird bei 2 mm naß abgesiebt. Der Siebdurchfall wird in die zweistufigen Schwerterträge der Nachläuterung geleitet, deren Austrag (oolithisches Korn) fertiges Konzentrat darstellt.

In Lengede wird das aus der Grube in die Aufbereitung gepumpte Erz-Wasser-Gemisch einem statischen Rost aufgegeben und mit Druckwasser von 16 bar bebraust. Der Rostdurchgang von 0 – 5 mm wird auf weiteren statischen Rosten mit 1 mm Spaltweite nachbehandelt, so daß ein Feinkonzentrat von 1 – 5 mm entsteht.

8.4.3 Schwerflüssigkeitsanlage

Das nach der Läuterung abgesiebte Korn von 2 bis 4 mm wird in Salzgitter-Calbecht schrägliegenden Waschzyklonen zugeführt, deren Unterlauf nach Entbrühung und Bebrausung Konzentrate (vorwiegend Trümmererz-Korn) liefert, die dem Fertigkonzentrat über Bänder zugefügt werden. Das Korn über 4 mm geht in einen 9 m^3 fassenden Konus-Sinkscheider. Das schwere, absinkende Gut bildet Stückkonzentrat für den Verkauf an Zementwerke. Soweit dafür kein Absatz besteht, wird es in einer Stabmühle zerschlagen und in die Läuteranlage zurückgepumpt.

In Lengede geht der Rostrückhalt über 5 mm in zwei mit unterschiedlicher Wichte gefahrene Sinkscheidersysteme, um ein Grobkonzentrat von 8 bis 16 mm und ein Phosphoritkonzentrat zu erzeugen. Der Überhang wird in einer Prallmühle zu Feinerz zerkleinert.

8.4.4 Weitere Anlagen

In Salzgitter-Calbecht besteht außerdem eine Schwerschlamm-Anreicherungsanlage durch Hydrozyklone, deren Produkte bis 1969 nach Filterung und Vortrocknung in einer Schwebegasanlage der Starkfeldmagnetscheidung zugeführt wurden.

In Lengede liefert eine luftgesteuerte Feinkorn-Setzmaschine Feinerz unter 1 mm und Setzberge, die über einen Spiralklassierer als Versatzgut für die Grube gestapelt werden.

Die Konzentrate der Anlage Salzgitter-Calbecht werden in Talbot-Waggons zu der Erzvorbereitung (Sinteranlage) gefahren. Dort werden einheimische Erze und Konzentrate in metallurgisch festgelegter Weise über Mischbetten, Dosierbänder, Mischtrommeln, Sinterbänder und Granulieranlagen zu „Mischsinter“ verarbeitet. Das Schlammwasser geht in einen nahen Klärteich von 206 ha Wasserfläche.

Die Konzentrate von Lengede gehen in die Sinteranlage des Hochofenwerkes 2 in Groß-Ilsede. Das Schlammwasser wird über eine 14 km lange Leitung von 400 mm Durchmesser in ehemalige Sandgruben bei Bülten gepumpt.

8.5 Produktion und Belegschaft

Der sprunghafte Anstieg der deutschen Inlandseisenerzförderung ab Mitte der 30er Jahre beruhte auf der Erschließung der großen Eisenerzlagerstätten in Norddeutschland, insbesondere im Raum Salzgitter. Damals entfielen von der Gesamtförderung 10 v. H. auf Tagebaubetriebe.

In den ersten Jahren nach dem zweiten Weltkrieg war die heimische Förderkapazität für die deutschen Hütten von großem Vorteil, weil ausländische Erze zunächst gar nicht und später in unzureichenden Mengen eingeführt werden konnten. Die Inlandsförderung erreichte im Jahre 1950 mit 10,8 Mill. t Roherz oder 2,9 Mill. t Fe-Inhalt den Stand von 1938. Die höchste Produktion wurde 1960 erzielt, als rund 50 Grubenbetriebe fast 19 Mill. t Roherz mit 4,2 Mill. t Fe-Inhalt förderten *(Bild 11)*. Die danach einsetzende starke Konkurrenz hochwertiger und billiger Auslandserze hatte ein ständiges Absinken der inländischen Erzgewinnung zur Folge. 1974 förderten acht Gruben 5,7 Mill. t Roherz mit einem Fe-Inhalt von 1,4 Mill. t.

Diese Gruben überstanden den Konkurrenzkampf dank der von den Lagerstättenverhältnissen her möglichen Rationalisierungsfortschritte. Die *Untertageleistung* je Mann und Schicht ist in den letzten zehn Jahren um das 3- bis 4fache gestiegen und liegt bei durchschnittlich 23 t. Zwei Gruben erreichen Leistungen von über 40 t/MS unter Tage.

Der deutsche Eisenerzbergbau hatte im Jahre 1957 mit 24000 Belegschaftsmitgliedern den höchsten Beschäftigtenstand *(Bild 11)*. Von diesem Zeitpunkt ab verminderte sich die Zahl der Beschäftigten ständig. Der Belegschaftsrückgang war verhältnismäßig stärker als der Förderrückgang in der gleichen Zeit.

8.6 Wirtschaftliche Entwicklung

Der deutsche Eisenerzbergbau konnte den Erzbedarf der heimischen Eisenhüttenindustrie zwar nie voll decken, aber er sicherte ihre Versorgung in hohem Maße, insbesondere in der Nachkriegszeit. In diesen Jahren waren die vorhandenen Grubenkapazitäten aufgrund steigender Nachfrage und auskömmlicher Erlöse gut ausgelastet. Ende der 50er Jahre war ein Wendepunkt.

8.6.1 Wettbewerbslage

Die weltweite Erschließung Fe-reicher Lagerstätten, die fast ausschließlich im Tagebau zu niedrigen Kosten abgebaut werden, führte zu einem Überangebot hochwertiger Erze, denen die heimischen Eisenerze im Wettbewerb unterlegen waren. Insbesondere die kleineren Gruben, von der Kostenseite her ohnehin hart bedrängt, wurden gezwungen, den Betrieb einzustellen. Allein in den Jahren 1960 bis 1968, dem Hauptstillegungszeitraum, wurden 40 Eisenerzgruben aufgegeben.

Der Anteil inländischer Erze an der Zusammensetzung des Hochofenmöllers lag 1950 bei über 40 v. H.; er hat sich danach laufend verringert. Der Einsatz von Auslandserzen hat entsprechend zugenommen *(Bild 12)*. Heute entfallen über 80 v. H. auf Auslandserze, knapp 15 v. H. auf sonstige Fe-haltige Stoffe und nur noch 4 v. H. auf eigene Erze. Regional ist der Versorgungsbeitrag der deutschen Gruben allerdings erheblich höher, wie in Niedersachsen und in Süddeutschland.

Aufgrund des Überangebots hochwertiger Erze sind die Preise am Welteisenerzmarkt in den 60er Jahren stark gefallen *(Bild 13)*. Der fob-Preis von Kiruna-D-Erz zum Beispiel erreichte 1969 mit 55 v. H., bezogen auf den Stand von 1957 = 100 v. H., einen absoluten Tiefstand. Gleichzeitig sind durch den Einsatz immer größerer Seeschiffe die durch-

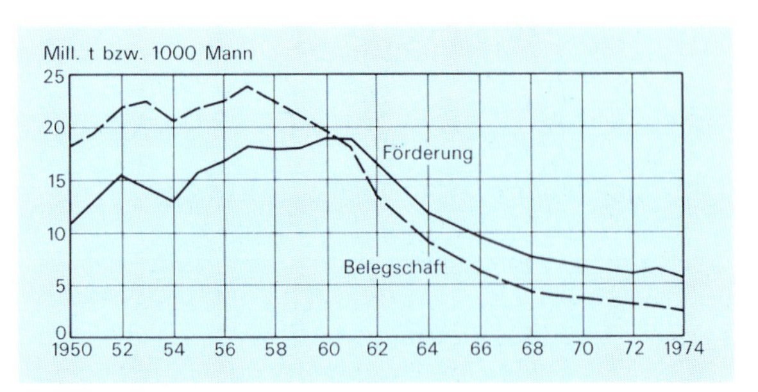

Bild 11: Entwicklung von Förderung und Belegschaft

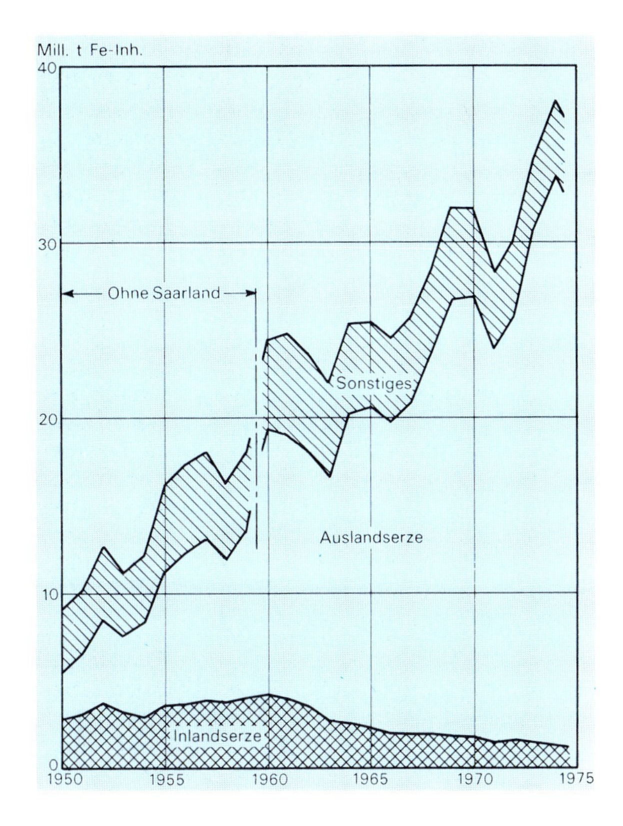

Bild 12: Anteil der Inlands- und Auslandserze nach Fe-Inhalt am Einsatz im Hochofenmöller der Bundesrepublik Deutschland

schnittlichen Frachtraten der Kiruna-Erze gesunken *(Bild 13).* Etwa im gleichen Verhältnis haben sich auch die Preise und Frachten anderer Übersee-Erze entwickelt. Der Konkurrenzdruck auf deutsche Erze ist zusätzlich durch DM-Aufwertungen, die eine Einfuhrverbilligung zur Folge hatten, verstärkt worden.

8.6.2 Bewertungskriterien und Preisbildung

Die Fe-armen heimischen Erze werden von der Hüttenindustrie nach komplizierten *Bewertungskriterien* bezahlt. Ihr Wert richtet sich nach den jeweiligen Weltmarktpreisen für die Fe-Einheit, vor allem aber nach den bei der Verhüttung anfallenden Roheisenkosten. In den Bewertungsrechnungen sind außer der chemischen Analyse zunehmend physikalische und metallurgische Kriterien von Bedeutung. Die Berechnungen werden insbesondere durch folgende Eigenschaften der Inlandserze negativ beeinflußt:

- Brauneisenerze sind wegen ihrer innigen chemisch-physikalischen Verwachsung nicht so weit anzureichern wie die konkurrierenden magnetitischen oder hämatitischen Auslandserze. Dadurch wird mehr Ballast an Kalk und Kieselsäure in den Hochofenprozeß eingebracht.
- Beim Einsatz armer Inlandserze ist der Bedarf an Hochofenraum größer; entsprechend liegt das Möllerausbringen wesentlich niedriger als bei hochwertigen Auslandserzen.
- Die größeren Schlackenmengen der Armerze verursachen einen höheren Brennstoffverbrauch und zusätzliche Kosten für Abtransport und Verwertung der Schlacke.

Die genannten Nachteile gehen in die Verarbeitungs- und Brennstoffkosten je Tonne Roheisen ein und wirken sich negativ auf den sog. *anlegbaren Preis* für das heimische Erz aus.

Etwas günstiger ist die Lage für Erze, die als Fe-haltige Zuschlagstoffe zu bezeichnen sind und die als Schlackenbildner hochprozentigen Fremderzen beigemischt werden. Ihre Wertigkeit wird neben dem Fe-Gehalt von ihrer Wirksamkeit als Zuschlagstoff bestimmt, d. h. von den anteiligen Komponenten an Kalk, Kieselsäure, Mangan, Phosphor und anderen.

8.6.3 Eigentumsverhältnisse

Vier Tiefbaugruben, nämlich Haverlahwiese, Konrad, Bülten und Lengede, gehören zu Konzerngesellschaften der Salzgitter AG. Sie allein fördern rund 80 v.H. der Gesamttonnage. Zwei Gruben, die Grube Auerbach und die Grube Sulzbach-Rosenberg, stehen in unmittelbarem Verbund mit der Eisenwerk-Gesellschaft Maximilianshütte mbH.

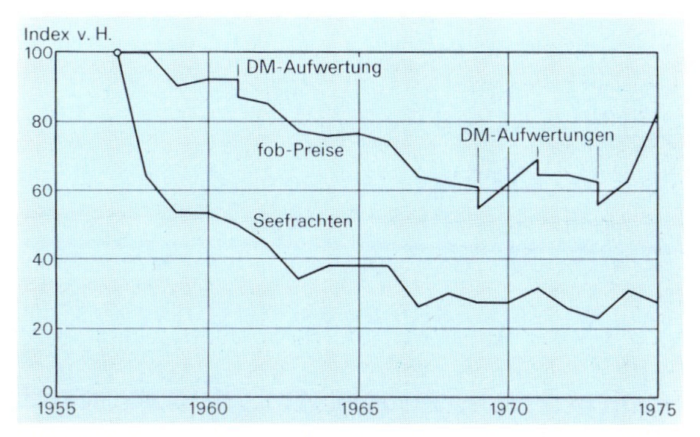

Bild 13: Entwicklung der fob-Preise für Kiruna-D-Erz und der Seefrachten Narvik-Rotterdam (Indexrechnung nach Prause)

Standortmäßig nicht an eine Hütte gebunden sind die Gruben Wohlverwahrt-Nammen und Fortuna der Barbara Rohstoffbetriebe GmbH.

8.6.4 AIEC gibt zu denken

Die künftige Entwicklung des Welteisenerzmarktes wird in hohem Maße von der Politik der kürzlich gegründeten „Association of Iron Ore Exporting Countries“ (AIEC) abhängen. Dieser Vereinigung der Eisenerzexportländer sind bisher die zehn Länder Algerien, Australien, Chile, Indien, Mauretanien, Peru, Schweden, Sierra Leone, Tunesien und Venezuela beigetreten. Ob sich Brasilien ebenfalls dieser Organisation anschließt, ist noch offen.

Die der Organisation angehörenden Länder vereinigen schon über 60 v.H. des internationalen Eisenerzhandels auf sich, wenn der Handel der Sowjetunion mit den Ostblockländern unberücksichtigt bleibt. Dieser Anteil steigt auf rund 80 v.H., wenn Brasilien der AIEC beitreten sollte.

Wie stark die Besinnung auf die eigenen Rohstoffe auch die Politik der Eisenerzförderländer beeinflußt, zeigt die Ende 1974 / Anfang 1975 in Venezuela, Mauretanien und Peru vorgenommene Verstaatlichung ausländischer Eisenerzbergbaugesellschaften. Durch diesen Schritt ist eine jährliche Förderung von über 40 Mill. t Eisenerz in die Regie dieser Länder übergegangen.

Die rohstoffpolitischen Veränderungen am Welteisenerzmarkt werden nicht ohne Auswirkungen auf die Erzversorgung der einfuhrabhängigen Hüttenindustrie bleiben. Als Indiz hierfür können die seit 1973 ständig steigenden Erzpreise angesehen werden *(Bild 13)*. Der für die Deckung des Erzbedarfs notwendige Aufschluß neuer Lagerstätten in den großen Eisenerzrevieren der westlichen Welt erfordert zudem immer höhere Investitionen – nicht zuletzt auch wegen der steigenden Aufwendungen für die Infrastruktur – und verursacht somit höhere Kapitalkosten, die sich in den Preisen für Auslandserze niederschlagen.

Die heimischen Eisenerze sind zwar Fe-ärmer als die Auslandserze, aber sie stellen aufgrund ihrer Vorratsmengen eine nationale Reserve in unmittelbarer Nähe der Hüttenbetriebe dar. Um die Verfügbarkeit dieser Reserven zu gewährleisten, sind technische Entwicklungen und die Weitergabe des bergmännischen Know-how unabdingbar. Das ist nur bei Weiterführung der heimischen Eisenerzgruben möglich.

Eisenerz – Basis für Stahl

9 Sonstige Industriemineralien

Neben Energierohstoffen, Erzen und Salzen wird eine große Zahl von mineralischen Rohstoffen bergbaulich gewonnen und industriell genutzt, die – gemeinsam mit Natursteinen und den Massenrohstoffen für die Bau- und Baustoffindustrie (Kalkstein, Kies und Sand) – im deutschen Sprachraum unter dem Sammelbegriff „Steine und Erden" zusammengefaßt werden. Zur besseren Unterscheidung werden die bergbaulich unter Aufsicht der Bergbehörden gewonnenen und industriell verwerteten Mineralrohstoffe in Anlehnung an den im angloamerikanischen Sprachraum benutzten Begriff „Industrial Minerals" im folgenden als „Sonstige Industriemineralien" bezeichnet.

9.1 Basaltlava, Tuffstein und Traß

Basaltlava, Tuffstein und Traß sind *vulkanische Auswurfmassen* basaltischer Zusammensetzung aus der Tertiär- und Diluvialzeit.

Basaltlava wird wie Basalt zu Pflaster-, Bau- und Grenzsteinen, Fenstereinfassungen, Gesimsen und Bildhauerwerken, besonders aber zu Schotter und Splitt verarbeitet und in dieser Form – ebenso wie der Lavasand – in großem Umfang für den *Straßenbau* verwendet. In der Umgebung des Laacher Sees, im Nettetal und im Brohltal, überlagert Tuffstein mit seinen lockeren Massen die Basaltlava. Er ist von geringerer Druckfestigkeit, aber gegen Witterungseinflüsse sehr unempfindlich. Tuffstein findet die gleiche Verwendung wie Basaltlava. Der trachytische Tuffstein im Brohl- und Nettetal wird Traß genannt. Als Baustein hat er nur untergeordnete Bedeutung. Sein Hauptverwendungszweck ergibt sich durch eine Mischung mit Sand, Kalk und auch Zement zu einem hydraulischen Bindemittel.

In der Bundesrepublik werden *Lagerstätten* von Basaltlava im nördlichen Teil des Landes Rheinland-Pfalz bei Mayen, Andernach, Niedermendig und am Laacher See abgebaut *(Bild 1)*. Basaltlava und Lavasand werden heute nur noch im *Tagebau* gewonnen. Die Zahl der Betriebe hat sich seit 1950 stark verringert; die verwertbare Förderung ist aber wesentlich erhöht worden *(Tafeln 1 und 2)*.

Tafel 1: Basaltlava und Lavasand

Jahr	Betriebe	Produktion 1000 t	Wert der Produktion 1000 DM	Beschäftigte
1950	469	459	19084	2047
1962	158	4112	28890	1245
1970	91	8379	35995	769
1971	86	7593	34649	673
1972	82	7931	40803	628
1973	80	7477	40030	603
1974	71	6597	37536	542

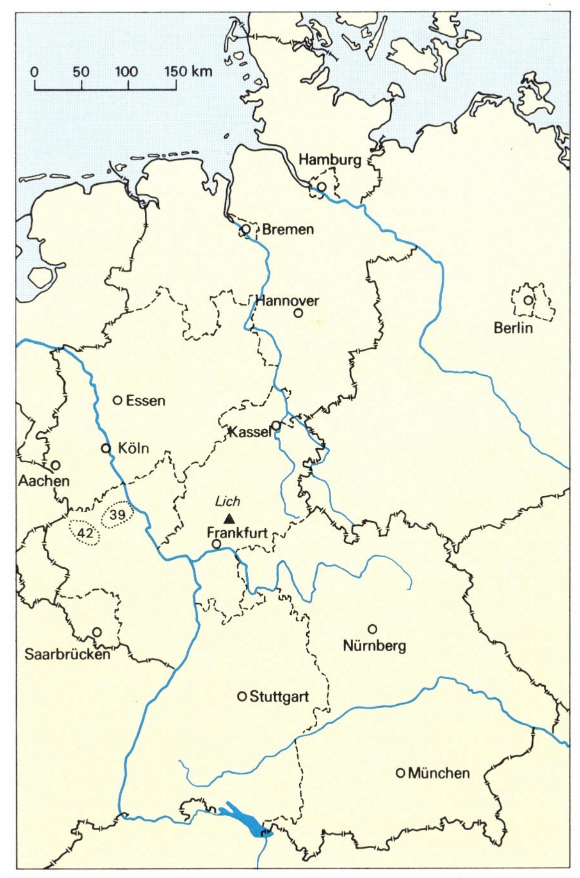

Bild 1: Betriebs-Standorte Basaltlava, Tuffstein, Traß und Bauxit (Lich)

Tafel 2: Tuffstein

Jahr	Betriebe	Produktion t	Wert der Produktion 1000 DM	Beschäftigte
1950	31	8610	588	387
1962	12	4764	590	155
1970	10	3227	609	91
1971	10	2712	694	77
1972	10	2464	428	74
1973	8	1432	229	63
1974	8	1803	277	73

9.2 Bauxit

Bauxit ($Al_2O_3 \cdot H_2O$) besteht aus Tonerde und Wasser. In der Bundesrepublik fördert nur die Grube „Eiserne Hosen" bei Lich (Oberhessen) Bauxit aus einer tertiären Verwitterungslagerstätte *(Tafel 1).*

Dieses Vorkommen weist jedoch einen besonders hohen Gehalt an Kieselsäure und Eisenoxiden auf, der das Fördergut für die sonst übliche Verwendung von Bauxit, die Erzeugung von Aluminium, ungeeignet macht. Das Material wird deshalb zur Herstellung von feuerfesten Steinen für die Eisen- und Stahlindustrie, von Schleifmitteln, Bauxitzement sowie als Flußmittel ähnlich wie Flußspat genutzt. Die Einfuhr von Bauxit ist stark gewachsen *(Tafel 2).*

Tafel 1: Produktion

Jahr	Betriebe	Produktion t
1950	1	7186
1962	1	4657
1970	1	3038
1971	1	2871
1972	1	1957
1973	1	1642
1974	1	1407

Tafel 2: Außenhandel

Jahr	Einfuhr		Ausfuhr	
	1000 t	1000 DM	t	1000 DM
1952	1037	58627	–	–
1962	1391	64846	632	192
1970	2027	125459	6493	1891
1971	2831	139826	3020	959
1972	2330	118009	5960	1878
1973	2749	122400	6360	1746
1974	4340	215589	12548	4114

9.3 Feldspäte und Pegmatitsande

Feldspäte sind alkalien- oder erdalkalienhaltige Tonerdesilikate, die in der Natur als Mischspäte vorkommen. Technische Verwendung finden vor allem die kalifeldspatreichen Gesteine (Kalifeldspat oder Orthoklas: $K_2O \cdot Al_2O_3 \cdot 6SiO_2$), weniger die natronfeldspatreichen (Natronfeldspat oder Albit: $Na_2O \cdot Al_2O_3 \cdot 6SiO_2$), die in kleinen Mengen auch zu Schmucksteinen geschliffen werden. Zur Gruppe der alkalienhaltigen Tonerdesilikate gehören neben den Feldspäten die feldspathaltigen Pegmatite, viele Eruptionsgesteine sowie daraus entstandene Feldspatsande.

Reine Feldspäte, die zur Gewährleistung einer weißen Brennfarbe frei von Eisen und Metalloxiden, vor allem Eisen- und Manganoxiden, sowie von Turmalin und Granat sein müssen, werden vornehmlich als *Flußmittel für keramische Massen* (Porzellan, Steinzeug und Steingut), Glasuren und Emaille benötigt. Soweit sie diese Eigenschaften nicht besitzen und auch durch eine immer weiter verfeinerte Spezialaufbereitung nicht erhalten können, dienen sie als Zusatz bei der Glas-, Schleifmittel- und Schallplattenherstellung.

Die Bundesrepublik hat *reine Feldspatlagerstätten* nur in zahlreichen Pegmatitintrusionen kleiner Ausdehnung in den Graniten und Gneisen des Oberpfälzer Waldes und des Fichtelgebirges in Nordostbayern aufzuweisen. Die bedeutendste Feldspatlagerstätte Mitteleuropas ist der wegen seiner seltenen Begleitmineralien (Phosphate) weltberühmte Pegmatit von Hagendorf in der Oberpfalz, der überwiegend Kalifeldspat führt *(Bild 1).* Ferner werden kaolinisierte Porphyre des Rotlie-

Bild 1: Feldspatgewinnung

genden mit einem beträchtlichen Feldspatgehalt in Rheinland-Pfalz und im Saarland gewonnen und ohne weitere Aufbereitung keramischen Zwecken zugeführt *(Bild 2)*.

Fast die Hälfte der deutschen Feldspat- und Pegmatitsandgewinnung *(Tafeln 1 und 2)* stammt als Nebenprodukt aus der Aufbereitung der Hirschau-Schnaittenbacher Kaoline (Oberpfalz), die bis zu 10 v. H. Feldspat im Rohgut führen. Der Bergbau auf Feldspat und Pegmatitsand erfolgt teils im *Tief-*, teils im *Tagebau*. Die Grube Hagendorf, die früher reiner Untertagebetrieb war, entwickelt sich zunehmend zu einem Tieftagebau.

Die einige Jahre bei der Aufbereitung von Feldspat im Mineralmahlwerk Krohenhammer bei Wunsiedel/Ofr. betriebene gesonderte Gewinnung von Glimmer wurde wieder eingestellt, da sie nicht mehr wirtschaftlich war.

Bei der *Einfuhr* – vornehmlich aus Norwegen, Frankreich und Italien – handelt es sich teils um Spezialsorten, die gebraucht werden, um durch Mischung verschiedener Feldspäte ein gleichbleibendes Endprodukt in den Aufbereitungen zu erzielen, teils um Rohgut, das in neuen an der Nordseeküste errichteten Mahlanlagen aufbereitet und den norddeutschen Abnehmern unmittelbar zugeführt wird, um die hohen Frachtbelastungen für bayerische Feldspäte auszuschalten *(Tafel 3)*.

Tafel 1: Feldspat

Jahr	Betriebe	Produktion t	Wert der Produktion 1000 DM	Beschäftigte
1950	11	76702	2096	216
1962[1]	16	274298	10228	254
1970	13	360934	16177	226
1971	14	353693	15845	221
1972	15	349446	17111	213
1973	13	355791	18112	198
1974	13	374844	20142	192

[1] Ab 1962 einschließlich Saarland.

Tafel 2: Pegmatitsande

Jahr	Betriebe	Produktion t	Wert der Produktion 1000 DM	Beschäftigte
1950	8	31044[1]	633	161
1962	15	65891[1]	1425	199
1970	11	173573	5864	148
1971	12	158913	6058	145
1972	11	108917	5060	115
1973	11	116969	5613	117
1974	8	125437	5825	112

[1] Einschließlich des bei der Kaolinaufbereitung anfallenden Pegmatitsandes.

Bild 2: Betriebs-Standorte Feldspäte und Pegmatitsande

Tafel 3: Außenhandel in Feldspat

Jahr	Einfuhr		Ausfuhr	
	t	1000 DM	t	1000 DM
1950	6118	397	6476	409
1962	32856	3301	11323	1141
1970	81560	7949	14287	1800
1971	87753	8889	8714	1315
1972	92026	8987	11735	1888
1973	52010	4079	17449	2485
1974	59120	5315	22884	3456

In dieser Einfuhrmenge ist ein beträchtlicher Teil Nephelin-Syenit enthalten. Dieser alkalireiche, quarzarme Feldspatvertreter ist für keramische Zwecke gut geeignet. Er kommt in Norwegen und Kanada in großen, leicht und billig abzubauenden, küstennahen Lagerstätten vor. Dieses Material kann auf dem billigen Wasserweg bis in die norddeutschen Industriezentren geliefert werden und verursacht einen zunehmenden Wettbewerbsdruck auf die deutschen Feldspatwerke.

9.4 Flußspat

Flußspat (CaF_2) oder Fluorit ist das wichtigste fluorhaltige Mineral. Es enthält 48,7 v. H. Fluor und kristallisiert kubisch. Die Dichte schwankt zwischen 3,1 und 3,2, die Härte beträgt 4. Auffallend ist die verschiedene Färbung des Flußspates von farblos über grün, gelb, braun, blau bis dunkelviolett.

Flußspat wurde früher hauptsächlich in der *Hüttenindustrie* verwendet. Nach 1945 entwickelte sich sehr stark die *Fluorchemie.* Gegenwärtig werden 95 v.H. des Flußspates als Hütten- und Säurespat und etwa 4 v.H. als Keramikspat verarbeitet.

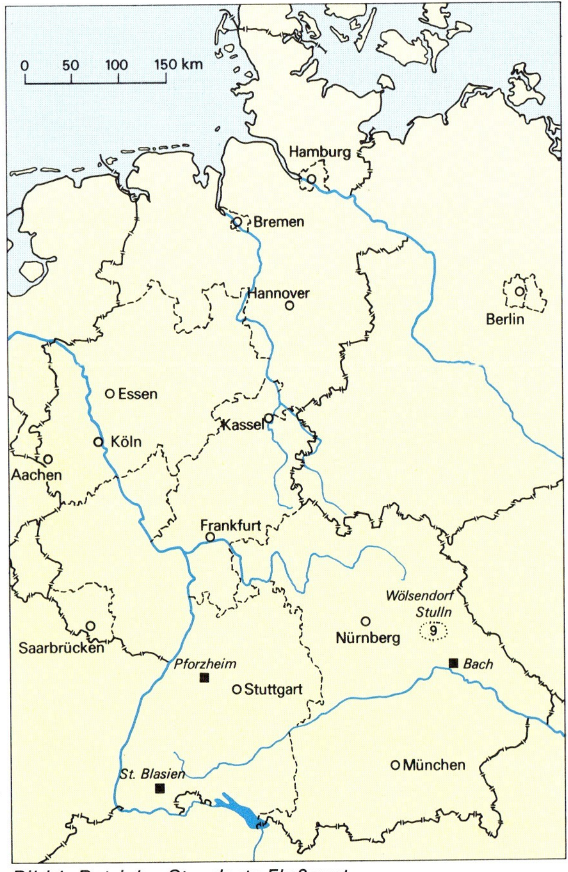

Bild 1: Betriebs-Standorte Flußspat

Es werden fünf verschiedene Sorten von Flußspat hergestellt und gehandelt:

- ○ Hüttenspat < 75 v.H. CaF_2
- ○ Keramikspat 90 – 96 v.H. CaF_2
- ○ Säurespat < 96 v.H. CaF_2
- ○ Zementspat > 50 v.H. CaF_2
- ○ Elektrodenspat 97 v.H. CaF_2

Hüttenspat wird vorwiegend als Flußmittel in der eisenschaffenden Industrie und zum Teil auch in den Gießereien verwendet. *Keramikspat* wird in der Glas- und feinkeramischen Industrie benötigt. *Säurespat* dient zur Herstellung von Flußsäure, die überwiegend in der chemischen Industrie im anorganischen Bereich zur Produktion von Fluoriden und im organischen Bereich für die Herstellung von Fluorkohlenstoffverbindungen dient. Die Flußsäure ist auch ein wichtiges Ausgangsprodukt in der Aluminiumindustrie bei der Gewinnung von synthetischem Kryolith (Na_3AlF_6) und Aluminiumfluorid.

Die Verwendung von Flußspat bzw. Flußsäure in der *Fluorchemie* ist vielseitig. Kalium- und Natriumfluoride dienen als Konservierungsmittel zum Imprägnieren von Nutzholz und zum Fluorieren des Trinkwassers, Antimontrifluorid wird als Beizmittel in Färbereien und Druckereien, Fluorborsäure und deren Alkalisalze in der Galvanotechnik verwendet. Natriumhexafluorsilikat wird als Insektizid, zur Trinkwasserfluoridierung, als Zahnpastenersatz, in der Email- und Milchglasfabrikation verarbeitet. Als Raketentreibstoffe dienen Chlortrifluorid und Perchlorylfluorid. Uranhexafluorid wird in der Kerntechnik eingesetzt. Weltweite Bedeutung haben Fluorkohlenwasserstoffe als Treibmittel für Aerosole (Spraydosen) und als Kältemittel erlangt.

Flußspat kommt in hydrothermalen Gängen, häufig in kristallinen Gesteinen, vor allem in Graniten, aber auch in Sedimenten vor. Wirtschaftlich bedeutender sind in den letzten Jahren lagerartige *Vorkommen* geworden, die in Kalken, Dolomiten und Arkosen auftreten. Solche schichtgebundene Flußspat-Lagerstätten werden in Frankreich, Spanien, Mexiko und Nordafrika abgebaut. Flußspat wird sehr oft von Schwerspat, Quarz, Kalkspat und untergeordnet von Sulfiden, gelegentlich auch von Uranerzen begleitet.

In der Bundesrepublik sind bisher nur gangartige Vorkommen abgebaut worden. Die Gänge sind einige 100 bis 1000 m lang und reichen bis in Tiefen von 300 m. Ihre Mächtigkeit beträgt im Mittel 1 m; sie erreicht manchmal 15 m. Die Grenze der Bauwürdigkeit liegt bei 0,3 m Flußspat. Neuerdings wurde in Hessen das Mineral auch in Dolomiten gefunden *(Bild 1).*

Die *Flußspat-Gangvorkommen* sind vorwiegend an die variskischen Gebirge im Oberpfälzer Wald, im Schwarzwald und im Harz gebunden. Kleinere Vorkommen treten in Oberfranken und im Bayerischen Wald auf. Der Abbau der Gänge *(Bild 2)* erfolgte früher vorwiegend im *Firstenstoß- oder Schrägbau.* Im Zuge der Rationalisierung wird vor allem der Etagenschrägbau bei gebrächen und der Örterpfeilerbau bei standfesten Nebengesteinen angewandt. Das Rohhaufwerk aus der Grube enthält zwischen 40 und 60 v. H. CaF_2, im Mittel 45 v.H. Die übrigen Gemengteile sind Nebengestein, Quarz, Baryt und untergeordnet Erzminerale. Die Aufbereitung erfolgt vorwiegend durch *Flotation,* um den entsprechenden Reinheitsgrad zu erreichen.

Vor dem 2. Weltkrieg brachte der deutsche Flußspat-Bergbau ein Drittel der Weltförderung. 1954 wurde mit 172000 t der Höchststand der Förderung

Tafel 1: Produktion und Belegschaft

Jahr	Betriebe	Produktion t	Wert der Produktion 1000 DM	Beschäftigte
1954	32	173196	16054	1462
1962	20	105771	11945	841
1965	14	82919	10208	588
1968	12	87744	12423	510
1970	11	75114	13405	496
1971	14	84687	15556	488
1972	14	93045	16609	469
1973	13	92081	16765	373
1974	12	74118	15124	327

Tafel 2: Außenhandel

Jahr	Einfuhr		Ausfuhr	
	t	1000 DM	t	1000 DM
1954	11113	1039	55770	8013
1962	65617	6106	14335	2079
1965	110846	11493	10598	1673
1968	153486	18066	9341	1606
1970	268560	41082	7988	2109
1971	239568	42732	10220	2695
1972	158453	28739	9991	2529
1973	207613	32215	17391	3599
1974	285472	44618	15907	3343

Bild 2: Abbau eines Flußspatgangs

erreicht. Die Grube Cäcilia bei Nabburg/Opf. war mit 5000 t Monatsförderung zeitweise die größte Flußspat-Grube der Welt. Heute bestreiten zwei Gruben im Schwarzwald und vier Gruben in Ostbayern fast die gesamte Förderung.

Die Flußspat-Vorkommen in Ostbayern und im Schwarzwald sind zum großen Teil ausgebeutet. Wegen steigender Lohnkosten und Verschlechterung des geförderten Haufwerkes nach der Teufe und wegen billiger Angebote von Flußspat aus dem Ausland mußten in den letzten Jahren auch Gruben in der Bundesrepublik wegen Unwirtschaftlichkeit geschlossen werden *(Tafel 1).*

Flußspat wird aus Frankreich, Spanien, Italien, aus der Volksrepublik China und der DDR in das Bundesgebiet eingeführt.

Rund 80 v.H. des Flußspat-Bedarfs muß importiert werden *(Tafel 2).* Bei den gegenwärtigen Aufschlußverhältnissen muß damit gerechnet werden, daß in rund fünf Jahren die deutschen Flußspat-Vorräte erschöpft sind, wenn nicht durch verstärkte Prospektionsarbeiten neue Vorkommen entdeckt werden.

9.5 Gips und Anhydrit

Gips ($CaSO_4 \cdot 2\,H_2O$) kann aus wäßrigen Lösungen unmittelbar ausgeschieden worden sein oder sich, wie bei den meisten Vorkommen, aus Anhydrit ($CaSO_4$) unter Wasseraufnahme gebildet haben.

Über die Hälfte der deutschen Rohgipsförderung wird durch Brennen unter Entzug von Kristallwasser zu *Stuck- und Putzgips* verarbeitet. Ein Drittel dient als Abbindeverzögerer in der Zementindustrie, der Rest zur Herstellung von Spezialgipsen. Dazu gehören Modell- und Formgipse für die keramische Industrie, für Metall- und Formgießereien, für Gummi- und Kunststoffwerke sowie Hart- und Dentalgipse. Der Stuckgips wird heute weitgehend zu Gipsbauelementen in Form von Gipsbausteinen für

Bild 1: Betriebs-Standorte Gips, Anhydrit

tragende Wände, von Bauplatten für nicht tragende Zwischenwände oder zu Gipskartonplatten verarbeitet, die als Putzträger, Decken- und Wandverkleidungen oder Schallschluckplatten in steigendem Maße gefragt sind.

Die mächtigsten *Gips- und Anhydritlagerstätten* der Bundesrepublik finden sich im Zechstein des südlichen (Osterode) und nördlichen (Stadtoldendorf) Harzvorlandes. Die hessischen Vorkommen bei Fulda, Richelsdorf und Adorf liegen in der gleichen Formation. Die Gipse des mainfränkischen Keupers zählen zu den reinsten. Auf ihnen hat sich südlich von Würzburg bei Iphofen der Schwerpunkt der deutschen Gipsindustrie gebildet. Auch die Gipslager Baden-Württembergs gehören hauptsächlich zum Gipskeuper. Daneben gibt es aber auch noch Gips im Muschelkalk in Nordbayern, im Saarland und in Rheinland-Pfalz sowie in Oberfranken bei Bayreuth *(Bild 1)*.

Tafel 1: Gips

Jahr	Betriebe	Produktion 1000 t	Wert der Produktion 1000 DM	Beschäftigte
1950	22	356	5675	682
1962[1]	35	1113	23113	1176
1965	31	1443	–	1325
1968	31	1478	32587	1447
1970	32	1977	52274	1673
1971	36	2395	92700	1834
1972	35	2513	120561	1959
1973	36	2653	135840	2096
1974	36	1967	105262	1937

[1] Ab 1962 einschließlich Saarland.

Der Großteil des in Deutschland geförderten Gipses *(Tafel 1)* und Anhydrits wird in *Tagebauen,* die als Großbetriebe ausgebaut und weitgehend mechanisiert sind, durch Sprengarbeit mit Großbohrlöchern gewonnen. Auch in *Tiefbaugruben* Unterfrankens erzielt man im Örterbau mit dem hier entwickelten sog. Knauf-Verfahren, einem besonderen Bohr- und Sprengverfahren, Leistungen von über 70 t je Mann und Schicht *(Bild 2).*

Die zielstrebige und intensive *Forschung,* welche die Gipsindustrie seit einiger Zeit betreibt, wird diesem Rohstoff weitere Verwendungsgebiete erschließen, wobei die allgemeine Zunahme der Fertigbauweise neue Möglichkeiten eröffnet.

Bei Anhydrit, der zunehmend als Zuschlag zur Zementherstellung und für das Setzen von Streckensicherungsdämmen im Steinkohlenbergbau Verwendung findet, ist eine beträchtliche Steigerung der verwertbaren Förderung zu verzeichnen.

Bild 2: Gipsgewinnung

Tafel 2: Außenhandel in Rohgips und Anhydrit

Jahr	Einfuhr		Ausfuhr	
	t	1000 DM	t	1000 DM
1950	919	48	96179	2587
1962	65705	1967	186961	6682
1965	77709	2591	249965	8256
1968	90238	1478	215363	3261
1970	123778	2164	129717	2846
1971	146363	2796	119251	3096
1972	186603	3883	128655	3185
1973	212692	4056	139823	3291
1974	207243	3659	173530	3790

9.6 Graphit

Graphit ist ein metallisch glänzendes, sehr weiches, stark abfärbendes und sich fettig anfühlendes, schwarzes bis bleigraues Mineral aus reinem Kohlenstoff (C), das in amorpher (mikrokristalliner) Ausbildung hauptsächlich in Österreich, Italien, der CSSR und Mexiko, in großkristalliner Struktur als sogenannter Flinz- oder Flockengraphit in Europa, vor allem in der Bundesrepublik, in Madagaskar, Rhodesien und Brasilien gefördert wird. Norwegen, die UdSSR, die VR China und Korea verfügen über beide Modifikationen.

Seine Unschmelzbarkeit, schwere Verbrennbarkeit (Flammpunkt bei ca. 3000 °C), Weichheit, gute Haftfähigkeit und große Leitfähigkeit für Elektrizität und Wärme machen Graphit für zahlreiche *Verwendungszwecke* besonders geeignet. Zur Erzeugung von Schmelztiegeln für die Hüttenindustrie und von feuerfester Keramik dienen *Flockengraphite*. Die *Pudergraphite* werden eingesetzt bei der Herstellung von Bleistiften, Farben, Lacken, Kohlenbürsten, Trockenbatterien, Akkumulatoren, Schmier- und Poliermitteln sowie als Zusatzstoffe für Chemikalien, Kunststoffe, Gummiererzeugnisse, Hartmetall, Glas, Dichtungen und Packungen, Asbesterzeugnisse, Leitfolien, Bremsbeläge, Schleifscheiben, Schweißelektroden u. a. Hochgereinigte Sorten finden in gewissem Umfang Anwendung in der Kerntechnik.

Die einzige *Graphitgewinnung* der Bundesrepublik *(Tafel 1)* betreibt das Graphitwerk Kropfmühl AG in Hauzenberg bei Passau *(Bild 1 und 2)*. Die *Lagerstätten* bilden im Gneis des kristallinen Grundgebirges eingelagerte, perlschnurartig aneinandergereihte flözartige Graphitlinsen von wenigen Zentimetern bis zu mehreren Metern Mächtigkeit und äußerst unterschiedlicher Längserstreckung, die teils flach, teils steil aufgerichtet oder auch über-

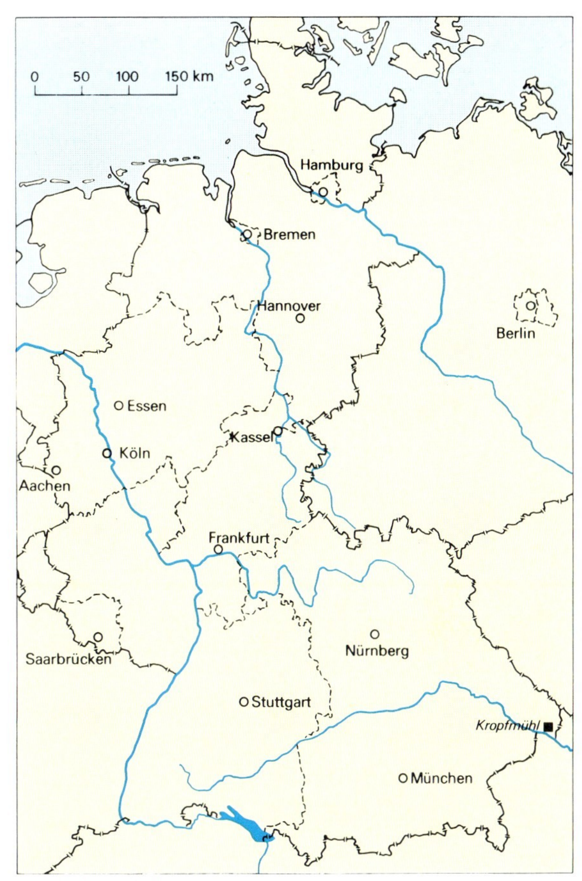

Bild 1: Graphitlagerstätte

Bild 2: Graphitwerk Kropfmühl. Freigeg. d. Reg. v. Obb. G4/25508

kippt sind. Sie lassen einen planmäßigen Abbau nach einem der üblichen Verfahren nicht zu, so daß das Grubengebäude im Streichen und Fallen eine große Ausdehnung besitzt.

Tafel 1: Produktion und Belegschaft

Jahr	Produktion t	Beschäftigte
1950	7238	438
1962	11915	455
1965	13612	413
1968	14350	314
1970	16406	308
1971	12688	292
1972	11348	287
1973	13525	265
1974	16485	252

Der Kohlenstoffgehalt (C) der grob kristallinen Graphite von Kropfmühl schwankt zwischen 20 und 25 v.H. Das Rohgut wird daher durch *Flotation* zu Konzentraten von 90 bis 96 v.H. C angereichert, dann gesiebt und zu Flocken- und Feingut windgesichtet, aber auch zu Pudersorten verschiedener Feinheitsgrade vermahlen. Durch chemische Nachbehandlung können Feinheiten bis zu 99,95 v.H. C erreicht werden.

Neben der eigenen Förderung verarbeitet das Graphitwerk Kropfmühl auch *Einfuhrgraphite,* u. a. aus ihrer Beteiligungsgrube in Rhodesien. Sie werden zum Teil in einer Aufbereitung eingesetzt, die vor einigen Jahren an der Nordseeküste zur Bedienung der küstennahen Abnehmer und eines Teiles des Exports errichtet wurde *(Tafel 2).*

An der Welterzeugung von Konzentraten grobkristalliner Graphite ist das Graphitwerk Kropfmühl AG zur Zeit mit rund 15 v.H. beteiligt.

Tafel 2: Außenhandel

Jahr	Einfuhr		Ausfuhr	
	t	1000 DM	t	1000 DM
1950	3742	477	4153	2002
1962	14455	3691	6635	4890
1965	17729	5304	7759	6375
1968	20937	7548	8034	7143
1970	26882	10512	9321	8936
1071	25163	10272	7235	7729
1972	22075	8613	7077	7804
1973	22199	8243	9259	9218
1974	26787	10701	10790	11971

9.7 Kalkspat, Kalkstein, Marmor, Dolomit

Bei dieser Gruppe handelt es sich um kohlensauren Kalk ($CaCO_3$), der vielfach durch Beimengung, zum Beispiel von Ton, Eisen, Magnesium, verunreinigt ist. Man unterscheidet den kristallisierten Kalkspat, den kristallinen, körnigen oder dichten Kalkstein, die lithographischen Kalksteine, vor allem aus Solnhofen in der Fränkischen Alb, die Kreide, den polierfähigen Marmor und den Dolomit, ein Kalzium-Magnesium-Karbonat.

Kalkspat wird in der Bundesrepublik nur in Nordrhein-Westfalen in der Gegend von Brilon, Dornap und im Hennetal gewonnen *(Bild 1).* Er findet vor allem in der *Glasindustrie* Verwendung.

Kalkstein wird hauptsächlich in Nordrhein-Westfalen, Baden-Württemberg und Bayern gefördert *(Bild 1)* und teils roh als Baustein, in der Eisenhüttenindustrie als Zuschlag im Hochofen und als Rohstoff für eine Reihe chemischer Großprozesse (So-

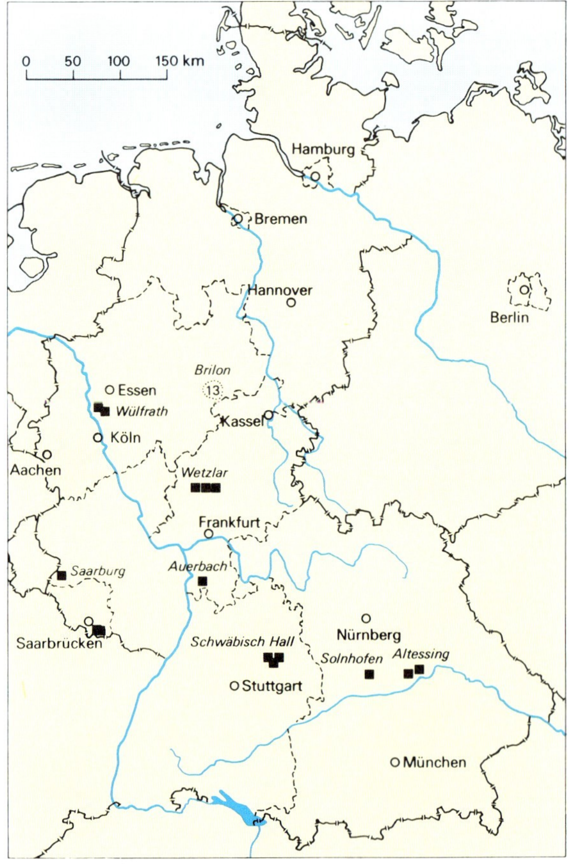

Bild 1: Betriebs-Standorte Kalkspat, Kalkstein, Marmor und Dolomit

Tafel 1: Kalkspat

Jahr	Betriebe	Produktion t	Wert der Produktion 1000 DM	Beschäftigte
1950	6	23494	267	52
1962	15	35608	1026	63
1965	12	45660	1566	48
1968	8	31092	945	36
1970	5	15086	737	24
1971	6	11402	265	26
1972	5	11555	380	25
1973	5	20196	592	29
1974	6	22343	754	25

Tafel 2: Kalkstein

Jahr	Betriebe	Produktion 1000 t	Wert der Produktion 1000 DM	Beschäftigte
1950	25	305	1480	405
1962[1]	15	1829	20212	615
1965	11	2280	–	396
1968	11	2689	19967	407
1970	10	3139	19484	332
1971	10	3087	20088	337
1972	9	3431	20712	329
1973	9	3498	23130	333
1974	7	3149	20214	280

[1] Ab 1962 einschließlich Saarland.

Tafel 3: Außenhandel in Rohkalksteinen

Jahr	Einfuhr		Ausfuhr	
	1000 t	1000 DM	1000 t	1000 DM
1953	84	949	19	356
1965	1005	4740	42	1357
1968	1287	5282	74	1637
1970	1505	7004	130	2793
1971	1557	7210	166	4547
1972	1709	8432	197	5596
1973	1776	9780	158	5277
1974	1605	11378	155	5505

da-Kalkstickstofferzeugung), als Schotter beim Wege-, Bahn- und Wasserbau, in gemahlenem Zustand als Füllstoff für Bitumendecken und gebrannt für die Bauindustrie (Mörtel, Kalksandsteine als Bausteine) genutzt *(Bild 2)*.

Bild 2: Kalksteinbruch in NRW

Der starke Produktionsanstieg bis 1974 und der dann zu verzeichnende Förderrückgang hängen fast ausschließlich mit der Entwicklung der Bauindustrie zusammen *(Tafel 2)*.

Einfuhrländer sind vor allem Österreich und Schweden, die Ausfuhr geht überwiegend in die Beneluxstaaten *(Tafel 3)*.

Der polierfähige *Marmor* kommt u. a. in Hessen (Auerbacher Marmor) und an der Bergstraße vor, wo er im Tiefbau gewonnen wird. Er dient als *Bau- und Dekorationsmaterial*, weniger zu Bildhauerzwecken. Stückig und gemahlen gebraucht ihn die chemische Industrie.

Tafel 4: Außenhandel in Dolomit (roh und gesintert)

Jahr	Einfuhr		Ausfuhr	
	1000 t	1000 DM	1000 t	1000 DM
1953	4	102	87	6218
1962	60	3746	85	5391
1965	120	4537	91	6503
1968	305	8565	74	3770
1970	356	8393	133	5363
1971	276	8996	82	4667
1972	637	15784	79	5395
1973	830	17555	125	7714
1974	935	21147	193	11226

Dolomit ($CaCO_3 \cdot MgCo_3$) gibt es u. a. im Sauerland, im Bergischen Land, bei Aachen, bei Trier und im Weserbergland. Der Rohdolomit wird fast ausschließlich durch Brennen in Schacht- oder Drehrohröfen zu Sinterdolomit verarbeitet, der von der Eisen- und Stahlindustrie zum *Ausmauern der Schmelzöfen* aufgenommen wird.

9.8 Kaolin, Spezialton und Bleichton

Tone und Kaoline sind Verwitterungsprodukte von Tonerdesilikaten, insbesondere Feldspäten magmatischer Gesteine, deren alkalische Bestandteile Kalzium, Natrium und Kalium durch Zersetzung fortgeführt wurden. Ziegel- und Töpfertone, die hauptsächlich durch Quarz, Eisen usw. mehr oder weniger verunreinigt sind, gehören nicht zum Bergbau und werden hier nicht beschrieben.

Die Tone im Sinne des Bergbaus werden nach Mineralbestand und Verwendungszweck in folgende Hauptgruppen gegliedert:

- *Kaoline,* deren Hauptbestandteil Kaolinit ($Al_2O_3 \cdot 2\,SiO_2 \cdot H_2O$) ist
- *Spezialtone,* die neben Kaolinit auch noch andere Tonminerale enthalten
- *Bleicherde und Bentonit,* deren Hauptbestandteil Montmorillonit ist.

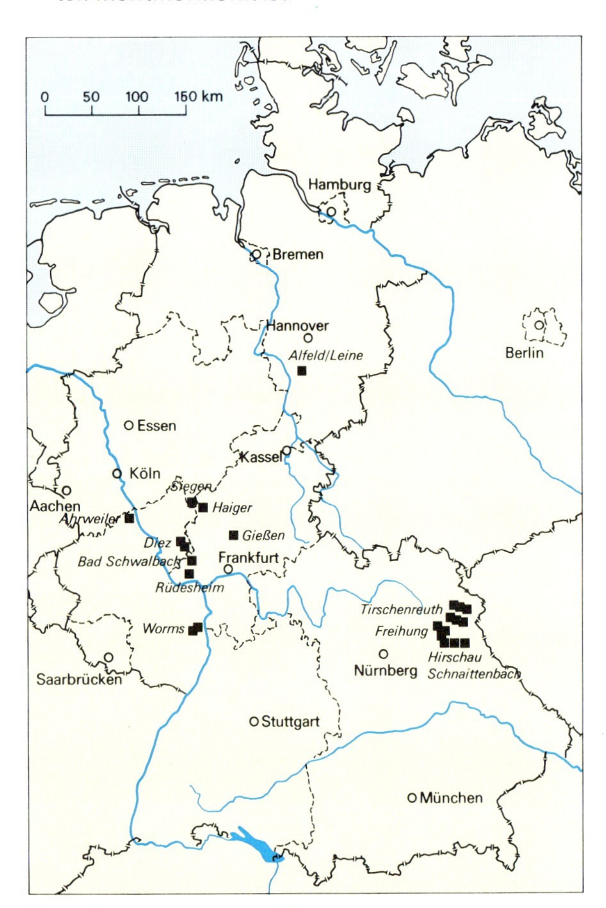

Bild 1: Betriebs-Standorte Kaolin

Bild 2: Kaolin-Tagebau bei Hirschau/Opf.

Kaoline

Kaolin wird fast zur Hälfte in der *keramischen Industrie* für die Produktion von Elektroporzellan, technischem und Sanitärporzellan, Wand- und Bodenplatten sowie Steinzeug und Steingut, zu einem Drittel in der Papierindustrie als Füllstoff und zum Glätten und zu etwa 20 v.H. in der technisch-chemischen Industrie für die Erzeugung von Linoleum, Wachstuch, Gummi, Farben, Schallplatten, Schädlingsbekämpfungs-, Putz- und Poliermitteln verwendet.

Kaoline können je nach dem Ausgangsgestein und dem Verwitterungsgrad sehr verschiedenartig ausgebildet sein. Das bedeutendste *Kaolinvorkommen,* das fast zwei Drittel der deutschen *Förderung (Tafel 1)* liefert, befindet sich in Bayern zwischen Schnaittenbach und Hirschau in der Oberpfalz. Es stellt eine unter geringmächtiger Überdeckung liegende Kaolin-Feldspat-Arkose bis zu 60 m Mächtigkeit dar und setzt sich aus 80 v.H. Quarz, 10 bis 20 v.H. Kaolinit und bis zu 10 v.H. Feldspat zusammen *(Bild 1).* Weitere nennenswerte Vorkommen werden in Rheinland-Pfalz und in Hessen abgebaut *(Bild 2).*

Die *Gewinnung* erfolgt durchweg in hochmechanisierten Tagebauen.

Da Rohkaolin immer Quarz und meist noch unzersetzte Feldspäte enthält, ist der Regelfall der *Aufbereitung* die Ausschlämmung des Kaolinits in Rührwerken, Schwerterwäschen und Hydrozyklonen. Ist auch die Trennung von Quarz und Feldspat auf diesem Wege nicht möglich, so wird das Restgut nach Trocknung Elektroscheidern aufgegeben, welche ein Feldspatkonzentrat von 90 v.H. und höher erreichen lassen.

In den letzten Jahren ist es dank erheblicher Aufwendungen für *Grundlagenforschung und Verfahrenstechnik* gelungen, die wichtigsten technischen Eigenschaften des Kaolins, nämlich Schlämmfeinheit, Weißgrad und Plastizität, so weit zu verbessern, daß ausländische Spezialkaoline für die Herstellung von hochwertigen Porzellanen in zunehmendem Maße durch die einheimischen ersetzt werden können. Außerdem zeichnen sich ganz neue Absatzgebiete, zum Beispiel für die Herstellung von Faserglas oder Aluminiumsulfat, ab.

Die *Einfuhren* kommen hauptsächlich aus Großbritannien, Frankreich und der Tschechoslowakei und beziehen sich auf hochwertige Porzellankaoline. Die *Ausfuhren* gehen überwiegend nach Italien und der Schweiz *(Tafel 2)*.

Tafel 1: Produktion und Belegschaft

Jahr	Betriebe	Produktion 1000 t	Wert der Produktion 1000 DM	Beschäftigte
1950	13	252	7611	1400
1962	21	383	20923	1647
1965	16	400	–	1732
1968	25	468	31455	1499
1970	24	526	36818	1662
1971	24	491	37091	1651
1972	24	488	36809	1621
1973	26	488	40034	1590
1974	23	496	46490	1578

Tafel 2: Außenhandel

Jahr	Einfuhr		Ausfuhr	
	1000 t	1000 DM	1000 t	1000 DM
1950	62	5177	10	645
1962	299	30815	38	3917
1965	381	40940	55	6580
1968	506	64392	77	9317
1970	642	87023	98	13584
1971	591	86200	89	12823
1972	645	81856	102	15295
1973	714	81173	101	15859
1974	768	102708	111	20289

Spezialtone

Die wichtigsten Eigenschaften der Spezialtone sind je nach ihrem Verwendungszweck die Feuerfestigkeit (Schmelzpunkt mindestens 1580 °C), das Schwundmaß beim Brennen und die Brennfarbe sowie die Plastizität. Den größten Anteil an feuerfesten Erzeugnissen hat die *Chamotteindustrie* (Ofenauskleidungen in Eisen- und Zinkhüttenwerken). Weiterhin werden die Spezialtone zu *Steinzeug* (Röhren und Kanalisationsartikel), *Baukeramik* (Fliesen, Wand- und Bodenplatten), Elektroporzellan und sonstigem technischen Porzellan verarbeitet. Als Besonderheit seien die *Glashafentone* von Großalmerode und die *Bleistifttone* von Klingenberg erwähnt.

Als neue Verwendungsmöglichkeit ist die großtechnisch angelaufene Verarbeitung kohlehaltiger Tone, wie sie zum Beispiel im Braunkohlentertiär der Oberpfalz vorkommen, zu Sinterbims, einem in steigendem Maße gefragten Leichtbaustoff, zu er-

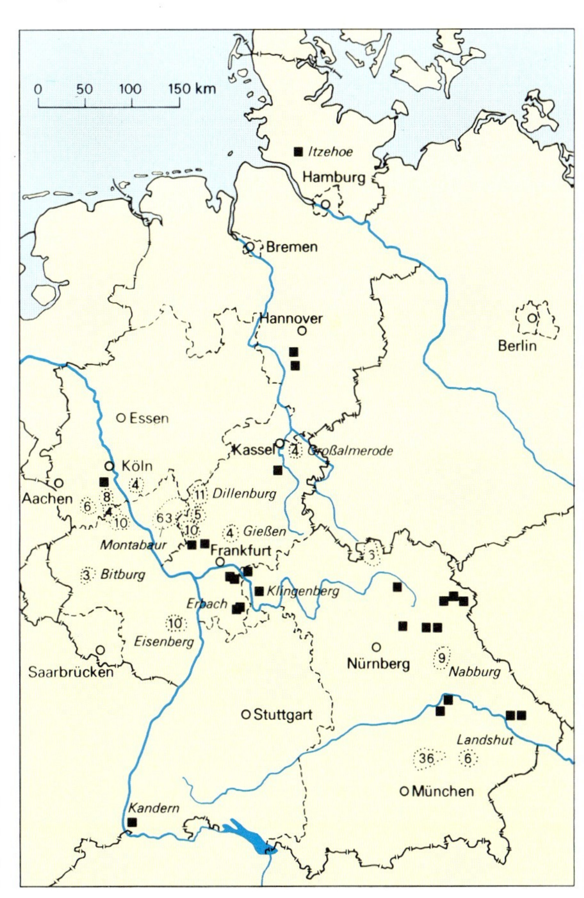

Bild 3: Betriebs-Standorte Spezialtone

wähnen. Die Reinigung der im Verfahrensgang anfallenden Rauchgase ist allerdings technisch und wirtschaftlich noch nicht endgültig gelöst.

Spezialtone finden sich vielerorts in der Bundesrepublik mit zum Teil sehr unterschiedlichem Charakter. Bekannt sind vor allem die *Lagerstätten* im Bezirk Koblenz, im Westerwald (Kannebäckerland), in der Rheinpfalz und in Großalmerode bei Kassel. In Bayern liegt das Schwergewicht zwischen Nabburg und Regensburg in der Oberpfalz. Aber auch in Oberfranken bei Coburg und in Unterfranken bei Klingenberg am Main gibt es wertvolle Tonvorkommen *(Bild 3).*

Tafel 3: Spezialton, Bleichton, Schieferton

Jahr	Betriebe	Produktion 1000 t	Wert der Produktion 1000 DM	Beschäftigte
1950	213	2117	–	4927
1962	262	4894	84958	5221
1965	249	5179	95045	4508
1968	255	4430	82461	3373
1970	232	5214	104958	3343
1971	216	5338	104950	3155
1972	217	5584	108344	2890
1973	217	6080	113226	2775
1974	221	6030	120650	2646

Bild 4: Streckenvortrieb auf einer Tongrube in Rheinland-Pfalz

Fast die Hälfte der deutschen *Spezialtonförderung (Tafel 3)* stammt aus Rheinland-Pflaz, den Rest bringen Bayern, Hessen und Nordrhein-Westfalen fast zu gleichen Teilen.

Der Abbau der Tone geschieht meist im *Tagebau.* Nur im pfälzischen Revier, zum Teil im Westerwald und bei Klingenberg, wird noch *Tiefbau* betrieben *(Bild 4).* Sieht man von Zerkleinerung und Trocknung, die nur für Bindetone notwendig sein können, ab, so werden die Rohtone unmittelbar an die weiterverarbeitenden Industriebetriebe abgegeben, die meist in engem Zusammenhang mit den Gruben stehen.

Bleichton und Bentonit

Bleichton und Bentonit gibt es in der Bundesrepublik nur in Bayern im Raum zwischen Landshut, Mainburg und Moosburg in verhältnismäßig *kleinen, linsenartigen Lagern* bis zu 2 m Mächtigkeit, die durch Verwitterung von Tuffen entstanden sind. Abgebaut werden sie fast ausschließlich im *Tagebau,* der bis zu einem Verhältnis von Abraum zu Ton = 30:1 wirtschaftlich ist. Das Rohmineral wird je nach den besonders ausgeprägten Eigenschaften entweder als *Bleicherde* (etwa ein Drittel der Förderung) oder als *Bentonit* (zwei Drittel) verwendet. Während Bentonit für seine überwiegende Verwendung als *Formsandbinder* (wegen seines hohen Quell- und Bindevermögens) und Zusatz zu Bohrspülungen (wegen seiner thixotropen Eigenschaften) nur getrocknet und gemahlen werden muß, bedarf die Bleicherde einer chemischen Behandlung mit Säuren oder Laugen zur Entfernung von Kalk und Eisen und anderen Verunreinigungen.

Gleichzeitig erfährt sie dadurch eine Aktivierung, d. h. Erhöhung der Adsorptionsfähigkeit, die für die Verwendung der Bleicherde zum Entfärben, Klären und zum Beseitigen unerwünschter Gerüche bei der Raffination sowohl mineralischer als auch pflanzlicher Öle, Fette und Wachse sowie von Produkten der chemischen Industrie entscheidende Bedeutung hat.

9.9 Kieselgur

Kieselgur besteht überwiegend aus den Kieselpanzern mikroskopisch kleiner Wasserlebewesen, Diatomeen (Kieselalgen) genannt. Sie bildeten weiche, mehlige Massen von weißer Farbe mit 70 bis 90 v.H. reiner Kieselsäure (SiO_2), die oft durch Bitumen gefärbt sind, beim Brennen aber rötlich bis weiß werden .

Tafel 1: Produktion und Belegschaft

Jahr	Betriebe	Produktion 1000 t	Wert der Produktion 1000 DM	Beschäftigte
1954	14	49	4858	613
1962	5	61	9750	204
1965	5	53	6645	137
1968	5	56	6320	132
1970	5	38	5023	117
1971	5	26	3981	100
1972	4	29	11748	87
1973	3	13	5312	69
1974	2	11		36

Tafel 2: Außenhandel

Jahr	Einfuhr		Ausfuhr	
	t	1000 DM	t	1000 DM
1954	54443	2442	1978	641
1962	75278	6429	3807	1292
1965	87254	8165	5963	1819
1968	63417	8861	5314	1844
1970	70372	9242	4770	1681
1971	53408	8469	6236	2094
1972	55194	8677	5354	2013
1973	59918	8993	5098	2016
1974	59961	12273	5157	2426

Die wichtigste *Lagerstätte* der Bundesrepublik liegt in der Lüneburger Heide, eingebettet in diluvialen Sanden. Die bis zu 30 m mächtigen Lager werden im *Tagebau* in weitgehend mechanisierten Betrieben abgebaut *(Bild 1* im Kap. Quarz). Die *Aufbereitung* umfaßt Schlämmen (Entfernen von Sand), Trocknen, Brennen, Mahlen und Sieben. Kieselgur ist feuerbeständig, leitet keinen elektrischen Strom und hat nur eine geringe Wärmeleitfähigkeit, ist widerstandsfähig gegen Säuren und Chemikalien und sehr leicht. Aus diesen Eigenschaften erklärt sich ihre Verwendung als *Isoliermittel* gegen Wärme, Schall und Elektrizität, als feuerbeständiger leichter Bestandteil von Baustoffen und als Füllmassen in der Papier-, Gummi- und Kunststoffindustrie sowie bei Schleif- und Poliermitteln, in der Hauptsache aber in der *Düngemittelindustrie,* die rund 80 v.H. der deutschen Produktion verarbeitet *(Tafel 1).*

Die Einfuhr kommt vor allem aus Dänemark und Frankreich *(Tafel 2).*

9.10 Quarz

Quarz (SiO_2) kommt kristallin als Bergkristall, Rauchquarz, Amethyst und Rosenquarz oder kryptokristallin in derber, homogen erscheinender Form vor, zum Beispiel als Karneol, Achat und Jaspis. Alle diese Varianten sind als Schmucksteine bekannt und beliebt.

Die bergwirtschaftlich bedeutendsten festen Quarze sind die *hydrothermalen Gangquarze,* deren großartigster Vertreter der im ostbayerischen Kristallin auf einer Verwerfungsspalte entstandene „Pfahl" ist, ein Quarzriff von 50 m Breite und 150 km Länge, das sich weithin sichtbar aus der

Bild 1: Betriebs-Standorte Quarz und Kieselgur (▲)

Landschaft heraushebt und in seinen schönsten Partien unter Naturschutz steht. An weniger ins Auge springenden Stellen wird der Quarz in großen *Tagebauen* abgebaut und wegen seiner Reinheit hauptsächlich zur Erzeugung von Ferrosilizium (Desoxydations- und Legierungsmittel in der Eisenhüttenindustrie) verwendet *(Bild 1)*.

Quarzsande sind das Ergebnis der Verwitterung fester Quarze. Durch Gebirgsdruck können sie wieder zu Sandstein oder bei längerer und stärkerer Einwirkung dieser Kräfte – oft unter gleichzeitiger Zufuhr von Kieselsäure – zu Quarziten verfestigt werden.

Quarzsande in reiner, eisenarmer Ausbildung kommen auf natürlicher Lagerstätte in der Bundesrepublik fast nur im Norden und Westen (Niedersachsen, Westfalen, Niederrhein: Spiegel- und Glaserzeugung) vor. In Bayern fallen sie als Nebenprodukt bei der Aufbereitung der Hirschau-Schnaittenbacher Kaoline (Oberpfalz) in großen Mengen an, die ebenfalls weitgehend für die Glaserzeugung Verwendung finden, aber auch in der chemisch-technischen Industrie als Zusatz für feuerfeste Anstriche und Kitte, als Füllstoff für Schleif- und Putzmittel sowie für Filterzwecke dienen *(Bild 2)*.

Quarzite werden hauptsächlich im Westerwald, ferner im Rheinischen Schiefergebirge, in der Eifel sowie im Harz im *Tief- und Tagebau* gewonnen und in erster Linie für Silika-Steine zur Ausmauerung von Industrieschmelzöfen gebraucht.

Bild 2: Gewinnungs- und Aufbereitungsanlage von Quarzsand. Freigeg. Reg.Präs. Stuttgart 9/41680

Tafel 1: Quarz, Quarzit, Quarzsand und -mehl

Jahr	Betriebe	Produktion 1000 t	Wert der Produktion 1000 DM	Beschäftigte
1950	61	838	5338	1183
1962	68	3762	20276	1049
1965	66	3954	–	947
1968	61	5590	44569	806
1970	61	8027	66111	875
1971	70	8255	82005	1072
1972	75	8844	99508	1105
1973	77	9662	116102	1005
1974	79	9454	121377	998

Tafel 2: Kieselerde

Jahr	Betriebe	Produktion (t)	Beschäftigte
1950	7	12585	256
1965	8	62350	370
1970	7	38137	313
1971	7	40054	206
1972	4	40535	161
1973	4	39452	153
1974	4	37157	136

Form- und Klebsande sind ein Gemisch von 85 v. H. feinem Quarzsand und 15 v. H. feuerfestem Ton. Sie werden besonders in Rheinland-Pfalz, aber auch in Hessen und Nordrhein-Westfalen gewonnen und dienen als Form- und Gießsande in der Hüttenindustrie.

Kieselerde ist ein feinmehliges, weißes Mineralgemenge aus 85 bis 90 v. H. Kieselsäure und Kaolinit, das in bauwürdiger Ausbildung nur in Bayern bei Neuburg an der Donau vorkommt. Es wird fälschlich auch Neuburger Kreide oder Kieselkreide genannt. Das Mineral wird teils im *Tief-*, teils im *Tagebau* abgebaut. Von anderen Kieselsäurerohstoffen unterscheidet sich die Kieselerde durch ihren ungewöhnlichen Feinheitsgrad – größtenteils 0,5 bis 0,1μ – und die dadurch bedingte große Oberfläche sowie die besondere Härte des nicht splitterig, sondern rund ausgebildeten Quarzkornes. Das Material wird vornehmlich als Füllstoff in der Kautschukindustrie, aber auch in der Farbenfabrikation und für die Herstellung von Putz-, Schleif- und Poliermitteln verwendet *(Tafel 2)*.

9.11 Schiefer

Schiefer findet als Dach- und Plattenschiefer sowie als Schiefermehl Verwendung. Die Verwertbarkeit des Schiefers hängt vor allem von seiner Spaltbarkeit ab. Je dünner die Rohplatten sich teilen lassen, desto höher ist der Wert. Auch die Widerstandsfähigkeit gegen die Verwitterung spielt eine große Rolle, besonders beim *Dach- und Wandschiefer,* der allerdings wegen seines hohen Kostenanteils an Handarbeit immer mehr durch billigere Kunstschiefer u. ä. ersetzt wird. Für Fenstersimse, Tisch- und Fußbodenplatten, Schalttafeln und Treppenstufen wird der Schiefer meist geschliffen oder poliert. Der Rückgang in der Verwendung als Bedachungsmaterial wird weitgehend ausgeglichen durch den zunehmenden Verbrauch von *Schiefermehl* in der Gummi- und Zementindustrie sowie von Schiefersplitt im Straßenbau; hierfür wird vielfach das Material alter Halden verwertet.

Bild 1: Standorte der Schiefergewinnungsbetriebe

Bild 2: Hydraulischer Schiefersägewagen

Die Schiefergewinnung (Tafel 1) ist in der Bundesrepublik auf Lagerstätten im Devon beschränkt. Diese werden im Rheinischen Schiefergebirge, in Hessen, im Taunus, bei Willingen (Waldeck) und bei Wissenbach, im Sauerland um den Kahlen Asten und in Bayern bei Dürrenwaid im Frankenwald teils von den Grundeigentümern, teils aufgrund alter bergrechtlicher Verleihungen oder Lehensrechte ausschließlich im Tiefbau abgebaut *(Bild 1).*

Tafel 1: Produktion und Belegschaft

Jahr	Betriebe	Produktion 1000 t	Wert der Produktion 1000 DM	Beschäftigte
1952	148	164	17919	2739
1965	49	421	22102	1205
1970	33	387	17781	791
1971	32	483	16250	702
1972	31	417	16606	620
1973	29	351	18770	543
1974	29	252	19229	488

9.12 Schwerspat

Schwerspat ist die bergmännische Bezeichnung für das Mineral Baryt ($BaSO_4$). Sein Name ist auf die Dichte von 4,3 bis 4,7 zurückzuführen.

Rund 75 bis 80 v. H. des in der Welt gewonnenen Schwerspats wird als *„Bohrspat"* verwendet. Er dient hier als Beschwerungsmittel der Spülflüssigkeit für Tiefbohrungen aller Art, besonders auf Erdöl und Erdgas. Der in der Bundesrepublik gewonnene Schwerspat wird zu fast 70 v. H. als sogenannter *Reduzierspat* für chemische Zwecke verbraucht. Aus diesem Chemiespat werden vor allem die Weißfarbe Lithopone, ein Gemisch von Baryt und Zinksulfid, sowie gefällter Baryt, auch Blanc fixe genannt, hergestellt. Im übrigen ist der „Reduzierspat" das Ausgangsmaterial für praktisch alle von der Wirtschaft benötigten Bariumsalze und Chemikalien.

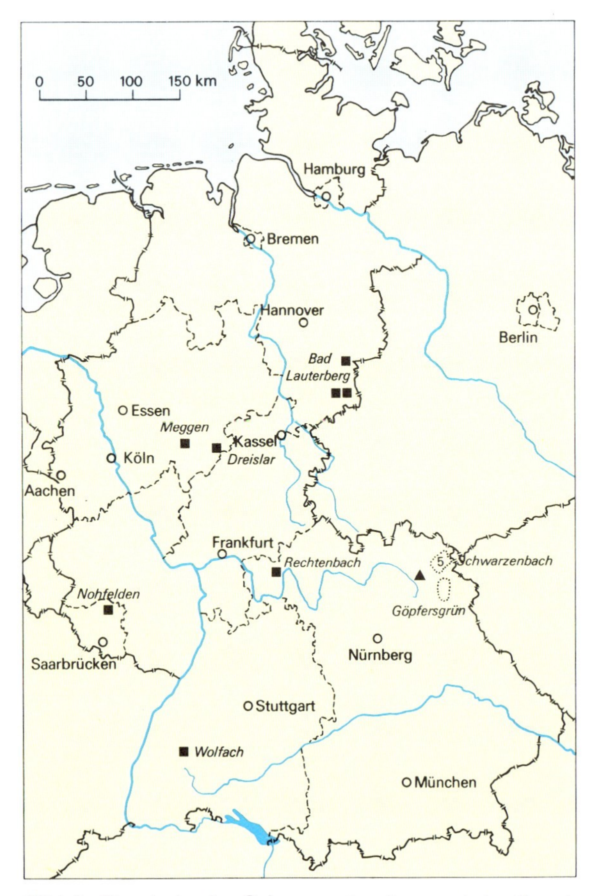

Bild 1: Standorte der Schwerspatgruben und der Speckstein- und Talkschiefergewinnungsbetriebe (▲)

Etwa 10 bis 15 v. H. der deutschen Erzeugung wird als feinstvermahlener, weißer Rohschwerspat, der mitunter geringe Beimengungen von Kieselsäure enthalten kann, besonders als Weißpigment in der Lack- und Farbenindustrie gebraucht. Deckfähigkeit, Glanz und Widerstandsfähigkeit derartiger Farben gegen atmosphärische und chemische Einflüsse sind außerordentlich gut. Feinste Mehle werden auch in der Gummi-, Kabel-, Linoleum-, Kunststoff-, Textil- und Papierindustrie als Füllstoffe benutzt. Populär ist auch die Verwendung in der Medizin als Röntgen-Kontrastmittel.

Wegen der sehr hohen Absorptionsfähigkeit gegen radioaktive und Röntgenstrahlen wird Schwerspat in Form von *Schwerspatbeton* zu Bausteinen, Baufertigteilen und Fugenvergußmassen im Strahlenschutz anstelle von Blei eingesetzt.

Geringe Mengen Schwerspat, meist minderer Qualität, werden zu Belastungsgewichten für Bagger, Aufzüge, Seilbahnen und ähnlichem verarbeitet.

Schwerspat tritt in der Bundesrepublik sowohl auf selbständigen *Lagerstätten* als auch häufig als Begleitmineral auf Blei-Zinkerz- und Flußspatgängen oder Lagern auf. Das Mineral wird im Harz, im Sauerland, im Schwarzwald, im Nahegebiet und dem angrenzenden Saargebiet sowie nördlich des Mains angetroffen *(Bild 1).*

In der Vergangenheit wurde auf zahlreichen, zum Teil jedoch recht kleinen Gruben Schwerspat abgebaut. Ein großer Teil dieser Gruben mußte allerdings im Laufe der letzten Jahre den Betrieb einstellen, weil sie infolge ihrer Lohnintensität nicht mehr konkurrenzfähig betrieben werden konnten. Die bedeutendsten Vorkommen sind die im Sauerland bei Meggen, die zur Sachtleben Bergbau GmbH gehören.

Auf dem Vorkommen von Meggen kommt Schwerspat neben Schwefelkies und Zinkblende auf einer submarinen Exhalationslagerstätte mit einer durchschnittlichen Mächtigkeit von 3 m vor. Bei den übrigen Vorkommen im Harz, im Schwarzwald und im Nahe-/Saargebiet handelt es sich um hydrothermale, steil stehende Gänge zwischen 1 m und 4 m Mächtigkeit, im Einzelfall bis zu 20 m.

Die Schwerspatgruben Dreislar, Wolfach und Siegena (Meggen) erhalten einen neuen Zuschnitt, bedingt durch den verstärkten Einsatz von *gleislosen Dieselgeräten.* In Wolfach zum Beispiel wird seit 1975 aus den Abbaubereichen mit normalen Straßen-Lkw über eine Rampe gefördert.

Für die Auswahl der Dieselgeräte ist die Mächtigkeit der jeweiligen Lagerstätte das entscheidende Kriterium. So werden in den teilweise geringmächtigen Schwerspatgängen *Fahrschaufellader* mit 1,5 bis 3 t Nutzlast eingesetzt, während in der Metallerzlagerstätte Meggen mit durchschnittlich 3 bis 4 m Mächtigkeit Fahrschaufellader mit 3 bis 7 t Nutzlast Verwendung finden. In entsprechender Abstimmung der Leistungsfähigkeit und Größe werden die *Bohrwagen* ausgesucht *(Bild 2).*

Als Nebenprodukt fällt Schwerspat bei der Flotation der Blei-Zink-Kupfererze des Erzbergwerks Rammelsberg in Goslar an, außerdem beibrechend im Flußspatbergbau des Schwarzwaldes.

Der meist in der Grube von Hand vorgeschiedene Schwerspat wird in gewissem Umfang naßmechanisch im *Setzverfahren* aufbereitet, zum Teil auf eine Feinheit von 10000 Maschen/cm^2 vermahlen. Des weiteren wird Schwerspat auch flotiert sowie nach dem Schweretrübeverfahren angereichert, wobei Konzentrate von 95 bis 98 v.H. $BaSO_4$ erzielt werden. Letztere Verfahren werden besonders für Schwerspat für chemische Zwecke zur Herstellung von Bariumverbindungen angewandt.

Der hochweiße Rohspat der Gruben von Lauterberg im Harz wird auf chemischem Wege von eventuell noch störenden färbenden Verunreinigungen befreit. Die *Flotationskonzentrate,* besonders die beim Erzbergwerk Rammelsberg als Nebenprodukt anfallenden Schwerspatkonzentrate, werden durch Glühen von anhaftenden Flotationschemikalien befreit.

Der kleinere Teil der in der Bundesrepublik geförderten Schwerspatmengen wird feinst vermahlen unmittelbar verbraucht, besonders die hochweißen Sorten aus dem Harz. Der größere Teil der Schwerspatkonzentrate wird jedoch zu chemischen Schwerspaterzeugnissen weiterverarbeitet.

Tafel 1: Produktion und Belegschaft

Jahr	Betriebe	Produktion t	Wert der Produktion 1000 DM	Beschäftigte
1950	22	285226	8957	1076
1962	24	464688	25858	1341
1965	23	469354	32022	1280
1968	12	431451	31666	771
1970	10	416016	34867	599
1971	10	411082	36006	495
1972	8	373140	32511	493
1973	8	330034	32628	447
1974	8	306395	36759	351

Bild 2: Fahrschaufellader bei der Schwerspatgewinnung

Die Entwicklung der Erzeugung in der Bundesrepublik zeigt *Tafel 1.*

Die Welt-Gesamtproduktion wurde 1974 auf rund 3,8 Mill. t geschätzt. Die Bundesrepublik war hinter den Vereinigten Staaten in den letzten 25 Jahren das zweitstärkste Erzeugerland der Welt. Die größte einzelne Schwerspatgrube der Welt dürfte auch heute noch die Grube Meggen sein.

Rund ein Drittel der Schwerspatproduktion der westlichen Welt kam 1974 aus den Ländern der europäischen Gemeinschaft. Etwa 80 v. H. des in Deutschland geförderten Schwerspats wird in der eigenen chemischen Industrie weiterverarbeitet. Die dort hergestellten Bariumerzeugnisse werden in großem Umfang in alle Welt exportiert. Auch ein Teil der deutschen Mahlspaterzeugung, die einen Anteil von rund 15 v.H. an der Gesamtproduktion hat, hat aufgrund ihrer außerordentlich guten Farbqualität gute Exportchancen. 5 v.H. der Schwerspatproduktion wird für Gegengewichte, Schwerspatbeton u. a. verbraucht. Als Bohrspat wird auf deutschen Gruben erzeugter Schwerspat in recht unterschiedlichen, wechselnden Mengen eingesetzt.

Wegen der zahlreichen im Markt gehandelten Schwerspatqualitäten sind auch die *Verkaufser-*

löse außerordentlich unterschiedlich. Die internationalen Preise schwankten Ende 1974 je nach Sorte zwischen 45 DM/t und 350 DM/t. Bohrspat mit garantiertem spezifischen Gewicht wurde in den USA zu 110 DM/t und 130 DM/t gehandelt; Farbspat, feinstgemahlen, 99 v.H. unter 20μ, bis zu 350 DM/t.

Die mehrfachen Änderungen der DM-Parität in der Bundesrepublik hatten auf die Erlöse für Schwerspatprodukte die gleichen nachteiligen Auswirkungen wie bei den Metallen. Gegenüber dem Sterling-Raum lagen die Erlöse in der Bundesrepublik umgerechnet fast 20 v. H. niedriger *(Tafel 2)*.

Tafel 2: Außenhandel

Jahr	Einfuhr		Ausfuhr	
	t	1000 DM	t	1000 DM
1950	224	18	111509	5453
1957	24126	1679	106351	9056
1965	54044	3918	113331	10392
1970	97397	8285	111687	10906
1971	99960	8695	122452	14260
1972	90330	7922	103734	12966
1973	128686	11005	75879	10579
1974	165336	16954	54317	10457

9.13 Speckstein und Talkschiefer

Speckstein und Talk, auch Talkschiefer genannt, sind Magnesium-Hydrosilikate ($Mg_3 (OH)_2 Si_4O_{10}$), die sich nur durch den Eisengehalt des Talks unterscheiden.

Speckstein

Speckstein ist ein eisenfreies, weißes Mineral mit feinkristallinem Gefüge, dicht und nierig-traubig ausgebildet. Das einzige *Vorkommen* in der Bundesrepublik liegt in Nordbayern, östlich Wunsiedel bei Göpfersgrün am Kontakt zwischen dem Wunsiedler Marmorzug und dem Fichtelgebirgsgranit. Es handelt sich um ein etwa 35 m mächtiges Lager unter einer Überdeckung von 10 bis 15 m, das überwiegend im *Tagebau* gewonnen wird *(Bild 1 in 9.12)*.

Speckstein ist sehr weich und läßt sich leicht mechanisch bearbeiten. Durch Brennen wird er fast so hart wie Quarz und ist wie dieser praktisch unschmelzbar. Lange Zeit wurde er deshalb fast ausschließlich zu Gas- und Karbidbrennern verarbeitet. Heute ist jedoch die *Elektroindustrie* der wichtigste Abnehmer.

Unter Zusatz bestimmter Tone wird Speckstein zu Schaltern und Isolatoren, die eine hohe elektrische Durchschlagsfestigkeit besitzen müssen, geformt und anschließend hart gebrannt. Bei Hochfrequenzbeanspruchung ist er mit seinen geringen elektrischen Verlusten dem Porzellan weit überlegen. Auch für Futtereinlagen und Mahlkörper von Kugelmühlen eignet er sich wegen seiner Härte und Abriebfestigkeit sehr, vor allem dort, wo es auf eisenfreie Mahlung ankommt. Ungebrannt dient Speckstein als Schneiderkreide – für die im übrigen großenteils auch Großalmeroder Ton benutzt wird – und feingemahlen als Rohstoff für Puder und Tabletten, in den geringeren Sorten auch als Füllstoff in Kabelvergußmassen, Steinholzerzeugnissen, Papier- und Gummiwaren sowie als Giftstoffträger für Schädlingsbekämpfungsmittel.

Talkschiefer

Talk, der in Pulverform als Talkum gehandelt wird, ist durch Eisengehalt grün gefärbt und hat schiefrig angeordnete Kristalle, weswegen er auch als Talkschiefer bezeichnet wird. Die einzigen abbauwürdigen deutschen *Lagerstätten* befinden sich in Nordbayern in der Gegend von Schwarzenbach/Saale in Chloritschiefer und Serpentin eingelagert am Kontakt zwischen der Münchberger Gneismasse und dem Fichtelgebirgsgranit *(Bild 1 in 9.12)*. Der Abbau erfolgt in offenen Brüchen oder auch im Stollenbetrieb.

Das Rohhaufwerk wird gebrochen, windgesichtet und gemahlen. Der durch Grünstein und Eisen verunreinigte Talk hat ähnliche Verwendungszwecke wie die schlechteren Sorten des Specksteins. Wegen seiner blätterigen Struktur ist er aber gut geeignet als Dachpappenbestreuungsmaterial. Für höherwertige Produkte, wie Autoreifen, Puder oder Tabletten, muß der Bedarf – soweit der Speckstein dafür nicht ausreicht – durch die Einfuhr reinerer Talksorten – besonders aus Österreich, Norwegen, Italien und Frankreich – gedeckt werden. Diese hat in den letzten Jahren ständig zugenommen.

Tafel 1: Produktion und Belegschaft

Jahr	Betriebe	Produktion 1000 t	Produktion 1000 DM	Beschäftigte
1950	19	42	1806	252
1970	12	34	2583	128
1971	11	30	2430	123
1972	9	30	2785	113
1973	9	28	2896	100
1974	9	30	3448	93

10 Marine Rohstoffe

10.1 Begriffe, Eigenschaften und Verwendung

10.1.1 Begriffe

Meeresbergbau bedeutet Gewinnung von Energierohstoffen und mineralischen Rohstoffen aus dem *Meer*, dem *Festlandsockel* und dem *Meeresboden*. Zu unterscheiden sind der küstennahe Meeresbergbau bis zu Wassertiefen von ca. 400 m und der Meeresbergbau in tieferen Gewässern.

Es gibt drei Gruppen von marinen Rohstoffen:

- im Meerwasser gelöste Minerale
- Energierohstoffe und mineralische Rohstoffe im Meeresuntergrund
- mineralische Rohstoffe auf dem Meeresboden.

Der Meeresbergbau im hier anzusprechenden Sinne bezieht sich nur auf die Rohstoffe der dritten Gruppe. Technische und wirtschaftliche Bedeutung haben alle drei Gruppen.

Minerale im Meerwasser

Das Meer besteht aus rund 1,3 Mrd. km^3 Wasser und enthält eine Vielzahl von chemischen Elementen, die in großen Mengen, aber zumeist nur in geringer Konzentration vorkommen. Zur Zeit werden in rund 300 Anlagen Kochsalz, Magnesiumsalze, Bromide und Kalzium aus dem Meer gewonnen. Im Jahre 1974 wurde ein Produktionswert von rund 1 Mrd. DM erzielt.

Minerale im Meeresuntergrund

Im Untergrund der Schelfmeere von Großbritannien, Japan, Finnland und im Golf von Mexiko werden Kohle, Eisenerz und Schwefel abgebaut. Bedeutende Lagerstätten anderer Elemente sind bekannt. Zur Gewinnung von Erdöl und Erdgas aus dem Festlandsockel wurden bisher mehr als 15000 Bohrungen niedergebracht, aus denen fast 20 v. H. der Weltförderung stammen.

Minerale auf dem Meeresboden

Bei den mineralischen Rohstoffen auf dem Meeresboden handelt es sich außer Sanden und Kiesen im wesentlichen um

- küstennahe submarine Seifen
- Erzschlämme
- Manganknollen.

Aus Seifenlagerstätten werden Zinnstein (Kassiterit), Magnetit, Rutil, Ilmenit, Zirkon und Diamanten gewonnen. Die Erzschlämme des Roten Meeres enthalten wirtschaftlich interessante Anreicherungen von Zink und Kupfer, daneben Cadmium, Molybdän und Silber. Manganknollen enthalten eine Vielzahl verschiedener Metalle, mit wesentlichen Gehalten an Kupfer, Nickel und Kobalt.

10.1.2 Eigenschaften

Wesentliche physikalische und chemische Eigenschaften der Schwermineralsande sind aus *Tafel 1* ersichtlich.

Manganknollen haben stark voneinander abweichende Wertmetallgehalte und einen schalenförmigen Aufbau *(Bild 1)*. Härte und Wertmetallgehalte in den einzelnen Schalen sind unterschiedlich *(Tafel 2)*.

Bild 1: Anschliff einer Manganknolle

Tafel 1: Stoffeigenschaften von Schwermineralien

Name	Formel	Dichte g/cm^3	Härte n. Mohs	Wertelemente
Zinnstein .... (Kassiterit)	SnO_2	6,8–7,1	6–7	Sn
Magnetit	Fe_3O_4	5,2	5,5	Fe
Rutil	TiO_2	4,2–4,3	6–6,5	Ti
Ilmenit	$FeTiO_3$	4,5–5	5–6	Ti
Monazit	$CePO_4$	4,8–5,5	5–5,5	SE, Th
Zirkon	$ZrSiO_4$	4,7	7,5	Zr, Hf, SE

Tafel 2: Stoffeigenschaften von Manganknollen (Proben aus dem Nordost-Pazifik)

Physikalische Eigenschaften	von	bis	Mittelwert
1. Dichte lufttrocken [p/cm^3]	2,07	3,07	2,5
2. Porosität lufttrocken v. H.	20,0	26,8	23,2
3. Härte (nach Mohs)			bei 3
4. Knollendurchmesser [cm]		bis 20	2–5

Chemische Eigenschaften	von	bis	Mittelwert
1. Wertmetallgehalte lufttrocken (v. H.)			
Nickel	0,23	2,13	1,54
Kupfer	0,30	1,85	1,21
Kobalt	0,03	1,6	0,24
Mangan	8,3	41,1	24,8
2. Chemische Zusammensetzung lufttrocken (v. H.)			
MnO_2	11,4	62,2	31,7
Fe_2O_3, FeO	24,3	42,0	24,3
SiO_2	6,0	29,1	19,2
$CaCO_3$	2,2	7,0	4,1
$CaSO_4$	0,3	1,3	0,8
$MgCO_3$, $BaSO_4$	0,1	5,1	2,7
H_2O	8,7	24,8	13,0
Tonmineralien	16,8	53,1	30,6

10.1.3 Verwendung

Zinn wird vorwiegend in Legierungen (Lötzinn-, Lager- und Bronzelegierungen) und zur Verzinnung (Weißblech) eingesetzt.

Rutil ist in erster Linie für die Gewinnung von Titanmetallen von Bedeutung.

Titan als Metall wird besonders für Stähle, Hartmetalle und Legierungen mit hohen Festigkeiten, geringem Gewicht und großer chemischer Widerstandsfähigkeit verarbeitet. Die bedeutendere Verwendung findet Titan jedoch zur Erzeugung von Titandioxid, das als Rohstoff für weiße Deckfarben notwendig ist.

Ilmenit ist ein Titaneisenerz, das für die Herstellung von Titandioxid und nach chemischer Aufbereitung auch für die Herstellung von Titanmetall benötigt wird.

Monazit ist Ausgangserz für die Gewinnung von Seltenen Erden und Thorium.

Zirkon wird als Zirkonsand in großem Umfang in der Gießereiindustrie (für die Herstellung von Formen), für die chemische Industrie und die Reaktorindustrie (Hüllen aus Zirkaloy für den Kernbrennstoff) verwendet.

Nickel wird vorwiegend in der Eisen- und Stahlindustrie zur Herstellung korrosionsbeständiger Edelstähle verwendet, aber auch in der NE-Metallindustrie (zum Beispiel chemischer Apparatebau, Meerwasserentsalzungsanlagen).

Kupfer findet wegen seiner guten Leitfähigkeit für Wärme und Strom sehr breite Verwendung in der Elektroindustrie.

Kobalt wird als Legierungsmittel in der Stahlindustrie eingesetzt (Erhöhung der Korrosionsbeständigkeit und Reißfestigkeit); weitere Verwendung: Herstellung von Nichteisen-Metallhalbzeugen sowie in der chemischen Industrie (zum Beispiel in Dauermagnetlegierungen oder als Farbstoff).

Mangan findet vorwiegend Verwendung in der Stahlindustrie, in geringem Umfange jedoch auch in Trockenbatterien sowie für Farben und Glasuren.

10.2 Lagerstätten

10.2.1 Schwermineralseifen

Schwermineralseifen sind Ansammlungen von spezifisch schweren (Dichte über 2,9 g/cm^3) Mineralien.

Seifenlagerstätten entstehen, wenn eine primäre Lagerstätte verwittert, die Minerale von Wind und Wasser abtransportiert und bei Nachlassen der Transportkraft an besonderen Plätzen konzentriert abgesetzt werden (alluviale Seifen).

Konzentrieren sich die Schwerminerale in unmittelbarer Nähe der primären Lagerstätten und werden die spezifisch leichteren Verwitterungsprodukte weiter fortgetragen, so sind dies eluviale Seifen. Geordnet nach dem Transport- bzw. Anreicherungsmedium wird nach fluviatilen (Flüsse), äolischen (Wind), limnischen (Binnenseen) oder marinen (Meer) Seifen unterschieden; nach dem Anreicherungsort nach Flußbett-, Terrassen-, Dünen-, Strand- oder submarinen Seifen.

Seifenlagerstätten haben keine große räumliche Ausdehnung, treten jedoch in Gruppen auf. Eine besonders günstige Einzellagerstätte an der Ostküste Australiens erstreckt sich über 2 km, hat eine Breite von rund 30 m und eine Mächtigkeit bis zu 2 m mit einem Schwermineralanteil von maximal 25 v.H.

10.2.2 Manganknollen

Manganknollen sind überwiegend unregelmäßige Gebilde von durchschnittlich 5 cm Durchmesser, die auf dem Meeresboden in Wassertiefen von über 2500 m vorkommen. Man findet sie jedoch auch im Nordmeer sowie in Flachseegebieten. Die Größe der Knollen beträgt bis zu 20 cm im Durchmesser. Manganknollen entstehen in langen Zeiträumen durch Ausfällen und Anlagern von meerwassergelösten Mineralien.

Knollen mit den höchsten Kupfer-Nickel-Gehalten wurden bisher im Nordpazifik in einem ost-westlichen Gürtel zwischen 6° und 20° nördlicher Breite und 110° und 180° westlicher Länge entdeckt. Über weite Bereiche werden in diesem Gürtel durchschnittliche Belegungsdichten um 10 kg Knollen pro Quadratmeter angetroffen. Die Charakteristika eines Manganknollenvorkommens sind u.a.

- einschichtige, großflächige Ausdehnung auf dem Meeresboden
- wechselnde Belegungsdichten
- verschiedene Knollentypen mit unterschiedlichen Wertmetallgehalten
- Existenz von Provinzen unterschiedlicher Knollentypen dicht nebeneinander.

Aufgrund der einschichtigen Manganknollenvorkommen muß eine als Lagerstätte anzusprechende Fläche eine Größe von ca. 10000 km² haben. Eine solche Lagerstätte muß mindestens 30 Mill. t Knollen (Trockengewicht) unter Berücksichtigung möglicher Abbauverluste enthalten *(Bild 2)*.

Die bisherigen Explorationsverfahren, die u. a. auch von der deutschen Gruppe AMR (Arbeitsgemeinschaft meerestechnisch gewinnbare Rohstoffe) durchgeführt wurden, erbrachten viele wertvolle Hinweise auf mögliche Lagerstätten. Noch viel Detailexploration ist jedoch notwendig. An der Manganknollenexploration ist das deutsche Rohstoffforschungsschiff *VALDIVIA* erfolgreich beteiligt *(Bild 3 bis 7)*.

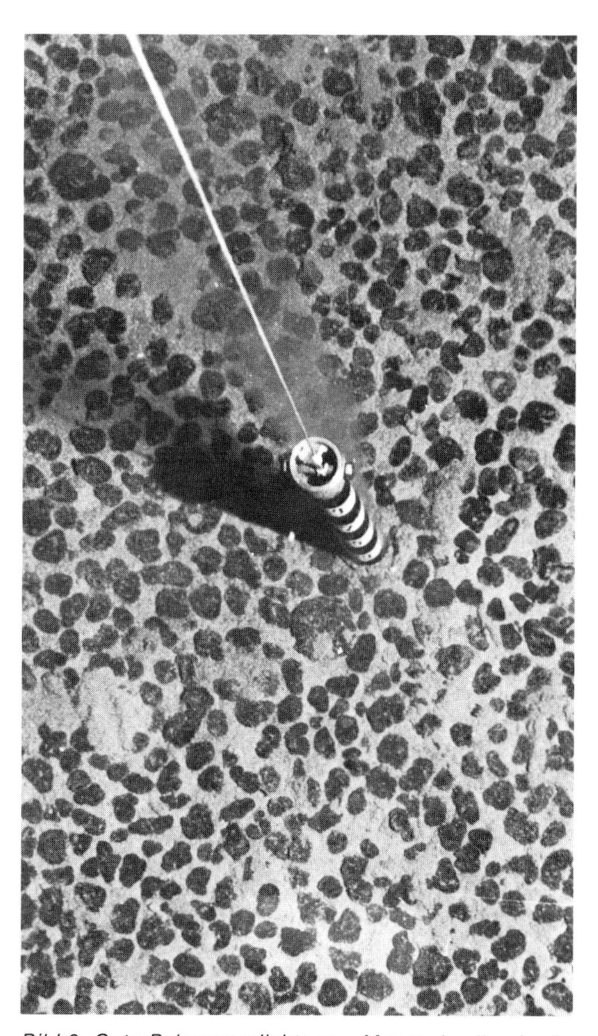

Bild 2: Gute Belegungsdichte von Manganknollen im Pazifik (Auslöser der Kamera in 5300 m Wassertiefe)

Bild 3: Rohstofforschungsschiff Valdivia (seit 1972 im Dienst)

Bild 4: Arbeitsdeck der Valdivia

Bild 5: Freifallgreifer vor dem Einsatz zur Probenahme auf dem Meeresboden

Bild 6: Auffischen eines Kolbenlotes mit einer Probe vom Meeresboden

Bild 7: Zerlegung einer Kolbenlot-Meeresbodenprobe an Bord der Valdivia

10.3 Gewinnung und Förderung

10.3.1 Bergbausystem

Ein marines Bergbausystem für Feststoffe muß u. a. folgende Aufgaben erfüllen:

- ○ Lösen und Aufnahme der Mineralien
- ○ Transport am Meeresgrund zur Hauptförderanlage
- ○ Förderung der Mineralien bis zur Meeresoberfläche
- ○ Teilaufbereitung
- ○ Übergabe auf Transportmittel zum Land.

10.3.2 Abbau der Seifenlagerstätten

Zum Abbau von Seifenlagerstätten werden *Baggersysteme* eingesetzt, deren Auslegung sich nach der Tiefe der Lagerstätte unter dem Meeresspiegel, der Beschaffenheit des Fördergutes sowie den Einflüssen der Umgebung (zum Beispiel Wellengang) richtet.

Zur Gewinnung von Küstensanden oder flachliegenden Seifen werden in den seichten Gewässern (bis 50 m) Eimerkettenbagger und Schwimmbagger mit Schneid- und Saugköpfen eingesetzt.

Wegen des starren Auslegers können sie nur im ruhigen Wasser und bei verhältnismäßig ebenen Flächen eingesetzt werden. Ist der Untergrund sehr unregelmäßig, können Vertiefungen, die gewöhnlich die reichsten Erze bergen, kaum abgebaut werden. Bei unebenen Flächen erweisen sich Greif- und Schürfkübelbagger und hydraulische Bagger als zweckmäßiger. Der Arbeitsbereich der Greif- und Schürfkübelbagger wird durch die langen Zeiten für Absenken und Heben des Greifers bzw. Schürfkübels eingeschränkt *(Bilder 8 und 9)*.

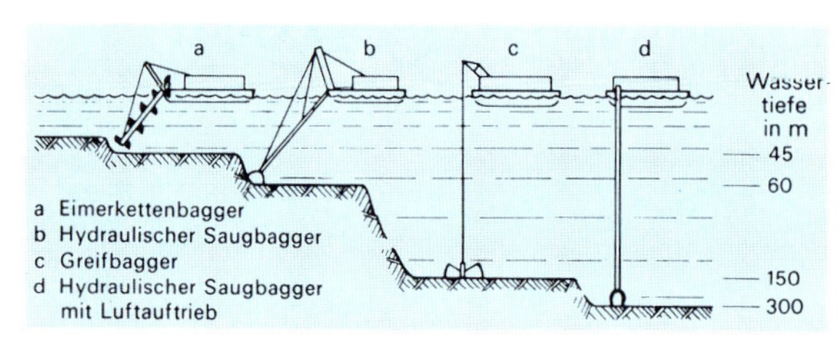

Bild 8: Verwendungsbereiche von Schwimmbaggern

10.3.3 Abbau von Manganknollenfeldern

Für den Abbau der Manganknollen gibt es eine Vielzahl von technischen Konzepten. Zwei Systeme stehen zur Zeit im Mittelpunkt der Entwicklung: ein *Schaufeltrommel-Aufnahmegerät* mit anschließender hydraulischer Förderung und der mechanisch arbeitende *Seilschürfkübelbagger* (CLB-System).

Das *CLB-System* vereint Vorrichtungen zur Aufnahme und Förderung von Knollen in einem endlos umlaufenden Seil, das mit Schürfkübeln bestückt ist. Während die Eimer über den Meeresboden schleifen, werden die Knollen aufgenommen und zum aufnehmenden Schiff hochgefördert *(Bild 10)*.

Die hydraulisch arbeitenden Systeme haben getrennte Vorrichtungen zur Manganknollenaufnahme und zur Förderung. Die Aufnahmegeräte können entweder durch den Rohrstrang vom Schiff gezogen oder selbst angetrieben werden.

Das wesentliche, konstruktive Problem besteht darin, daß die geringe Manganknollendichte auf dem Meeresboden das Abernten einer großen Fläche erfordert. Um zum Beispiel täglich 5000 t Knollen fördern zu können, muß das Aufnahmegerät bei einer maximalen Bewegungsgeschwindigkeit von 25 cm pro Sekunde mindestens 23 m breit sein.

Einfacher als das Problem der Manganknollenaufnahme vom Meeresboden ist das Problem der Senkrechtförderung *(Bild 11)* zu lösen. Folgende Methoden kommen hierzu in Betracht:

- ○ Hydraulische Verfahren, wobei die Pumpen entweder in Zwischenspeicherbehältern oder aber am Rohrstrang untergebracht sind;

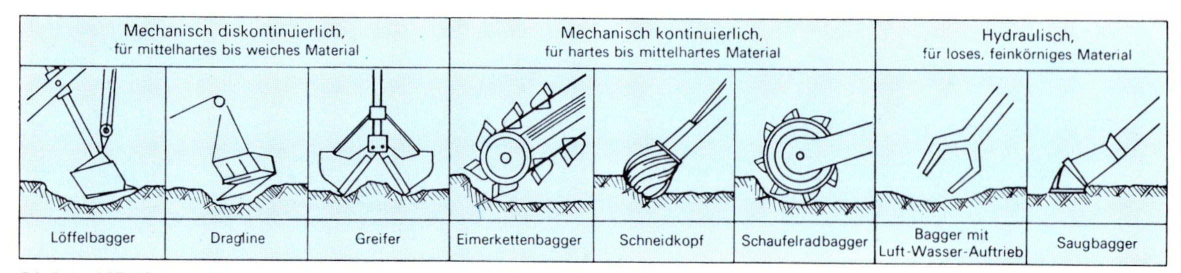

Bild 9: Mögliche Lösung und Aufnahme von Stoffen auf dem Meeresgrund

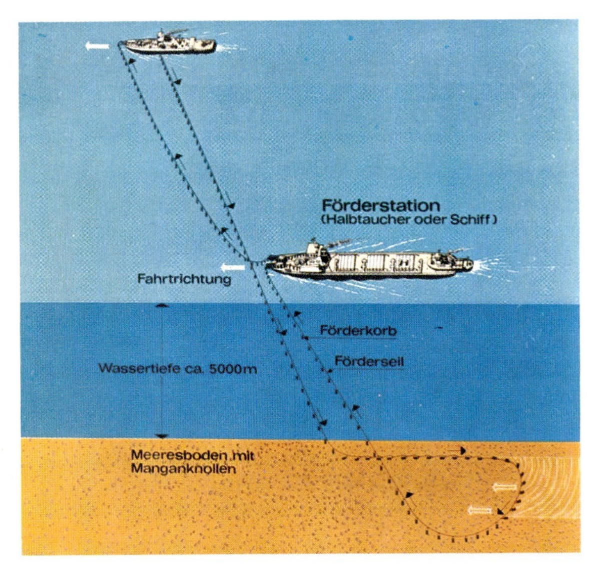

Bild 10: Zwei-Schiff-Seilschürfkübelbagger mit besserer Seilkurvenführung als beim Ein-Schiff-System

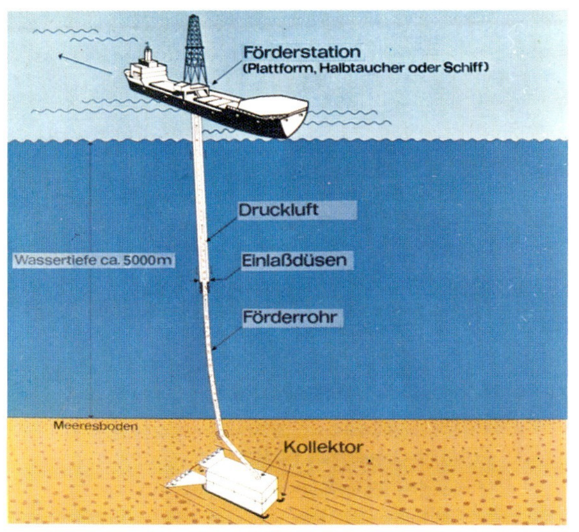

Bild 11: Mögliche Anwendung des Airlift-Systems

- Druckwasserinjektoren, sogenannte Jetlifts;
- Airlift-Verfahren, bei dem Drukluft in verschiedenen Tiefen des Rohres in das Wasser-Manganknollen-Sediment-Gemisch eingeblasen wird und den notwendigen Auftrieb erzeugt;
- Kombinationen der beiden erstgenannten Verfahren.

10.4 Aufbereitung

10.4.1 Verfahren zur Aufbereitung von Mineralseifen

Mineralseifen sind durch Korngrößen von 0,05 mm und mehr gekennzeichnet. Erhebliche Unterschiede bestehen in der Dichte der verwertbaren Mineralien und des tauben Nebengesteins. Somit sind diese Rohstoffe meist durch klassische physikalische Verfahren der Dichtetrennung sowie Magnetscheider zu konzentrieren.

Häufig wird auf dem Schwimmbagger ein Konzentrat hergestellt.

10.4.2 Verfahren zur Manganknollenaufbereitung

Aufbereitungsanlagen sind so zu entwickeln, daß es möglich ist, die Wertmetalle Nickel und Kupfer sowie Kobalt und ggf. Zink und Molybdän so abzutrennen, daß Eisen und Mangan weitestgehend im Erz verbleiben. Anschließend müssen die Wertmetalle voneinander getrennt und in reiner Form gewonnen werden. Verfahrensvarianten zur späteren Gewinnung des Mangans sollen entwickelt werden. Der Gesamtprozeß soll nicht nur wirtschaftlich, sondern auch umweltfreundlich sein.

Die bisherigen Untersuchungen zeigten, daß physikalische Aufbereitungsverfahren nicht den gewünschten Erfolg brachten, sondern daß *hydro-*

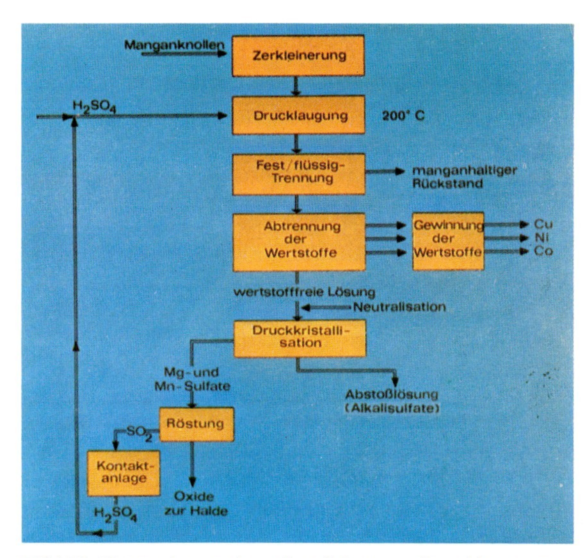

Bild 12: Stammbaum der schwefelsauren Drucklaugung

bzw. *pyrometallurgische Verfahren* oder eine Kombination von beiden die größten Aussichten auf Erfolg haben. Die Trennung der Wertmetalle voneinander muß in den letztgenannten Verfahren durchweg aus wässerigen Lösungen erfolgen. Hierfür kommen flüssige und feste Ionenaustauscher sowie Fällungsmethoden in Frage, an die sich die Gewinnungselektrolyse anschließt. Die wesentlichen Aufbereitungsverfahren *(Bild 12)* sind:

- Laugungsprozesse mit thermischer Vorbehandlung
  - Chlorierung mit Salzsäure
  - Sulfatisierende Röstung
  - Selektive Vorreduktion und ammoniakalische Laugung
- Reine Laugungsprozesse (Normaldruck)
  - mit Schwefelsäure
  - mit Salzsäure
- Reine Laugungsprozesse (Drucklaugung)
  - mit Schwefelsäure
  - mit Salzsäure.

10.5 Produktion

Im Jahre 1970 wurden Offshore-Mineralien einschließlich Sande und Kiese im Wert von rund 450 Mill. DM gefördert. Das sind weniger als 1 v. H. des Wertes der gesamten terrestrischen Bergbauproduktion.

10.5.1 Mineralseifen

Marine Mineralseifen werden seit über 40 Jahren ausgebeutet. Immerhin entstammten 1972 über 90 v. H. der Rutil- und Zirkon- und über 30 v. H. der Ilmenitförderung sowie über 50 v. H. der Weltzinnproduktion diesen Lagerstätten.

Schwerpunkte der gegenwärtigen Ausbeutung von Strand- oder submarinen Seifen sind die Zinnseifen-Offshore von Thailand, Indonesien und Malaysia; die Ilmenit-, Rutil- und Zirkonstrandseifen an der Süd- und Westküste der USA und an der Ost- und Westküste Australiens sowie in Indien, Ceylon, Südafrika und Brasilien. Zunehmend richten sich jedoch die Rutil-, Ilmenit- und Zirkon-Explorationsvorhaben auf die den Küsten vorgelagerten submarinen Bereiche.

Im deutschen Festlandsockel der Nordsee bestehen gewisse Aussichten, Anreicherungen von Titan und Zirkon anzutreffen.

10.5.2 Manganknollen

Bis zur Aufnahme der Manganknollenförderung und der Gewinnung der darin enthaltenen Metalle müssen noch schwierige technische Entwicklungen vollendet und hohe finanzielle Leistungen erbracht werden, so daß erst in den 80er Jahren mit einem Produktionsbeginn zu rechnen ist.

Die Schätzungen lassen eine jährliche Produktion pro Bergbausystem in Höhe von 1 bis 3 Mill. t (trocken) pro Jahr erwarten, wobei pro Bergbausystem wahrscheinlich bis zu 800 Mill. DM an Investitionen erforderlich sein werden. Entsprechende Schwankungen gibt es auch bei der Anzahl der zu erwartenden Bergbausysteme. Während die UNO mit der Aufnahme einer Manganknollenproduktion im Jahre 1979/80 rechnet, geht die Industrie von einem evtl. Förderbeginn nach 1985 aus.

Der Meeresbergbau auf Manganknollen könnte auf der Basis zur Zeit vorherrschender Metallproduktions- und -verbrauchsprognosen folgenden Beitrag zum Weltmetallverbrauch liefern:

	1990	2000
Kupfer	0,7 v. H.	0,7 v. H.
Nickel	7,8 v. H.	8,4 v. H.
Kobalt[1])	25,0 v. H.	30,8 v. H.
Mangan	10,5 v. H.	12,1 v. H.

[1]) ohne osteuropäische Staaten und China

Der mögliche Einfluß einer Metallproduktion aus Manganknollen auf den terrestrischen Bergbau beschränkt sich demnach mit Ausnahme von Kobalt auf geringe Förder-Prozentsätze und beeinflußt die Bergbauproduktion der Entwicklungs- und Industrieländer gleichermaßen.

10.6 Forschung und technische Entwicklung

Während für die Gewinnung, Förderung und Aufbereitung der Mineralseifen bekannte Techniken eingesetzt bzw. den Umgebungsbedingungen angepaßt werden können, sind für den Manganknollenbergbau umfangreiche und kostenintensive Forschungs- und Entwicklungsarbeiten durchzuführen.

Programme für die Entwicklung und optimale Anwendung verschiedener Explorationstechniken, der Positionierung des Schiffes, Fragen der Entstehung der Knollen und Arbeiten über die Umweltbeeinflussung bei einem etwaigen Abbau der Lagerstätte sind angelaufen. Ziel dieser Bemühungen ist es, nicht nur wirtschaftlich interessante Manganknollenfelder zu finden und die Explorationsgeschwindigkeit bei gleichzeitiger Präzisierung der Meßdaten zu erhöhen, sondern auch die Kenntnisse über die Lagerstätte und ihre Umgebung so zu vertiefen, daß exakte Grunddaten für die Entwicklung der Gewinnungs-, Förder- und Aufbereitungstechnik vorliegen.

Zur Entwicklung dieser Techniken bedarf es noch der Lösung grundsätzlicher und konstruktiver Probleme. Die Ergebnisse müssen in Versuchen auf ihre Richtigkeit geprüft werden. Um effektiver und schneller zum Ziel zu kommen, haben sich verschiedene internationale *Manganknollen-Joint-Ventures* gebildet, zum Beispiel die Gruppe der von den Bergwerksgesellschaften Preussag und Metallgesellschaft initiierten Arbeitsgemeinschaft meerestechnisch gewinnbare Rohstoffe (AMR) mit der INCO (International Nickel, Kanada), der DOMCO (21 japanische Firmen unter Federführung von Sumitomo) und der US-amerikanischen Gesellschaft SEDCO.

In etwa vier Jahren soll mit dem Bau eines Pilotbergbausystemes für die Tiefsee begonnen werden.

10.7 Wirtschaftliche Entwicklung

Die wirtschaftliche Entwicklung des Meeresbergbaus setzt Konkurrenzfähigkeit zum terrestrischen Bergbau voraus. Während dies Stadium für die Mineralseifengewinnung erreicht ist, bedarf es für den Manganknollenbergbau noch großer Anstrengungen in technischer und finanzieller Hinsicht. Weiterhin wird die Entwicklung ganz wesentlich von rechtlichen und politischen Aspekten beeinflußt.

Die Kosten eines späteren Manganknollenbergbaus sind sehr schwer „wegen der vielen Unwägbarkeiten“ abzuschätzen. Mögliche Minimum-Maximum-Kostenbereiche sind wie folgt berechnet worden:

Die Erlöse für den Verkauf der Metalle Nickel, Kobalt und Kupfer einer Manganknollenanlage mit einer Förderrate von 3 Mill. t pro Jahr können im Bereich von jährlich 375 bis 700 Mill. DM liegen.

Demgegenüber liegen geschätzte Produktionskosten (inklusive Abschreibungen) in Höhe von 290 bis 425 Mill. DM. Die Kostenschätzung endet mit der Annahme eines möglichen jährlichen „return on investment“ von 10 bis 20 v. H., bei Gesamtinvestitionen in Höhe von 875 bis 1625 Mill. DM. Für eine Jahresförderung von 100000 t Kupfer auf dem Festland müssen zum Beispiel rund 600 bis 700 Mill. DM investiert werden.

Für den Manganknollenbergbau wird die Konkurrenzfähigkeit gegenüber der Nickel-Kobalt-Gewinnung aus Lateriterzen wahrscheinlich erreicht werden. Die erste Generation von Anlagen dürfte jedoch noch keine große Wirtschaftlichkeit erreichen. Diese stellt sich erst ein, wenn die gesammelten Erfahrungen für neue Anlagen ausgewertet sind.

Wenn auch die technischen und finanziellen Risiken des Manganknollenbergbaus hoch sind und wenn auch in absehbarer Zeit nicht von einer Verknappung der Metalle, die aus Manganknollen zu gewinnen sind, die Rede sein kann, so stellen die Manganknollen eine interessante Rohstoffquelle dar. Gerade für die Bundesrepublik Deutschland mit ihrer empfindlichen Rohstoffabhängigkeit ist es wichtig, dem Meeresbergbau Aufmerksamkeit zu schenken.

Die hohen finanziellen und technischen Risiken, die mit der Entwicklung und dem Betrieb der ersten Manganknollenbergbausysteme verbunden sind, erfordern eine verbindliche Klärung des Rechtsstatus des Meeresbodens.

Das im 17. Jahrhundert von Hugo Grotius formulierte Prinzip der *Freiheit der Meere* beinhaltet u. a. die Freiheit für alle Staaten, die hohe See außerhalb der Küstenzone eines jeden Staates zu nutzen.

Die Freiheit, Energierohstoffe und mineralische Rohstoffe aus dem Meer zu gewinnen, ist in dem Prinzip nicht ausdrücklich genannt. Die Gültigkeit dieses Rechtsgrundsatzes findet nicht mehr allgemeine Zustimmung.

Die Grenzen der hohen See sind ein Kernproblem des neu zu schaffenden Meeresrechtes. Bisher reicht die Hoheitsgewalt eines Staates drei Seemeilen über die Küste hinaus (sog. Küstenmeer), zusätzlich hat er Ausbeutungsrechte für die „Bodenschätze“ im Festlandsockelbereich. Die räumliche Begrenzung des Festlandsockelbereiches ist jedoch nicht eindeutig und deshalb strittig *(Bild 13)*.

Die räumlichen Grenzen der hohen See sowie alle mit der Nutzung zusammenhängenden Fragen sollen auf der 3. Seerechtskonferenz geklärt werden. Der gegenwärtige Stand der Diskussion nach den Konferenzen von Caracas und Genf ist u. a. folgender:

An das Küstenmeer soll sich eventuell eine 188 Seemeilen weite Wirtschaftszone anschließen (sog. nationaler Seeraum). Im Falle einer internationalen

Einigung im oben genannten Sinne fielen ca. 80 v.H. der für den Meeresbergbau als nutzbar geltenden Flächen unter nationale Kontrolle der Küstenstaaten.

Die Meinungen über die Ausgestaltung des neuen *Meeresvölkerrechtes* für die hohe See, insbesondere über die Nutzung der Bodenschätze, gehen weit auseinander. Die Gruppe der Entwicklungsländer wünscht eine starke internationale Meeresboden-Behörde mit Monopol für Management-, Ausbeutungs- und Vermarktungsrechte (sog. *Enterprise-System)*, während eine Minderheit industrialisierter Staaten, die das für den Meeresbergbau erforderliche know how besitzen, für eine bloße Lizenzvergabe durch die Behörde an Staaten und Unternehmen eintritt (sog. *Lizenzsystem).*

Die Voraussetzung für die wirtschaftliche Entwicklung des Meeresbergbaus faßt die Internationale Handelskammer dahingehend zusammen, daß „das zu schaffende internationale System den Lizenz- und Unterlizenzunternehmern, die eine Ausbeute vornehmen, vollkommene rechtliche Sicherheit bei der Ausübung ihrer Rechte auf Suche, Ausbeute und Absatz ihrer Produkte garantiert".

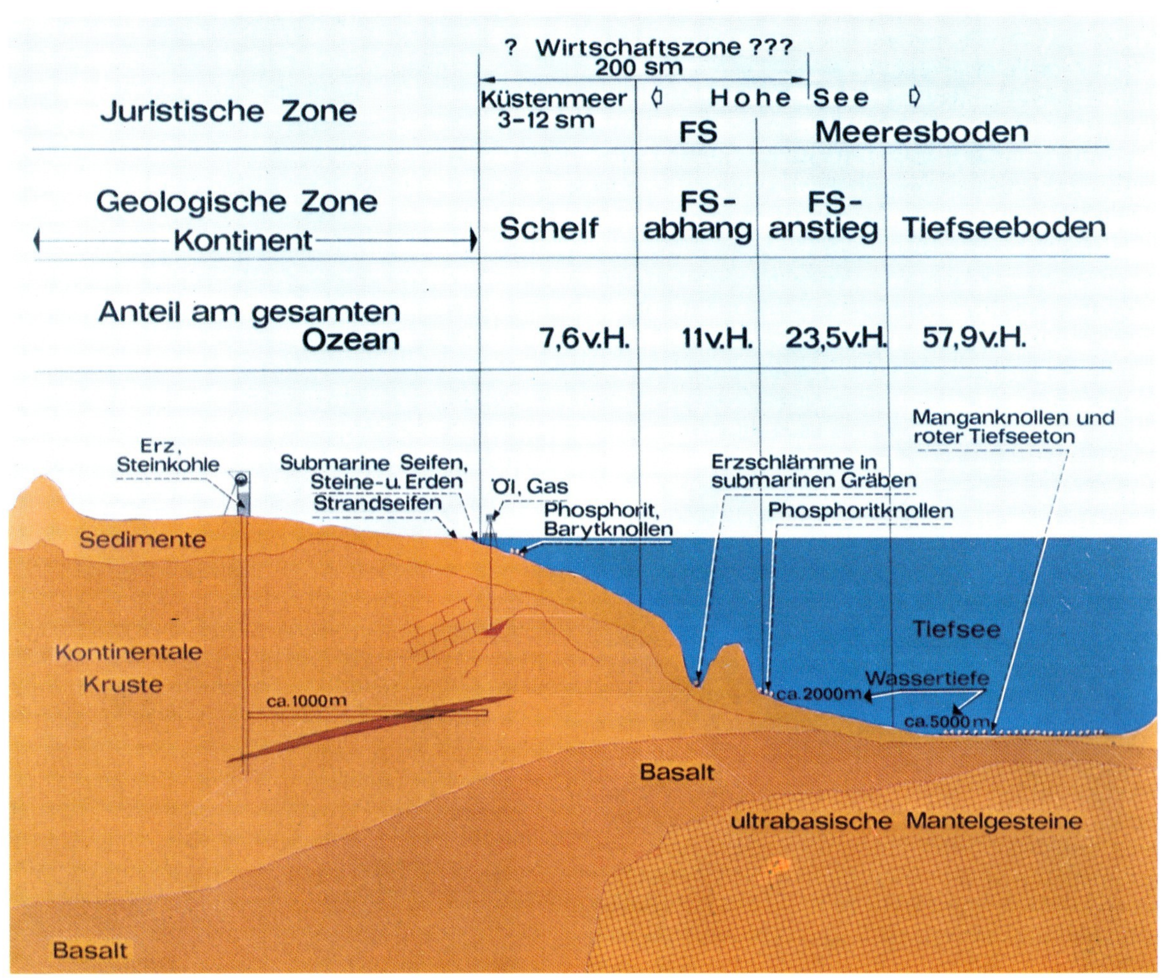

Bild 13: Geologisch-juristische Zonen und Zuordnung der Rohstoffvorkommen (die Wirtschaftszone ist völkerrechtlich noch unverbindlich)

11 Bergbauliche Spezialarbeiten

Bild 1: Füllort eines Schachtneubaus in 940 m Tiefe

11.1 Sonderzweig des Bergbaus

Der bergbauliche Gewerbezweig des Schachtbaus, des Untertagebaus und der Bohrungen hat nach dem zweiten Weltkrieg eine besondere Bedeutung erlangt. Diesem Sonderzweig des Bergbaus gehören Unternehmen an, die ursprünglich als Bergwerksunternehmer oder Unternehmerfirmen bezeichnet und seit 1947 als *Bergbau-Spezialgesellschaften* bekannt wurden.

Diese Gesellschaften befassen sich mit dem Aufsuchen und Erschließen von Lagerstätten, insbesondere der Aus- und Vorrichtung, also mit den Arbeiten, die der Gewinnung vorausgehen und diese erst ermöglichen *(Bild 1)*.

11.2 Arbeitsprogramm

Das Arbeitsprogramm der Bergbau-Spezialgesellschaften umfaßt

- Abteufen von Schächten und sämtliche Sonderarbeiten beim Schachtbau, wie Ausrüstung, Weiterteufen, Erweitern, Umbauen, Instandsetzen und Dichten von Schächten, Spannungs- und Temperaturmessungen sowie Schachtsümpfungen;
- Erstellen von Blindschächten, Aufbrüchen, söhligen und geneigten Strecken, Füllörtern und sonstigen Großräumen unter Tage;
- Gleisbau unter Tage;
- übertägige Flach- und Tiefbohrungen als Aufschluß- und Gewinnungsbohrungen, Bohrungen für Gefrierschächte;
- untertägige Hoch- und Abwärtsbohrungen, auch als Großlochbohrungen zur Wasser- und Wetterlösung, zur Bergeabfuhr und zur Gebirgsuntersuchung.

Die Unternehmen verfügen über Maschinen, Geräte und Einrichtungen, die für ihr Arbeitsprogramm entwickelt wurden. Sie stützen sich auf sachkundige Ingenieure und Facharbeiter. Sie unterhalten eigene Forschungslaboratorien und Versuchsstände. Die Mitarbeit auf dem Gebiet der bergbaulich orientierten Meeresforschung und der Meerestechnik hat das Arbeitsprogramm in jüngster Zeit erweitert.

11.3 Arbeitsverfahren

Bei den bergmännischen Spezialarbeiten werden drei Arbeitsgebiete unterschieden:

- Schachtbau
- Untertagebau
- Bohrungen.

11.3.1 Schachtbau

Größe und Tiefe eines Schachtes richten sich nach dem Mineralvorkommen, der verlangten Förderkapazität und der Menge der lebensnotwendigen untertägigen Belüftung. Für die Wahl des Abteufverfahrens ist die Beschaffenheit des zu durchteufen-

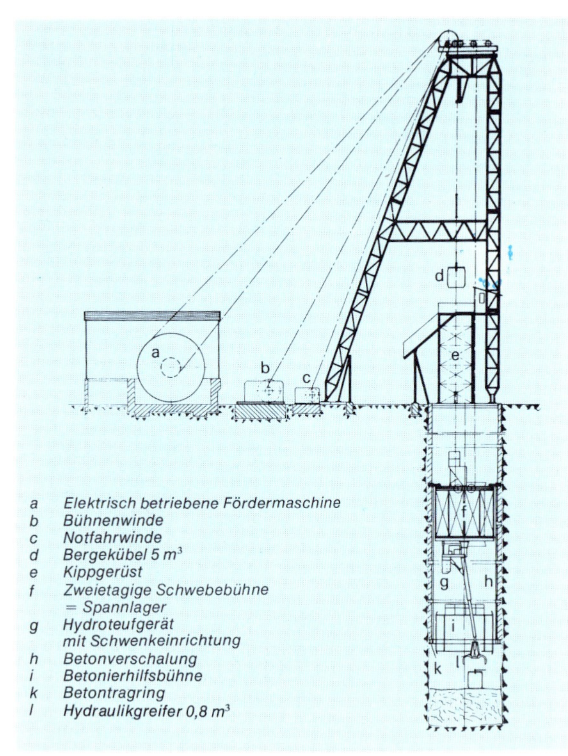

Bild 2: Abteufmaschine

den Gebirgskörpers maßgebend. Im standfesten Gebirge werden Schächte mit Hilfe von Bohr- und Sprengarbeit ohne Sonderverfahren niedergebracht. Zur Erzielung guter Leistungen bei Teufen von 1200 m und mehr sind Abteufmaschinen mit einer installierten Leistung bis 1600 kW, Fördergefäße von 5 m³ Inhalt und Fördergeschwindigkeiten bis 12 m/s erforderlich.

Im deutschen Schachtbau werden ausschließlich *Bobinenabteufmaschinen* mit Flachseilen verwendet *(Bild 2)*. Die beiden, mehrfach eingescherten Bühnenseile sind gleichzeitig Spannseile für die Führung der Kübel. Der Abteufturm dient der Seilverlagerung, der Aufnahme des Kippgerüstes mit Bergerutsche und der Umlaufrollen für Licht-, Spreng- und Telefonkabel. Eine Schwebebühne wird von zwei Bühnenwinden aus gesteuert.

Ein *Schachtbohrgerät* mit vier Lafetten bohrt die Sprenglöcher. Für das Beladen der 5 m³ großen Bergekübel ist ein hydraulischer Teleskopgreifer von 800 l Inhalt entwickelt worden, der drehbar unter der Bühne eingebaut ist. Die hydraulisch betätigten Arbeitszylinder des Greifers laufen geräuscharm.

Von der zweietagigen Schwebebühne aus werden Beton und Schachteinbauten eingebracht. Die Betonverschalung wird von einer Betonier-Hilfsbühne auf einen Tragring gesetzt. Dieser wird von acht Stangen, die in der fertigen Betonröhre verankert werden, gehalten.

Ist das Gebirge bis zum Einbringen eines vorläufigen oder des endgültigen Ausbaus nicht standfest genug, müssen Sonderverfahren angewendet werden.

Schwierige Gebirgsverhältnisse, insbesondere wasserführende, tonige, sandige und ungebundene Schichten im Deckgebirge, zwingen in vielen Fällen zur Anwendung des *Gefrierverfahrens.* Der Grundgedanke dieses Verfahrens, das bereits 1883 von Poetsch im Bergbau eingeführt wurde, besteht in der Vereisung der zum Fließen neigenden Schichten. Durch den Frostzylinder hindurch wird der Schacht niedergebracht.

Als Ausbau wurden lange Zeit hindurch nur gußeiserne Tübbinge verwendet. Im letzten Jahrzehnt haben sich Stahlbeton, Doppelstahlzylinder und Stahlringausbau mit Bitumenummantelung als wirtschaftliche und gebirgsmechanisch günstige Schachtauskleidung durchgesetzt.

Wasserführende, weiche oder sandige Schichten geringer Mächtigkeit lassen sich auch durch billigere Verfahren durchteufen, zum Beispiel mit Hilfe von Zementinjektionen.

11.3.2 Untertagebau

Die Haupttätigkeit der Bergbau-Spezialgesellschaften hat sich in den letzten Jahren auf die vielfältigen untertägigen Ausrichtungsarbeiten, die der Erschließung von Lagerstätten dienen, verlagert. Hierzu gehören die söhligen, geneigten und vertikalen Auffahrungen im Gestein und in der Kohle, der Bau von Füllörtern im Bereich der Schächte, das Auffahren von Großräumen zur Aufnahme von Werkstätten, Bergebrechanlagen, Sprengstofflagern und Pumpen sowie das Herstellen von untertägigen Kohlen- und Bergebunkern.

Die Forderung nach einem raschen Aufschluß neuer Sohlen und neuer Grubenfelder und auch die Arbeitsintensität der Gesteinsarbeiten haben den Trend zur stärkeren Mechanisierung in der Aus- und Vorrichtung beschleunigt. Das konventionelle Auffahren von Strecken mit Hilfe der Bohr- und Sprengtechnik ist während der letzten Jahre durch den Einsatz von *Teil- und Vollschnittmaschinen,* die das Festgestein mechanisch lösen, ergänzt worden.

Auffahren mit Bohr- und Schießarbeit

Die mit zunehmender Teufe ansteigende Gebirgstemperatur und Methanausgasung haben größere Streckenquerschnitte erforderlich gemacht, um das ausgedehnte Grubengebäude besser belüften zu können. In den Hauptförderstrecken werden Ausmaße bis zu 30 m² erreicht. Das konventionelle Auffahren, das aus den Arbeitsvorgängen Bohren, Sprengen, Laden des Haufwerks und Ausbauen besteht, ist stärker mechanisiert worden. Dies ist vor allem beim Bohren und Laden durch den Einsatz von *Bohrwagen, Bohrbühnen* und *Ladewagen* gelungen. Dagegen wird die Abstützung des geschaffenen Hohlraumes mittels *Stahlbögen, Mattenverzug* und *Bergehinterfüllung* noch fast ausschließlich in Handarbeit ausgeführt. An der Entwicklung geeigneter Ausbausetzvorrichtungen wird gearbeitet. Die Verwendung von Hinterfüllmaterial, das sich pumpen oder mit Hilfe von Luftdruckaggregaten einblasen läßt und das auch einen besseren Kraftschluß zwischen Ausbaugestellen, Mattenverzug und Gebirge bietet, wird erprobt.

Querschnitt, Gesteinsart, Streckenneigung und geforderte Auffahrleistung haben wesentlichen Einfluß auf die Wahl der Maschinenausrüstung.

Um eine söhlige Gesteinsstrecke mit ca. 30 m² Ausbruchquerschnitt aufzufahren, werden beispielsweise zwei zweiarmige Bohrwagen eingesetzt, die 3 bis 3,6 m lange Löcher bohren. Zwei *Seitenkipplader* geben das Haufwerk nach dem Sprengen auf eine verfahrbare Fördereinrichtung. Kettenkratzförderer und Gurtförderer transportieren das Haufwerk bis zu den Förderwagen, die mit Lokomotiven zum Schacht gefahren werden. Zwischenfördermittel, mechanisierte Ladestelle und Wagenwechselplatte ermöglichen ein kontinuierliches Abfördern der Berge. Durch Kabel- und Luttenspeichereinrichtungen kann die Verlängerung der Versorgungsleitungen und der Sonderbewetterung ohne Unterbrechung der Arbeitsvorgänge des Vortriebes erfolgen *(Bild 3)*.

Die Einrichtung eines geneigten Flözstreckenvortriebs *(Bild 4)* kann auch in einer söhligen Flözstreckenauffahrung eingesetzt werden. Da die Ausbruchquerschnitte von Flözstrecken im Bereich von 16 bis 22 m² liegen und Kohle leichter als Stein hereinzugewinnen ist, ist dort auch der Bedarf an Maschinen geringer. In der Regel werden ein zweilafettiger Bohrwagen oder Bohrhämmer auf Bohrstützen und ein Seitenkipplader eingesetzt.

Das geladene Haufwerk wird über einen verfahrbaren Unterwagen mit eingebauter Bandumkehre und Bergeübergabeeinrichtung auf das Streckenfördermittel übergeben. Zur Abförderung des Haufwerks werden in geneigten Strecken oft einfache Kettenkratz- und Gurtförderer eingesetzt, die das Haufwerk einer festen Ladestelle oder einem Kohlenbunker zuführen. Eine Speicherbandschleife bringt eine Zeitersparnis beim Verlängern des endgültigen Gurtförderers und gewährleistet einen kontinuierlichen Vortrieb.

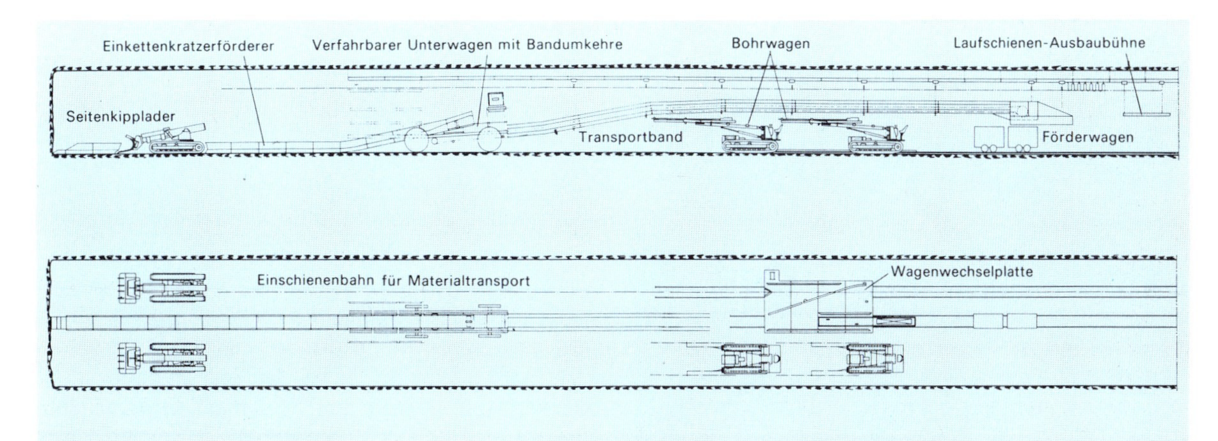

Bild 3: Gesteinsstreckenvortrieb

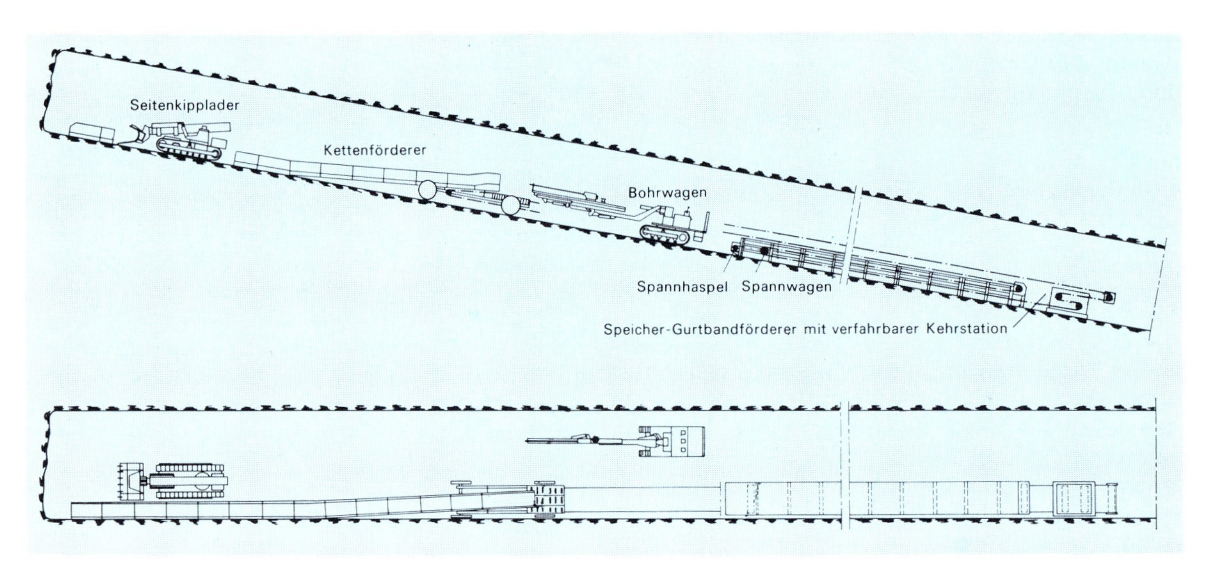

Bild 4: Geneigter Flözstreckenvortrieb

In Strecken, in denen die Bohrarbeit mit Hochleistungsbohrhämmern auf Bohrstützen erfolgt, finden Bohrbühnen Verwendung, die selbsttätig horizontal und vertikal verfahrbar sind. Diese Bühnen werden gleichzeitig auch als Ausbaubühnen benutzt.

Der vollhydraulische *Seitenkipplader (Bild 5)* besitzt gegenüber den anderen Lademaschinen den Vorteil, daß die gesamte Ladearbeit zur Schonung der Streckensohle und des Raupenfahrwerks mit Hilfe eines Teleskopauslegers aus dem Stand vorgenommen werden kann. Der Lader kann wegen seiner hohen Standfestigkeit Steigungen bis zu 25^g nehmen.

Bild 5: Vollhydraulischer Seitenkipplader

Vollmechanischer Streckenvortrieb

Trotz hohen Mechanisierungsgrades und verbesserter Bohr- und Sprengtechnik sind dem Streckenvortrieb mit Bohr- und Schießarbeit Leistungsgrenzen gesetzt. Um die Auffahrleistungen bei gleichzeitiger Verringerung der Arbeitskosten wesentlich zu steigern, sind vollmechanische Vortriebsverfahren entwickelt worden. Zunächst wurden für die Flözstreckenauffahrung *Teilschnittmaschinen (Bild 6)* gebaut. Diese arbeiten mit Auslegern und radial oder axial drehenden Schneidwalzen, die mit Schneidmeißeln bestückt sind. Teilschnittmaschinen haben in der Regel ein mobiles Raupenfahrwerk. Wegen der hohen Anpassungsfähigkeit des Schneidauslegers können Profile beliebiger Querschnittsformen für alle Flözstrecken ohne Umsetzen geschnitten werden.

Während die Teilschnittmaschinen vorwiegend im Steinkohlenbergbau für das vollmechanische Auffahren von Flözstrecken mit mildem Nebengestein entwickelt wurden, konnte das *Vollschnitt-Vortriebsverfahren* in seinen Grundzügen aus dem Tunnel- und Stollenbau übernommen werden *(Bild 7)*.

Das Gestein wird von diesen Maschinen mit Rollenbohrwerkzeugen gelöst. Bei einer Drehzahl bis zu 6 Upm wird der Bohrkopf mit Vorschubkräften von mehreren 100 Mp gegen die Ortsbrust gedrückt. Die Bohrwerkzeuge rollen in konzentrischen Kreisen an der Ortsbrust ab und lösen auf diese Weise das Gestein aus dem Gebirgsverband.

Das Bohrgut in der gebohrten Strecke wird durch Wagen, Förderbänder oder hydraulisch abgefördert.

Der erste Einsatz einer Vollschnitt-Vortriebsmaschine im europäischen Steinkohlenbergbau erfolgte im Januar 1971 auf der Dortmunder Schachtanlage Minister Stein; die Bohrdurchmesser betrugen 4,8 und 5,1 m. Bei weiteren Einsätzen im Ruhrbergbau wurde der Bohrdurchmesser bis 6 m erweitert.

Der Zuschnitt des Steinkohlenbergbaus in Teufen von ca. 1000 m stellt an Konstruktion und Fertigung von Vollschnittmaschinen besondere Anforderungen. Diese zielen auf Schlagwetterschutz, schwer entflammbare Hydraulikflüssigkeit, Zerlegbarkeit der über 300 t schweren Maschinen in bergbaugerechte Teile, kontinuierliches Einbringen des Ausbaus unmittelbar hinter dem Bohrkopf und auf Zusatzeinrichtungen für Wetterkühlung, Staubabsaugung und Brandschutz.

Vollmechanisches Herstellen von Blindschächten
Seit einigen Jahren werden im westdeutschen Steinkohlenbergbau Blindschächte mit Durchmessern von 4,5 bis 5,0 m vollmechanisch geteuft. Zwei Verfahren haben sich durchgesetzt. Bei dem ersten Verfahren werden die Meißel des abgestuften Bohrkopfes über Untersetzungsgetriebe durch das Bohrgestänge angetrieben *(Bild 8)*. Da diese Maschine nicht steuerbar ist, folgt der Bohrschacht

Bild 6: Ausleger einer Teilschnittmaschine

Bild 7: Vollschnitt-Vortriebsmaschine

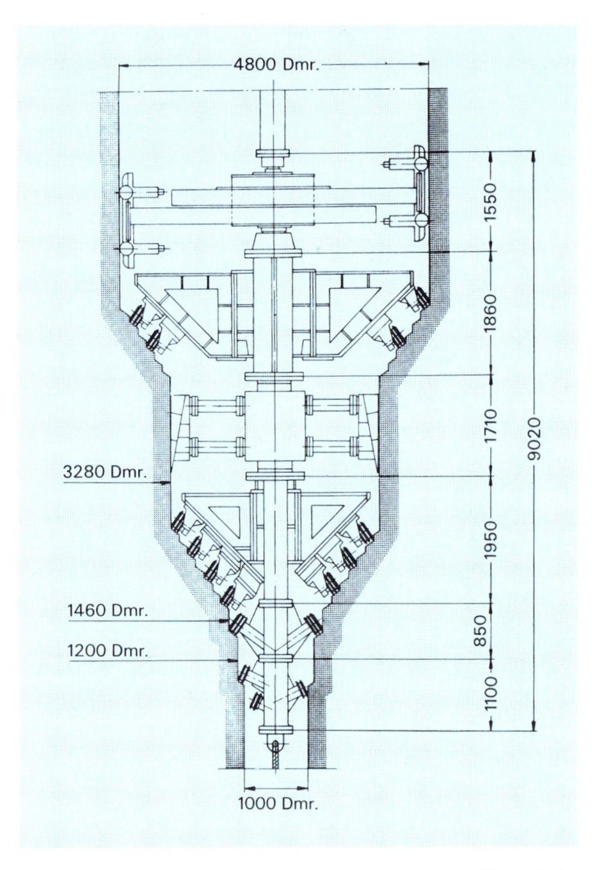

Bild 8: Blindschacht-Bohrmaschine mit abgestuftem Bohrkopf (Zahlen in mm)

den Abweichungen des Vorbohrloches. Bei dem zweiten Verfahren kommt eine gestängelos arbeitende Bohrmaschine, praktisch eine auf den Kopf gestellte Vollschnittmaschine mit stark konischem Bohrkopf, zum Einsatz. Die Maschine ist steuerbar und daher vom Verlauf des Vorbohrloches weitgehend unabhängig *(Bild 9)*.

Bei beiden Verfahren wird das Bohrklein über das etwa 1,20 m weite Pilotbohrloch nach unten abgefördert.

Großräume

Die verstärkte Betriebszusammenfassung im Steinkohlenbergbau hat den Bau von stationären Rohkohlenbunkern begünstigt. Sie werden an Schnittpunkten verschiedener Fördersysteme angeordnet und gleichen infolge ihres Speichervermögens

Bild 9 (links): Steuerbare Blindschacht-Bohrmaschine

zeitliche Unterschiede der Kohlengewinnung und -förderung aus. Sie werden auch zum Mischen verschiedener Kohlenarten benutzt.

Das Fassungsvermögen von Rohkohlenbunkern mit Durchmessern bis 9 m liegt zwischen 1000 und 3000 m³. Die in Zylinderform erstellten Bunker können aus unbewehrtem Beton, Stahlbeton oder Betonformsteinen gebaut werden. Sie sind mit Beschickungswendeln ausgestattet, die als Innen- oder Außenwendel angeordnet sind *(Bild 10)*.

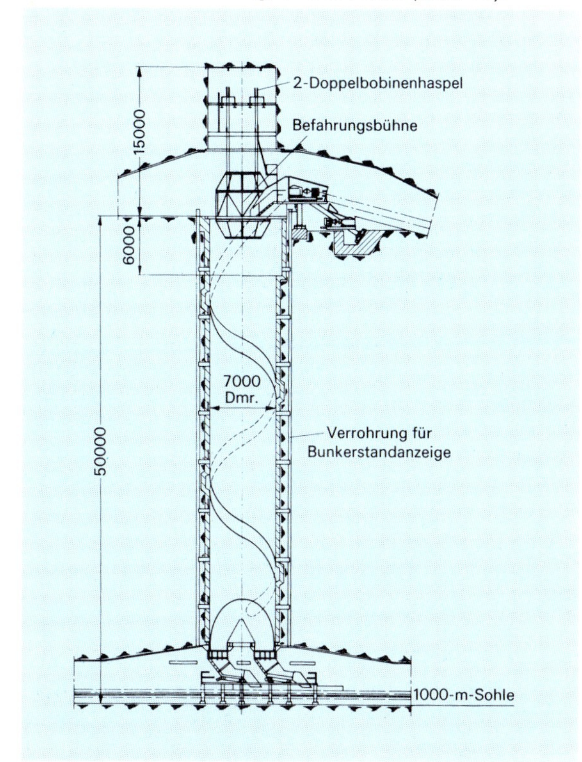

Bild 10: Rohkohlenbunker mit Beschickungswendel (Zahlen in mm)

11.3.3 Bohrungen

Zur Untersuchung einer Lagerstätte sind umfangreiche geophysikalische Messungen und Aufschlußbohrungen in Verbindung mit Kernbohrungen erforderlich. Von besonderer Bedeutung sind *Großlochbohrungen* für Wetterführung und Bergeabfuhr. Gebohrt wird auch, um Grubengas abzusaugen, Wasser zu lösen, Störungen zu untersuchen und Gebirgsspannungen in der Kohle abzubauen.

Das Herstellen von zielgenauen *Pilotbohrlöchern* für Bohrblindschächte ist wegen des großen Risikos besonders wichtig geworden. Bei den ersten Bohrblindschächten wurden die Zielbohrungen im Rotaryverfahren mit einer Drehtischanlage niedergebracht. Die Korrektur des Bohrlochs wurde mit Bohrturbinen durchgeführt. Bohrturbinen sind vom Spülungsstrom angetriebene Motoren, die den Rollenbohrkopf bei stehendem Gestänge drehen. Mit Hilfe von Lotgeräten werden Neigung und Azimut der Abweichung gemessen und fotografisch aufgezeichnet. Eine antimagnetische Schwerstange und eine Neigungsverbindung zwischen Bohrgestänge und Turbine ermöglichen, das gewünschte Azimut und die erforderliche Neigung einzurichten, um den Verlauf des Bohrlochs in das Lot zu lenken.

Zur Vermeidung von aufwendigen Richtarbeiten bei der Bohrlochkorrektur wurde das Zielbohrverfahren mit einer aus dem „Raise-boring" stammenden Großlochbohrmaschine unter Einsatz von Zielbohrstangen weiterentwickelt. Durch Vergrößerung der Kontaktfläche der Zielbohrstange mit der Bohrlochwand, Erhöhung der Drehzahl der Bohrmaschine, Begrenzung der Vorschubkraft, Kontrolle des Bohrlochverlaufs in kurzen Abständen und ständige Überprüfung der kalibergeschützten Rollenbohrwerkzeuge wurden im bundesdeutschen Steinkohlenbergbau mit dem Raise-boring ausgezeichnete Zielbohrergebnisse erreicht.

11.4 Belegschaft

Als Bergbau-Spezialgesellschaften anerkannt sind nur Gesellschaften, die sich in der Vereinigung der Bergbau-Spezialgesellschaften (VBS) e.V., einem Fach- und Arbeitgeberverband auf Bundesebene mit Sitz in Essen, zusammengeschlossen haben.

Diese Gesellschaften sind unterschiedlich groß. Die Zahl ihrer Beschäftigten liegt zwischen etwa 130 und mehr als 2000.

Die Gesamtbelegschaft der Bergbau-Spezialgesellschaften betrug im Jahre 1947 8440 Mann und erreichte Ende Februar 1958, als die Krise im Steinkohlenbergbau begann, ihre absolute Spitze mit rund 21700 Beschäftigten. In dieser Zahl sind die sogenannten betreuten Leute, die im unmittelbaren Arbeitsverhältnis zu den Bergwerksgesellschaften stehen, erfaßt. Zwischen 1965 und Januar 1968 nahm die Gesamtbelegschaft von 18270 Mann auf rund 8550 ab. In den folgenden Jahren war eine Erholung festzustellen, die sich nach der Energiekrise im Oktober 1973 verstärkt fortsetzte. Ende 1974 belief sich die Belegschaftszahl auf rund 11200 Mann ohne Berücksichtigung der von den Zechen beigestellten Arbeitskräfte. Die Aufstokkung war weitgehend nur durch Anwerbung und Ausbildung ausländischer Arbeitskräfte möglich.

Die Arbeitnehmer der Bergbau-Spezialgesellschaften unterliegen aufgrund der *Rahmen-Tarifverträge,* die zwischen der VBS und ihren Tarifpartnern, der Industriegewerkschaft Bergbau und Energie und der DAG-Bundesberufsgruppe Bergbauangestellte, abgeschlossen wurden, grundsätzlich den Tarifverträgen der jeweiligen Bergbauzweige und Bergbaureviere. Für die Arbeiter und Angestellten, die zum Beispiel auf Anlagen des Ruhrbergbaus eingesetzt sind, werden die Manteltarifverträge, Lohn- und Gehaltstafeln, Arbeitsordnung und andere Tarifverträge des rheinisch-westfälischen Steinkohlenbergbaus sinngemäß angewendet.

Die *Sonderbedingungen* der Bergbau-Spezialgesellschaften, wie Fahrkostenerstattung, Trennungsgeld, Unterkunft, An- und Rückreise, Familienheimfahrten und Auslösung finden bei Konkurrenz mit Bergbautarifen ausschließlich Anwendung.

Die enge Verflechtung der Bergbau-Spezialgesellschaften mit dem Bergbau kommt auch darin zum Ausdruck, daß sie in einer Vielzahl von gesetzlichen Maßnahmen oder durch die Rechtsprechung den Unternehmen des Bergbaus, insbesondere denen des Steinkohlenbergbaus, gleichgestellt worden sind (zum Beispiel Bergmannsprämiengesetz, Kohleanpassungsgesetz, Bergarbeiterwohnungsbaugesetz, Anpassungs-Beihilfen nach Artikel 56 § 2 MUV und Anpassungsgeld).

11.5 Enge Verzahnung mit dem Steinkohlenbergbau

Die Tätigkeit der Bergbau-Spezialgesellschaften im Bereich des Bergbaus der Bundesrepublik konzentriert sich mit einem durchschnittlichen Anteil von 96 v. H. (ohne die Belegschaft der Zentralstellen wie Verwaltung, Werkstatt, Lager, Magazin) auf den Steinkohlenbergbau, und hier überwiegend auf den Ruhrbergbau. Die Tätigkeit in anderen Bergbauzweigen ist von untergeordneter Bedeutung. Dies verdeutlicht, wie sehr der Gewerbezweig des Schachtbaus und des Untertagebaus aus seiner engen Verbindung mit dem Steinkohlenbergbau dessen Konjunkturphasen unterworfen ist *(Tafel 1).*

Ihre Tätigkeit üben die Bergbau-Spezialgesellschaften aufgrund von Werkverträgen aus, die mit den Bergwerksgesellschaften geschlossen werden.

11.6 Einsatz im Ausland

Seit vielen Jahren sind Bergbau-Spezialgesellschaften im Ausland tätig, so in England, den Niederlanden, Luxemburg, Frankreich, Spanien, der Schweiz, Italien, Österreich, Jugoslawien, der Türkei, Ägypten, Israel, Algerien, Marokko, Kanada, Venezuela und Japan.

Einige Bergbau-Spezialgesellschaften haben im Ausland Tochtergesellschaften gegründet und Zweigniederlassungen errichtet und sich auch an ausländischen Gesellschaften gleicher Art beteiligt.

Tafel 1: Ausgeführte Arbeiten der Bergbau-Spezialgesellschaften 1946 bis 1974 (In- und Ausland)

		Insgesamt	Jahresdurchschnitt				
			1946 bis 1951	1952 bis 1957	1958 bis 1963	1964 bis 1969	1970 bis 1974
Schachtbau							
Gefrierverfahren	m	19926	273	704	1084	1094	199
Sonstige Verfahren	m	255706	8185	12965	9869	6370	6279
Untertagebau							
Streckenvortrieb	m	4579845	79468	201227	167562	162120	183517
Gesenke, Aufbrüche, Bremsberge	m	486168	11333	21025	21203	15084	14861
Füllörter, Großräume	m³	6290653	116620	398834	326383	144221	74861
Bohrungen							
Gefrierbohrlöcher	m	341625	9008	15647	18530	8073	6814
Tiefbohrungen	m	2000837	78653	118619	77493	42395	19576
Sümpfungen							
Schachtsümpfungen	m³	56327505	5302020	1495687	878	–	3107200

Anhang

Bergmännisches ABC

(Im Kapitel „Grundzüge der Bergtechnik“ sind weitere bergmännische Begriffe in kurzer Form definiert).

Abbau. Gewinnung (Ausbeutung) mineralischer Lagerstätten.

Abbaustoß (auch Stoß genannt). Lagerstättenteil, der zur Gewinnung ansteht (zum Beispiel Kohlenstoß oder -front im Streb).

Abbauverfahren. Verfahren (Methoden), nach denen der Abbau von Lagerstätten planmäßig durchgeführt wird.

Abbauverluste. Lagerstättenteile, die beim Abbau stehengelassen werden.

Abraum. Deckgebirge über einer Lagerstätte, die im Tagebau gewonnen wird.

Abteufen. Herstellen eines Tages- oder Blindschachtes durch Sprengarbeit oder Schachtbohren.

Alter Mann. Abgebaute, mit Versatz verfüllte oder planmäßig zu Bruch gegangene, abgeworfene Teile einer Lagerstätte.

Ankerausbau. Sicherung untertägiger Hohlräume durch Stahlstangen, die im Gebirge verkeilt werden und die das Aufblättern und Hereinbrechen der unmittelbaren Dachschichten verhindern.

Aufbereitung. Verarbeitung bergbaulich gewonnener Rohstoffe (zum Beispiel Roherze) zu marktfähigen Produkten (zum Beispiel Erzkonzentrate).

Auffahren. Untertägiges Herstellen von söhligen oder geneigten Strecken und Hohlräumen.

Aufhauen. Vorrichtungsbaue, die zur Einleitung des Abbaus im Strebbau die Kohlenfront freilegen.

Ausbau. Sammelbegriff für alle Mittel, die dem Offenhalten und Sichern von Grubenbauen dienen:

- Schachtausbau kann aus Holz, Mauerung, Gußeisensegmenten (Tübbinge), Walzstahl und Beton (Stahlbeton-Verbundausbau) bestehen;
- Streckenausbau kann – selten – aus Holz (Türstockausbau), Stahlbögen bzw. -ringen, Mauerung, Mörtelung (Zementleiminjektion, Spritzmörtel) und Ankerausbau bestehen;
- Strebausbau kann als Einzelstempelausbau aus Holz- oder Stahlstempeln bzw. -kappen bestehen. Als Ausbauverband gelten hydraulisch arbeitende, selbstschreitende Einheiten von Stempeln und Kappen aus Stahl (Schreitausbau, Schildausbau).

Aussolen. Gewinnung von Steinsalz durch untertägiges Auflösen im Wasser.

Bandförderung. Abtransport von Schüttgütern durch Gurtbandförderer.

Berauben (auch Beräumen, Bereißen, Hartmachen genannt). Abschlagen von gelockerten Gesteinsbrocken und -schalen zu Schichtbeginn und nach dem Sprengen.

Bergfeste (auch Feste genannt). Ein im Abbaubereich zur Sicherung des Betriebsablaufs stehengelassener Lagerstättenteil.

Betonversatz. s. Versatz.

Bewetterung. Planmäßige Versorgung der Grubenbaue mit frischer Luft.

Blindschacht. Senkrechter Grubenbau, der nicht zutage geht.

Bohrstütze. Pneumatische Vorschubstütze, um den zum schlagenden Bohren von Hand notwendigen Andruck der Bohrschneide zu erzielen.

Bruchbau. s. Versatz.

Continuous Miner. s. Vortriebsmaschine.

Dachschichten. Unmittelbar über der Lagerstätte befindliche Gebirgsschichten.

Deckgebirge. Zwischen Tagesoberfläche und Lagerstätte anstehendes Gebirge.

Fahrrolle. s. Rolle.

Einfallen. Neigungswinkel der Lagerstätte zur Horizontalen, gemessen in gon (^{g}). Es wird unterschieden:

0 – 20^g flache Lagerung
20 – 40^g mäßig geneigte Lagerung
40 – 60^g stark geneigte Lagerung
60 – 100^g steile Lagerung

Gebirgsschlag. Schlagartig auftretende Bewegungen und Zusammenbrüche um Hohlräume im Gebirge, die durch Spannungen ausgelöst werden.

Grubenbau. Bergmännisch hergestellter untertägiger Hohlraum.

Grubenfeld. Gebirgsraum, in dem einem Bergwerkseigentümer das alleinige Recht zum Aufsuchen und zur Gewinnung bestimmter Minerale zusteht.

Grubengebäude. Gesamtheit aller untertägig hergestellten Grubenbaue.

Grubenlüfter. Ventilator zur Erzeugung der notwendigen Luftbewegung im Grubengebäude.

Höffigkeit. Positives Ergebnis bei der Vorerkundung von Lagerstätten.

In-Situ-Laugung. Gewinnung eines Minerals aus der natürlichen Lagerstätte mit Hilfe chemischer Lösungen.

Kettenkratzförderer. Ein- oder Mehrkettenförderer, deren Mitnehmer das Fördergut auf Förderrinnen vorwärtsschieben.

Konzentrat. Aufbereitetes, marktfähiges bergbaulich gewonnenes Produkt (zum Beispiel Erzkonzentrat).

Lafettenbohrgerät. Bohrwagen mit schweren zwangsgeführten Bohrhämmern an Bohrarmen.

LHD-Technik. Gewinnungstechnik unter Einsatz gleisloser Lade- und Fördergeräte (Load, Haul, Dump = Laden, Transportieren, Entladen oder Abkippen). Im erweiterten Sinne beinhaltet sie auch den Einsatz von Bohrwagen, Spreng-, Ausbau- sowie Hilfsfahrzeugen.

Panzerförderer. s. Kettenkratzförderer.

Pendelwagen. Gleislos betriebenes Fördergerät, das von einer Gewinnungs- oder Lademaschine beladen wird und an der Entladestelle sich selbst entladen kann.

Pfeiler. Ein im Abbaubereich zur Sicherung des Betriebsablaufs vorläufig stehengelassener Lagerstättenteil, der später hereingewonnen wird.

Querschlag. Eine in der Regel rechtwinkelig zum Streichen (s. dort) der Lagerstätte verlaufende Gesteinsstrecke.

Radlader (auch als Fahrschaufellader oder Frontschaufellader bezeichnet). Klassisches LHD-Gerät zum Laden, Fördern und Abkippen von Haufwerk.

Rammende Gewinnung. Gewinnungsverfahren, das neben der schälenden und schneidenden Gewinnung nur noch begrenzt angewandt wird (Rammhobel in der steilen Lagerung der Steinkohle).

Rasenhängebank. Erdoberfläche an der übertägigen Schachtöffnung.

Richtstrecke. Im Streichen (s. dort) der Lagerstätte aufgefahrene Gesteinsstrecke.

Rolle (auch Rolloch genannt). Steil einfallender oder senkrechter Grubenbau, der der Abwärtsförderung des gewonnenen Minerals (Erzrolle, Förderrolle), der Zufuhr von Versatzbergen (Bergerolle, Versatzrolle), der Wetterführung (Wetterrolle) oder dem Personenverkehr (Fahrrolle) dienen kann.

Schachtabteufen. s. Abteufen.

Schälende Gewinnung. Gewinnungsverfahren, bei dem das Mineral von feststehenden Meißeln eines Hobelkörpers aufgerissen wird. Der Hobel wird von einer Kette am Abbaustoß entlanggezogen.

Scheibe (auch Abbauscheibe genannt). Ein für die Gewinnung söhlig (waagerecht) unterteilter Abschnitt einer Lagerstätte.

Schildausbau. s. Ausbau.

Schneidende Gewinnung. Gewinnungsverfahren, bei dem das Mineral mit Hilfe von umlaufenden Meißeln, die auf einer Walze oder an einer Kette befestigt sind, aus seinem Verband herausgeschnitten wird (zum Beispiel Schrämmaschine, Teilschnittmaschine).

Schrapper. An Seilen über die Sohle gezogener Schrappkasten, der dabei Haufwerk aufnimmt und abfördert.

Schrägbau. Bauweise des Strebbaus in der steilen Lagerung, bei der die Strebfront (Kohlenstoß) zur Sicherung der Arbeitenden schräg zum Einfallen angesetzt wird.

Schreitausbau. s. Ausbau.

Sohle. 1. Planmäßig festgelegter Horizont im Grubengebäude mit allen darin enthaltenen Grubenbauen.
2. Untere waagerechte oder geneigte Begrenzung eines Grubenbaus.

Stahlbeton-Verbundausbau. s. Ausbau.

Streb. Langgestreckter Abbauraum in flözartigen Lagerstätten.

Strecke. Horizontal oder annähernd horizontal hergestellter Grubenbau.

Streichen. Richtung der Lagerstätte bzw. der Gebirgsschichten rechtwinklig zum Einfallen (s. dort).

Tagesschacht. Senkrechter Grubenbau, der Erdoberfläche und Grubengebäude verbindet.

Teufe. Bergmännischer Ausdruck für Tiefe.

Tübbinge. s. Ausbau.

Türstockausbau. s. Ausbau.

Verhieb. Hereingewinnung des Minerals in einer bestimmten Richtung (zum Beispiel streichender Verhieb).

Versatz. Taubes Gestein oder anderes Material zum Verfüllen (Versetzen) der durch die Hereingewinnung des nutzbaren Minerals entstandenen untertägigen Hohlräume. Hauptsächliche Versatzarten sind Vollversatz (Blasversatz, Spülversatz, Betonversatz, Sturzversatz) und Bruchbau (Selbstversatz, bei dem die Dachschichten in den abgebauten Hohlraum planmäßig hereinbrechen).

Vortriebsmaschine. Gerät zum maschinellen Auffahren von horizontalen und geneigten Grubenbauen.

- Die Vollschnittmaschine fährt Gesteinsstrecken mit kreisrundem Querschnitt auf;
- Die Teilschnittmaschine fährt Strecken in der Lagerstätte auf und wird bei der Gewinnung im Abbau eingesetzt (quer- und längsrotierende Teilschnittmaschine, Continuous Miner).

Wetter. Alle in einem Bergwerk vorhandenen Gasgemische (Frischwetter, matte Wetter, giftige Wetter, schlagende Wetter).

Wurfschaufellader. Ladegerät, bei dem die Ladeschaufel im Überkopfwurf das aufgenommene Haufwerk entweder in den an der Maschine angebrachten Ladekasten oder in einen Förderwagen entleert.

Schrifttum

Energiewirtschaftliche Perspektiven des deutschen Bergbaus

1. Bagge, C.: Kohle, der Schlüssel für eine ausreichende Energieversorgung der Welt. Glückauf 109 (1973) S. 880/887.
2. Bellano, W.: Die Weltsituation für Kokskohle in den siebziger Jahren. Glückauf 107 (1971) S. 27/33.
3. Bischoff, G.: Die Energievorräte der Erde. Möglichkeiten und Grenzen weltwirtschaftlicher Nutzung. Glückauf 110 (1974) S. 582/591.
4. Bischoff, G.: Wirtschaftspolitische Perspektiven der Weltenergieversorgung. Glückauf 111 (1975) S. 1083/1088.
5. Bund, K.: Die Weltkohlenvorräte, ihre gegenwärtige und ihre zukünftige Bedeutung. Ausführung auf der neunten Weltenergiekonferenz in Detroit. September 1974.
6. Bund, K.: Ein Jahr Energiekrise. Glückauf 111 (1975) S. 182/187.
7. Bund, K.: Die unternehmerische und energiepolitische Lage des deutschen Steinkohlenbergbaus 1975. Glückauf 111 (1975) S. 1104/1111.
8. Bund, K.: Chancen, Risiken und Aufgaben der Kohle in einer veränderten Energiewirtschaft. In: „Zukunftsorientierte Energie- und Rohstoffpolitik". Hrsg.: Friedrich-Ebert-Stiftung. Bonn-Bad Godesberg 1976.
9. Burckhardt, H.: Der Energiemarkt in Europa. J.C.B. Mohr (Paul Siebeck). Tübingen 1963.
10. Ezra, D.J.: Die Zukunft der europäischen Energieversorgung. Verlag Glückauf. Essen 1973.
11. Friderichs, H.: Das Energieprogramm der Bundesregierung. Glückauf 109 (1973) S. 1233/1238.
12. Friedensburg, F.: Die Entwicklung der Bergwirtschaft der Welt in den letzten 100 Jahren. Glückauf 101 (1965) S. 63/77.
13. Häfele, W.: Kernenergie und ihre Alternativen. Hauptvortrag auf der Reaktortagung. Nürnberg 1975.
14. Haferkamp, W.: Europäische Perspektiven der Wirtschafts- und Energiepolitik. Glückauf 111 (1975) S. 1111/1116.
15. Hoffmann, F. und R. Gabel: Die Entwicklung des Primärenergieverbrauchs der Bundesrepublik unter dem Einfluß von Konjunktur-, Temperatur- und Spareffekten. Glückauf 111 (1975) S. 486/493.
16. Hotzel, E.: Steinkohlenbergbau und Umweltschutz. Glückauf 110 (1974) S. 65/70.
17. Hotzel, E.: Verwendung von Steinkohle und Luftreinhaltung. Glückauf 110 (1974) S. 954/958.
18. Jakob, K.-H.: Der Kostenfaktor Arbeit im Steinkohlenbergbau. Glückauf 109 (1973) S. 82/87.
19. Jakob, K.-H.: Belegschaftspolitik im Steinkohlenbergbau vor neuen Aufgaben. Glückauf 110 (1974) S. 984/989.
20. Jamme, H.-P. und G. Dach: Ein Jahr der Wende im europäischen Steinkohlenbergbau. Glückauf 111 (1975) S. 259/267.
21. Kuhnke, H.-H.: Der deutsche Steinkohlenbergbau in der Zeitenwende. Glückauf 109 (1973) S. 1239/1244.
22. Lantzke, U.: Die Internationale Energie-Agentur als Antwort auf die Energiekrise. Europa-Archiv Heft 10. 1975.
23. Leuschner, H.-J.: Die Bedeutung der Braunkohle für die Energieversorgung der Bundesrepublik. Energiewirtschaftliche Tagesfragen Heft 1/2. 1975.
24. Liesen, K.: Der Beitrag des Erdgases in der Energieversorgung. Hrsg.: Ruhrgas AG. Essen 1975.
25. Mandel, H.: Die Kernenergie und ihr künftiger Beitrag zur Energieversorgung. In: Zukunftsorientierte Energie- und Rohstoffpolitik. Hrsg.: Friedrich-Ebert-Stiftung. Bonn-Bad Godesberg 1976.
26. Matthöfer, H.: Forschung und Technik für eine zukunftsgerichtete Energie- und Rohstoffpolitik. In: Zukunftsorientierte Energie- und Rohstoffpolitik. Hrsg.: Friedrich-Ebert-Stiftung. Bonn-Bad Godesberg 1976.
27. Reichert, K.: Neue Überlegungen für eine gemeinschaftliche Energiepolitik. Glückauf 110 (1974) S. 624/628.
28. Reichert, K.: Eine Kohlewirtschaftspolitik für die Europäische Gemeinschaft. Glückauf 111 (1975). S. 123/130.
29. Reintges, H.: Die längerfristige Konsolidierung des deutschen Steinkohlenbergbaus im Rahmen der Energie-, Stabilitäts- und Währungspolitik. Glückauf 109 (1973) S. 76/82.
30. Reintges, H.: Grenzen der Rationalisierung im Steinkohlenbergbau. Glückauf 109 (1973) Seite 407/414.
31. Reintges, H.: Energiewirtschaftliche Perspektiven aus der Sicht des deutschen Steinkohlenbergbaus. Glückauf 110 (1974) S. 293/296.

32. Reintges, H.: Neue Position der deutschen Steinkohle. Glückauf 110 (1974) S. 979/983.
33. Reintges, H.: Die Energieversorgung aus der Sicht der Steinkohle. Loccumer Protokoll 18/1974. Evangelische Akademie Loccum.
34. Reintges, H.: Energiewirtschaft und Energiepolitik. Glückauf 111 (1975) S. 579/587.
35. Rohwedder, D.: Probleme einer zukunftsorientierten Energie- und Rohstoffpolitik. In: Zukunftsorientierte Energie- und Rohstoffpolitik. Hrsg.: Friedrich-Ebert-Stiftung. Bonn 1976.
36. Rummert, H.-J.: Die Ölrechnung der Bundesrepublik Deutschland. Glückauf 111 (1975) S. 588/590.
37. Salin, E.: Über die Notwendigkeit langfristiger Energiepolitik. In: Wirtschaftsfragen der freien Welt. Festschrift für Ludwig Erhard. Frankfurt 1957.
38. Schieweck, E.: Weltinflation und Öldiktat – Verbündete, die die Welt verändern. Glückauf 111 (1975) S. 390/404.
39. Simonet, H.: Zur Situation der Kohle in der Europäischen Gemeinschaft. Glückauf 110 (1974) S. 176/179.
40. Spaak, F.: Grundlagen einer Energie- und Rohstoffpolitik der Gemeinschaft. In: Zukunftsorientierte Energie- und Rohstoffpolitik. Hrsg.: Friedrich-Ebert-Stiftung. Bonn-Bad Godesberg 1976.
41. Auf dem Wege zu einer neuen energiepolitischen Strategie für die Gemeinschaft. Mitteilung und Vorschläge der EG-Kommission an den Rat. Dok. KOM (74) 550 endg. Brüssel 1974.
42. Daten und Tendenzen. Gesamtverband des deutschen Steinkohlenbergbaus, 1970/71 – 1972/73 – 1974/75.
43. Die volkswirtschaftliche Bedeutung der Energiekosten und die Problematik ihrer Ermittlung. Unternehmensverband Ruhrbergbau. Essen 1967.
44. Energie für Europa. Die Bedeutung der Steinkohle. Europäische Kohlenbergbauliche Vereinigung und Studienausschuß des westeuropäischen Kohlenbergbaus. Brüssel 1974.
45. Energy Prospects to 1985. An Assesment of Long Term. OECD. Energy Developments and Related Policies. Paris 1974.
46. Entschließung des Rates vom 17. September 1974 betreffend eine neue energiepolitische Strategie für die Gemeinschaft. ABl. EG Nr. C 153 vom 9. 7. 1975.
47. Entschließung des Rates vom 17. Dezember 1974 betreffend Ziele der gemeinschaftlichen Energiepolitik für 1985. ABl. EG Nr. C 153 vom 9. 7. 1975.
48. Entschließung des Rates vom 13. Februar 1975 betreffend Maßnahmen zur Erreichung der vom Rat am 17. Dezember 1974 festgelegten Ziele der gemeinschaftlichen Energiepolitik. ABl. EG Nr. C 153 vom 9. 7. 1975.
49. Energieprogramm der Bundesregierung. Bundestags-Drucksache vom 3. 10. 1973, Nr. 7/1057.
50. Erste Fortschreibung des Energieprogramms der Bundesregierung. Bundestags-Drucksache vom 30. 10. 1974, Nr. 7/2713.
51. Gemeinschaftliche Energiepolitik, Ziele für 1985. Mitteilung der EG-Kommission an den Rat; Dok. KOM (74) 1960 endg., Brüssel 1974.
52. Jahresberichte. Gesamtverband des deutschen Steinkohlenbergbaus, 1969/70 – 1971/72 – 1973/74.
53. Kohlevergasung mit nuklearer Prozeßwärme. Hrsg.: Arbeitsgemeinschaft Nukleare Prozeßwärme. Mai 1974.
54. Lage und Aussichten der deutschen Mineralölindustrie / Eine Strukturanalyse des MWV. Oel 13 Hef 9 (1975).
55. Leitlinien einer Politik zur Erschließung von Energiequellen in der Gemeinschaft und im weiter gefaßten Rahmen einer internationalen Zusammenarbeit. Mitteilung der EG-Kommission an den Rat. Dok. KOM (75) 310; Brüssel 1975.
56. Mittelfristige Orientierung für Kohle 1975–1985. EG-Kommission; Dok. KOM (74) 1860 endg., Brüssel 1974.
57. Nukleare Prozeßwärme – Einsatzmöglichkeiten, Marktchancen, Programme. Hrsg.: Arbeitsgemeinschaft Nukleare Prozeßwärme. April 1975.
58. Orientierungen für den Elektrizitätssektor in der Gemeinschaft – Die Rolle der Elektrizität in einer neuen energiepolitischen Strategie. Mitteilung der EG-Kommission an den Rat. Dok. KOM (74) 1970 endg., Brüssel 1974.
59. Rahmenprogramm Energieforschung 1974 – 1977 der Bundesregierung. Hrsg.: Der Bundesminister für Forschung und Technologie. Bonn 1974.
60. Technologie-Programm Energie Nordrhein-Westfalen. Hrsg.: Der Minister für Wirtschaft, Mittelstand und Verkehr des Landes Nordrhein-Westfalen. 1974.
61. Viertes Atomprogramm der Bundesrepublik Deutschland für die Jahre 1973–1976. Hrsg.: Bundesministerium für Forschung und Technologie. Bonn 1973.

Chancen und Risiken einer deutschen Rohstoffpolitik

1. Dorstewitz, G. e.a.: Meeresbergbau auf Kobalt, Kupfer, Mangan und Nickel. Bd. 6. Verlag Glückauf. Essen 1971.
2. Forster, M.: Die Versorgung der Bundesrepublik Deutschland mit Metallrohstoffen. Dissertation.

3. Gocht, W.: Handbuch der Metallmärkte. Berlin, Heidelberg, New York 1974.
4. Kebschull, D. e.a.: Vermarktung und Verteilung von Rohstoffen. Verlag Weltarchiv. Hamburg 1973.
5. Mero, L.: The Mineral Resources of the Sea. Elsevier Publishing Company. Amsterdam, London, New York 1965.
6. Rolshoven, H.: Mineralrohstoffe, Grundlage der Industriewirtschaft. Verlag Glückauf. Essen 1972.
7. Sames, C.-W.: Die Zukunft der Metalle. Suhrkamp Verlag. Frankfurt 1971.
8. Saßmannshausen, G.: Bergbau und Rohstoffe, Schlüssel zum Fortschritt. Perspektiven der Rohstoffversorgung der Bundesrepublik Deutschland nach der Energiekrise 1973/74. Verlag Glückauf. Essen 1975.
9. Stodieck, H. e.a.: Internationaler Vergleich der Förderung bergbaulicher Auslandsinvestitionen. Institut zur Erforschung technologischer Entwicklungslinien. Hamburg 1974.
10. Vajna, T.: Importabhängigkeit und Rohstoffpolitik. Deutscher Instituts-Verlag. Köln 1974.
11. Metallstatistik. Metallgesellschaft. Frankfurt 1964–1974.
12. Minerals Yearbook. United States Department of the Interior Bureau of Mines Government Printing Office. Washington 1973.
13. Regionale Verteilung der Weltbergbauproduktion. Bundesanstalt für Geowissenschaften und Rohstoffe. Hannover 1975.
14. Rohstoffwirtschaftliche Länderberichte der Bundesanstalt für Geowissenschaften und Rohstoffe. Hannover.
15. Stellungnahme zur Rohstoffpolitik. Bundesverband der Deutschen Industrie. Köln 1974.
16. Stellungnahme zur Versorgung der Bundesrepublik Deutschland mit mineralischen Rohstoffen. Wirtschaftsvereinigung Bergbau. Bonn 1974.
17. Untersuchungen über Angebot und Nachfrage mineralischer Rohstoffe. Bundesanstalt für Geowissenschaften und Rohstoffe, Hannover. Deutsches Institut für Wirtschaftsforschung, Berlin.

Aufsuchen und Erkunden von Lagerstätten

1. Bentz, A. und H.J. Martini: Lehrbuch der angewandten Geologie. Ferdinand Enke Verlag. Stuttgart 1961, 1968 und 1969.
2. Bischoff, G. und W. Gocht: Das Energiehandbuch. Verlag Friedrich Vieweg und Sohn, Braunschweig 1970.
3. Borchert, H.: Ozeane Salzlagerstätten. Verlag Gebrüder Borntraeger. Berlin 1959.
4. Brinkmann, R.: Abriß der Geologie, begründet durch Emanuel Kaiser. Ferdinand Enke Verlag. Stuttgart 1967, 1968.
5. Fischer, W.: Gesteins- und Lagerstättenbildung im Wandel der wissenschaftlichen Anschauung. E. Schweizerbarth'sche Verlagsbuchhandlung. Stuttgart 1961.
6. Friedensburg, F.: Die Bergwirtschaft der Erde. Ferdinand Enke Verlag. Stuttgart 1965.
7. Lotze, F.: Steinsalz und Kalisalze. Verlag Gebrüder Borntraeger. Berlin 1957.
8. Petraschek, W.E.: Mineralische Bodenschätze. Suhrkamp Verlag. Frankfurt 1970.
9. Ramdohr, P.: Die Erzmineralien und ihre Verwachsungen. Akademie Verlag. Berlin 1950.
10. Ramdohr P. und H. Strunz: Klockmanns Lehrbuch der Mineralogie. Ferdinand Enke Verlag. Stuttgart 1967.
11. Sames, W.: Die Zukunft der Metalle. Suhrkamp Verlag. Frankfurt 1974.

Grundzüge der Bergtechnik

1. Dorstewitz, G., H. Fritzsche und H. Prause: Zur Einteilung und Bezeichnung der Abbauverfahren. Glückauf 95 (1959) S. 1245/1251.
2. Dorstewitz, G.: Welche Einflüsse bestimmen heute die Wahl von Abbauverfahren. Glückauf 109 (1973) S. 467/474.
3. Fritzsche, C.H.: Lehrbuch der Bergbaukunde 10. Aufl. Bd. 1 (1961) Bd. 2 (1962). Springer-Verlag Berlin, Göttingen, Heidelberg.
4. Haarmann, K.-R.: Abbauverfahren für Steinkohlenbergwerke in Abhängigkeit von den Besonderheiten der Lagerstätte. Erzmetall 26 (1973) Seite 276/284.
5. Haarmann, K.-R. und V. Mertens: Das maschinelle Auffahren von Flözstrecken. Glückauf 110 (1974) S. 400/406.
6. Kundel, H.: Handbuch der Mechanisierung der Kohlengewinnung. Verlag Glückauf GmbH. Essen 1974.
7. Lechner, E.M.: Zu Entwicklungstendenzen der Tagebautechnik für festes Gebirge. Berg- und Hüttenmännische Monatshefte 116 (1971) Seite 189/200.
8. Rasper, L.: Der Schaufelradbagger als Gewinnungsgerät. Trans Tech Publications. Clausthal 1973.
9. Rutschmann, W.: Mechanischer Tunnelvortrieb im Festgestein. VDI-Verlag. Düsseldorf 1974.
10. Wolff, D.: Möglichkeiten und Probleme der Abbau- und Fördertechnik mit gleislosen Dieselgeräten in geringmächtigen Lagerstätten. Erzmetall 26 (1973) S. 429/436.

Bergbauliche Berufsbildung
1. Hegelheimer, A.: Bildungsplanung und Beruf. Deutscher Industrie- und Handelstag. Heft 135 (1973).
2. Kegel, H.: Schule und Betrieb. Glückauf 107 (1971) S. 64/66.
3. Mader, S.: Berufsbildung in den Betrieben des Steinkohlenbergbaus. Glückauf 111 (1975) Seite 885/889.
4. Rohrmoser, G.: Die gesellschaftspolitische Herausforderung unserer Zeit. Glückauf 109 (1973) S. 135/139.
5. Wilms, D.: Ausbildung oder Ausbeutung. Deutscher Instituts-Verlag. Köln.
6. Bergbau-Studium an der Technischen Universität Berlin.
7. Berufsbildungspolitik und -praxis. Loseblatt-Sammlung. Deutscher Industrie-Verlag. Köln.
8. Blätter zur Berufskunde:
Diplom-Ingenieur Bergbau
Ingenieur (grad) Bergbau
Techniker im Bergbau
Knappe (Stein- und Pechkohlenbergbau)
Bergvermessungstechniker.
W. Bertelsmann Verlag. Bielefeld.
9. Merkblatt der Fachrichtung Bergbau der Rheinisch-Westfälischen Technischen Hochschule Aachen.
10. Merkblatt für Abiturienten. Hrsg.: Wirtschaftsvereinigung Bergbau. Bonn.
11. Rohstoffingenieure, Werkstoffingenieure, Zukunftsingenieure. Informationsschrift zur Entscheidungsbildung über Studium und Beruf an der Montanistischen Hochschule Leoben.
12. Studientip Bergbau und Rohstoffe der Technischen Universität Clausthal.

Forschung und Entwicklung
1. Forschungsbericht IV der Bundesregierung. Bundesministerium für Bildung und Wissenschaft. Bonn 1972.
2. Jahrbuch für Bergbau, Energie, Mineralöl und Chemie. Verlag Glückauf. Essen.
3. Taschenbuch für Bergingenieure (Steinkohle, Erze, Salze, Braunkohle, Steine und Erden) 1975. Verlag Glückauf. Essen 1975.
4. Wissenschaftsaufwendungen in der Bundesrepublik Deutschland. F. + E.-Statistik des Stifterverbandes für die Deutsche Wissenschaft. Essen.

Bergrecht
1. Boldt, G.: Das Allgemeine Berggesetz. Münster 1948.
2. Boldt, G.: Staat u. Bergbau. München, Berlin 1950.
3. Brassert, H. und H. Gottschalk: Allgemeines Berggesetz für die preußischen Staaten. Bonn 1914.
4. Dapprich, G. und B. von Schlütter: Leitfaden des Bergrechts. 6. Aufl. Essen 1962.
5. Ebel, H. und H. Weller: Allgemeines Berggesetz vom 24. Juni 1865. 2. Aufl. nebst Erg.-Bd. Berlin 1963, 1969.
6. Heinemann, G.: Der Bergschaden, 3. Aufl. Berlin 1961.
7. Heller, W. und W. Lehmann: Deutsche Berggesetze. Loseblattsammlung. Essen 1961.
8. Isay, I. und H. Isay: Allgemeines Berggesetz für die preußischen Staaten. Bd. 1, 2. Mannheim, Berlin, Leipzig 1919–1920.
9. Kiessling, W. und Th. Ostern: Bayerisches Berggesetz. München 1953.
10. Miesbach, H. und D. Engelhardt: Bergrecht. Nebst Erg.-Bd. Berlin 1962, 1969.
11. Müller-Erzbach, R.: Das Bergrecht Preußens. Stuttgart 1917.
12. Reuss, M., W. Grotefend und G. Dapprich: Das Allgemeine Berggesetz. 11. Aufl. von G. Dapprich und B. v. Schlütter. Köln, Berlin 1959.
13. Willecke, R. und Turner, G.: Grundriß des Bergrechts. 2. Aufl. Berlin, Heidelberg, New York 1970.
14. Willecke, R.: Braunschweigisches Berggesetz. Selbstverlag 1955.
15. Zeitschrift für Bergrecht. Red. u. hrsg. im Auftr. des Bundesministeriums für Wirtschaft von Ministerialrat Dr. Hans Zydek und Rechtsanwalt Dr. Wolfgang Heller.

Sozialwesen im Bergbau
1. Gellhorn, N. v.: Die Änderungen des Knappschaftsrechts durch das Finanzänderungsgesetz 1967. Kompass 78 (1968) S. 1/7.
2. Gellhorn, N.v.: Die Entwicklung des Trägers der Knappschaftsversicherung vom Reichsknappschaftsverein zur Bundesknappschaft. Kompass 79 (1969) S. 212/217.
3. Höcker, L.: Staatliche Subventionen in der gesetzlichen Rentenversicherung? Soz. Fortschritt 11 (1962) S. 112/119.
4. Höffner, J.: Sozialpolitik im Deutschen Bergbau. Münster 1956.
5. Ilgenfritz, G.: Änderungen im Bereich der Knappschaftsversicherung. Bundesarbeitsbl. 19 (1968) S. 73/81.
6. Ilgenfritz, G.: Besondere Regelungen des Rentenreformgesetzes in der knappschaftlichen Rentenversicherung. Kompass 82 (1972) S. 330/336.
7. Ilgenfritz, G.: Einheitlicher Träger für die Knapp-

schaftsversicherung. Bundesarbeitsbl. 20 (1969) S. 389/394.
8. Ilgenfritz, G.: Sozialflankierende Maßnahmen für entlassene Arbeitnehmer des Bergbaus in der knappschaftlichen Rentenversicherung. Bundesarbeitsbl. 3 (1972) S. 150/153.
9. Ilgenfritz, G.: (früher Gellhorn, N. v. und K.-H. Orda): Reichsknappschaftsgesetz. Textausgabe mit Anmerkungen. Loseblattsammlung.
10. Miesbach, H. und W. Busl: Reichsknappschaftsgesetz mit ergänzenden Vorschriften und Erläuterungen. Loseblattsammlung. München 1953–1970.
11. Rudlof, E.: Die Verfassungsmäßigkeit des Lastenausgleichsverfahrens der gewerblichen Berufsgenossenschaften. Glückauf 110 (1974) S. 448.
12. Rudolf, E.: Die wesentlichen Neuregelungen des Rentenreformgesetzes 1972. Glückauf 109 (1973) S. 278.
13. Rudolf, E.: und A.-M. Leggewie: Die Errichtung der Bundesknappschaft. Glückauf 105 (1969) Seite 959/964.
14. Schimanski, S.: Gesetzlicher Lastenausgleich in der gewerblichen Unfallversicherung. Kompass 78 (1968) S. 44/51.
15. Thielmann, H.: Die Geschichte der Knappschaftsversicherung. Bad Godesberg 1960.
16. Verweyst, E.: Die Auswirkung des Finanzänderungsgesetzes auf die Rentenhöhe. Kompass 80 (1970) S. 333/341.
17. Wendland, M.-E.: Finanzierungsausgleich in der gesetzlichen Unfallversicherung. Bundesarbeitsbl. 19 (1968) S. 91/92.
18. Wohlberedt, F.: Die Bergbau-Berufsgenossenschaft im Rahmen der übrigen gewerblichen Berufsgenossenschaften. Kompass 84 (1974) Seite 279/287.
19. Zydek, H.: Anpassungsgeld, ein Beitrag z. Entstehungsgeschichte, zum Inhalt und zur Auslegung der Anpassungsgeldregelung. Kompass 82 (1972) S. 1/15, S. 33/47, S. 61/79.
20. Die Unfallversicherung des Bergmanns. Hrsg.: Bergbau-Berufsgenossenschaft. Bochum 1972.
21. Entscheidung des Bundesverfassungsgerichts zur Altlastregelung der Bergbau-Berufsgenossenschaft. Kompass 78 (1968) S. 37/43.
22. Knappschaftliche Rentenversicherung – Aufgaben und Leistungen. Hrsg.: Bundesknappschaft. Bochum 1975.

Bergbau und Verkehr

1. Friedrich, W.: Der Kohletarif der DB – Spiegelbild eines sich wandelnden Marktes. Die Bundesbahn 9/1975.
2. Hördemann, K.-O.: Neue Tarifmaßnahmen im Kohlenverkehr. Volkswirt 16 (1962) Nr. 19. Beil. S. 9/11.
3. Klaer, W.: Eisenbahn-Tarifwesen. Düsseldorf 1951.
4. Stellungnahme zum Verkehrspolitischen Programm für die Jahre 1968–1972. Hrsg.: Bundesverband der Deutschen Industrie. Köln 1968.

Aktivitäten des deutschen Bergbaus im Ausland

1. Billerbeck, K.: Zur Aushandlung einer Neuordnung des Weltkupfermarkts. Deutsches Institut für Entwicklungspolitik. Berlin 1975.
2. Florin, G.: Die rohstoffpolitische Diskussion auf Ebene der Vereinten Nationen und ihr Einfluß auf die internationale Rohstoffwirtschaft. Erzmetall Bd. 28 (1975) Heft 11.
3. Florin, G.: Die erste UN-Rohstoffkonferenz – Wetterleuchten einer neuen Weltwirtschaftsordnung? –. Glückauf 110 (1974) Nr. 21.
4. Hiller, J.E.: Die mineralischen Rohstoffe. E. Schweizerbarth'sche Verlagsbuchhandlung. Stuttgart 1962.
5. Janković, S.: Wirtschaftsgeologie der Erze. Springer-Verlag. Wien, New York 1967.
6. Lüert, H.: Deutscher Bergbau im Ausland. G. Grote'sche Verlagsbuchhandlung Köln und Berlin. Troisdorf 1971.
7. Meadows, D.: Die Grenzen des Wachstums. Bericht des Club of Rome zur Lage der Menschheit. Deutsche Verlags-Anstalt. Stuttgart 1972.
8. Mesarović, M. und E. Pestel: Menschheit am Wendepunkt. 2. Bericht an den Club of Rome zur Weltlage. Deutsche Verlags-Anstalt. Stuttgart 1974.
9. Stodieck, H. e.a.: Internationaler Vergleich der Förderung bergbaulicher Auslandsinvestitionen. Institut zur Erforschung technologischer Entwicklungslinien. Hamburg 1974.
10. Stodieck, H. e.a.: Berggesetzgebung und Rohstoffpolitik in Entwicklungsländern. Institut zur Erforschung technologischer Entwicklungslinien. Hamburg 1975.
11. Wolff, D.: Technische und wirtschaftliche Entwicklungen im Blei-Zinkerzbergbau. Erzmetall Bd. 28 (1975) Heft 12.
12. Commodity Data Summaries. US Bureau of Mines. Washington 1975.
13. Mineral Facts and Problems. US Bureau of Mines. Washington 1973.

Bergbau in Kultur und Kunst

1. Heilfurth, G.: Das Bergmannslied. Kassel 1954.
2. Heilfurth, G.: Bergbau und Bergmann in der

deutschsprachigen Sagenüberlieferung Mitteleuropas. Marburg 1967.
3. Koch, M.: Geschichte und Entwicklung des bergmännischen Schrifttums. Goslar 1963.
4. Schreiber, G.: Der Bergbau in Geschichte, Ethos und Sakralkultur. Köln und Opladen 1962.
5. Treptow, E.: Bergmännische Kunst. In: Beiträge zur Geschichte der Technik und Industrie, Jahrbuch des Vereins deutscher Ingenieure 1922 Bd. 12.
6. Treptow, E.: Deutsche Meisterwerke bergmännischer Kunst. Berlin 1929.
7. Winkelmann, H.: Der Bergbau in der Kunst. Essen 1971.
8. Der Anschnitt, Zeitschrift für Kunst und Kultur im Bergbau. Hrsg.: Vereinigung der Freunde von Kunst und Kultur im Bergbau e.V., Bochum.

Bergbauliche Verbandstätigkeit

1. Bock, H.K.: Bergbauliche Verbände im öffentlichen Leben. Verlag Glückauf. Essen 1958.
2. Huppert, W.: Industrieverbände. Duncker & Humblot. Berlin 1973.
3. Kliebhan, H.: Sammeln, filtern und verdichten. Ruhrkohle Heft 11/1973.
4. Knapp, H.: Die politische Bedeutung der Verbände.
5. Varain, H.J.: Interessenverbände in Deutschland. Kiepenheuer & Witsch. Köln 1973.
6. Willing, H.-G.: Entwicklung und Stand der bergbaulichen Organisation. Schlägel und Eisen. Nr. 9 (1954) S. 270.
7. Zepter, G.: Da haben wir die Verbände. Deutsche Industrieverlags-GmbH. Köln 1972.

Steinkohle

1. Ahland, E., B. Bock, H.J. Jagnow, J. Lehmann und W. Peters: Production and trials of Bergbau-Forschung formed coke. Symposium on "Advances in extractive metallurgy and refining". 4./6. 10. 1971 in London.
2. Bartelt, D.: Prozeßsteuerung von Aufbereitungsanlagen. Glückauf 109 (1973) S. 212/219.
3. Beck, K.G.: Die Veredlung der Steinkohle. Winnacker-Küchler, Chemische Technologie Band III. Carl Hanser Verlag. München 1971.
4. Beck, K.G.: Kokereitechnisches Entwicklungsprogramm für den Horizontalkammerofen. Vortrag auf der Informationstagung "Technik und Entwicklung der Verkokung von Steinkohle". Luxemburg 23./24. 4. 1970.
5. Beck, K.G. und W. Weskamp: Steigerung der Produktivität von Koksofengruppen durch höhere Betriebstemperaturen. Glückauf 107 (1971) S. 43/51.
6. Bruns, P.H., H. Krischke und F.W. Möllenkamp: Die Versorgung der Bundesrepublik mit Fernwärme über eine Bundesschiene. Energie 27 (1975) S. 4ff.
7. Bund, K., K.A. Henney und K.H. Krieb: Kombiniertes Gas-/Dampfturbinenkraftwerk mit Steinkohlen-Druckvergasungsanlage im Kraftwerk Kellermann in Lünen. Brennstoff-Wärme-Kraft 23 (1971) Seite 258 ff.
8. Bund, K.: Die Energieversorgung aus der Sicht des deutschen Steinkohlenbergbaus. Jahrbuch für Bergbau, Energie, Mineralöl und Chemie 1974. Verlag Glückauf. Essen 1974.
9. Bund, K. e.a.: Die Energiewirtschaft zieht Bilanz, Bericht zur Lage der einzelnen Energiezweige. Essen 1974.
10. McCartney, J.T. und M. Teichmüller: Classification of coals according to degree of coalifaction by reflextance of vitrinite components. Fuel 51 (1972) S. 64 ff.
11. Erasmus, F.C.: Die Entwicklung des Steinkohlenbergbaus im Ruhrrevier in den siebziger Jahren. Glückauf 111 (1975) S. 311/318.
12. Falke, H. und G. Kneuper: Das Karbon in limnischer Entwicklung. Compte rendu. 7. Congr. Strat. Géol. Carbonifère. Krefeld 1971, S. 47/67.
13. Fettweis, G.B. und P. Stangl: Aufschluß und Nutzung der Kohlenvorräte in der aufgeschlossenen Zone des Ruhrreviers bis 1970. Glückauf 111 (1975) S. 101/108.
14. Giesel, H.B.: Energiemarkt in der Gegenwart und im nächsten Jahrzehnt – Aus der Sicht des Steinkohlenbergbaus. In: Energiewirtschaft in der Gegenwart und im nächsten Jahrzehnt, Referate und Diskussionen im Zentrum für interdisziplinäre Forschung an der Universität Bielefeld, 18. Mai 1973, herausgegeben von Volker Emmerich und Rudolf Lukes.
15. Giesel, H.B.: Mineralölimport und Zahlungsbilanz. Glückauf 110 (1974) S. 345/347.
16. Gossens, W.: Die Heißbrikettierung von Steinkohlen nach dem Ancit-Verfahren des Eschweiler Bergwerks-Vereins. Glückauf 109 (1973) S. 521/524.
17. Gossens, W., W. Zischkale und R. Reiland: Die Heißbrikettierung von Steinkohlen nach dem Ancit-Verfahren und Verhüttungsversuche im Hochofen. Stahl und Eisen 92 (1972) S. 1039 ff.
18. Gratkowski, H. W. v.: Stand und Möglichkeiten der Kohlevergasung. DGMK-Vortrag, Hamburg, 1./2. 10. 1974.
19. Grosskinsky, O.: Handbuch des Kokereiwesens, Bd. 1, 2. Knapp-Verlag. Düsseldorf 1955.
20. Gumz, W. und R. Regul: Die Kohle. Verlag Glückauf. Essen 1954.

21. Hannes, K., H. Janz und P.H. Bruns: Überregionale Fernleitung – ein Modell. Technische Mitteilungen 67 (1974) S. 180 ff.
22. Hedemann, H.A., H.J. Fabia, e.a.: Das Karbon in marin-paralischer Entwicklung.
Compte rendu. 7. Congr. Strat. Géol. Carbonifère. Krefeld 1971. S. 29/47.
23. van Heek, K.H., H. Jüntgen und W. Peters: Stand der Gaserzeugung aus Kohle durch Wasserdampfvergasung unter Nutzung von Hochtemperaturkernreaktorwärme. Erdöl und Kohle 26 (1973) S. 701 ff.
24. Herrmann, W.: Rohstoff- und prozeßbedingte Zusammenhänge beim Ancit-Verfahren des Eschweiler Bergwerks-Vereins. Glückauf 109 (1973) S. 714/721.
25. Hiller, H.: Einsatzmöglichkeiten und Entwicklungstendenzen der Lurgi-Druckvergasung in der sich wandelnden Energresituation. DGMK-Vortrag. Hamburg, 1./2. 10. 1974.
26. Ibing, G.W.: Extraktion von Steinkohle. DGMK-Vortrag. Hamburg, 1./2. 10. 1974.
27. Jacobi, E.: Fernwärmeversorgung, Vortrag auf der VDEW-Tagung „Heizkraftwirtschaft" am 23./24. 10. 1969 in Düsseldorf.
28. Jüntgen, H., J. Klein und J. Reichenberger: Treatment of Waste Water by Activated Carbon-Design and Optimization of the Adsorption and Regeneration Process. GVC/AIChE-Joint Meeting, München 17./20. 9. 1974.
29. Jüntgen, H. und K.H. van Heek: Vergasung von Kohle mit Kernreaktorwärme. DGMK-Vortrag. Hamburg, 1./2. 10. 1974.
30. Jüntgen, H. und D. Schwandtner: Adsorptive Reinigung von Industrieabwässern mit regenerierbarer Aktivkohle. Vortrag Dechema. Frankfurt 1972.
31. Karrenberg, H. und A. Rabitz: Versorgung der Bundesrepublik mit Kohle. Geowissenschaftliche Aspekte Erdöl und Kohle, Bd. 27, H. 12 (1974) S. 777/783.
32. Knizia, K.: Das VEW-Kohleumwandlungsverfahren. VGB-Kraftwerkstechnik 54 (1974) S. 525 ff.
33. Knoblauch, K. und H. Jüntgen: Das Bergbau-Forschungs-Verfahren zur trockenen Entschwefelung staubhaltiger Abgase. VDI-Bericht Nr. 149 (1970) S. 116 ff.
34. Kölling, G.: Kohleverflüssigung und Extraktion. DGMK-Vortrag, Hamburg, 1./2. 10. 1974.
35. van Krevelen, D.W.: Coal. Elsevier, Amsterdam – London 1961.
36. Kubitza, K.H. und P. Wilczynksi: Trockene Feinstkornabtrennung in Sichtern, neuere Entwicklungen bei der Ruhrkohle AG. Glückauf 110 (1974) S. 480/484.
37. Kukuk, P. und C. Hahne: Die Geologie des Niederrheinisch-Westfälischen Steinkohlengebietes (Ruhrrevier). Bochum 1962.
38. Leininger, D.: Entwicklungstendenzen in der Steinkohlenaufbereitung der BR Deutschland. Vortrag beim AIChE-Jahrestreffen in Dallas (USA) am 23./28. 2. 1974.
Ergebnisse des VI. Internationalen Kongresses für Steinkohlenaufbereitung in Paris. Glückauf 110 (1974) S. 879/882.
39. Leininger, D. und K.H. Kubitza: Simulationsmodell der Steinkohlenaufbereitung. Kurznachrichten Bergtechnik und Kohlenveredlung. Nr. 5 (1975).
40. Locke, H.B.: Die Wirbelbettverbrennung – ein fortschrittliches Verfahren zur Energieerzeugung mit minimaler Luftverschmutzung. Archiv für Energiewirtschaft 29 (1975) S. 17 ff.
41. Lowry, H.H.: Chemistry of Coal Utilization. Wiley & Sons. New York – London 1963.
42. Mackowsky, M.Th.: Probleme der Inkohlung. Brennstoff-Chemie 34 (1953) S. 182 ff.
43. Monostory, F.P. und Th. Schieder: Herabsetzung des Schwefelgehaltes von Kohle durch aufbereitungstechnische Maßnahmen. Schlußbericht über ein vom Land NRW gefördertes Entwicklungsvorhaben 1972.
44. Nedelmann, H.: Kohlechemie. Essen 1956.
45. Peters, W.: Desulphurization of Coal before and after Burning, AIChE-Meeting in Washington. Dez. 1974.
46. Peters, W.: Kohle als Rohstoff und Energieträger. Festvortrag für die 24. Haupttagung der Deutschen Gesellschaft für Mineralölwissenschaft und Kohlechemie. Hamburg, 1.10. 1974.
47. Peters, W. und H.D. Schilling: Zukunftsorientierte Koppel- und Verbundsysteme zur Kohleveredlung. Chemiker-Zeitung 98 (1974) S. 431 ff.
Die Entwicklung des Primärenergieverbrauchs und zukünftige Möglichkeiten der Veredlung und Verwendung von Steinkohle. Chemiker-Zeitung 97 (1973) S. 277 ff.
48. Peters, W., H. Jüntgen und E. Ahland: Development of modern Processes for Production of Coke for old and new Fields of Application. 8. Welt-Energie-Konferenz. Bukarest, 28. 6./2. 7. 1971.
49. Peters, W., G. Schmeling und K. Kleisa: Erzeugung nicht rauchender Brennstoffe durch Oxidation pechgebundener Steinkohlenbriketts im Sandbettofen nach Inichar. Glückauf-Forsch.-H. 26 (1965) S. 67 ff.
50. Peters, W., E. Ahland und J. Langhoff: Verfahrensentwicklung der Bergbau-Forschung auf dem Gebiet der kontinuierlichen Formkoksherstellung.

Vortrag auf der Informationstagung „Technik und Entwicklung der Verkokung von Steinkohle" in Luxemburg, 23./24. 4. 1970.
51. Petrascheck, W.E.: Mineralische Bodenschätze. Suhrkamp-Verlag. Frankfurt 1970.
52. Pichler, H. und G. Krüger: Herstellung flüssiger Kraftstoffe aus Kohle.
Studie im Auftrag des Bundesministeriums für Bildung und Wissenschaft (1970/71).
53. Puhr-Westheide, H.: Kraftwerke mit Kohledruckvergasung. VGB-Kraftwerkstechnik 54 (1974) S. 532 ff.
54. Reerink, W.: Progress in carbonization science and technique during the last fourty years. The first Carbonization Science Lecture of the Coke Oven Manager's Association and the British Coke Research Association. London 5th Nov. 1969.
55. Reerink, W. und W. Peters: Leitgedanken für die Entwicklung neuer Verfahren zur thermischen Kohlenveredlung. Brennstoffchemie 46 (1965) S. 330 ff.
56. Reerink, W. und G. Kölling: Das chemische Bild der Steinkohle. Bild der Wissenschaft 5 (1968) Seite 1072 ff.
57. Reintges, H.: Grenzen der Rationalisierung im Steinkohlenbergbau. Glückauf 109 (1973) Seite 407/414.
58. Rohde, W. und K.B. Beck: Precarbon, ein neues Verfahren für den Einsatz vorerhitzter Kohle. Glückauf 109 (1973) S. 348/354.
59. Schilling, H.D.: Kohlenveredlung. Brennstoff-Wärme-Kraft 26 (1974) S. 137 ff. Kohlenveredlung (Ergänzung) BWK 27 (1975) S. 146 ff.
60. Schinzel, W.: Raucharme Briketts aus mit Sulfitablauge gebundenen Steinkohlen. Erdöl und Kohle 25 (1972) S. 65 ff.
61. Schmalfeld, P. und R. Rammler: Entwicklung und gegenwärtiger Stand der Heißbrikettierung. Stahl und Eisen 94 (1974) S. 701 ff.
62. Schröder, K.: Große Dampfkraftwerke, Bd. 1–3. Springer-Verlag, Berlin – Göttingen – Heidelberg 1959.
63. Simonis, W.: Mathematische Beschreibung der Hochtemperaturverkokung von Kokskohle im Horizontalkammerofen bei Schüttbetrieb. Glückauf-Forsch.-H. 29 (1968) S. 103 ff.
64. Smith, J.R., e.a.: Pressurized Fluid Bed Boiler Power Plant. Operation and Control, Combustion 46 (1975) S. 21.
65. Sommers, H.: Betriebserfahrungen mit dem LR-Verfahren zur Vorentgasung von Kraftwerkskohle in Verbindung mit einer Kesselfeuerung. VGB-Kraftwerkstechnik 54 (1974) S. 305 ff.
66. Steiner, P., H. Jüntgen und K. Knoblauch: Process for Removal and Reduction of Sulphur Dioxides from Polluted Gas Streams. Division of Industrial and Engineering Chemistry 142, April 5, 1974.
67. Der Deutsche Steinkohlenbergbau. Hrsg.: Steinkohlenbergbauverein. Techn. Sammelwerk, Bd. 3, 4. Verlag Glückauf. Essen 1958.
68. Die Energiewirtschaft in der BR Deutschland. Hrsg.: Statistisches Bundesamt. Bundesministerium für Wirtschaft. Bonn.
69. Die Karbon-Ablagerungen in der Bundesrepublik Deutschland. Fortsch. Geol. Rheinld. und Westf. 19, Krefeld 1971.
70. Energiebilanzen der Bundesrepublik Deutschland 1950 bis 1974. Arbeitsgemeinschaft Energiebilanzen.
Verlags- und Wirtschaftsgesellschaft der Elektrizitätswerke mbH, Frankfurt.
72. Formkoks durch BFL-Heißbrikettierung. Lurgi-Schnellinformation. Lurgi-Mineralöltechnik, Frankfurt.
73. Jahresberichte des Steinkohlenbergbauvereins 1954 bis 1974. Essen 1955 bis 1975.
74. Ruhrkohlen-Handbuch. Verlag Glückauf GmbH. Essen 1959.
75. Studie über die Realisierbarkeit und die technisch-wirtschaftlichen Aussichten der Vergasung von Kohle mit Nuklearwärme aus Hochtemperaturreaktoren. Konsortium Gesellschaft für Hochtemperaturreaktor-Technik GmbH, Bensberg. Bergbau-Forschung GmbH, Essen. Rheinische Braunkohlenwerke AG, Köln. Steag AG, Essen. 1974.
76. Ullmann's Enzyklopädie der technischen Chemie. Bd. 10. Urban & Schwarzenberg. München-Berlin 1958.
77. Zahlen zur Kohlenwirtschaft e.V. Hrsg.: Statistik der Kohlenwirtschaft e.V.

Braunkohle

1. Dilla, L.: Böschungssicherung durch forstliche Rekultivierung und biologische Verbauungsmethoden. Braunkohle 1976. Heft 5.
2. Friedrich, K.: Der Braunkohlenbergbau in Hessen. Braunkohle 1976. Heft 5.
3. Gärtner, E.: Die Konzentration der Braunkohlenförderung im rheinischen Revier auf wenige Großtagebaue. Braunkohle 1975 S. 240/250.
4. Gärtner, E.: Entwicklung und Bedeutung des Braunkohlenbergbaus in der Welt und die Verwendungsmöglichkeiten der Braunkohle. Braunkohle 1976. Heft 5.
5. Goedecke, H.: Das rheinische Braunkohlenrevier. Braunkohle 1976 Heft 5.

6. Leuschner, H.-J.: Der Braunkohlenbergbau Hambach – Eine Synthese von Rohstoffabbau und Landschaftsgestaltung. Braunkohle 1976 Heft 5.
7. Oertel, F.: Der Braunkohlenbergbau in Bayern. Braunkohle 1976 Heft 5.
8. Petzold, E.: Landwirtschaftliche Rekultivierung im rheinischen Braunkohlenbergbau unter besonderer Berücksichtigung der Probleme der Erstbewirtschaftung. Braunkohle 1976 Heft 5.
9. Sartor, W.: Entwicklungslinien neuer Bandanlagen im rheinischen Braunkohlenrevier. Braunkohle 1973 S. 102/107.
10. Schlockermann, G.: Gewinnungs- und Förderanlagen für den Aufschluß des Tagebaues Hambach. Energie und Technik 1974 S. 223/227.
11. Unruh, H. v.: Der Braunkohlenbergbau in Niedersachsen. Braunkohle 1976 Heft 5.

Torf

1. Adam, E.: Die Torfindustrie in der Bundesrepublik Deutschland. TELMA 4 S. 341/346. Hannover 1974.
2. Dill, W.: Die Torfindustrie im Strukturwandel der Volkswirtschaft. TELMA 3 S. 253/255. Hannover 1973.
3. Eggelsmann, R.: Dränanleitung für Landbau, Ingenieurbau und Landschaftsbau. 1. Aufl. Hamburg 1973.
4. Göttlich, K.-H.: Moor- und Torfkunde. Stuttgart 1975.
5. Grosse-Brauckmann, G.: Die Moore in der Bundesrepublik Deutschland. Natur und Landschaft 42 S. 195/199. Bad Godesberg 1967.
6. Liebscher, K.: Moor und Torf – Element und Gestalter unserer Umwelt. Bad Zwischenahn 1974.
7. Lüttig, G.: Moor und Torf in der Umweltforschung. Bad Zwischenahn 1973.
8. Naucke, W.: Torf. Ullmanns Enzyklopädie der techn. Chemie. 3. Aufl. 17. Bd. S. 597/619. München, Berlin 1966.
9. Overbeck, F.: Botanisch-geologische Moorkunde unter besonderer Berücksichtigung der Moore Nordwestdeutschlands als Quellen zur Vegetations-, Klima- und Siedlungsgeschichte. Neumünster 1975.
10. Reker, R. und E. Springer: Torf im Gartenbau. Berlin, Hamburg 1973.
11. Richard, K.-H.: Technische und ökonomische Betrachtungen über die Produktion von schwach zersetztem Sodentorf, seine Aufbereitung und Verpackung zu Bodenverbesserungs-Produkten. TELMA 4 S. 147/174. Hannover 1974.
12. Schmitz, Fj. und G. Kluge: Das Düngemittelrecht mit fachlichen Erläuterungen. Hiltrup 1972.
13. Schneekloth, H.: Die neue Moorinventur Niedersachsens. Eine Dokumentation über die Bestandsveränderung unserer Moore. TELMA 3 S. 265/269. Hannover 1973.
14. Schneekloth, H. und S. Schneider: Die Moore in Niedersachsen. Bereich der Blätter Hannover, Braunschweig, Göttingen, Bremerhaven (in Vorbereitung) der Geologischen Karte der Bundesrepublik Deutschland (1:200000). Schr. Wirtschaftswiss. Ges. z. Studium Niedersachs. Göttingen 1970, 1971 und 1973.
15. Schneider, R.: In 1969 – 1973 in der Bundesrepublik veröffentlichte Arbeiten. TELMA 1–4. Hannover 1971–1974.
16. Deutsche Gesellschaft für Moor- und Torfkunde: Berichte der Gesellschaft. TELMA Bd. 1. Hannover 1971 und folgende.
17. Fachnormenausschuß Landwirtschaft im Deutschen Normenausschuß (DNA): DIN 11540 und 11542 (5 Ausgaben). Berlin, Köln 1966, 1968, 1969 und 1971.
18. Fachnormenausschuß Wasserwesen im Deutschen Normenausschuß (DNA): DIN 4047 Bl. 4. Landwirtschaftlicher Wasserbau, Begriffe Moorkultur. Berlin, Köln 1972.
19. Gesetz zum Schutz der Landschaft beim Abbau von Steinen und Erden (Bodenabbaugesetz) vom 15. März 1972. Niedersächsisches Gesetz- und Verordnungsblatt Nr. 12 vom 20. 3. 1972 S. 137/140. Hannover 1972.

Uran

1. Bischoff, G. und W. Gocht: Das Energiehandbuch. Braunschweig 1970.
2. Maget, P.: Der Uranerzbergbau und seine Bedeutung für die Energieversorgung. Glückauf 111 (1975) S. 282/292.
3. Winnacker K. und L. Schäfer: Die Kernenergie und ihr Brennstoffkreislauf. Bild der Wissenschaft (1972) Heft 7.
4. Uranium 1974. Atomic Industrial Forum. New York 1975.
5. Sichere Energie – für heute und morgen. Bundesministerium für Forschung und Technologie. Bonn 1974.
6. Viertes Atomprogramm der Bundesrepublik Deutschland für die Jahre 1973 bis 1976. Bundesministerium für Forschung und Technologie. Technologienachrichten – Managementinformationen Heft 163 S. 8. Bonn 1975.
7. Uranium – Production and Short Term Demand.

European Nuclear Energy Agency and the International Atomic Energy Agency. Paris 1969.
8. Uranschau. Gesellschaft für Kernforschung mbH Karlsruhe. Karlsruhe 1971.
9. Uranium-Resources, Production and Demand. OECD Nuclear Energy Agency and the International Atomic Energy Agency. Paris 1973.

Kali und Steinsalz

1. D'Ans, J.: Die Lösungsgleichgewichte der Systeme der Salze ozeanischer Salzablagerungen. Berlin 1933.
2. Autenrieth, H.: Die Kaliindustrie. Chemische Technologie. Bd. 1. Anorganische Technologie I. Hrsg.: K. Winnacker u. L. Küchler. München 1969.
3. Autenrieth, H.: 50 Jahre deutsche Gemeinschaftsforschung auf dem Gebiet der Kalirohsalzverarbeitung. Kali u. Steinsalz 5 (1970) S. 289/306.
4. Borchert, H.: Ozeane Salzlagerstätten. Berlin 1959.
5. Denzel, E.: Die westdeutsche Kaliindustrie im Jahre 1973. Kali u. Steinsalz 6 (1973) S. 155/157.
6. Heim, W.: Entwicklungstendenzen im Untertagebereich des westdeutschen Kalibergbaus. Kali u. Steinsalz 6 (1975) S. 375/382.
7. Henne, H.: Umweltschutz und Kaliindustrie: gestern, heute und morgen. Kali und Steinsalz 6 (1974) S. 227/234.
8. Hoffmann, D.: Elf Jahrzehnte Deutscher Kalisalzbergbau. Essen 1972.
9. Lotze, F.: Steinsalz und Kalisalze. T. 1. Allgemeingeologischer Teil. 2. Aufl. Berlin 1957.
10. Ost-Rassow: Lehrbuch der Chemischen Technologie. 27. Aufl. Bd. 1, Kap. 5 (Kali-Industrie). Leipzig 1965. S. 177/183.
11. Richter-Bernburg, G.: Salzlagerstätten. Lehrbuch der Angewandten Geologie. Hrsg.: A. Bentz. Bd. 2, T. 1. Geowissenschaftliche Methoden. Stuttgart 1968. S. 918 ff.
12. Singewald, A.: Die Umstrukturierung unserer Kaliproduktion. Kali u. Steinsalz 6 (1974) S. 335/342.
13. Singewald, A.: Kalidünger. Ullmanns Enzyklopädie der technischen Chemie. 3. Aufl. Erg.-Bd. München, Berlin 1970. S. 549/553.
14. Velsen, C. v.: Die Kaliindustrie im vergangenen Jahrzehnt. Kali und Steinsalz 5 (1971) S. 443/447.
15. Walterspiel, O.: Zur Lage der Kaliindustrie. Kali u. Steinsalz 7 (1976) S. 1/4.
16. Die Kaliindustrie in der Bundesrepublik Deutschland. Hrsg.: Kaliverein e.V., Hannover. 3. Aufl. Essen 1974.
17. Kali Jg. 1 (1907) bis 39 (1945).
18. Kali und Steinsalz. Hrsg.: Kaliverein e.V., Hannover. Erscheint seit 1952.
19. Kali- und Steinsalzbergbau. Hrsg.: W. Gimm und H. Jendersie. Bd. 1 und 2. Leipzig 1968/69.
20. Lehrbuch des Kali- und Steinsalzbergbaus. Unter Mitw. mehrerer Fachgenossen verfaßt von G. Spackeler. 2. Aufl. Halle (Saale) 1957. (Berg- und Aufbereitungstechnik. Bd. 1, Abschn. 9 B.)

Metallerz

1. Berg, G., F. Friedensburg und H. Sommerlatte: Blei und Zink. Ferd. Encke, Stuttgart 1950. (Die metallischen Rohstoffe. H. 9.)
2. Dorstewitz, G., C.H. Fritzsche und H. Prause: Zur Einteilung und Bezeichnung der Abbauverfahren. Erzmetall 12 (1959) S. 429/436.
3. Friedensburg, F. und R. Krengel: Die wirtschaftliche Bedeutung des Metallerzbergbaus und Metallhüttenwesens in der Bundesrepublik Deutschland. Duncker & Humblot. Berlin 1962.
4. Friedensburg, F.: Die Bergwirtschaft der Erde. Ferd. Encke. Stuttgart 1956.
5. Gaudien, A.M.: Flotation. New York 1957.
6. Gerth, J.G., H.J.G. Salzmann und M.J. Hamann: Leitfaden der Erzaufbereitung. Bonn 1952.
7. Glembotski, V.A., V.I. Klassen und I.N. Plaksin: Flotation. New York 1963.
8. Gocht, W.: Handbuch der Metallmärkte. Springer-Verlag. Berlin, Heidelberg, New York 1974.
9. Gründer, W.: Erzaufbereitungsanlagen in Westdeutschland. Springer Verlag Berlin, Göttingen, Heidelberg 1955.
10. Gründer, W.: Aufbereitungskunde. Bd. 1. Allgemeine Aufbereitung. Goslar 1965.
11. Schubert, H.: Aufbereitung fester mineralischer Rohstoffe. 1. Aufl. Bd. 1, 2. Leipzig 1964–1967.
12. Tafel, V.: Lehrbuch der Metallhüttenkunde. Bd. 2. Leipzig 1953.
13. Handbook of mineral dressing. Ores and industrial minerals. Ed. by A.F. Taggart. New York 1956.
14. Jahresberichte der Fachvereinigung Metallerzbergbau e.V., Düsseldorf.
15. Jahresberichte der Wirtschaftsvereinigung NE-Metalle. Düsseldorf.
16. Lead and Zinc.
AIME World Symposium on Mining and Metallurgy.
Band I – Mining and Metallurgy.
Band II – Extraktive Metallurgy.
New York AIME 1970.
17. Metallstatistik der Metallgesellschaft Frankfurt/Main.
18. Metallurgical Plantmakers of the World. London 1973.

19. Metal Bulletin Handbook. 5. Aufl. London 1972.
20. Mining International Yearbook. London.
21. Mining Annual Review. London.
22. Minerals Yearbook. Bureau of Mines. Washington.
23. Mineral Facts and Problems. Bureau of Mines Bulletin 650. Washington 1970.
24. Monographien der deutschen Blei-Zink-Erzlagerstätten. Beihefte zum Geologischen Jahrbuch:
1. Monographie (in 3 Lieferungen): Die Blei-Zink-Erzvorkommen des Ruhrgebiets und seiner Umrandung.
2. Monographie: Die Erzgänge von St. Andreasberg.
3. Monographie (2 Lieferungen erschienen): Die Blei-Zink-Erzgänge des Oberharzes.
4. Monographie: Die Erzlager des Rammelsberges bei Goslar.
7. Monographie: Das Schwefelkies-Zinkblende-Schwerspatlager von Meggen (Westfalen).
14. Monographie: Die Blei-Zink-Erzgänge des Schwarzwaldes. Hrsg.: Gesellschaft Deutscher Metallhütten- und Bergleute (GDMB), Clausthal-Zellerfeld.
Schriftenreihe der GDMB (Arbeitsergebnisse, Tagungsberichte, Literaturzusammenstellungen). Bisher erschienen: 27 Hefte.
25. Statistische Mitteilungen der Bergbehörden der Bundesrepublik Deutschland 1950–1974. E.D. Pieper, Clausthal-Zellerfeld. 1950–1974.
26. Taschenbuch des Metallhandels. Metallverlag Berlin.
27. Zeitschriften:
Engineering and Mining Journal. New York.
Erzmetall. Dr. Riederer Stuttgart.
Metall. Metallverlag Berlin.
Mining Journal. Mining Magazine London.

Eisenerz

1. Beckenbauer, F.: Die süddeutschen Eisenerzvorkommen. Lagerstätten, Bergbau und Aufbereitung. Erzmetall 8, 3 (1955).
2. Böhne, E.: Der deutsche Eisenerzbergbau. Jahrbuch des deutschen Bergbaus 1960. Verlag Glückauf. Essen 1960.
3. Braun, H.: Zur Entstehung der marin-sedimentären Eisenerze. Clausthaler Hefte Lagerstättenk. Borntraeger. Berlin 1964.
4. Dorstewitz, G., C. H. Fritzsche, und H. Prause: Zur Einteilung und Bezeichnung der Abbauverfahren. Erzmetall Heft 9 (1959).
5. Eckmann, W. und H. Gudden: Die Eisenerzlagerstätte „Leonie“ bei Auerbach/Opf. Geologica Bavarica. München 1972.
6. Golestaneh, F., H. Kolbe, und K. Rabsilber: Das Oberjura-Eisenerz der Schachtanlage Konrad der Salzgitter Erzbergbau AG bei Salzgitter Bleckenstedt. Erzmetall Heft 3 (1975).
7. Kirschhock, E.: Der Querbruchbau in den Brauneisenerzgruben Sulzbach und Auerbach/Opf. Erzmetall 8 (1963).
8. Krzywicki, E.: Ein Beitrag zur Identifizierung magnetischer Eisenerzlagerstätten. Erzmetall Heft 10 (1975).
9. Lerche, R.: Betriebskonzentration und Abbautechnik im deutschen Erzbergbau. Braunkohle Heft 8 (1975).
10. Oulehla, F.: Versuche und Wege zur Lösung der Probleme beim Aufschluß der Eisenerzlagerstätten in der Kreideformation der Oberpfalz. Erzmetall Heft 11 (1969).
11. Pfeufer, J.: Entwicklung der Abbauverfahren im Eisenerzbergbau von Auerbach/Opf. Erzmetall Heft 7 (1972).
12. Pfeufer, J.: Schneidend-reißende Gewinnung von Eisenerzen auf der Schachtanlage Maffei in Auerbach/Opf. Erzmetall Heft 4 (1975).
13. Prause, H.: Die Überlebenschancen des Eisenerzbergbaus in der Bundesrepublik Deutschland. Erzmetall Heft 9 (1972).
14. Prause, H.: Entwicklung des Blockbruchbaus im Erzbergbau des Salzgitter-Gebietes. Erzmetall Band 18 (1965).
15. Prause, H.: Panzerförderer im Eisenerzbergbau von Salzgitter. Erzmetall Heft 10 (1956).
16. Prause, H.: Erkenntnisse über den Einfluß von Abbauverfahren auf die Wirtschaftlichkeit von Erzbergwerken. Erzmetall Band 16 (1963).
17. Prause, H.: Lademaschinen im Abbau. Erzmetall Band 9 (1956).
18. Prause, H.: Blockbruchbau und seine Ergebnisse beim Abbau des Salzgitter-Erzes. VDI Band 93 (1951) Nr. 22.
19. Spanke, T.: Neuere Entwicklungen in der Abbautechnologie auf der Eisenerzgrube Haverlahwiese der Salzgitter Erzbergbau AG. Erzmetall Heft 12 (1973).
20. Young, P., G. Böning, und O. Bilges: Schneidende Gewinnung im Eisenerzbergbau von Lengede. Glückauf 109 (1973) S. 1091/1097.
21. Young, P. und G. Böning: Der verfahrenstechnische Wandel der Eisenerzaufbereitung von Lengede. Glückauf 111 (1975) S. 708/713.
22. Young, P. und G. Böning: Die Arbeitsproduktivität im Eisenerzbergbau der Stahlwerke Peine-Salzgitter AG. Glückauf 110 (1974) S. 277/280.
23. Young, P., G. Gailer, und G. Böning: Forschritte

in der schneidenden Gewinnung von Eisenerz. Erzmetall Heft 5 (1975).
24. Young, P. und G. Gailer: Entwicklung von Teilschnitt-Vortriebsmaschinen zur Gewinnung mittelharter Eisenerze. Glückauf 111 (1975) S. 419/424.
25. Young, P. und G. Gailer: Entwicklung eines Verfahrens zur schneidenden Gewinnung mittelharter Eisenerze. Glückauf 111 (1975) S. 513/521.
26. Young P. und Jürgens: Hydraulische Förderung im Eisenerzbergbau. Glückauf 110 (1974) S. 779/786.
27. Sammelwerk Deutscher Eisenerzlagerstätten. Hannover. II. Eisenerze im Deckgebirge (Postvaristikum)
1. Die marin-sedimentären Eisenerze des Jura in Norddeutschland.
3. Sedimentäre Eisenerze in Süddeutschland
Symposium sur les gisements de fer du monde. 19e Congrès géologique international T. 1,2 u. Atlas. Algier 1952.

Sonstige Industriemineralien

1. Barth, G.: Steine und Erden in der Bundesrepublik Deutschland. Verlag Glückauf. Essen 1966.
2. Einecke, G.: Flußspatlagerstätten der Welt. Düsseldorf 1956.
3. Fahn, R.: Die Gewinnung von Bentoniten in Bayern. Erzmetall 1973 S. 425.
4. Jacob, K.-H.: Nutzbare und potentielle Flußspatlagerstätten. Erzmetall Bd. 24 (1971) S. 486/491.
5. Köster, H.M. und H. Kromer: Übersicht zu den Kaolin- und Tonvorkommen in der Oberpfalz. Keramische Zeitschrift Nr. 9 1974 S. 524.
6. Linden, E. von der: Die Flußspaterzeugung der Bundesrepublik Deutschland. Verlag Glückauf. Essen 1971.
7. Lüttig, G.: Die Verfügbarkeit oberflächennaher Steine- und Erden-Rohstoffe in der Bundesrepublik Deutschland. Vortrag zum Rohstoffkongreß Steine und Erden am 12. 3. 1975 in Bonn.
8. Reynen, P.: Die feuerfesten Sonderwerkstoffe. Erzmetall 1975 S. 54.
9. Waldner, W.: Aspekte der Rohstoffversorgung und Möglichkeiten einer Aktivierung der Rohstoffpolitik aus der Sicht der Bundesrepublik Deutschland. Berg- und Hüttenmännische Monatshefte Jahrgang 120 Heft 8 1975. Springer-Verlag. Wien 1975.
10. Waldner, W.: Die Bedeutung der bergbaulich genutzten Lagerstätten in Bayern. Vortrag vor der Jahresversammlung der GDMB 1975 in Nürnberg.
11. Ziehr, H.: Das Wölsendorfer Flußspat-Revier. Der Aufschluß Sonderband 26 (Oberpfalz) Seite 207/242. Heidelberg 1975.
12. Die Bodenschätze in Bayern. Bericht des Bayer. Oberbergamtes und des Bayer. Geologischen Landesamtes.
13. Jahresbericht des Bayer. Oberbergamtes 1974.

Bergbauliche Spezialtätigkeiten

1. Boldt, G. und B. Natzel: Das Recht des Bergmanns. Soziale Forschung und Praxis. Bd. 1. 3. Aufl. Tübingen 1960.
2. Brümmer, K.H. und W. de Bra: Vollmechanischer Gesteinsvortrieb auf der Zeche Minister Stein. Glückauf 111 (1975) S. 108/114.
3. Dünbier, O.: Bergbau-Spezialgesellschaften. Volkswirt 8 (1954) Sonderh. Bergbau S. 38/41.
4. Dünbier, O.: Die Bergbau-Spezialgesellschaften im Schatten der Kohlenpolitik. Vortrag. Essen 1960.
5. Gaul, H.M.: Die Wohnungsberechtigung nach dem Gesetz zur Förderung des Bergarbeiterwohnungsbaus im Kohlenbergbau. Dissertation. Düsseldorf 1967.
6. Glebe, E.: Leistungsfähigkeit des Steinkohlenbergbaus im niederrheinisch-westfälischen Bezirk. Bergbau-Arch. 9 (1947).
7. Heise, F., F. Herbst und C.H. Fritzsche: Lehrbuch der Bergbaukunde. Bd. 1. 9. Aufl. Bd. 2. 8. und 9. Aufl. Berlin, Göttingen, Heidelberg 1955–1958.
8. Hoffmann, D.: Acht Jahrzehnte Gefrierverfahren nach Poetsch, ein Beitrag zur Geschichte des Schachtabteufens in schwierigen Fällen. Essen 1962.
9. Käfer, G.: Über die Planung des vollmechanischen Vortriebs von Schrägschächten. Glückauf 111 (1975) S. 699/702.
10. Krekler, R.: Die Bergbau-Spezialgesellschaften unter besonderer Berücksichtigung der Schachtbauunternehmen. Diplomarbeit. Köln 1954.
11. Lensing-Hebben, W.: Teilschnitt-Vortriebsmaschinen PSV und AM 50 auf dem Verbundbergwerk Rheinland. Glückauf 110 (1974) S. 197/203.
12. Miesbach, H.: Die knappschaftliche Versicherung der Unternehmerarbeiter im Bergbau. München 1933.
13. Nemitz, R.: Das Abteufen von Blindschächten mit gestängelosen Bohrmaschinen im rheinisch-westfälischen Steinkohlenbergbau. TU Berlin (1975).
14. Nocke, H.: Neue Erkenntnisse beim Blindschachtbohren auf der Zeche Zollverein. Glückauf 110 (1974) S. 647/654.
15. Pieper, W.: Die Vergebung von Gruben-Gesteinsarbeiten an besondere „Unternehmer" im Ruhr-Lippe-Steinkohlenbergbau. Jena 1919.

16. Ries, A. und M. Sandmeier: Abteufen eines Lüftungsschachtes für den Tauern-Straßentunnel. Nobelhefte 1974. S. 111/123.
17. Ries, A.: Untersuchung über Möglichkeiten für den Umbau von Fördereinrichtungen kreisförmiger Tagesförderschächte bei gleichzeitigem Schachtbetrieb unter Berücksichtigung der Linienführung. TU Berlin – Fachbereich 16 (1971).
18. Ries, A.: Umbauverfahren für Tagesschächte. Glückauf-Forschungsheft Jahrg. 34 (1973) Seite 117/123.
19. Ries, A.: Abteufen des Lüftungsschachtes für den Tauern-Tunnel Rock Mechanics 1974 Heft 3 S. 167/183.
20. Späing, I.: Mechanische Auffahrung unterirdischer Grubenräume. Weltbergbaukongreß 1974. Lima (Peru).
21. Späing, I.: Meerestechnik. Ein Wirtschaftszweig mit Zukunft. Ruhr-Wirtschaft 6/75. S. 226/227.
22. Tonscheidt, H. und H.J. Großekemper: Zielgenaue Pilotbohrlöcher für Bohrblindschächte. Glückauf 111 (1975) S. 361/365.
23. Voss, K.H.: Neuartige Rohkohlenbunker unter Tage. Glückauf 109 (1973) S. 768/773.
24. Wild, H.W.: Das Bohren großer Blindschächte mit gestängelosen Bohrmaschinen. Erzmetall 1975. S. 449/454.
25. Bergarbeiterwohnungsbau: Wohnungsberechtigung der Arbeitnehmer von Bergbau-Spezialgesellschaften. Urteil des BGH vom 8. Jan. 1971. V ZR 125/67.
26. Deutsche Bergbau-Ausstellung 1954. Vereinigung der Bergbau-Spezialgesellschaften. Essen 1954.
27. Deutsche Bergbau-Ausstellung 1958. Vereinigung der Bergbau-Spezialgesellschaften. Essen 1958.
28. Die Umsatzsteuerpflicht des Bergwerksunternehmers. Gutachten. Wirtschaftsgruppe Bergbau. 1940.
29. Internationale Bergbau-Ausstellung 1976. Vereinigung der Bergbau-Spezialgesellschaften. Essen 1976.
30. Runderlaß 223/68.4.6 des Präsidenten der Bundesanstalt für Arbeitsvermittlung und Arbeitslosenversicherung vom 3. Juli 1968 betr. Abfindungsgeld nach Abschnitt II des Kohleanpassungsgesetzes vom 15. Mai 1968, Anlage 3.
31. Vereinigung der Bergbau-Spezialgesellschaften: 25 Jahre VBS. Glückauf 108 (1972) Heft 20.
32. Vortragveranstaltung des Fachausschusses „Vortrieb“ beim Steinkohlenbergbauverein. Glückauf 110 (1974) S. 363/405.

Marine Rohstoffe

1. Amann, H.: Stoffeigenschaften mariner Rohstoffe und Folgerungen für Aufbereitung und Metallurgie. CZ-Chemie-Technik, 2. Jg. Nr. 6 (1973) S. 227/232.
2. Archer, A.A.: Progress and prospects of marine mining. Offshore Technology Conf. April 30 – May 2, 1973, Houston, Tex. Preprints, Vol. 1, pp. 313/322.
3. Blissenbach, E. und H. Rieger: III. UNO-Seerechtskonferenz in Caracas. mt. Bd. 5 (1974) Nr. 6 S. 181/185.
4. Böhme, E. und M.J. Kehden: From the Law of the Sea towards an Ocean Space Regime. Werkhefte der Forschungsstelle für Völkerrecht und ausländisches öffentliches Recht der Universität Hamburg. 1972, Heft 19.
5. Cruickshank, M.J.: Mining and mineral recovery 1969. Undersea Technol. Handbook/Directory, 1970, pp. A 11 bis A 21.
6. Dietrich, G.: Erforschung des Meeres. Umschau-Verlag Frankfurt am Main, 1970.
7. Dorstewitz, G., D. Denk und W. Ritschel: Meeresbergbau auf Kobalt, Kupfer, Mangan und Nickel. Verlag Glückauf. Essen 1971.
8. Fanger, U. und R. Pepelnik: Voraussetzung für einen Manganknollenbergbau und Anforderungen an ein Tiefsee-Schleppsystem. Geesthacht, 1975 – GKSS 75/I/9.
9. Florin, G. und M. Florin: Tiefseebergbau – ein wirtschaftspolitisches und völkerrechtliches Problem der 3. UNO-Seerechtskonferenz, Glückauf 111 (1975) S. 242/246.
10. Führböter, A.: Zur Frage der hydraulischen Förderung von Meereserzen. Mitt. Franzius-Inst. Grund-, Wasserbau TU Hannover (1970) Nr. 35 S. 56/75.
11. Gerigk, W.: Meeresbergbau aus juristischer Sicht. Braunkohle 21 (1975) Heft 1/2 S. 44/46.
12. Goodier, J.L.: Dredging systems for deep ocean mining. WODCON, World Dredging Conf. New York, May 1967, Proc. pp. 670/695.
13. Haddenhorst, H.-G.: Physikalische Grundlagen und Probleme des Mehrphasenflusses in vertikalen Rohren unter besonderer Berücksichtigung der hydrodynamisch-pneumatischen Förderung von Manganknollen aus der Tiefsee. 1. Seminar Clausthal, Kiel 1971, Universität Kiel: 1.–18. 3. 1971.
14. Jenisch, U.: Tendenzen im internationalen Seerecht. Post Caracas 1974. Europa-Archiv Folge 23/1974 S. 799/808.
15. Kausch, P.: Der Meeresbergbau im Völkerrecht. Verlag Glückauf. Essen 1970.
16. Kausch, P.: Möglichkeiten zur Abgrenzung von

Festlandsockel und Meeresboden zur Mineralrohstoffgewinnung aus dem Meer. Braunkohle, Wärme und Energie 33 (1971) S. 1/9.
17. Kausch, P.: Technische Möglichkeiten der Gewinnung von Mineralien aus dem Meer. Glückauf 106 (1970) S. 422/427.
18. Kausch, P.: Stand und Entwicklungtendenzen der Technik zur Offshore-Gewinnung von Erdöl und Erdgas. Erdöl-Erdgas-Zeitschrift 86 (1970) Heft 5 S. 174/180.
19. Kehden, M.J.: Meeresverschmutzung, Meeresforschung und Technologietransfer. Vereinte Nationen 5/74 S. 139/146.
20. Klix, V.: Marine Seifenlagerstätten – Ihre Stellung im Rahmen des Meeresbergbaues. Braunkohle 27 (1975) S. 23/31.
21. Kröger, K.: Meerestechnik in Deutschland. Braunkohle 27 (1975) S. 20/23.
22. Lettau, O.: FS-Valdivia – ein Forschungsschiff zur Prospektion und Exploration von Manganknollenvorkommen der Tiefsee. Braunkohle 27 (1975) S. 32/35.
23. Tinsley, Li, TA M. und C. Richard: Meeting the Challenge of Material Demands from the Oceans. Mining Engineering April 1975 S. 29/55.
24. Meyer, K.: Surface sediment- and manganese nodules facies, encountered on R. V. „Valdivia" cruises 1972/73 (Oberflächen-Sediment und Manganknollen-Facies, Entdeckungen während der „Valdivia"-Fahrten 72/73). mt. Meerestechnik 4 (1973) S. 196/199.
25. Mero, J.: Economic Aspects of Manganese Module Mining and Current Developments in this Field in the USA. Braunkohle 27 (1975) S. 2/11.
26. Mero, J.: The Mineral Resources of the Sea. Elsevier Publishing Company S. 312. Amsterdam 1965.
27. Moncrieff, A.G. und K.B. Smale-Adams: The Economics of First Generation Manganese Module Operations. Paper presented at the 1974 Mining Convention/Exposition of the American Mining Congress. Las Vegas, Nevada, October 7/10.
28. Neuschütz, D.: Aufarbeitung von Manganknollen. Geesthacht, 1975 – GK 55 75/I/9, S. 70/81.
29. Platzöder, R. und W. Vitzthum: Zur Neuordnung des Meeresvölkerrechts auf der dritten Seerechtskonferenz der Vereinten Nationen. Stiftung Wissenschaft und Politik, Ebenhausen, Mai 1974 – SWP – S. 225, Fo. Pl. I 5/74.
30. Rüddiger, G.: Das Öl- und Gaspotential der Nordsee. Elektrizitätswirtschaft 74 (1975) S. 303/308.
31. Vitzthum, W.: Der Meeresboden. Vereinte Nationen 5/74, S. 129/135.
32. Vitzthum, W.: Der Rechtsstatus des Meeresbodens. Duncker & Humblot. Berlin 1972.
33. Weggen, K. und K. Meyer: Genese und Vorkommen wirtschaftlich interessanter Schwermineralseifen. Erdöl-Erdgas-Zeitschrift 89 (1973) Heft 2 S. 81/88.
34. Economic Implications of Seabed Mineral Development in the International Area. Report of the Secretary General, A/Conf. 62/25, May 22, 1974. United Nations.
35. Nutzung der Ressourcen des Meeresgrundes und des Ozeanbodens – Erklärung der ICC. Mitteilungen der deutschen Gruppe der Internationalen Handelskammer 5/1974 S. 7/9.
36. US-Studie-Doc./36-July 31, 1974. Studie für die 2. Sitzung der 3. Seerechtskonferenz in Caracas 20. 6. bis 29. 8. 1974.

Fotonachweis

AG des Altenbergs für Bergbau und Zinkhüttenbetrieb, Essen (1)
Bayerische Braunkohlen-Industrie AG, Schwandorf (1)
Bayerischer Flugdienst Hans Bertram, München (1)
Bayerisches Oberbergamt, München (4)
Bergbau-Archiv, Bochum (4)
Bergbau-Bücherei des Steinkohlenbergbaus, Essen (1)
Blankenbach, W., Heringen (1)
Bundesanstalt für Geowissenschaften und Rohstoffe, Hannover (5)
Deilmann-Haniel GmbH, Dortmund (2)
Deutsche Solvay-Werke GmbH, Solingen (2)
Eschweiler Bergwerks-Verein, Herzogenrath (4)
Exploration und Bergbau GmbH, Düsseldorf (4)
Fachvereinigung Metallerzbergbau e. V., Düsseldorf (2)
Gesamtverband des deutschen Steinkohlenbergbaus, Essen (12)
Gewerkschaft Sophia-Jacoba, Hückelhoven (1)
Kali und Salz AG, Kassel (1)
Kaliverein e. V., Hannover (2)
Kausch, P., Köln (7)
Fried. Krupp GmbH, Essen (1)
Preussag AG Kohle, Ibbenbüren (1)
Preussag AG Metall, Goslar (3)
Quarzwerke GmbH, Frechen (1)
Rheinische Braunkohlenwerke AG, Köln (12)
Rheinische Kalksteinwerke GmbH, Wülfrath (1)
Ruhrkohle AG, Essen (1)
Saarberg-Interplan Gesellschaft für Rohstoff-, Energie- und Ingenieurtechnik mbH, Saarbrücken (2)
Saarbergwerke AG, Saarbrücken (3)
„Sachtleben" Bergbau GmbH, Lennestadt (6)
Salzgitter Erzbergbau AG, Salzgitter (3)
Stahlwerke Peine-Salzgitter AG, Eisenerzbergbau (1)
Steinkohlenbergbauverein, Essen (11)
Uranerzbergbau-GmbH & Co KG, Bonn (1)
Urangesellschaft mbh & Co KG, Frankfurt (1)
Verlag Glückauf GmbH, Essen (5)
Westfälische Berggewerkschaftskasse, Bochum (2)
Wirth & Co, Erkelenz (1)
Wirtschaftsverband Torfindustrie e. V., Hannover (8)
Wirtschaftsvereinigung Bergbau e. V., Bonn (4)

Sachwortverzeichnis

A

B